全国高等职业教育规划教材

JSP+MySQL+Dreamweaver 动态网站开发实例教程

张兵义　万　忠　蔡军英　主编

刘瑞新 主审

机械工业出版社

本书详细介绍了基于 JSP 语言和 MySQL 数据库的动态网站开发技术，全面细致地讲解了使用 JSP 进行动态网站开发的基础知识、特点和具体应用，并在此基础上讲解了 3 个动态网站的应用实例。本书共分为 10 章，主要内容包括：Dreamweaver 的基本操作、创建与配置 JSP 运行环境、JSP 语法基础、JSP 的指令标识和动作标识、JSP 的常用对象和组件、MySQL 数据库的使用、JSP 动态页面制作技术、新闻发布系统、网络日记本和网上购物商城。本书结构合理、论述准确、内容翔实、思路清晰，在所有例题、习题及上机实训中采用案例驱动的讲述方式，通过大量实例深入浅出、循序渐进地引导读者学习。

本书适合作为高等职业院校计算机及相关专业或培训班的动态网站开发教材和 JSP 编程教材，也可作为 JSP 爱好者和动态网站开发维护人员的学习参考书。

本书配套授课电子课件、源代码等资源，需要的教师可登录 www.cmpedu.com 免费注册、审核通过后下载，或联系编辑索取（QQ：1239258369，电话：010-88379739）。

图书在版编目（CIP）数据

JSP+MySQL+Dreamweaver 动态网站开发实例教程/张兵义，万忠，蔡军英主编. —北京：机械工业出版社，2013.1（2016.1 重印）

全国高等职业教育规划教材

ISBN 978-7-111-41069-0

Ⅰ. ①J… Ⅱ. ①张… ②万… ③蔡… Ⅲ. ①Java 语言—网页制作工具—高等职业教育—教材②关系数据库—数据库管理系统—程序设计—高等职业教育—教材③网页制作工具—高等职业教育—教材 Ⅳ. ①TP393.092 ②TP311.138

中国版本图书馆 CIP 数据核字（2013）第 319004 号

机械工业出版社（北京市百万庄大街 22 号 邮政编码 100037）

责任编辑：鹿 征

责任印制：张 楠

唐山丰电印务有限公司印刷

2016 年 1 月第 1 版 · 第 2 次印刷

184mm × 260mm · 19.25 印张 · 476 千字

3001—4800 册

标准书号：ISBN 978-7-111-41069-0

定价：39.80 元

凡购本书，如有缺页、倒页、脱页，由本社发行部调换

电话服务	网络服务
社服务中心：（010）88361066	教 材 网：http://www.cmpedu.com
销售一部：（010）68326294	机工官网：http://www.cmpbook.com
销售二部：（010）88379649	机工官博：http://weibo.com/cmp1952
读者购书热线：（010）88379203	**封面无防伪标均为盗版**

全国高等职业教育规划教材计算机专业
编委会成员名单

出 版 说 明

根据《教育部关于以就业为导向深化高等职业教育改革的若干意见》中提出的高等职业院校必须把培养学生动手能力、实践能力和可持续发展能力放在突出的地位，促进学生技能的培养，以及教材内容要紧密结合生产实际，并注意及时跟踪先进技术的发展等指导精神，机械工业出版社组织全国近60所高等职业院校的骨干教师对在2001年出版的“面向21世纪高职高专系列教材”进行了全面的修订和增补，并更名为“全国高等职业教育规划教材”。

本系列教材是由高职高专计算机专业、电子技术专业和机电专业教材编委会分别会同各高职高专院校的一线骨干教师，针对相关专业的课程设置，融合教学中的实践经验，同时吸收高等职业教育改革的成果而编写完成的，具有“定位准确、注重能力、内容创新、结构合理和叙述通俗”的编写特色。在几年的教学实践中，本系列教材获得了较高的评价，并有多个品种被评为普通高等教育“十一五”国家级规划教材。在修订和增补过程中，除了保持原有特色外，针对课程的不同性质采取了不同的优化措施。其中，核心基础课的教材在保持扎实的理论基础的同时，增加实训和习题；实践性较强的课程强调理论与实训紧密结合；涉及实用技术的课程则在教材中引入了最新的知识、技术、工艺和方法。同时，根据实际教学的需要对部分课程进行了整合。

归纳起来，本系列教材具有以下特点：

1）围绕培养学生的职业技能这条主线来设计教材的结构、内容和形式。

2）合理安排基础知识和实践知识的比例。基础知识以“必需、够用”为度，强调专业技术应用能力的训练，适当增加实训环节。

3）符合高职学生的学习特点和认知规律。对基本理论和方法的论述要容易理解、清晰简洁，多用图表来表达信息；增加相关技术在生产中的应用实例，引导学生主动学习。

4）教材内容紧随技术和经济的发展而更新，及时将新知识、新技术、新工艺和新案例等引入教材。同时注重吸收最新的教学理念，并积极支持新专业的教材建设。

5）注重立体化教材建设。通过主教材、电子教案、配套素材光盘、实训指导和习题及解答等教学资源的有机结合，提高教学服务水平，为高素质技能型人才的培养创造良好的条件。

由于我国高等职业教育改革和发展的速度很快，加之我们的水平和经验有限，因此在教材的编写和出版过程中难免出现问题和错误。我们恳请使用这套教材的师生及时向我们反馈质量信息，以利于我们今后不断提高教材的出版质量，为广大师生提供更多、更适用的教材。

机械工业出版社

前言

随着计算机网络技术的迅猛发展和日益普及，计算机程序设计的重点已经从传统的桌面程序设计转移到 Web 应用程序设计，各种动态网站开发正在受到人们越来越多的关注。在各种动态网站开发技术中，Tomcat＋MySQL＋JSP 组合以其高效性和跨平台性而著称，被誉为黄金组合并得到广泛应用。本书从 Dreamweaver 可视化设计与手工编码的结合上详细地讲述了基于 Apache Tomcat 服务器、JSP 语言以及 MySQL 数据库的动态网站开发技术。

Apache Tomcat 是一款流行的 Web 服务器软件，支持多种 Web 编程语言，而且拥有优良的安全性和扩展性；JSP 是由原 Sun 公司（后被 Oracle 公司收购）倡导的一种跨平台的 Web 编程语言，主要用于开发服务器端应用程序及动态网页，通过 JSP 可以访问多种数据库格式，包括 MySQL、Oracle、SQL Server、Informix、Sybase 等；MySQL 是目前最受欢迎的开源 SQL 数据库管理系统，MySQL 数据库服务器具有快速、可靠、易于使用等特点，而且具有很好的跨平台性、安全性和连接性，完全可以用于处理大型的企业级数据库；Dreamweaver 是一款专业的 HTML 编辑器，用于对网站、网页和 Web 应用程序进行设计、编码和开发，Dreamweaver 为当前流行的 ASP、JSP、PHP 等动态网站开发技术都提供了很好的支持。

传统的 JSP 动态网站开发通常都是采用手写代码方式来进行的，这种编程模式不仅效率低下，而且代码不规范，难以调试，无法满足企业应用的实际需要。Dreamweaver 对 JSP 技术提供了很好的支持，使用它可以方便、快捷地进行 Web 页面设计。本书在可视化编辑与手工编码的结合上，讲述使用 Dreamweaver 开发基于 JSP 技术和 MySQL 数据库的动态网站，既可以通过各种可视化设计工具提高开发效率，也可以通过手工编码灵活控制程序的执行流程。

为了帮助读者快速掌握 JSP 动态网站开发技术，编者结合多年从事教学工作和 Web 应用开发的实践经验，按照教学规律精心编写了本书。本书结构合理、论述准确、内容翔实、思路清晰，在所有例题、习题及上机实训中采用案例驱动的讲述方式，通过大量案例深入浅出、循序渐进地引导读者学习。本书共分为 10 章，主要内容包括：Dreamweaver 的基本操作、创建与配置 JSP 运行环境、JSP 语法基础、JSP 的指令标识和动作标识、JSP 的常用对象和组件、MySQL 数据库的使用、JSP 动态页面制作技术、新闻发布系统、网络日记本和网上购物商城。

本书采用案例驱动的教学方法，首先展示案例的运行结果，然后详细讲述案例的设计步骤，循序渐进地引导读者学习和掌握相关知识点。在介绍 JSP 动态网页设计步骤时，本书将 Dreamweaver 可视化设计与手工编码有机地结合在一起，利用各种方便易用的设计工具快速完成页面布局，并通过添加服务器行为实现一些常规的数据库访问模块，然后通过手工编程对可视化操作生成的源代码进行优化和微调。

本书由张兵义、万忠、蔡军英主编，具体分工为：张兵义编写第 1、9 章，蔡军英编写第 2、5 章，万忠编写第 3、4 章，赵姝菊编写第 6 章，刘克纯、万兆君、刘大学、陈文明、缪丽丽、王金彪、骆秋容、崔瑛瑛、孙洪玲、孙明建编写第 7 章，翟丽娟、万兆明、徐云林、胡峰、李美嫦、巩义云、丁新旺、岳爱英、徐维维、庄建新、丁新建编写第 8 章，王淑英编写第 10 章，全书由刘瑞新教授统编定稿。

由于编者水平有限，书中疏漏和不足之处在所难免，敬请广大读者批评指正。

编 者

目　　录

第 1 章　Dreamweaver 的基本操作

Dreamweaver 是优秀的可视化网页设计制作工具，它不仅可以用来制作出兼容不同浏览器和版本的网页，同时还具有很强的站点管理功能，它是所见即所得的网页编辑工具。

1.1　Dreamweaver 概述

Dreamweaver 是 Adobe 公司开发的著名网站开发工具，利用 Dreamweaver 的可视化编辑功能，用户可以轻松地完成设计、开发和维护网站的全过程。Dreamweaver 不仅提供了直观的可视布局界面，而且具备强大的编码工具。用户可以使用服务器语言（如 ASP、ASP.NET、ColdFusion 标记语言、JSP 和 PHP）生成支持动态数据库的 Web 应用程序，使用 Ajax 的 Spry 框架进行动态用户界面的可视化设计、开发和部署。

使用 Dreamweaver 的网站地图，用户可以快速地制作网站雏形。在设计过程中，用户如果改变了网页的位置，则 Dreamweaver 会自动更新所有链接。Dreamweaver 提供一组预先设计的 CSS 布局，可以帮助用户快速地设计出美观的页面。Dreamweaver 成功地整合了所见即所得的编辑方式和动态网站开发功能。

1.2　Dreamweaver 的工作环境

1.2.1　Dreamweaver 的启动

安装好 Dreamweaver 后，选择“开始”→“程序”→“Adobe Dreamweaver CS3”命令。Dreamweaver 经过一系列初始化过程后，首先显示“工作区设置”对话框，如图 1-1 所示。由于要采用可视化方式设计网页，选中“设计者”单选按钮，单击“确定”按钮。

接下来显示“起始页”对话框，如图 1-2 所示，在其中可以在“打开最近的项目”、“新建”或“从模板创建”栏中进行选择。

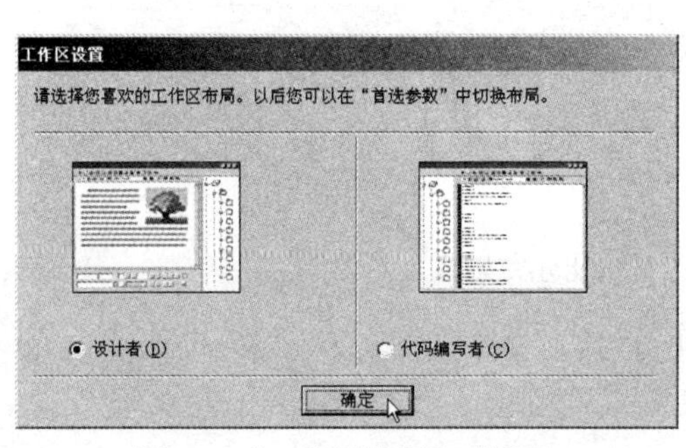

图 1-1 “工作区设置”对话框

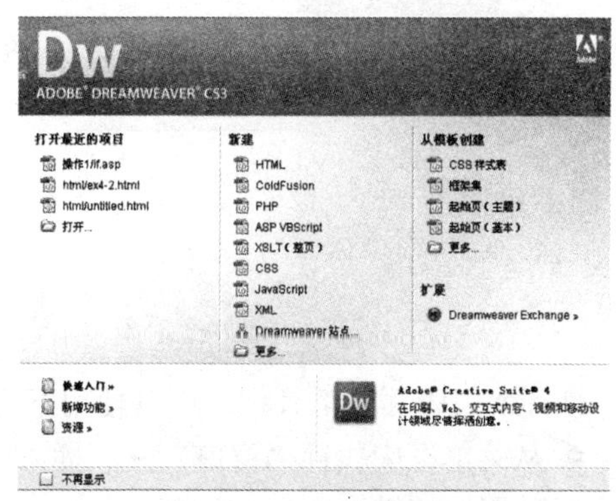

图 1-2 “起始页”对话框

如果要创建新的静态网页，则选择“新建”栏中的“HTML”项，这时将进入 Dreamweaver 的设计窗口，如图 1-3 所示。

1.2.2 Dreamweaver 的主工作区

Dreamweaver 的主工作区由插入工具栏、文档工具栏、文档窗口、属性面板等部分组成，如图 1-3 所示。

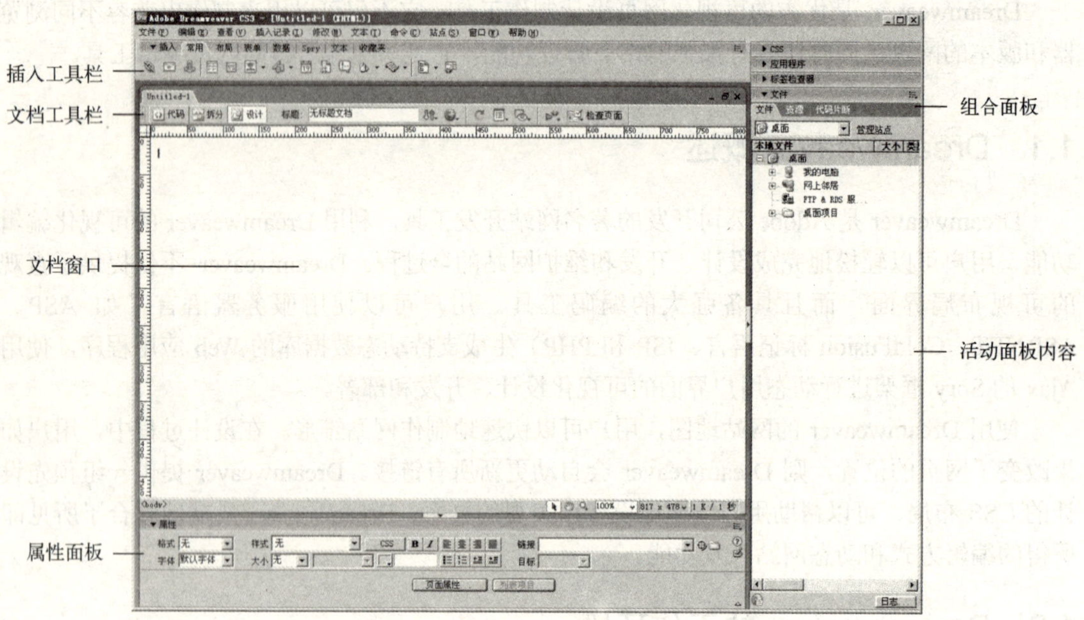

图 1-3 Dreamweaver 的主工作区

1. 插入工具栏

Dreamweaver 的插入工具栏如图 1-4a 所示，插入工具栏中默认显示的是“常用”类的主要功能按钮。单击“常用”按钮会弹出一个下拉菜单，其中包含了插入工具栏中的其他类的功能按钮，如图 1-4b 所示。用户选择不同的分类，插入工具栏中包含的功能按钮也随之改变。

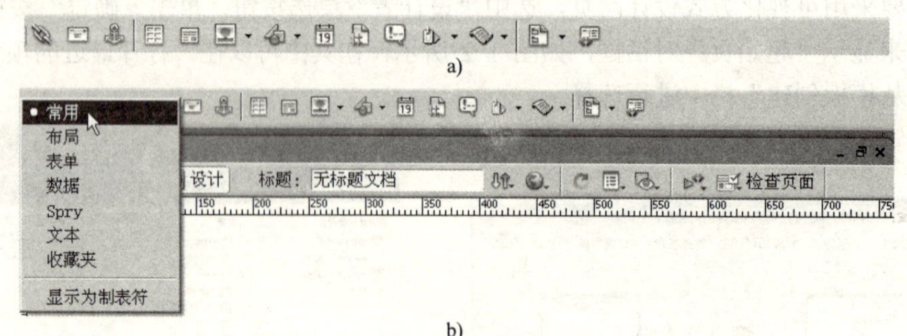

图 1-4 插入工具栏及其功能分类菜单

打开或关闭插入工具栏，可以使用下列操作之一：

- 从菜单栏中执行“窗口”→“插入”。
- 使用快捷键〈Ctrl+F2〉。

2. 文档工具栏

用户可以用文档工具栏中的按钮在文档的不同视图（代码视图、设计视图和拆分视图）间快速切换。文档工具栏中还包含一些与查看文档、在本地和远程站点间传输文档有关的常用命令和选项，如图 1-5 所示。

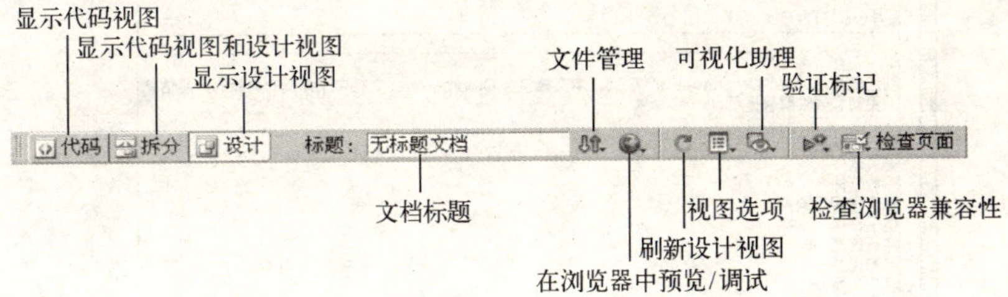

图 1-5　文档工具栏的常用命令和选项

代码视图仅在文档窗口中显示页面的代码，适合进行代码的直接编写，如图 1-6 所示。

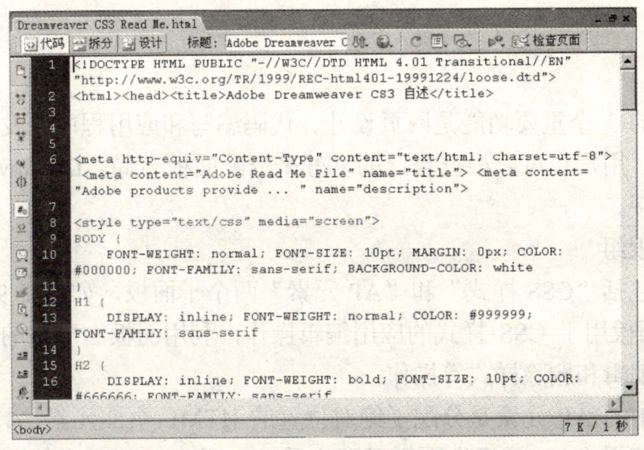

图 1-6　代码视图

拆分视图能够同时显示代码视图和设计视图，文档窗口的一部分用于显示代码视图，而另一部分用于显示设计视图，如图 1-7 所示。

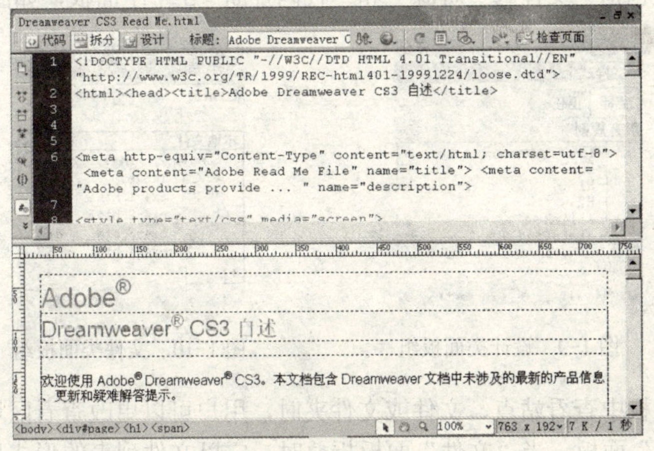

图 1-7　拆分视图

设计视图仅在文档窗口中显示设计界面，如图 1-8 所示。

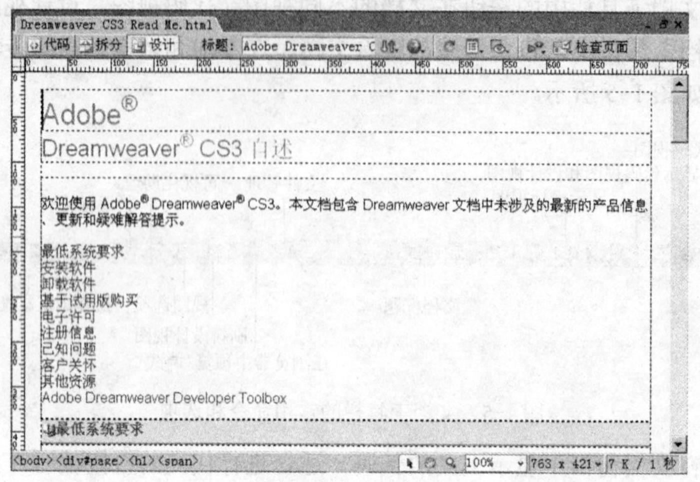

图 1-8　设计视图

3. 面板

Dreamweaver 的 3 个重要功能是网页设计、代码编写和应用程序开发，相应的面板也是这样分类的。当然，用户也可以根据自己的喜好来分配面板布局。Dreamweaver 面板可以方便地进行拆除和拼接。

（1）设计类面板组

设计类面板组包括“CSS 样式”和“AP 元素”两个子面板，如图 1-9 所示。

“CSS 样式”面板用于 CSS 样式的应用编辑操作，利用面板右下角的各个功能按钮可以实现扩展、新增、编辑和删除样式等操作。

Dreamweaver 中的 AP 元素是分配了绝对位置的 HTML 页面元素，具体地说，就是 div 标签或其他标签。使用“AP 元素”面板可防止重叠，更改 AP 元素的可见性，嵌套或堆叠 AP 元素，以及选择一个或多个 AP 元素。

（2）文件类面板组

文件类面板组包括“文件”、“资源”和“代码片断”3 个子面板，如图 1-10 所示。

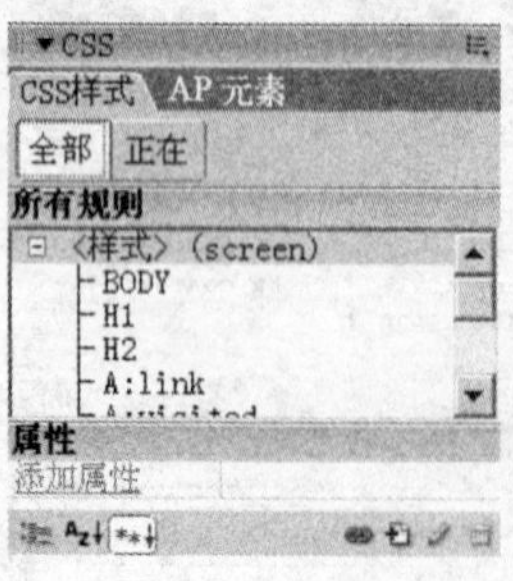

图 1-9　设计类面板组

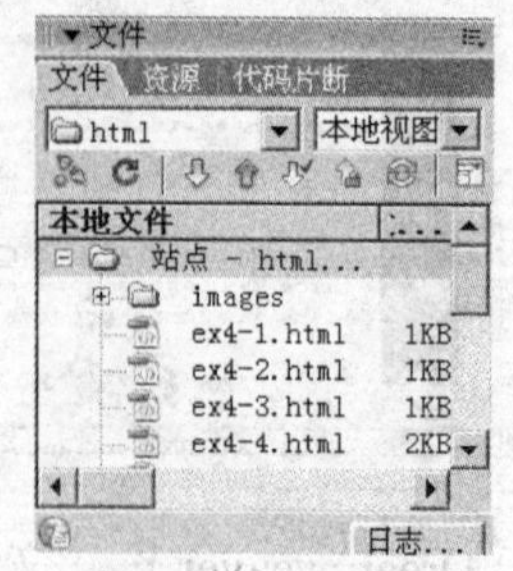

图 1-10　文件类面板组

在“文件”面板中查看站点、文件或文件夹时，用户可以更改查看区域的大小，还可以展开或折叠“文件”面板。当“文件”面板折叠时，它以文件列表的形式显示本地站点、远程站点或测试服务器中的内容；当“文件”面板展开时，它显示本地站点和远程站点或者显示本地站点和测试服务器。“文件”面板还可以显示本地站点的视觉站点地图。

使用“资源”面板可以管理当前站点中的资源，“资源”面板显示与文档窗口中的活动文档相关联的站点的资源。

“代码片断”面板中提供了许多代码片断，分类也很清晰。这里收录了一些非常有用或者经常用到的代码片断，用户使用的时候可以非常方便地直接插入。

（3）应用程序类面板组

应用程序类面板组包括“数据库”、“绑定”、“服务器行为”和“组件”4 个子面板，如图 1-11 所示。使用这些子面板，可以连接数据库、读取记录集，为网站的开发及实现数据库操作等提供了强大的支持，使用户能够轻松地创建动态 Web 应用程序。

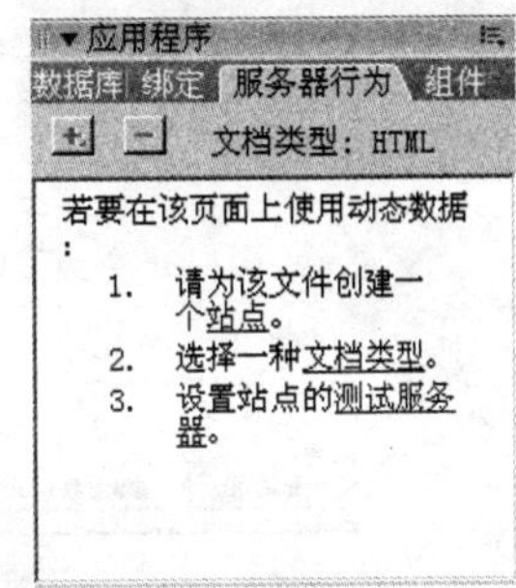

图 1-11　应用程序类面板组

Dreamweaver 支持 5 种服务器技术：ColdFusion、ASP.NET、ASP、JSP 和 PHP。

1.3　Dreamweaver 创建网页的工作流程

Dreamweaver 为处理各种 Web 设计和开发文档提供了灵活的环境。除了 HTML 文档以外，用户还可以创建和打开各种基于文本的文档，如 ASP、JavaScript 和 CSS。Dreamweaver 还支持源代码文件，如 PHP、C#和 Java。

Dreamweaver 为创建新文档提供了若干选项，用户可以创建以下任意文档：

- 新的空白文档或模板。
- 基于 Dreamweaver 附带的预设计页面布局文档。
- 基于现有模板的文档。

1. 创建新文档

用户可以用下列方法创建新文档。

（1）创建新的空白文档

创建新的空白文档，操作步骤如下所述。

① 选择“文件”→“新建”，即出现“新建文档”对话框，默认选中“空白页”选项。

② 从“页面类型”列表框中选择类型，对于基本页，可以选择“HTML”；如果有页面布局的需要，可以从右侧的“布局”列表框中选择需要的布局，如图 1-12 所示。

③ 单击“创建”按钮，在文档窗口中创建新文档。

④ 保存该文档。

（2）创建基于 Dreamweaver 设计文件的文档

Dreamweaver 附带了几种以专业水准开发的页面布局和设计元素文件。用户可以将这些设计文件作为设计站点页面的起点。当用户创建基于设计文件的文档时，Dreamweaver 会创建文件的副本。创建基于 Dreamweaver 设计文件的文档，操作步骤如下。

① 选择“文件”→“新建”，即出现“新建文档”对话框。

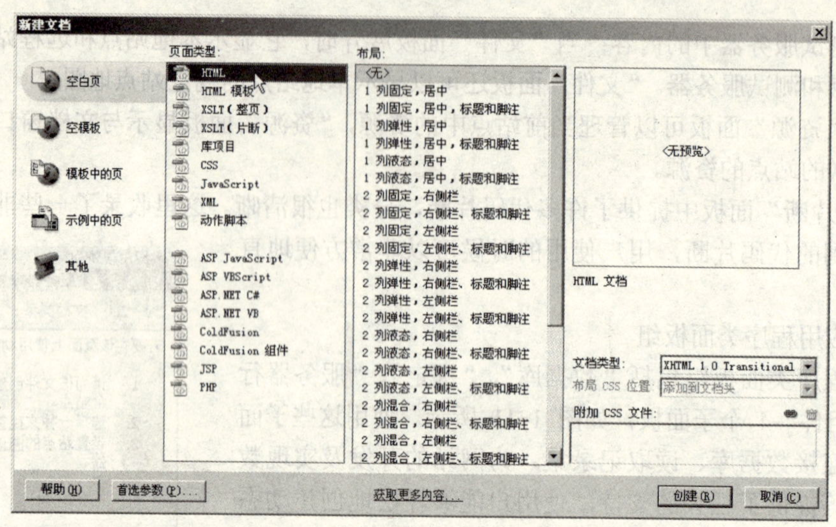

图 1-12 “新建文档”对话框

② 选择“示例中的页”选项，从“示例文件夹”列表框中选择“起始页（主题）”类别，从右侧的“示例页”列表框中选择一个示例页，例如“住宿-主页”。用户可以在最右侧的预览区中预览设计文件并阅读关于文档设计元素的简要说明，如图 1-13 所示。

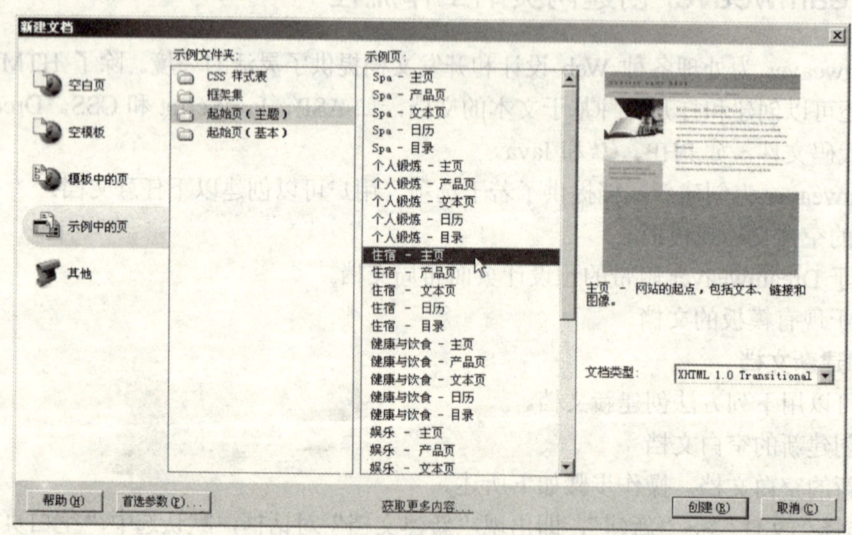

图 1-13 创建基于 Dreamweaver 设计文件的文档

③ 单击“创建”按钮，新建的示例文档在文档窗口中打开，如图 1-14 所示。

④ 保存该文档，如果该文件包含指向资源文件的链接，将会出现“复制相关文件”对话框，如图 1-15 所示，用户可以保存相关文件的副本。

（3）创建基于现存模板的文档

用户可以通过现有模板选择、预览和创建新文档。从 Dreamweaver 定义的任何站点中选择模板，操作步骤如下。

① 选择“文件”→“新建”，即出现“新建文档”对话框。

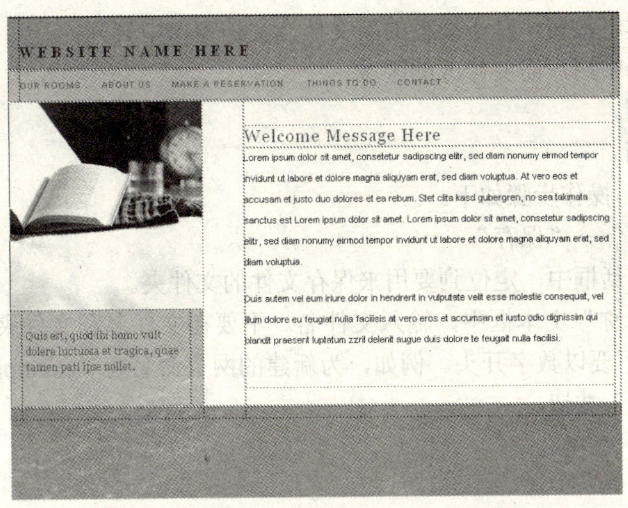

图 1-14　新建的“住宿-主页”示例文档

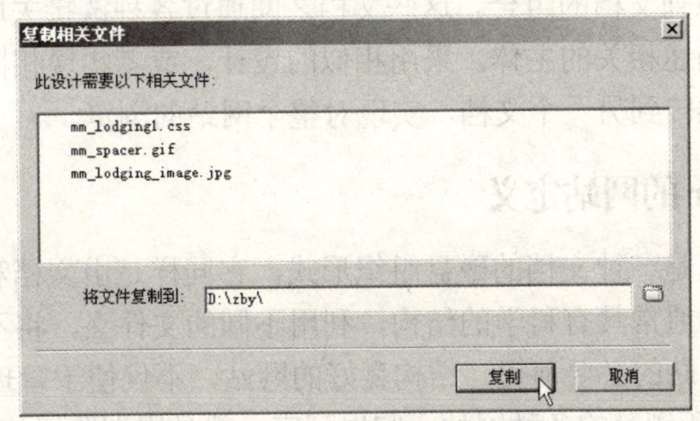

图 1-15　“复制相关文件”对话框

② 选择“模板中的页”选项，在“站点”列表框中，选择包含要使用的模板的 Dreamweaver 站点，从右侧的列表框中选择一个模板。例如，选择站点“school”中的模板，如图 1-16 所示。

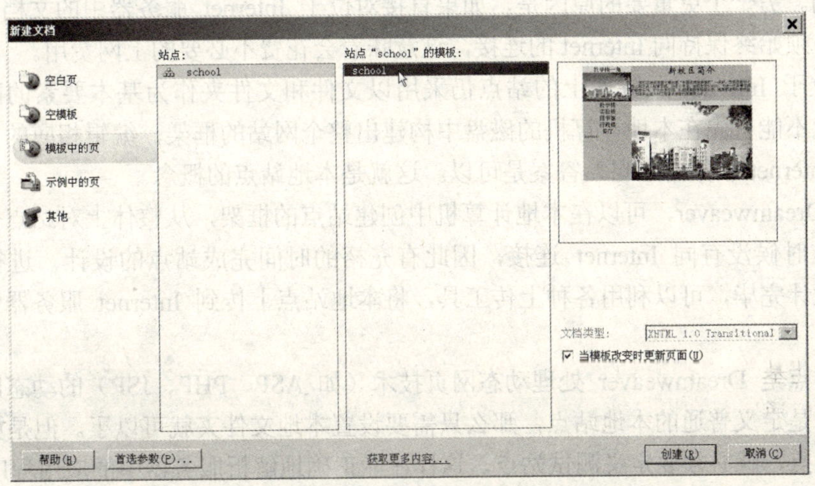

图 1-16　创建基于现存模板的文档

③ 单击“创建”按钮，基于模板的新文档在文档窗口中打开。

④ 编辑新文档中用户需要修改的区域。

⑤ 保存该文档。

2．保存新文档

要保存新文档，操作步骤如下。

① 选择“文件”→“保存”。

② 在出现的对话框中，定位到要用来保存文件的文件夹。

③ 在“文件名称”文本框中，输入文件名。不要在文件名和文件夹名中使用空格和特殊字符，文件名也不要以数字开头。例如，为新建的网页命名为“example.html”。

④ 单击“保存”按钮。

1.4 站点管理

站点可以看做一系列文档的组合。这些文档之间通过各种链接关联起来，它们可能拥有相似的属性，例如，描述相关的主体，采用相似的设计，或者实现相同的目的等。利用浏览器，可以从一个文档跳转到另一个文档，实现对整个网站的浏览。

1.4.1 Dreamweaver 的网站定义

严格地说，站点也是一种文档的磁盘组织形式，它同样是由文档和文档所在的文件夹组成的。设计良好的网站通常具有科学的结构，利用不同的文件夹，将不同的网页内容分门别类地保存，这是设计网站的必要前提。结构良好的网站，不仅便于管理，也便于更新。

用户在 Internet 上所浏览的各种网站，归根到底，就是用浏览器打开存储在 Internet 服务器中的 HTML 文档及其他相关资源。基于 Internet 服务器的不可知特性，通常将存储于 Internet 服务器上的站点和相关文档称为远端站点。

利用 Dreamweaver 可以对位于 Internet 服务器上的站点文档直接进行编辑和管理，但有时非常不便，且影响的因素很多，例如，网络速度和网络的不稳定性等都会对管理和编辑操作带来影响。另一个更重要的原因是，如果直接对位于 Internet 服务器中的文档和站点进行操作，则必须始终保持同 Internet 的连接，这意味着会花费不必要的上网费用。

既然位于 Internet 服务器上的站点仍采用以文件和文件夹作为基本要素的磁盘组织形式，那么能不能首先在本地计算机的磁盘中构建出整个网站的框架，编辑相应的文档，再将其放置到 Internet 服务器上呢？答案是可以。这就是本地站点的概念。

利用 Dreamweaver，可以在本地计算机中创建站点的框架，从整体上对站点全局进行把握。由于这时候没有同 Internet 连接，因此有充裕的时间完成站点的设计，进行完善的测试。站点设计完毕，可以利用各种上传工具，将本地站点上传到 Internet 服务器中以形成远端站点。

测试站点是 Dreamweaver 处理动态网页技术（如 ASP、PHP、JSP）的动态网页站点。如果用户只是定义普通的本地站点，那么只需要设置本地文件夹就可以了。但是如果要构建动态网页站点，就必须要定义测试站点，这样才能正确地解析服务器中的应用程序。

关于测试站点的建立，将在后面章节中讲解，本章只讲本地站点和远端站点的基本操作。

1.4.2 建立本地站点

规划好站点结构后，应该先在 Dreamweaver 中定义站点，然后才能进行开发。

【案例】 建立一个本地站点，定义站点名称和站点使用的本地根文件夹及默认的图像文件夹。

【案例展示】 本实例定义站点的名称为 Sample，使用的本地文件夹为 D:\web\Dreamweaver，默认的图像文件夹为 D:\web\Dreamweaver\images。站点的设置如图 1-17 所示，站点结构如图 1-18 所示。

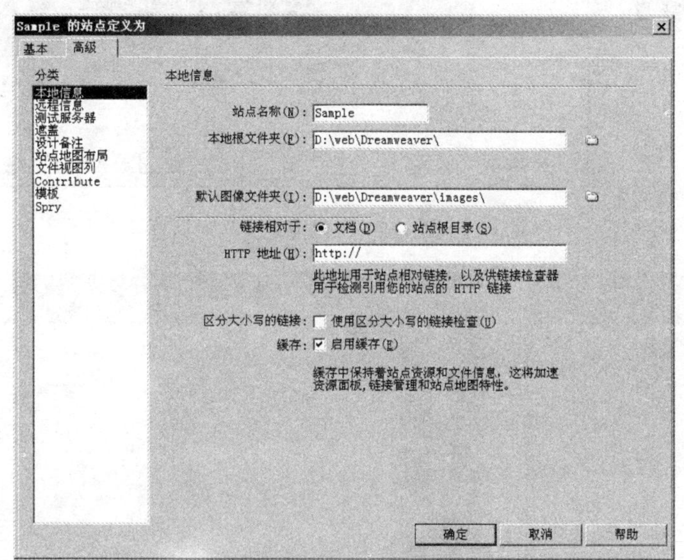

图 1-17 站点的设置

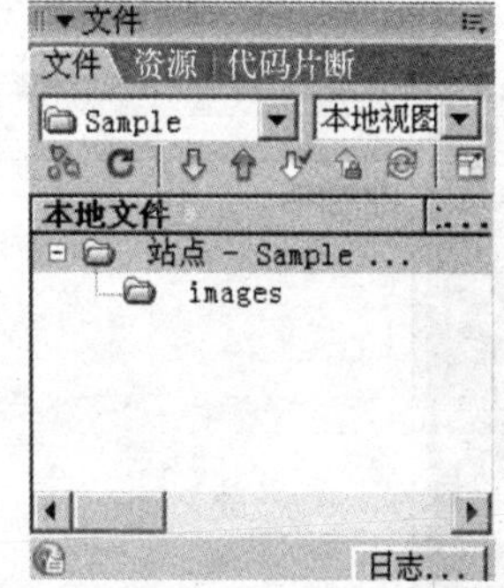

图 1-18 站点结构

【学习目标】 掌握建立本地站点的方法。

【知识要点】 定义站点名称、木地根文件夹和默认图像文件夹。

操作步骤如下所述。

① 打开“管理站点”对话框。在主菜单中选择“站点”→“管理站点”，打开“管理站点”对话框。单击“新建”按钮，选择“站点”项，如图 1-19 所示。

② 定义站点名称。在弹出的“站点定义”对话框中选择“高级”选项卡，如图 1-20 所示。在“站点名称”文本框中输入站点名称，如 Sample。该站点名称只是在 Dreamweaver 中的一个站点标识，因此也可以使用中文名称。

③ 定义站点使用的本地根文件夹。单击“本地根文件夹”文本框旁边的浏览按钮，在打开的“选择站点的本地根文件夹”对话框中，定位到事先建立的站点文件夹中，或者单击右上角的“新建文件夹”按钮创建一个新文件夹，如图 1-21 所示。打开并选定 web 文件夹后，“站点定义”对话框中相应文本框的内容将自动更新。

④ 定义默认图像文件夹。单击“默认图像文件夹”文本框旁边的浏览按钮，用同样的方式指定站点中用于存放图像的文件夹，如 D:\web\Dreamweaver\images，如图 1-22 所示。

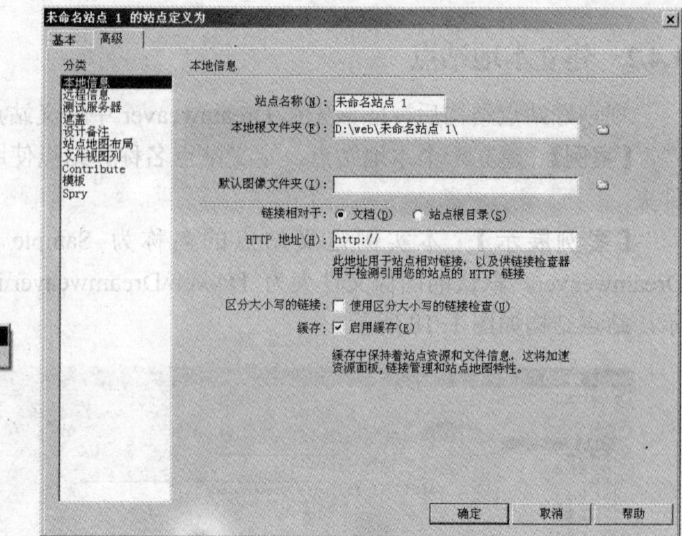

图 1-19　新建站点　　　　图 1-20　“站点定义”对话框

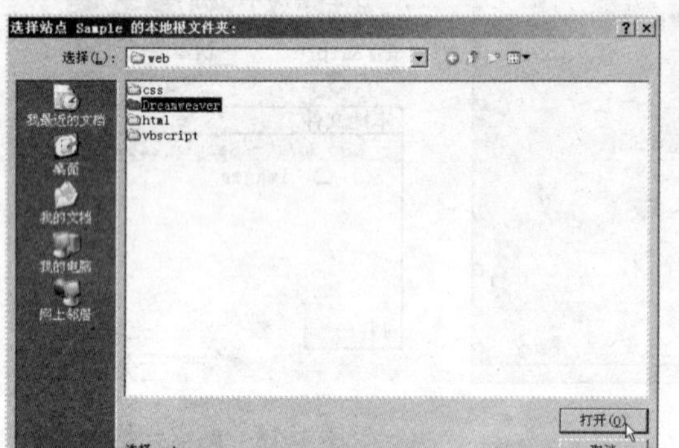

图 1-21　选择站点的本地根文件夹

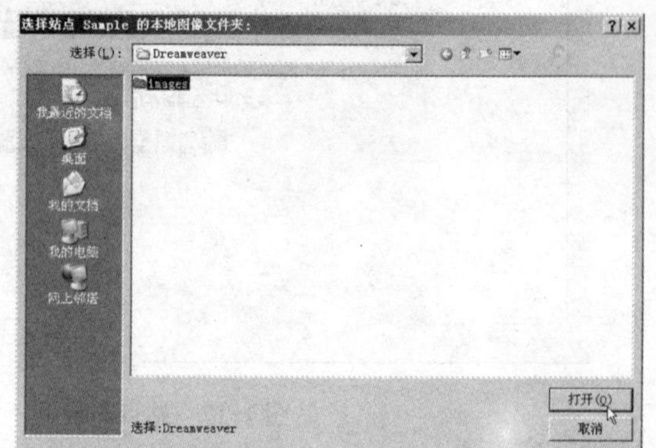

图 1-22　选择站点的本地图像文件夹

⑤ 完成站点的定义。其他选项保持不变，单击“确定”按钮，返回“管理站点”对话框。单击“完成”按钮，此时“站点”面板中出现新建的站点窗口，如图 1-17 所示。

【案例说明】除了站点名称可以使用中文名字外，其他诸如定义站点的文件夹、站点内的文件和栏目文件夹的命名都不要使用中文名字，因为 Dreamweaver 对中文文件名和文件夹的支持不是很好。用户可以使用文件或栏目名称的汉语拼音，或者用文件或栏目名称的英文名称来命名文件或文件夹。团队开发时，有统一的命名规则相当重要。例如，对于新闻栏目，文件夹名称可以是 xinwen，也可以命名为 news。

1.4.3　管理本地站点

1．编辑站点

在 Dreamweaver 中创建好本地站点后，如果需要，还可以对整个站点进行编辑操作。如编辑修改站点、复制站点、删除站点等。编辑站点的操作步骤如下。

① 选择“站点”→“管理站点”，打开“管理站点”对话框。

② 在“管理站点”对话框左侧列表框中选择需要编辑的站点，单击右侧按钮，则可以进行相应的操作，如图 1-23 所示。

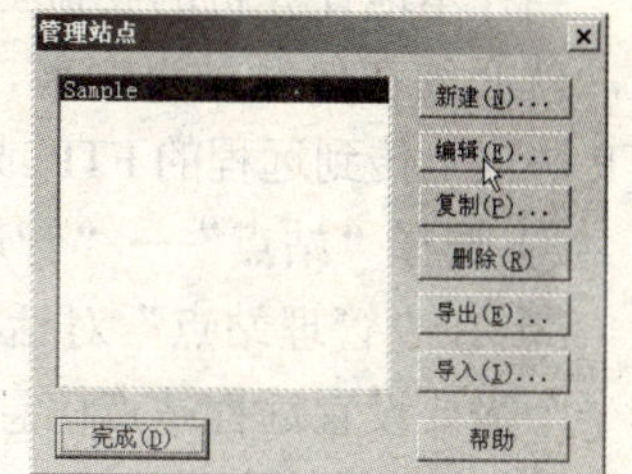

图 1-23　选择需要编辑的站点

单击“新建”按钮，打开“站点定义”对话框，可以新建一个站点。单击“编辑”按钮，打开“站点定义”对话框，可以编辑站点信息。单击“复制”按钮，可以复制一个被选择的站点。单击“删除”按钮，可以将站点文件夹从 Dreamweaver 中清除。单击“导出”按钮，可以将 Dreamweaver 中的站点导出，以便别的用户或者在别的计算机上使用该站点。方法是，单击“导入”按钮，打开“导入站点”对话框，选择要导入的站点（保存为 XML 文件）并将其导入。

2．文件的基本操作

在 Dreamweaver 中，可以使用“文件”菜单对单独的文件进行管理，例如，执行“新建”、“打开”、“保存”、“另存为”等命令。另外，也可以在“文件”面板中，在文件或文件夹上单击鼠标右键，在弹出的快捷菜单的“编辑”命令子菜单中，执行“新建”、“打开”、“删除”、“移动”、“复制”、“重命名”等命令对网站中的文件进行管理。

3．指定站点首页

首页就是网站的门面。通常，首页文件中包含有若干指向其他主要网页的超链接。可以先为网站创建一个空白首页，然后进行编辑，并可以利用站点地图查看网站中超链接的情况。设置站点首页的步骤如下所述。

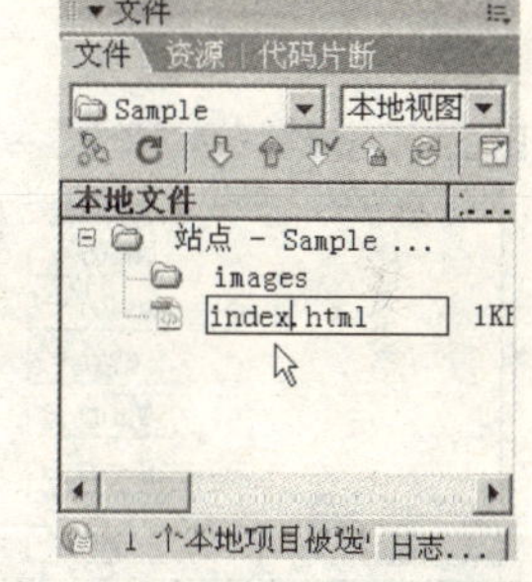

图 1-24　新建 index.html 文件

① 在“文件”面板中选择需要设置首页的站点，再用鼠标右键单击该站点，选择快捷菜单中的“新建文件”，出现一个名为 Untitled.html（无标题）文件图标，此时可以在文本框内修改文件名，这里输入 index.html，如图 1-24 所示，最后按〈Enter〉键确认。

② 在“文件”面板中的 index.html 文件图标上单击鼠标右键，从快捷菜单中选择“设成首页”，则该文件被指定为站点的首页。

网站首页默认的文件名取决于用户申请的主页空间，一般为 index.htm，index.html，default.html 等。同类型的文件最好放在一个文件夹中，例如，把图片文件都放在 images 文件夹中。不要把所有文件都放在根目录下。把一个栏目的所有文件放在一个文件夹中，在链接和维护网页时，会很方便。

1.4.4　站点的发布

网页设计好并在本地站点测试通过后，必须把它发布到 Internet 上形成真正的网站，否则网站形象仍然不能展现出去。要构建远程站点，必须知道 ISP 提供的主页空间是如何支持上传的。网页的上传一般是通过 FTP 软件工具连接 Internet 服务器进行上传的。FTP 软件很多，如 CuteFtp、LeapFtp 等，也可以使用 Dreamweaver 的站点管理器上传网页。

Dreamweaver 内置了 FTP 上传功能，可以通过 FTP 实现在本地站点和远程站点之间的文件传输。

1. 设置远程站点

当在本地计算机的硬盘上创建了本地站点之后，如果需要将本地站点传输到远程服务器上，就必须在传输站点之前，设置站点的服务器访问类型。本地站点建立的文件可以通过FTP 协议上传到远程的 FTP 或 Web 服务器上。设置远程站点信息的具体步骤如下。

① 选择“站点”→“管理站点”，打开“管理站点”对话框，如图 1-25 所示。

② 在“管理站点”对话框的站点列表中，当前站点已经被突出显示。在该对话框中选择一个需要设置远程站点信息的站点，单击对话框中的“编辑”按钮。

③ 此时系统会弹出“站点定义”对话框。在该对话框的“分类”列表中选择“远程信息”选项，设置远程站点的服务器访问方式。

④ 从“访问”下拉列表中，选择服务器访问方式，这里选择最常用的 FTP 方式作为服务器访问方式。在选择 FTP 连接服务器方式之后，Web 服务器信息栏中的选项及设置如图 1-26 所示。

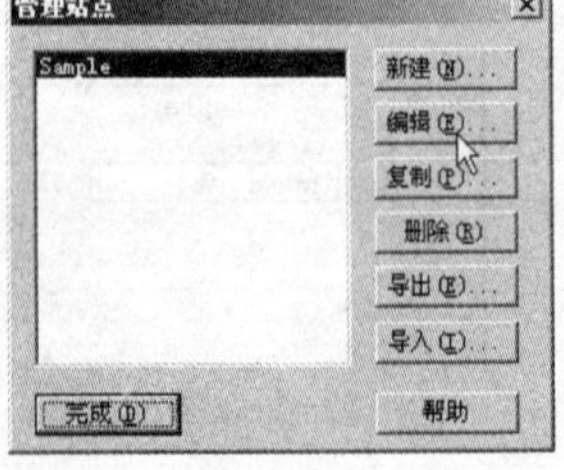

图 1-25 “管理站点”对话框

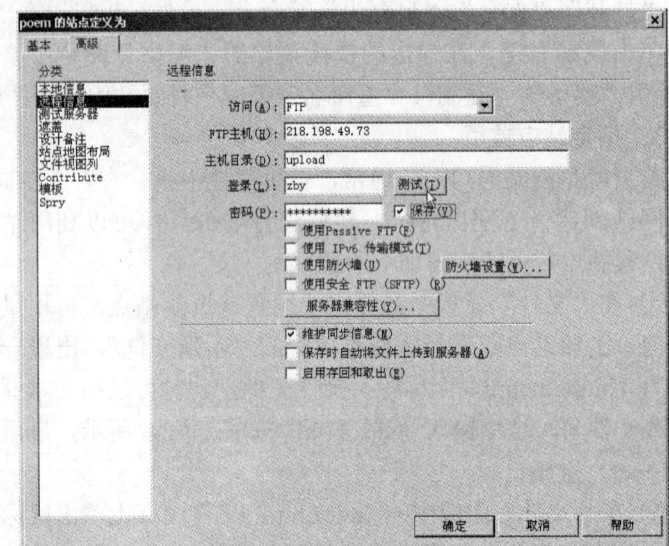

图 1-26 设置 FTP 访问参数

在该对话框中其他设置项的含义如下。

- “FTP 主机”文本框：用于输入站点文件上传的目标 FTP 主机地址。
- “主机目录”文本框：用于输入远程站点所在的主机目录名称。对于不同的站点，该目录可能是公开的可视文档的存放地，也可能是登录目录（此时该框保留为空白）。
- “登录”文本框和“密码”文本框：用于输入登录名称和登录密码。如果选中旁边的“保存”复选框，则可以自动保存密码。
- “使用防火墙”复选框：如果用户计算机连接到的服务器有防火墙保护，则选中“使用防火墙”复选框。
- “使用 Passive FTP”复选框：如果某些防火墙要求使用被动式 FTP，也就是说，让本地的软件建立 FTP，而不是请求远程服务器建立 FTP，这时应当选中“使用 Passive FTP”复选框。

设置好各选项后，可以单击“测试”按钮测试 FTP 远程站点是否连通。单击“测试”按钮后，经过一段时间等待，出现测试成功的对话框，如图 1-27 所示。

⑤ 单击“确定”按钮进行确认并关闭该对话框，返回“站点定义”对话框，再次单击“确定”按钮，返回“管理站点”对话框，单击“完成”按钮，返回站点窗口。

2．连接服务器

定义了远程站点后，还必须建立本地站点和 Internet 服务器的真正连接，才能真正构建远程站点。步骤如下。

① 在站点窗口中显示要上传的本地站点。

② 单击站点窗口上方的“连接”按钮，如图 1-28 所示。

图 1-27　连接测试成功

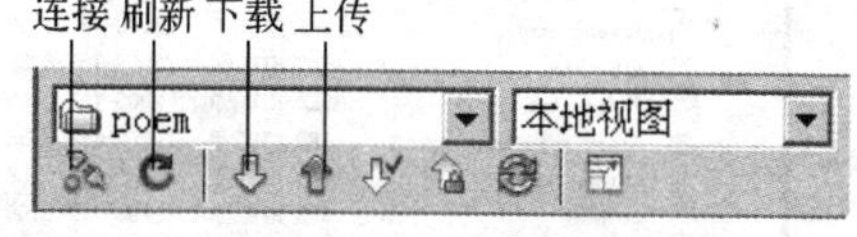

图 1-28　连接服务器

③ 连接成功后，会在站点窗口的远程站点窗格中显示主机目录，它将作为远程站点根目录。同时，原先的“连接”按钮转变为“断开连接”按钮。

3．文件的上传和下载

在设置本地站点信息和远程站点信息后，就可以进行本地站点与远程站点间文件的上传及下载操作。具体的操作步骤如下。

① 在 Dreamweaver 中设置本地和远程服务器信息。

② 将本地计算机连入 Internet。

③ 在站点管理窗口中打开要进行上传或下载文件操作的站点，将 Dreamweaver 与远程服务器接通，接通后，站点管理窗口左边的“远端站点”窗格中将显示远程服务器中的文件目录。选中本地站点，单击“上传”按钮，本地站点中的所有文件将逐个被上传到远程站点，如图 1-29 所示，上传后的结果如图 1-30 所示。

图 1-29　文件逐个被上传到远程站点

④ 与远程服务器连通后，可以在站点管理窗口中上传及下载站点文件。

- 上传站点文件：从“本地文件”窗格中选择文件，将它们拖放到“远端站点”窗格的某个文件夹中；或者从“本地文件”窗格中选择文件，单击按钮。
- 下载站点文件：从“远端站点”窗格中选择文件，将它们拖放到“本地文件”窗格的某个文件夹中；或者从“远端站点”窗格中选择文件，单击按钮。

不同用户的连接速度不同，可能需要经过一段时间的等待，在“远端站点”（或“本地文件”）窗格中将出现上传（或下载）的文件。

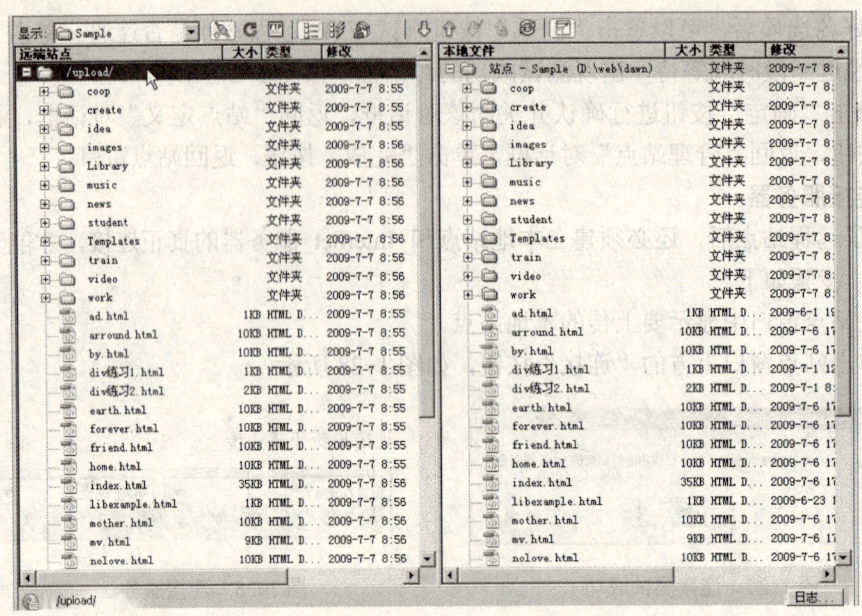

图 1-30　上传本地站点到远程站点

1.5　实训

【实训综述】 建立一个旅游主题的本地站点及制作网站首页。

【实训展示】 本实训页面预览后的结果如图 1-31 所示。

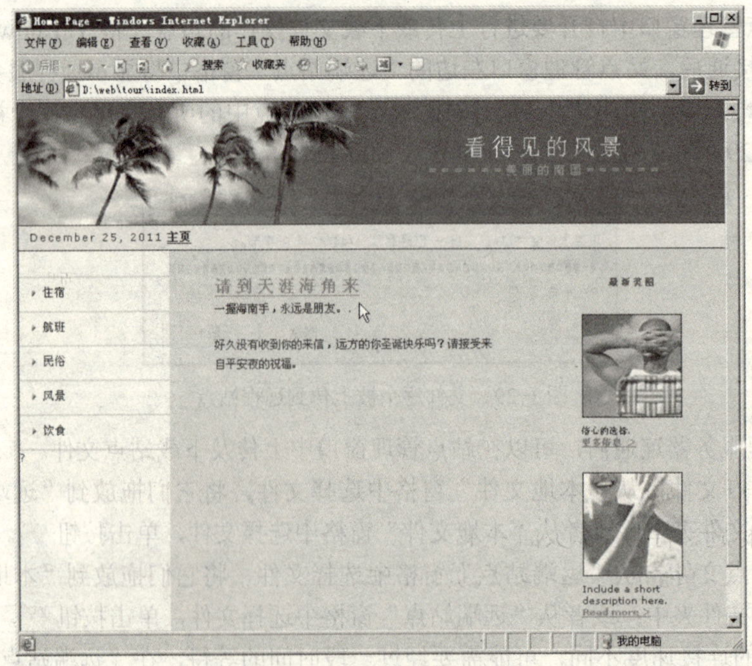

图 1-31　页面预览的结果

【实训目标】 掌握建立本地站点的方法和创建网页的基本流程。

【知识要点】 建立本地站点，创建基于主题的起始页，页面的保存和预览。

制作要点：

① 新建本地站点，命名为 tour，本地根文件夹为 D:\web\tour。

② 执行“文件”→“新建”，出现“新建文档”对话框。选择“示例中的页”选项，从“示例文件夹”列表框中选择“起始页（主题）”类别，从右侧的“示例页”列表框中选择一个示例页，例如“旅游-主页”页面。该页面是网站的主页，包括介绍性的文本、链接和图像。单击“创建”按钮，出现提示要求先保存生成的页面的文件名，输入“index.html”。单击“保存”按钮，原始页面显示在设计视图中，如图 1-32 所示。

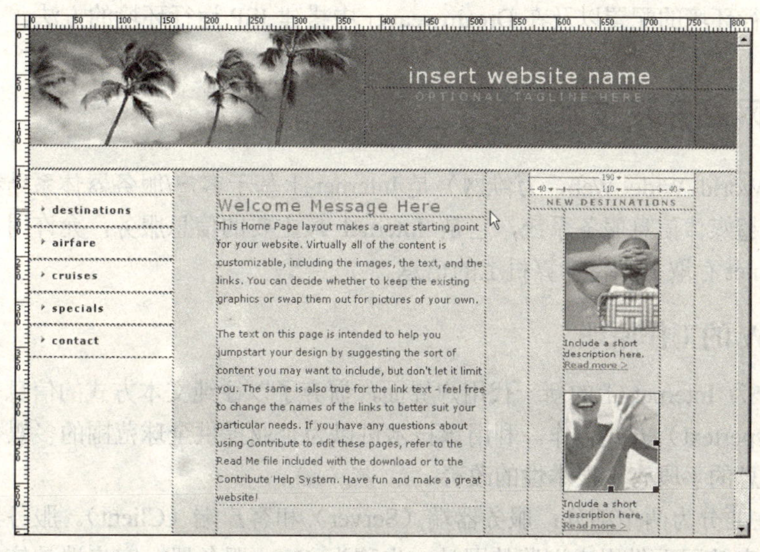

图 1-32 原始页面

③ 用户可以在此页面的基础上修改得到自己所需的页面，修改后的页面如图 1-31 所示。

在编辑网页时，如果文档窗口标题栏文件名后有一个星号“*”，则表示当前文档没有保存，此时应当及时保存对网页的修改。由于用户修改了页面的内容，因此要注意保存所做的修改。

④ 执行“文件”→“保存全部”命令，将页面保存，按〈F12〉键预览网页。

1.6 习题

1．简答 Dreamweaver 文档编辑所包括的 3 种视图及特点。

2．在本地站点中创建一个首页文件 index.html 和一个存放图像的文件夹 images，自定义首页文件的标题、背景色和页面字体。

3．举例简述 Dreamweaver 创建网页的工作流程。

4．本地站点和远端站点的区别是什么？举例建立一个本地站点。

5．简述使用 Dreamweaver 发布网站的过程。

第2章　创建与配置JSP运行环境

JSP是一种执行于服务器端的动态网页开发技术，执行JSP时需要在Web服务器上架设一个编译JSP网页的引擎。配置JSP开发环境的方法很多，但主要工作就是安装和配置Web服务器和JSP引擎。Apache Tomcat是目前比较流行的支持JSP运行的Web服务器。本章主要介绍JSP运行环境的配置以及在Dreamweaver中搭建JSP运行环境的方法。

2.1　动态网站开发技术

WWW（World Wide Web，万维网）是Internet上基于客户/服务器体系结构的分布式多平台的超文本超媒体信息服务系统，它是Internet最主要的信息服务，允许用户在一台计算机上通过Internet存取另一台计算机上的信息。

2.1.1　WWW的工作原理

WWW作为Internet上的新一代用户界面，摒弃了以往纯文本方式的信息交互手段，采用超文本（Hypertext）方式工作。利用该技术可以为企业提供全球范围的多媒体信息服务，使企业获取信息的手段有了根本性的改善。

WWW主要分为两个部分：服务器端（Server）和客户端（Client）。服务器端是信息的提供者，就是存放网页供用户浏览的网站，也称为Web服务器。客户端是信息的接收者，通过网络浏览网页的用户或计算机的总称，浏览网页的程序称为浏览器（Browser）。

WWW中的网页浏览过程，是由客户端的浏览器向服务器端的Web服务器发送浏览网页的请求，Web服务器就会响应该请求并将该网页传送到客户端的浏览器，并由浏览器解析和显示网页。

2.1.2　静态网页和动态网页

WWW网站的网页，可以分为静态网页和动态网页两种技术。

1．静态网页

静态网页指客户端的浏览器发送URL请求给WWW服务器，服务器查找需要的超文本文件，不加处理直接下载到客户端，运行在客户端的页面是已经事先做好并存放在服务器中的网页。其页面的内容使用的仅仅是标准的HTML代码，静态网页通常由纯粹的HTML/CSS语言编写。

网站建设者把内容设计成静态网页，访问者只能被动地浏览网站建设者提供的网页内容。静态网页的内容不会发生变化，除非网页设计者修改了网页的内容。静态网页不能实现和浏览网页的用户之间的交互，信息流向是单向的，即从服务器到浏览器，服务器不能根据用户的选择调整返回给用户的内容。

2．动态网页

网络技术日新月异，许多网页文件扩展名不再只是.html，还有.php、.asp、.jsp 等，这些都是采用动态网页技术制作出来的。动态网页其实就是建立在 B/S 架构上的服务器端脚本程序。在浏览器端显示的网页是服务器端程序运行的结果。

静态网页与动态网页的区别在于 Web 服务器对它们的处理方式不同。当 Web 服务器接收到对静态网页的请求时，服务器直接将该页发送给客户浏览器，不进行任何处理。如果接收到对动态网页的请求，则从 Web 服务器中找到该文件，并将它传递给一个称为应用程序服务器的特殊软件扩展，由它负责解释和执行网页，将执行后的结果传递给客户浏览器。

动态网页技术根据程序运行的区域不同，分为客户端动态技术与服务器端动态技术。

2.1.3 客户端的动态网页

客户端动态技术不需要与服务器进行交互，实现动态功能的代码往往采用脚本语言形式直接嵌入到网页中。服务器发送给浏览者后，网页在客户端浏览器上直接响应用户的动作，有些应用还需要浏览器安装组件支持。常见的客户端动态技术包括 JavaScript、VBScript、Java Applet、Flash、DHTML 和 ActiveX 等。

2.1.4 服务器端的动态网页

服务器端动态技术需要与客户端共同参与，客户通过浏览器发出页面请求后，服务器根据 URL 携带的参数运行服务器端程序，产生的结果页面再返回客户端。一般涉及数据库操作的网页（如注册、登录和查询等）都需要服务器端动态技术程序。动态网页比较注重交互性，即网页会根据客户的要求和选择而动态改变和响应，将浏览器作为客户端界面，这将是今后 Web 发展的趋势。动态网站上主要是一些页面布局，网页的内容大都存储在数据库中，并可以利用一定的技术使动态网页内容生成静态网页内容，方便网站的优化。

典型的服务器动态技术有 CGI、ASP/ASP.NET、JSP、PHP 等。

1．CGI 通用网关接口

CGI 是一段运行在 Web 服务器上的程序，定义了客户请求与应答的方法，提供了服务器和客户端 HTML 页面的接口。通俗地讲，CGI 就像是一座桥，把网页和 Web 服务器中的执行程序连接起来，它把 HTML 接收的指令传递给服务器，再把服务器执行的结果返还给 HTML 页。用 CGI 可以实现处理表格、数据库查询、发送电子邮件等许多操作。

可以使用不同的程序编写适合的 CGI 程序，如 VB、Delphi 或 C/C++等。用户将编写好的程序放在 Web 服务器上运行，再将其运行结果通过 Web 服务器传输到客户端的浏览器上。事实上，这样的编制方式比较困难而且效率低下，因为用户每一次修改程序都必须重新将 CGI 程序编译成可执行文件。

2．ASP/ASP.NET

ASP（Active Server Pages）是目前较为流行的开放式 Web 服务器应用程序开发技术。ASP 既不是一种语言，也不是一种开发工具，而是一种技术框架。它能够把 HTML、脚本、组件等有机地组合在一起，形成一个能够在服务器上运行的应用程序，并把按用户要求专门制作的标准 HTML 页面回送给客户端浏览器。其主要功能是为生成动态的交互式的 Web 服务器应用程序提供一种功能强大的方法或技术。

近年来，Microsoft 开发了以.NET Framework 为基础的动态网站技术——ASP.NET。ASP.NET 是 ASP 的.NET 版本，是一种编译式的动态技术，执行效率较高，同时支持使用通用语言建立动态网页。

3. PHP

PHP 是超文本预处理语言的缩写。PHP 是一种 HTML 内嵌式的语言，与微软的 ASP 颇有几分相似，都是一种在服务器端执行的嵌入 HTML 文档的脚本语言，语言的风格类似于 C 语言。PHP 独特的语法混合了 C、Java、Perl 以及 PHP 自创的语法。它可以比 CGI 或者 Perl 更快速地执行动态网页。PHP 是将程序嵌入到 HTML 文档中去执行，执行效率比完全生成 HTML 标记的 CGI 要高许多。

PHP 具有非常强大的功能，所有的 CGI 或者 JavaScript 的功能 PHP 都能实现，而且支持几乎所有流行的数据库以及操作系统。

4. JSP

JSP（Java Service Page，Java 服务页面）是由原 Sun 公司（后被 Oracle 公司收购）所倡导，众多公司参与，一起建立的一种动态网页技术标准。JSP 由于是基于 Java 技术的动态网页解决方案，具有良好的可伸缩性，并且与 Java Enterprise API 紧密结合，因此在网络数据库应用开发方面有得天独厚的优势。

JSP 几乎可以运行在所有的服务器系统上，对客户端浏览器要求也很低。JSP 可以支持超过 85%以上的操作系统，除了 Windows 外，它还支持 Linux、UNIX 等。

2.1.5 JSP 的开发环境

JSP 开发环境涉及 Java 开发工具包、Web 服务器和数据库。

1. JDK

JDK（Java Develop Kit，Java 开发工具包）包括运行 Java 程序所必需的 Java 虚拟机、Java 类库和开发工具等。在使用 JSP 开发网站之前，首先必须安装 JDK。

2. Tomcat 服务器

Tomcat 是 Apache-Jakarta 软件组织开发的一个服务器软件包，是一个小型的、轻量级的、支持 JSP 和 Servlet 技术的 Web 服务器。Tomcat 既可以嵌入 Apache 使用，也可以作为独立的 Web 服务器使用，而且还具有作为商业 Java Web 应用容器的特征，它已经成为学习开发 JSP 应用的首选。

3. MySQL 数据库

MySQL 是一个开放源码的小型关系数据库管理系统，由于其具有体积小、速度快、总体成本低等优点，目前被广泛应用于 Internet 的中小型网站中。MySQL 是一个真正的多用户、多线程的 SQL 数据库服务器。由于 MySQL 源代码的开放性和稳定性，并且可与 JSP 完美结合，很多站点使用它们进行 Web 开发。有关 MySQL 数据库的具体内容会在第 6 章介绍。

2.2 安装与配置 JDK

JDK 是一切 Java 应用程序的基础，可以说，所有的 Java 应用程序是构建在它之上的，其核心是一组 JavaAPI。

2.2.1 安装 JDK

原 Sun 公司提供的 JDK 工具包用于创建 Java 程序，是使用最多的 Java 开发环境。JDK 套件需要从原 Sun 公司的官方网站 http://java.sun.com 下载，本书中使用的 JDK 是 J2SE Development Kit 6 标准版，主要用于开发 Java 桌面应用程序。安装 JDK 的步骤如下所述。

① 双击 J2SE Development Kit 6 安装程序，启动程序的安装。首先打开的是安装“许可证协议”对话框，如图 2-1 所示。单击“接受”按钮，打开如图 2-2 所示的“自定义安装”对话框。

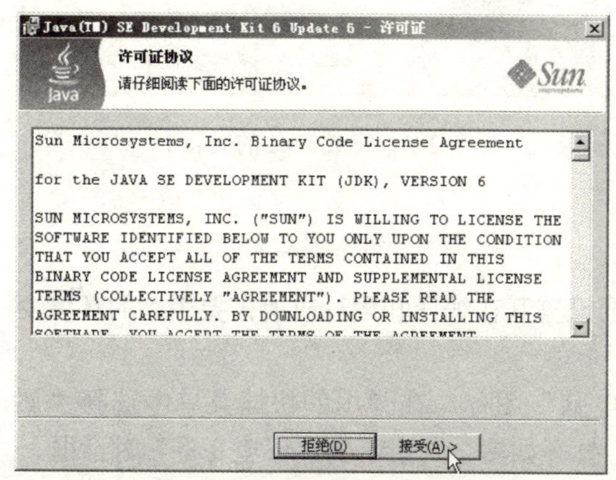

图 2-1 “许可证协议”对话框

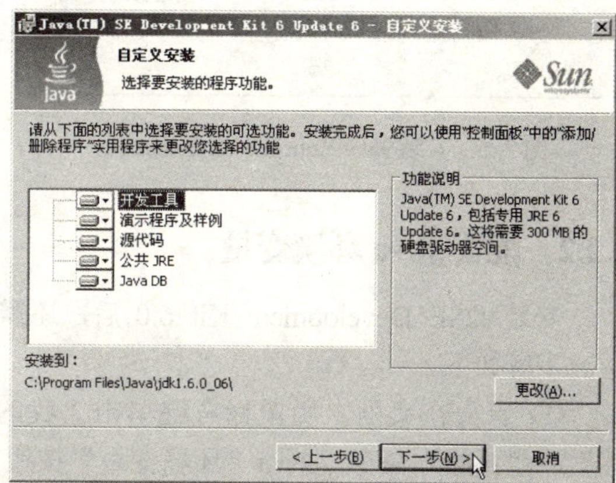

图 2-2 “自定义安装”对话框

② 单击“下一步”按钮，打开“正在安装 J2SE Development Kit 6”对话框，显示出安装进度，如图 2-3 所示。J2SE Development Kit 6 安装完成后，自动弹出安装 JRE（Java SE Runtime Environment，Java 运行环境）的“自定义安装”对话框，如图 2-4 所示。

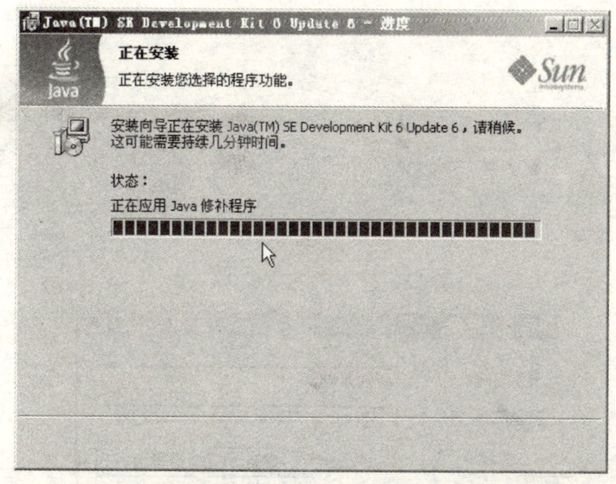

图 2-3 “安装 J2SE Development Kit 6”对话框

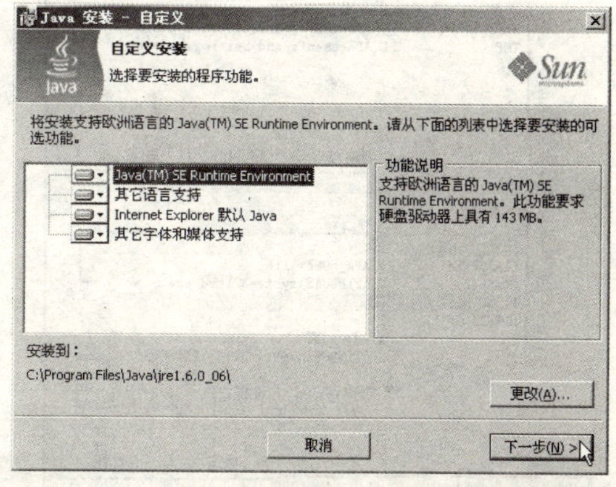

图 2-4 安装 JRE 的“自定义安装”对话框

③ 单击“下一步”按钮，打开“正在安装 Java Runtime Environment”对话框，显示出安装进度，如图 2-5 所示。安装完成后，显示如图 2-6 所示的界面。单击“完成”按钮，完

成 JDK 的安装。

图 2-5　安装 Java Runtime Environment

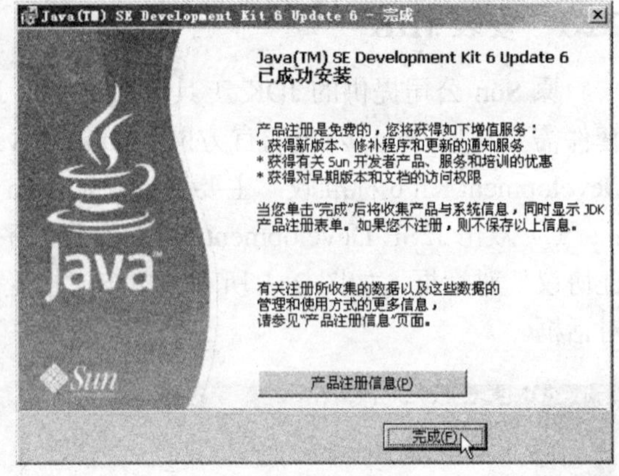

图 2-6　完成 JDK 的安装

2.2.2　配置 Java 环境变量

安装 J2SE Development Kit 6.0 后，还需要设置其在编译和运行时所需要用到的环境变量。步骤如下。

① 首先在桌面上用鼠标右键单击“我的电脑”图标，在弹出的快捷菜单中选择“属性”→“高级”命令。单击“环境变量”按钮，打开如图 2-7 所示的“环境变量”对话框。

② 单击“系统变量”组合框内的“新建”按钮，打开“新建系统变量”对话框，新建一个名为 JAVA_HOME 的系统变量，变量值为 C:\Program Files\Java\jdk1.6.0_06（结尾不加分号），如图 2-8 所示。

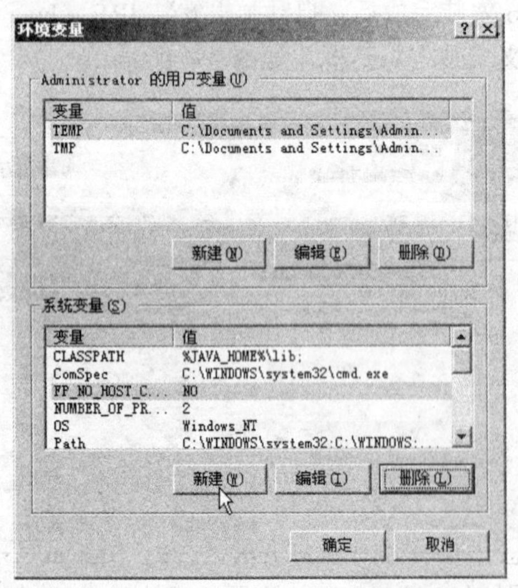

图 2-7　“环境变量”对话框

图 2-8　新建系统变量 JAVA_HOME

③ 在系统变量列表框内双击 Path 系统变量，打开“编辑系统变量”对话框，在其末尾添加一个变量值“%JAVA_HOME%\bin;”，如图 2-9 所示。结尾的分号一定要写，如果原来

的 Path 结尾没有分号，则用户需要自己添加一个分号，起到分隔的作用。

④ 新建一个名为 CLASSPATH 的系统变量，变量值为“%JAVA_HOME%\lib;”，如图 2-10 所示。

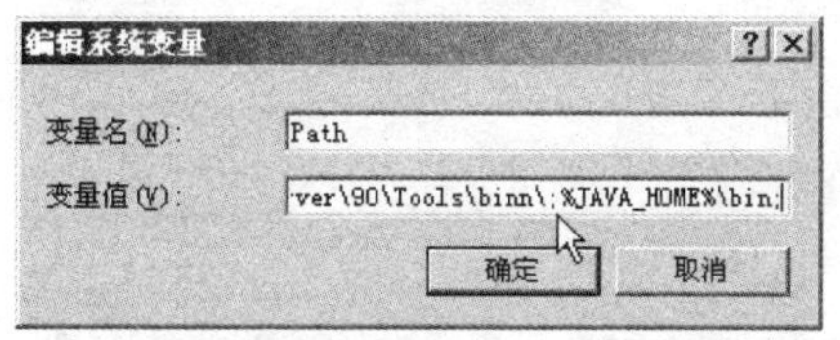

图 2-9　编辑系统变量 Path

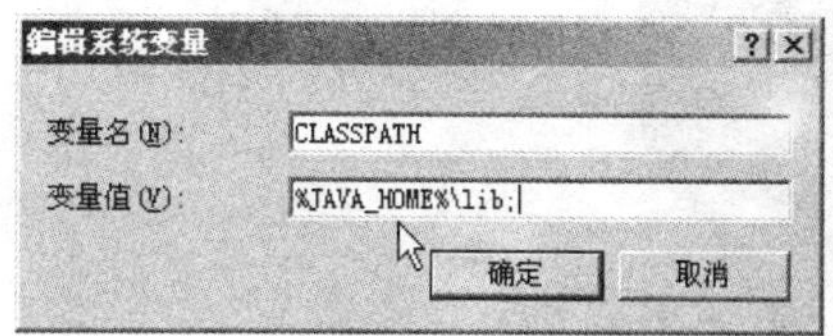

图 2-10　新建系统变量 CLASSPATH

⑤ 全部完成后单击“确定”按钮返回“系统属性”对话框，再单击“确定”按钮完成 Java 环境变量的配置。用户就可以测试 Java 环境变量的配置是否正确。单击“开始”→“运行”菜单项，在弹出的对话框中输入 cmd 命令，打开一个 DOS 窗口。在 DOS 窗口中，分别输入 java 和 javac 进行测试，如果显示出如图 2-11 和图 2-12 所示的界面，则说明 JDK 配置成功了。

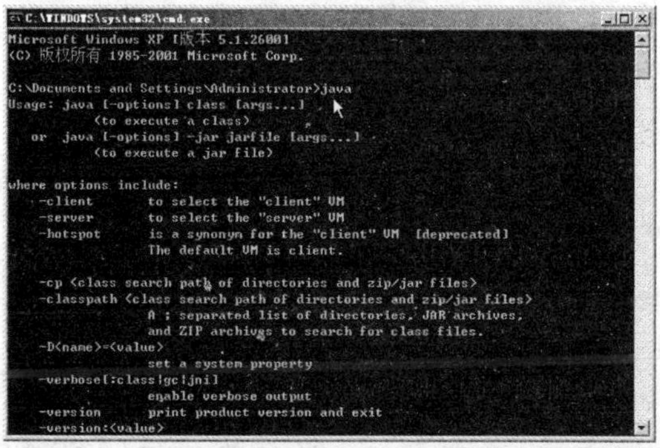

图 2-11　测试 java 命令

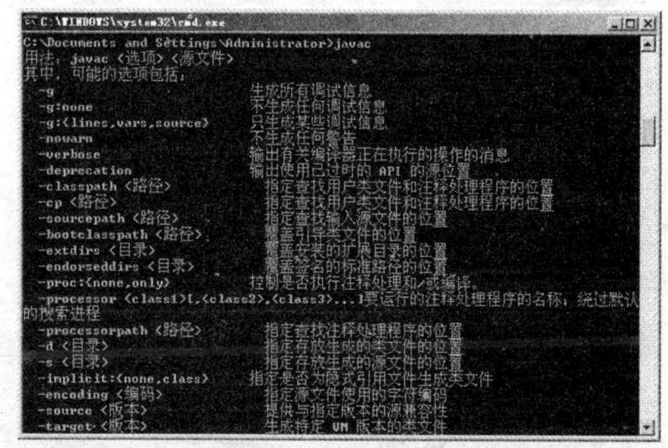

图 2-12　测试 javac 命令

2.3　安装与配置 Tomcat 服务器

Tomcat 是一个免费的开源的 Servlet 容器，由 Apache 公司、原 Sun 公司和其他一些公司及个人共同开发而成。Tomcat 提供了各种平台的版本供下载，用户可以从官方网站 http://tomcat.apache.org 上下载其源代码版或者安装版，本书中使用的 Tomcat 版本是 Tomcat 5.5 安装版。由于 Java 的跨平台特性，基于 Java 的 Tomcat 也具有跨平台性。

2.3.1　安装 Tomcat 服务器

Tomcat 5.5 有两个主要版本：安装版和解压版。用户使用安装版能更好地知道当前 Tomcat Web 服务的状态。在安装 Tomcat 时要注意必须事先安装了 JDK，否则 Tomcat 不能定位安装需要使用的 Java 运行环境 JRE。需要特别说明的是，Tomcat 服务器的 Web 服务默认端口是 8080。安装 Tomcat 的步骤如下所述。

① 双击 Tomcat 5.5 安装程序，打开如图 2-13 所示的欢迎信息窗口。单击“Next”按钮，打开如图 2-14 所示的安装协议窗口，单击“I Agree”按钮。

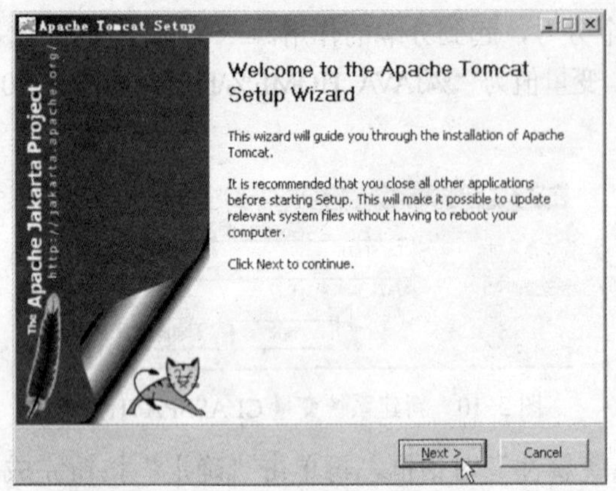

图 2-13　欢迎信息

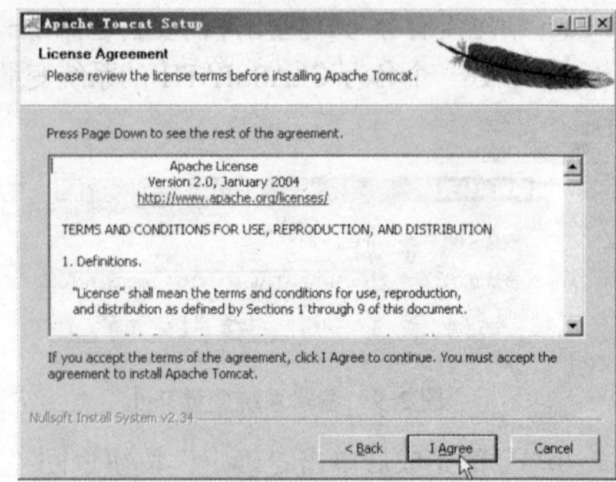

图 2-14　安装协议

② 打开选择安装模式的选择窗口，选择安全安装，如图 2-15 所示。单击“Next”按钮，打开选择安装路径窗口，本书将安装路径设置为 C:\Tomcat，如图 2-16 所示。

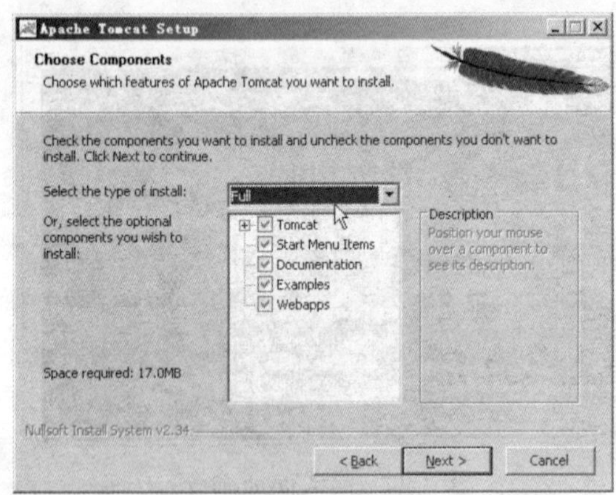

图 2-15　选择安装模式

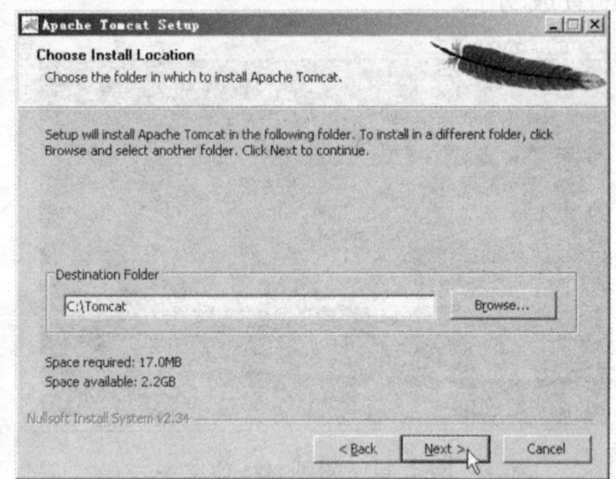

图 2-16　选择安装路径

③ 单击“Next”按钮，打开基本服务配置窗口，保持 Web 服务默认端口 8080 不变，如图 2-17 所示。单击“Next”按钮，打开设置 Java 虚拟机窗口，安装程序将自动定位到 Java 虚拟机的安装路径，如图 2-18 所示。

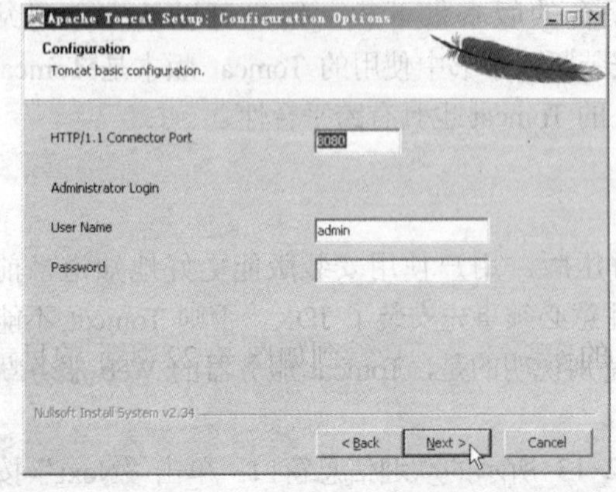

图 2-17　基本服务配置

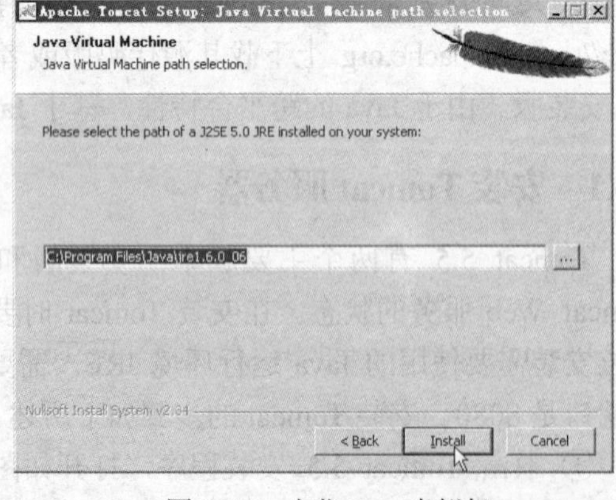

图 2-18　定位 Java 虚拟机

④ 单击“Install”按钮，开始安装Tomcat，如图2-19所示。安装完成后，显示如图2-20所示的界面。单击“Finish”按钮，完成Tomcat服务器的安装。

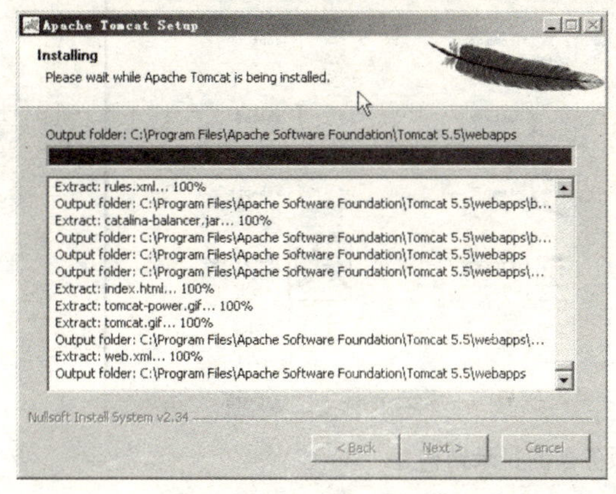

图2-19　安装过程

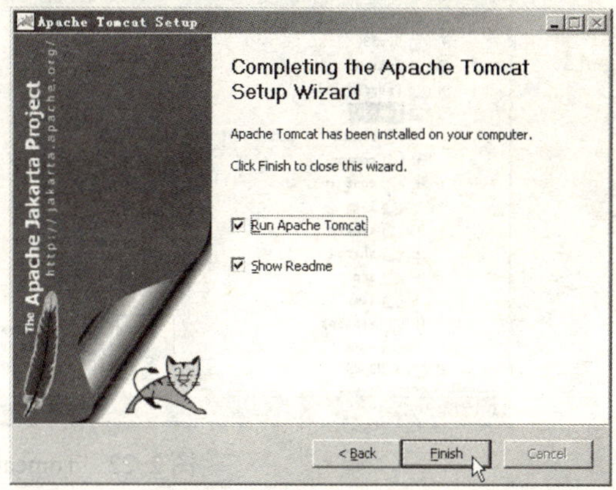

图2-20　安装完毕

⑤ Tomcat服务器安装完毕后会自动启动服务。用户如果需要测试服务器是否安装成功，可以打开IE浏览器，在地址栏中输入http://localhost:8080，如果能打开如图2-21所示的网页，则表示Tomcat服务器安装成功并且成功地启动了服务。

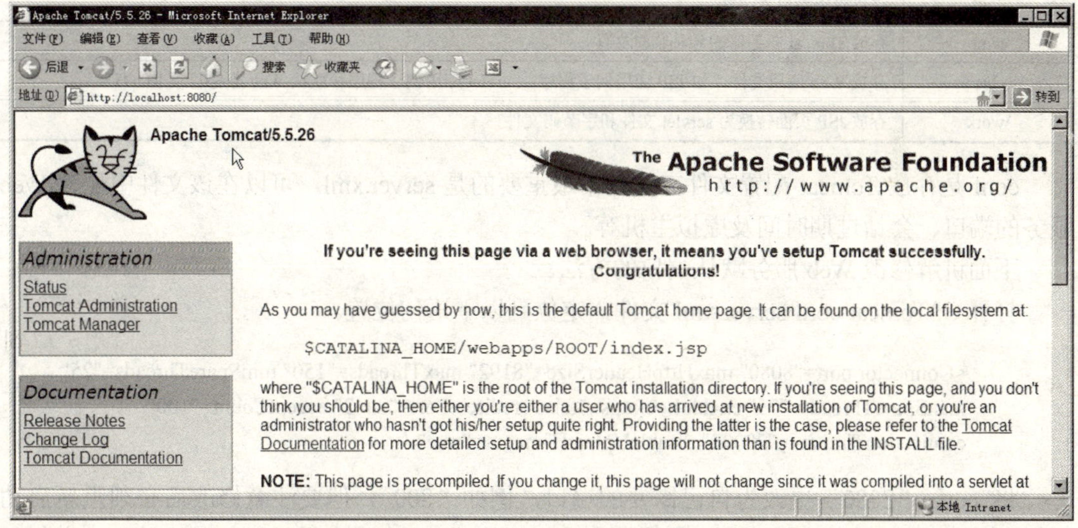

图2-21　测试Tomcat服务器

2.3.2　Tomcat服务器的目录结构

Tomcat服务器安装完毕后，打开Tomcat的安装路径，会看到如图2-22所示的目录结构。

Tomcat的目录结构如表2-1所示。

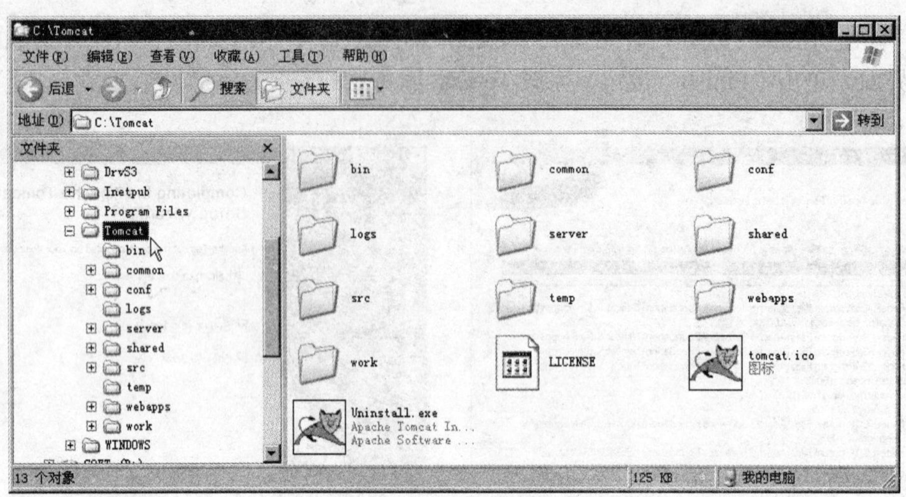

图 2-22　Tomcat 服务器的目录结构

表 2-1　Tomcat 的目录结构

目 录 名	作　用
\bin	存放启动和关闭 Tomcat 服务器的文件
\lib	该目录下存放的 JAR 文件和类文件，能被各目录下的 JSP 页面和 Tomcat 服务器系统程序访问
\conf	存放服务器的各种配置文件，包括 server.xml、web.xml 等
\logs	存放服务器日志文件
\temp	存放 Tomcat 服务器的各种临时文件
\webapps	存放 Web 应用文件，如 JSP 应用例子程序、servlet 应用例子程序和默认 Web 服务目录 ROOT
\work	存放 JSP 页面转换为 servlet 文件和字节码文件

conf 是存放 Tomcat 配置文件夹，其中最重要的是 server.xml，可以在该文件中配置 Web 服务的端口、会话过期时间及虚拟主机等。

下面讲解修改 Web 服务默认端口的方法。

打开 C:\Tomcat\conf\server.xml 文件，定位到以下语句位置。

```
<Connector port="8080" maxHttpHeaderSize="8192" maxThreads="150" minSpareThreads="25"
maxSpareThreads="75" enableLookups="false" redirectPort="8443" acceptCount="100"
connectionTimeout="20000" disableUploadTimeout="true" />
```

将 port=“8080”更改为自己需要的端口，例如“800”，但要注意修改后必须重新启动 Tomcat 服务器才能生效。这里只是给读者演示了修改 Web 服务默认端口的方法，本书仍旧使用 Web 服务默认端口 8080。

2.3.3　Tomcat 服务器的基本操作

在安装完 Tomcat 服务器后会自动启动服务，在系统右下角托盘区显示出 Tomcat 的服务图标，用户可以使用该图标的快捷菜单选项控制服务的开启与关闭。如果该图标没有显示出来，用户可以单击“开始”→“程序”→“Apache Tomcat 5.5”→“Monitor Tomcat”菜单项重新显示该图标。

1．启动服务

如果当前 Tomcat 服务器处于关闭服务的状态（服务图标显示为 ），用鼠标右键单击服务图标，在弹出的菜单中选择“Start service”菜单项，如图 2-23 所示，即可启动服务。

2．关闭服务

如果当前 Tomcat 服务器处于开启服务的状态（服务图标显示为 ），用鼠标右键单击服务图标，在弹出的菜单中选择“Stop service”菜单项，如图 2-24 所示，即可关闭服务。

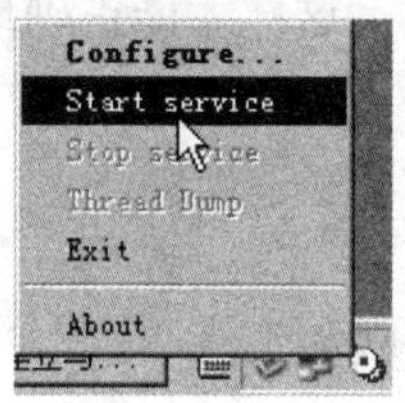

图 2-23　启动服务

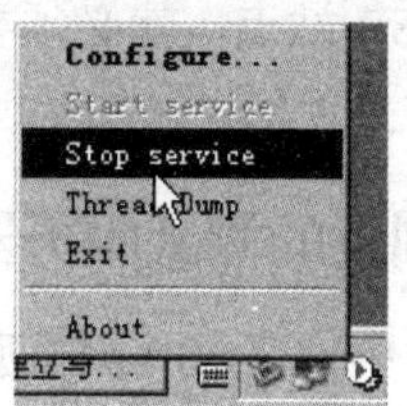

图 2-24　关闭服务

2.3.4　Tomcat 服务器中的 Web 应用程序文件架构

在 Tomcat 服务器中，所有 JSP 的网站目录都必须放到 webapps 目录下。例如有一个名为 test 的网站目录，则这个目录的位置是 C:\ Tomcat\webapps\test。一个完整的 Web 应用程序必须具备 WEB-INF 目录，该目录中通常包含一个结构与部署说明文件 web.xml 和 classes、lib 两个重要目录，如图 2-25 所示。

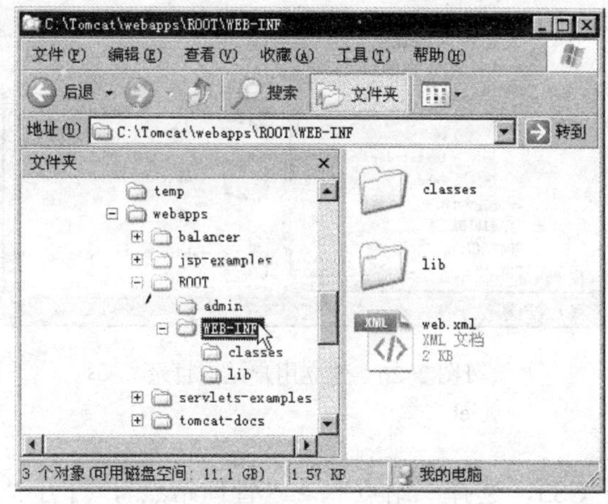

图 2-25　Web 应用程序文件架构

1．web.xml

web.xml 文件称为结构与部署说明文件，它是一个 XML 文件，记载了一个应用程序所有的组态信息。如果用户的网站程序只有 JSP 和 HTML 两种文件，则通常可以不用理会这个文件。

2．classes 目录

classes 目录用于保存 java 类（.class）。

3．lib 目录

lib 目录用于保存 Web 应用程序用到的所有 jar 文件，例如用来连接数据库的.jar 文件就要放到这个目录下。

一般来讲，只要扩展名是.class 的文件都放在 classes 目录中，扩展名是.jar 的文件都放在 lib 目录中。

2.4 在 Dreamweaver 中建立 JSP 站点

要构建动态的 JSP 站点，就必须要定义测试站点，这样才能正确地解析服务器中的应用程序。

2.4.1 建立 JSP 网页的测试服务器

在 Dreamweaver 中定义 JSP 测试服务器的操作步骤如下。

1．默认网站目录下建立用户站点目录

在 JSP 的默认网站目录“C:\Tomcat\webapps”下建立用户站点目录，如 test。对应的本地物理文件夹为 C:\Tomcat\webapps\test，如图 2-26 所示。这里建立的用户站点目录就是作为测试服务器使用的，即本地站点中制作的页面最终要上传到测试服务器中进行验证。

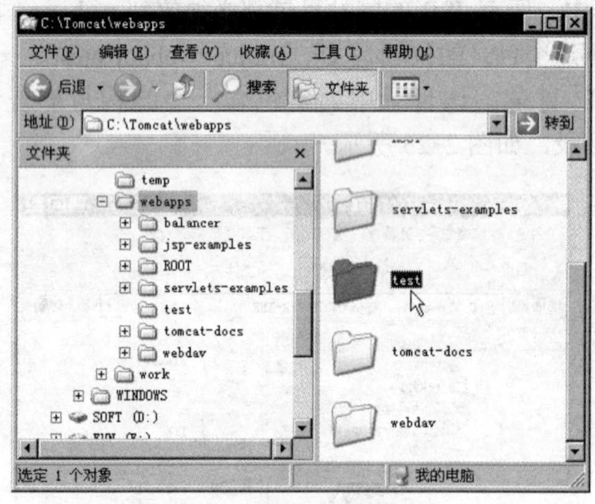

图 2-26 建立用户站点目录

2．建立本地站点

打开 Dreamweaver CS3，选择“站点”→“管理站点”，打开“站点定义”对话框，新建一个名称为 example 的本地站点，使用的本地文件夹为 C:\Tomcat\webapps\test，如图 2-27 所示。

3．建立测试服务器

将分类切换到“测试服务器”类别，设置服务器模型为“JSP”，访问为“本地/网络”，测试服务器文件夹为 C:\Tomcat\webapps\test，HTTP 地址修改为 http://localhost：8080/test。在以上的设置中，一定要注意修改默认的 HTTP 地址，添加 8080 端口号即 http://localhost：8080/，并在之后添加上在默认网站目录下建立的用户站点目录 test，如图 2-28 所示，否则测试服务器的定义将产生错误。

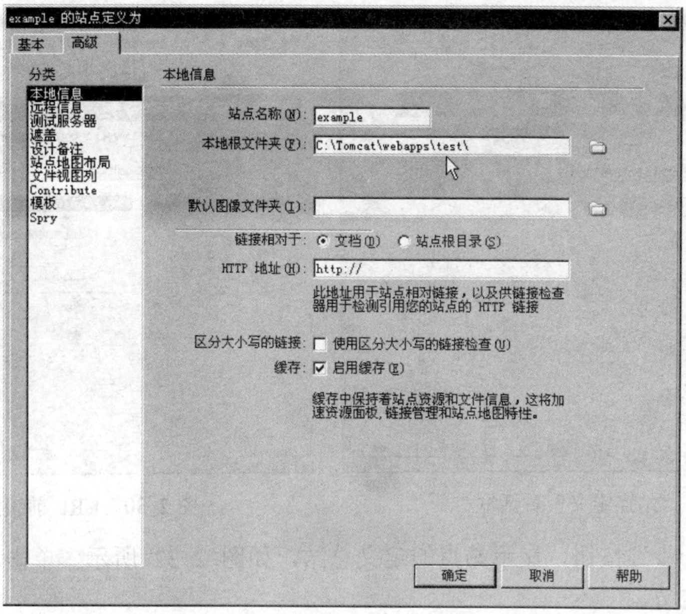

图 2-27　建立本地站点

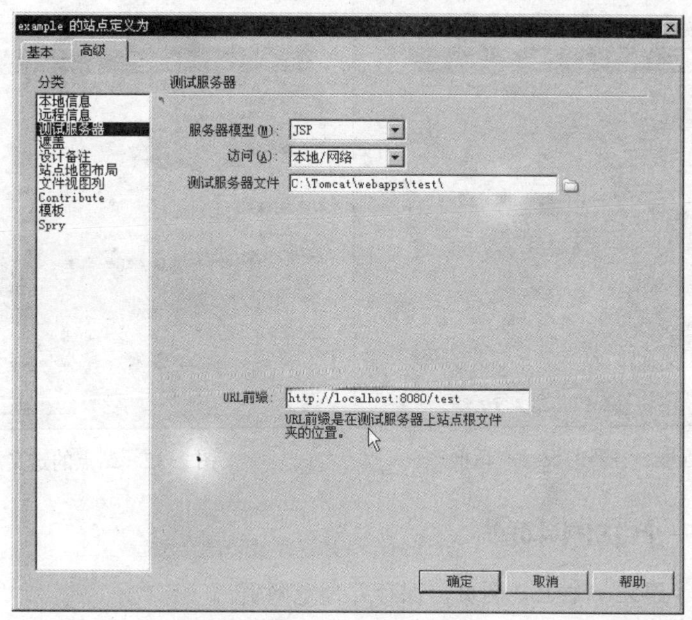

图 2-28　建立测试服务器

单击“基本”选项卡，对话框如图 2-29 所示。选中“自动刷新远程文件列表”复选框，单击“下一步”按钮，在弹出的对话框中单击“测试 URL”按钮。如果测试服务器设置正确，则弹出的对话框中将提示 URL 前缀测试已成功，如图 2-30 所示。

单击“确定”按钮，返回到“站点定义”对话框。单击“下一步”按钮，打开如图 2-31 所示的远程服务器的设置对话框。这里暂时不需要设置远程服务器，因此，保留对话框中的默认选项“否”。

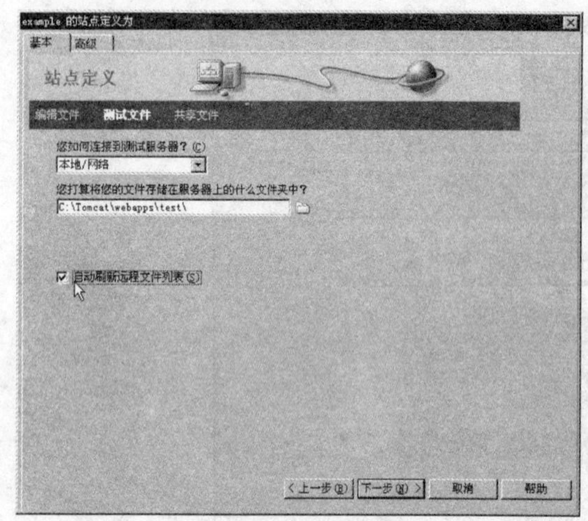

图 2-29 “站点定义”对话框

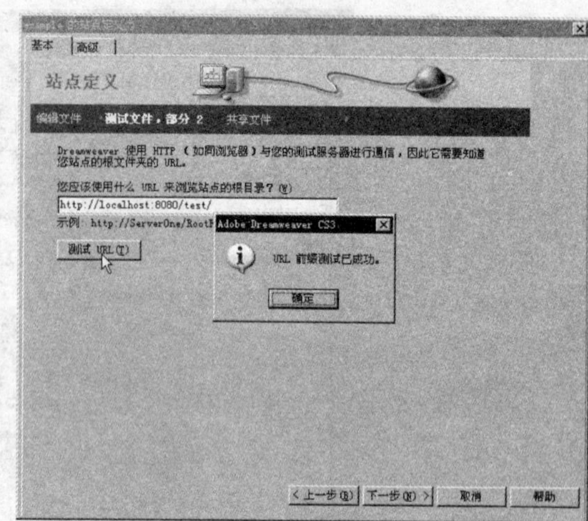

图 2-30 URL 前缀测试已成功

单击“下一步”按钮，显示站点的定义总结，如图 2-32 所示。单击“完成”按钮，完成 JSP 站点的定义。

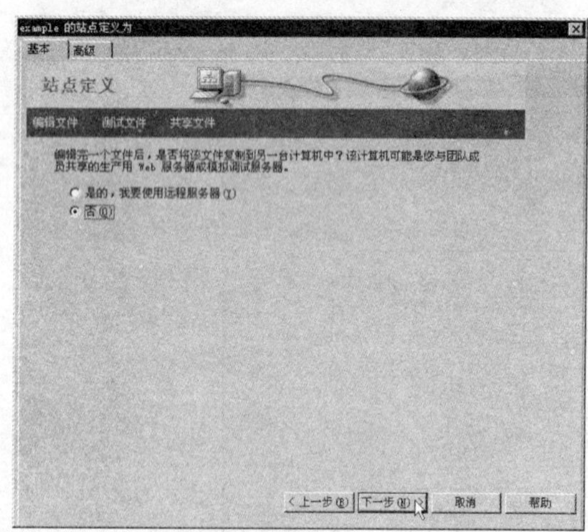

图 2-31 远程服务器的设置对话框

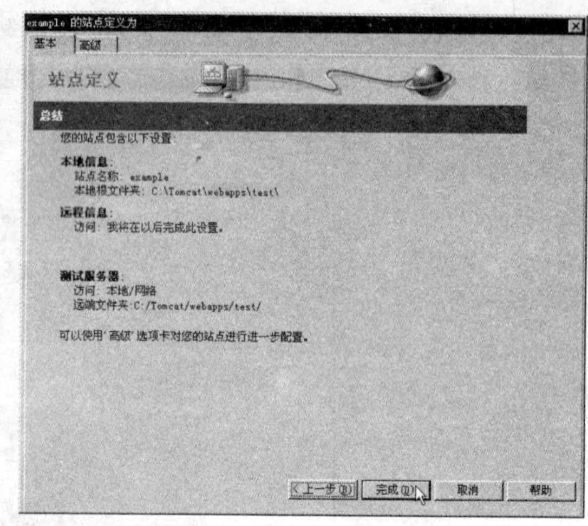

图 2-32 站点的定义总结

2.4.2 建立第一个 JSP 网页

【案例 2-1】 建立一个 JSP 网页，保存并预览网页。

【案例展示】 本实例页面建立在上面定义的 JSP 站点中，页面预览的结果如图 2-33 所示。

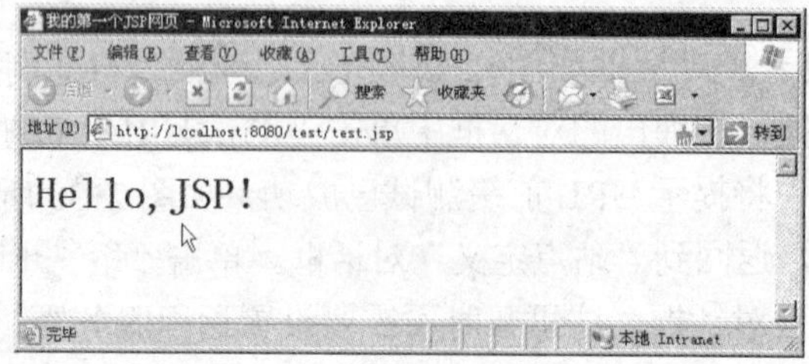

图 2-33 页面预览的结果

【学习目标】 掌握建立 JSP 网页的一般方法。

【知识要点】 建立 JSP 网页，保存网页，预览网页。

操作步骤如下。

① 启动 Dreamweaver，打开已经建立的站点 example，在文件面板的本地站点下新建一个空白网页文档，默认的文件名是 untitled.jsp，修改网页文件名为 test.jsp，如图 2-34 所示。

② 双击网页 test.jsp 进入网页的编辑状态。在代码视图下，修改网页标题为“我的第一个 JSP 网页”，输入以下 JSP 代码，如图 2-35 所示。

```
<%
out.println("<h1>Hello,JSP!</h1>");
%>
```

图 2-34 新建 JSP 网页

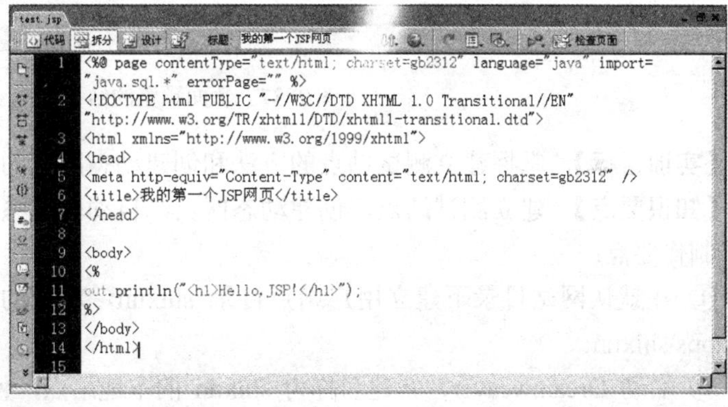

图 2-35 输入欢迎文字

③ 执行“文件”→“保存全部”，将页面保存，按〈F12〉键预览网页。如果能够正确显示出如图 2-33 所示的画面，就表示已经在 Dreamweaver 中将 JSP 的开发环境与执行环境都设置完成了。

【案例说明】 这段 JSP 代码被嵌入到 HTML 代码中，必须被 Web 服务器编译后才能正确地显示在客户端的浏览器中。在浏览器中，执行“查看”→“源文件”命令，被编译后的代码全部是静态网页代码，如图 2-36 所示。

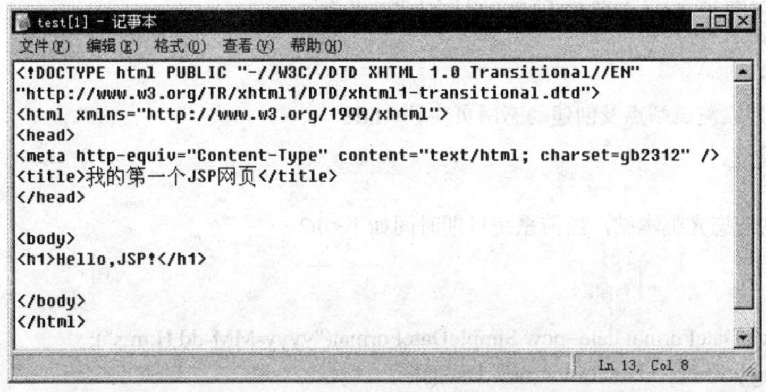

图 2-36 被编译后的静态网页代码

2.5 实训

【实训综述】 建立 JSP 测试站点及制作显示当前系统日期时间的动态页面。

【实训展示】 本实例页面预览后，页面中显示出欢迎信息和系统日期时间，页面预览的结果如图 2-37 所示。

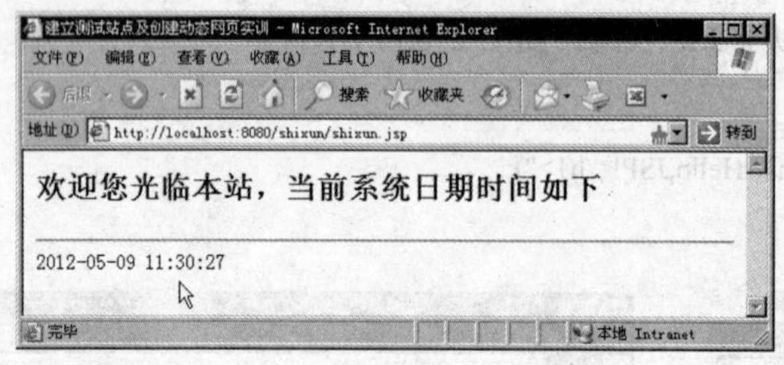

图 2-37 页面预览的结果

【实训目标】 掌握建立测试站点的方法和创建动态网页的基本方法。

【知识要点】 建立测试站点，创建动态网页，自动获取系统日期时间。

制作要点：

① 在默认网站目录下建立用户站点目录 shixun，对应的本地物理文件夹为 C:\Tomcat\webapps\shixun。

② 启动 Dreamweaver，新建名称为 shixun 的本地站点，使用的本地文件夹为 C:\Tomcat\webapps\shixun。

③ 建立 JSP 测试服务器，测试服务器文件夹为 C:\Tomcat\webapps\shixun，HTTP 地址为 http://localhost:8080/shixun。

④ 在文件面板的本地站点下新建一个空白网页文档，默认的文件名是 untitled.jsp，修改网页文件名为 shixun.jsp。

⑤ 双击网页 shixun.jsp 进入网页的编辑状态。在代码视图下，输入以下代码。

```
<%@ page contentType="text/html; charset=gb2312" language="java" import="java.sql.*" %>
<%@ page import="java.util.Date" %>
<%@ page import="java.text.SimpleDateFormat" %>
<html>
<head>
<title>建立测试站点及创建动态网页实训</title>
</head>
<body>
<h2>欢迎您光临本站，当前系统日期时间如下</h2>
<hr>
<%
  SimpleDateFormat date=new SimpleDateFormat("yyyy-MM-dd H:m:s");
  String postdate=date.format(new Date());
%>
<%=postdate%>
```

```
</body>
</html>
```

⑥ 执行“文件”→“保存全部”命令，将页面保存，按〈F12〉键预览网页。

本实训中需要导入 java.util.Date 时间类和 java.text.SimpleDateFormat 简单时间格式类，然后才能在代码中生成时间实例 date 并调用 format 时间格式化函数。另外，代码中可以使用<%=变量名%>输出变量的值。

2.6 习题

1. 常见的客户端动态网页技术有哪些？常见的服务器端动态网页技术有哪些？
2. 简答 JSP 开发环境的安装与配置，安装完毕后测试网站服务器信息。
3. 简答 Tomcat 服务器的目录结构和 Web 应用程序文件架构。
4. 使用 Dreamweaver 建立 JSP 测试服务器。
5. 建立一个简单的 JSP 网页，预览后查看编译生成的静态代码。

第 3 章　JSP 语法基础

JSP（Java Server Page）是运行于服务器端的脚本语言之一，是 Java 阵营中最具有代表性的解决方案。使用 JSP 技术，不仅能够制作像 HTML 一样的静态网页，还能制作包含动态数据的网页。JSP 网页是在静态网页 HTML 文件中加入 Java 脚本程序（Scriptlet）和 JSP 标记（Tag）构成的，尤其适合动态网站的开发。

3.1　JSP 概述

3.1.1　JSP 的形成与发展

JSP 是原 Sun 公司推出的新一代网站开发语言。JSP 技术类似 ASP 技术，它是在传统的网页 HTML 文件中插入 Java 脚本程序（Scriptlet）和 JSP 标记（Tag），从而形成 JSP 文件。用 JSP 开发的 Web 应用是跨平台的，既能在 Linux 操作系统下运行，也能在其他操作系统上运行。

JSP 页面由 HTML 代码和嵌入其中的 Java 代码所组成。服务器在页面被客户端请求以后对这些 Java 代码进行处理，然后将生成的 HTML 页面返回给客户端的浏览器。Java Servlet 是 JSP 的技术基础，大型的 Web 应用程序开发需要 Java Servlet 和 JSP 配合才能完成。JSP 具备了 Java 技术的简单易用，完全地面向对象，具有平台无关性且安全可靠。

目前，JSP 已经是主流的服务器端动态网页技术，尤其是电子商务类的网站大多采用 JSP。世界上一些大的电子商务解决方案提供商都采用 JSP/ Servlet 方案。

3.1.2　JSP 技术特性

JSP 作为一种服务器端的脚本语言，它的技术特性主要有以下几个方面。

1. 跨平台

JSP 技术以 Java 为基础，可以沿用 Java 强大的 API 功能，并且不管是在何种平台下只要服务器支持 JSP，就可以运行使用 JSP 开发的 Web 应用程序，体现了它的跨平台、跨服务器的特点。例如，在 Windows NT 下的 IIS 通过 JRUN 或 ServletExec 插件就能支持 JSP。如今最流行的 Web 服务器 Apache 同样能够支持 JSP，而且 Apache 支持多种平台，从而使得 JSP 可以在更多的平台上运行。

在数据库操作中，因为 JDBC 同样是独立于平台的，所以在 JSP 中使用的 Java API 中提供的 JDBC 来连接数据库，就不用担心平台变更时的代码移植问题。

2. 将内容的生成和显示进行分离

使用 JSP 技术，Web 页面开发人员可以使用 HTML 或 XML 标识来设计和格式化最终页面。使用 Java 脚本程序和 JSP 标记来生成页面上的动态内容，生成内容的逻辑被封装在标识和 JavaBean 组件中，并且捆绑在 Java 脚本程序中，所有的脚本在服务器端运行。如果核心逻辑被封装在标识和 Bean 中，那么其开发人员，如 Web 管理人员和页面设计者，能够编辑和使用 JSP 页面，而不影响内容的生成。

3．强调可重用的组件

绝大多数 JSP 页面依赖于可重用的、跨平台的组件（JavaBean 或者企业级 JavaBean 组件）来执行应用程序所要求的更为复杂的处理。开发人员能够共享和交换执行普通操作的组件，或者使得这些组件为更多的使用者或者客户团体所使用。

4．采用标识简化页面开发

Web 页面开发人员不会都是熟悉脚本语言的编程人员。JSP 技术封装了许多功能，这些功能是在易用的、与 JSP 相关的 XML 标识中进行动态内容生成所需要的。

标准的 JSP 标识能够访问和实例化 JavaBean 组件，通过开发定制化标识库，JSP 技术是可以扩展的。第三方开发人员和其他人员可以为常用功能创建自己的标识库，这使得 Web 页面开发人员能够使用熟悉的工具和如同标识一样的执行特定功能的构件来工作。

5．预编译

作为 Java 平台的一部分，JSP 拥有 Java 编程语言“一次编写，各处运行”的特点。JSP 页面在被服务器执行前，都是已经被编译好的，并且通常只进行一次编译，即在 JSP 页面被第一次请求时进行编译，在后续的请求中如果 JSP 页面没有被修改过，则服务器只需要直接调用这些已经被编译好的代码，这大大提高了访问速度。

3.1.3 JSP 工作原理

熟悉 HTML 或者其他动态页面技术的读者，在第一次看到 JSP 页面时可能会有一种似曾相识的感觉。这是因为从本质上说，各种动态页面技术都是通过在 HTML 中添加其他语言脚本的方式来实现的，而支持这些脚本的服务器可以执行这些脚本，然后生成 HTML 页面。

为了让读者直观认识 JSP 技术，先来看一个简单的 JSP 页面代码，该 JSP 页面名称为 welcome.jsp，实现向页面输出显示 句话，具体代码如下。

```
<%@ page language="java"%>
<html>
  <head>
    <title>JSP 的工作原理</title>
  </head>
  <body>
   <%out.print("欢迎进入 JSP 世界");%>
  </body>
</html>
```

在上述代码中，代码风格和普通的 HTML 页面的代码非常相似，不同的就是位于“<%”和“%>”之间加入 Java 代码。

从本质上说，JSP 是结合 HTML 和 Java 代码来处理的一种动态页面。JSP 程序第一次被调用时，通过 JSP 引擎自动被编译成 Servlet，然后被执行。例如，上面示例页面 welcome.jsp 在 Tomcat 服务器运行时，该页面将会转编译一个 Servlet。

在一个 JSP 文件第一次被请求时，JSP 引擎先把该 JSP 文件转换成一个 Java 源文件，在转换时，如果发现 JSP 文件有任何语法错误，则转换过程将中断，并向服务器端和客户端输出错误信息；如果转换成功，则 JSP 引擎调用 Java 虚拟机的 javac 程序把该 Java 文件源文件编译成相应的 class 文件，该 class 文件也就是一个 Servlet 程序，然后创建一个该 Serlvet 的实例，提供服务响应用户的请求。

JSP 转换成 Servlet 的流程如图 3-1 所示。

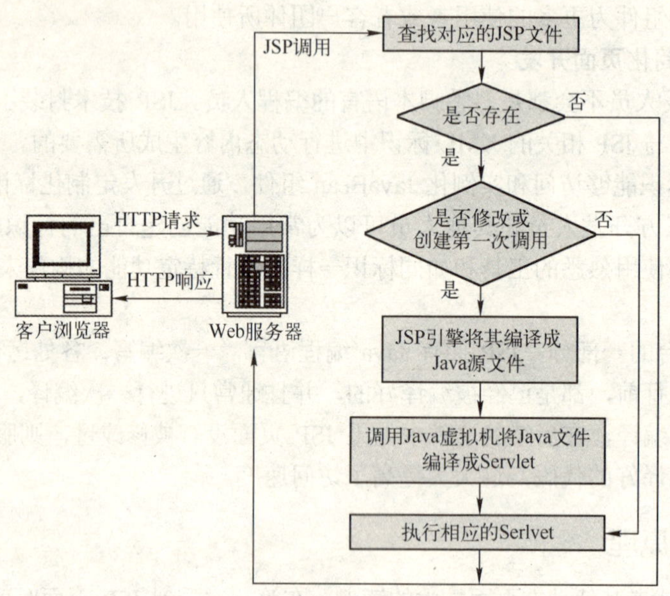

图 3-1 JSP 转换成 Servlet 的流程

3.2 JSP 脚本标识

在 JSP 页面中，脚本标识使用得最为频繁。因为它们能够很方便、灵活地生成页面中的动态内容，特别是 Scriptlet 脚本程序。JSP 中的脚本标识包括以下 3 种元素：声明标识（Declaration）、JSP 表达式（Expression）和脚本程序（Scriptlet）。通过这些元素，就可以在 JSP 页面中像编写 Java 程序一样来声明变量、定义函数或进行各种表达式的运算。在 JSP 页面中需要通过特殊的约定来表示这些元素，并且对于客户端这些元素是不可见的，它们由服务器执行。

3.2.1 声明

JSP 声明的作用是说明将要使用的变量和方法，以保存信息或定义 JSP 页面可能需要调用的方法，其作用范围是整个页面。由于 JSP 是基于 Java 技术的，因此要求像 Java 一样，对于将要在 JSP 程序中用到的变量和方法，必须先进行声明，不然将会出错。在声明元素中声明的变量和方法，将在 JSP 页面初始化时进行初始化。JSP 声明的语法格式如下：

```
<%! declaration; %>
```

特别要注意，在“<%”与“!”之间不要有空格。在页面中通过声明标识声明的变量和

方法，在整个页面内都有效，它们将成为 JSP 页面被转换为 Java 类后类中的属性和方法，并且它们会被多个线程即多个用户共享。也就是说，其中的任何一个线程对声明的变量或方法的修改都会改变它们原来的状态。它们的生命周期从创建到服务器关闭后结束。

例如，下面的语句声明了一个 int（整型）变量 i，并赋初始值为 0。

```
<%! int i = 0; %>
```

3.2.2 JSP 表达式

表达式用于将 JSP 内容转换为字符串以便于包含在页面的输出中。表达式表示的是一个在脚本语言中被定义的表达式，在运行后被自动转化为字符串，然后插入到这个表达式在 JSP 文件中的位置显示。因为表达式的值已经被转化为字符串，所以能够在一行文本中插入表达式。JSP 表达式的语法格式为：

```
<%= expression %>
```

其中，expression 部分是表达式的内容，它是一个有计算结果的 JSP 表达式（注意，表达式一定要有一个可以输出的值），如数学计算式子、有返回值的函数、变量等。特别要注意，“<%”与“=”之间不要有空格。

JSP 表达式在页面被转换为 Servlet 后，转换为了 out.print()方法。所以 JSP 表达式与 JSP 页面中嵌入到脚本程序中的 out.print()方法实现的功能相同。如果通过 JSP 表达式输出一个对象，则该对象的 toString()方法会被自动调用，表达式将输出 toString()方法返回的内容。

例如，下面的代码向页面输出信息。

```
<% String name="www.xxx.com"; %>
用户名：<%=name%>
```

运行该段代码将显示：

```
用户名：www.xxx.com
```

3.2.3 脚本片段

脚本程序是在 JSP 页面中使用“<%”与“%>”标记起来的一段 Java 代码。在脚本程序中可以定义变量、调用方法和进行各种表达式运算，且每行语句后面要加入分号。在脚本程序中定义的变量在当前的整个页面内都有效，但不会被其他的线程共享，当前用户对该变量的操作不会影响到其他的用户。当变量所在的页面关闭后就会被销毁。

JSP 脚本片段的语法格式如下所述。

```
<% scriptlet %>
```

脚本程序的使用比较灵活，它所实现的功能是 JSP 表达式无法实现的。

例如，下面的 JSP 脚本片段用于判断用户的身份。

```
<%@ page contentType="text/html;charset=gb2312"%>
<%! int able=1; %>
<html>
```

```
<body>
<table>
<%
if(able==1){
%>
  <tr><td>欢迎登录!您的身份为“普通管理员”。</td></tr>
<%}
else if(able==2){
%>
  <tr><td>欢迎登录!您的身份为“系统管理员”。</td></tr>
<%
}
%>
</table>
</body>
</html>
```

3.2.4 注释

注释是程序设计中的常用工具，它通常有两方面的作用：一个作用是作为提示，让人可以从注释信息中了解某段程序的功能或设计思想，在阅读/编写程序时提供参考信息；另一个作用是将未完成的或有错误的某个程序块通过改为注释而隐藏起来，使其暂时不参与程序的执行，这种方式也适用于程序调试，即将调试时编写的调试语句作为注释隐藏起来。

JSP 提供了 3 种形式的注释。

1．单行注释

单行注释的格式如下：

```
// 注释内容
```

该方法进行单行注释，符号“//”后面的所有内容为注释的内容，服务器对该内容不进行任何操作。因为脚本程序在客户端通过查看源代码是不可见的，所以在脚本程序中通过该方法被注释的内容也是不可见的，并且在后面将要提到的通过多行注释和提示文档进行注释的内容都是不可见的。例如下面的单行注释：

```
<%
out.print("欢迎进入 JSP 世界");        //向页面输出欢迎信息
%>
```

2．多行注释

多行注释的是通过“/*”与“*/”符号进行标记，它们必须成对出现，在它们之间输入的注释内容可以换行。多行注释格式如下：

```
/*
    注释内容 1
    注释内容 2
    …
```

```
*/
```

同单行注释一样，在“/*”与“*/”之间被注释的所有内容，即使是 JSP 表达式或其他的脚本程序，服务器都不会做任何处理，并且多行注释的开始标记和结束标记可以不在同一个脚本程序中同时出现。例如下面的多行注释：

```
<%
/* out 是 jsp 的九大隐含对象之一，使用时不需要导入什么包
写法:<%out.println("...");%>
下面是一个具体的应用实例
*/
out.print("欢迎进入 JSP 世界");
%>
```

3．提示文档注释

提示文档注释会被 Javadoc 文档工具生成文档时所读取，文档是对代码结构和功能的描述。提示文档注释格式如下：

```
/**
    提示信息 1
    提示信息 2
    …
*/
```

该注释方法与前面介绍的多行注释很相似，但细心的读者会发现它是以“/**”符号作为注释的开始标记，而不是“/*”。与多行注释一样，被“/**”和“/*”符号注释的所有内容，服务器都不会做任何处理。例如下面的提示文档注释。

```
<%!
    int i=0;
    /**
        @作者：Mike
        @功能：该方法用来实现一个简单的计数器
      */
    synchronized void add(){
        i++;
    }
%>
<% add(); %>
当前访问次数：<%=i%>
```

3.2.5 标识符

标识符用来标识变量、类、方法和对象，标识符的名称必须符合以下的规则：

- 标识符必须以字母（A～Z、a～z）、下画线（_）或美元符号（$）开始。
- 后续字符可以是字母、数字（0～9）、下画线或美元符号，不能有空格和减号（–）。

● 标识符不能是 Java 的关键字和保留字。
● 在标识符中区分字母的大小写。

3.3 JSP 的数据类型

数据是程序操作的对象，具有名称、类型和作用域等特征。数据的类型表示数据的性质、占用内存多少和存放形式。JSP 中的数据类型可以分为基本数据类型与复合数据类型两大类。复合数据类型是建立在基本数据类型之上的，这里先介绍 JSP 的基本数据类型。

3.3.1 基本数据类型

JSP 基本数据类型主要包括整数类型、浮点类型、字符类型和布尔类型。

其中整数类型又分为字节型（byte）、短整型（short）、整型（int）和长整型（long），它们都用来定义一个整数，唯一的区别就是它们所定义的整数所占用内存的空间不同，因此整数的取值范围也不同；JSP 中的浮点类型又包括单精度类型（float）和双精度类型（double），在程序中使用这两种类型来存储小数。

JSP 基本数据类型及它们的取值范围、占用的内存大小和默认值，见表 3-1。

表 3-1 JSP 基本数据类型

数据类型		关键字	占用内存	取 值 范 围	默认值
整数类型	字节型	byte	8 位	−128～127	0
	短整型	short	16 位	−32768～32767	0
	整型	int	32 位	−2147483648～2147483647	0
	长整型	long	64 位	−9223372036854775808～9223372036854775807	0
浮点类型	单精度型	float	32 位	1.4E-45～3.4028235E38	0.0f
	双精度型	double	64 位	4.9E-324～1.7976931348623157E308	0.0d
字符型	字符型	char	16 位	16 位的 Unicode 字符，可容纳各国的字符集；若以 Unicode 来看，就是'\u0000'到'\uffff'；若以整数来看，范围在 0～65535，例如，65 代表'A'	'\u0000'
布尔型	布尔型	boolean	8 位	true 和 false	false

3.3.2 基本数据类型之间的转换

在 JSP 中，当多个不同基本数据类型的数据进行混合运算时，如整型、浮点型和字符型进行混合运算，需要先将它们转换为统一的类型，然后再进行计算。基本数据类型之间的转换可分为自动类型转换和强制类型转换两种。

1．自动类型转换

从低级类型向高级类型的转换为自动类型转换，这种转换将由系统按照各数据类型的级别从低到高自动完成，Java 编程人员无需进行任何操作。JSP 中各基本数据类型间的级别如图 3-2 所示。

低 ——→ 高
byte, short, char–>int–>long–>float–>double

图 3-2 基本数据类型间的级别

2．强制类型转换

如果把高级数据类型数据赋值给低级类型变量，就必须进行强制类型转换，否则编译出错。强制类型转换格式如下：

（要转换成的数据类型）值

其中“值”可以是常数或者变量，例如下面的示例代码：

```
short s1=65, s2;
char c1='a', c2;
s2=(short)c1;          //将 char 型强制转换为 short 型，s2 值为：97
c2=(char)s1;           //将 short 型强制转换为 char 型，c2 值为：A
```

3.4 变量和常量

3.4.1 变量

变量是指在程序运行过程中，值可以发生变化的量。与 Java 一样，JSP 中的变量也遵循“先定义，后使用”的原则，变量在使用前，都要求先进行定义其数据类型。在定义时系统会为变量分配固定的内存，在程序执行中可以按照变量名对其中的内容进行访问。

变量是 JSP 程序的基本存储单元，它的定义包括变量名、变量类型和变量的作用域几个部分。

1．变量名

变量名是一个合法的标识符，它是字母、数字、下画线或美元符“$”的序列，JSP 对变量名区分大小写，变量名不能以数字开头，而且不能为关键字。合法的变量名如 pwd、value_1、money$等；非法的变量名如 3Three、house#、final（关键字）。

2．变量类型

变量类型用于指定变量的数据类型，可以通过 int、float、double 和 char 等关键字来指定。例如下面的代码：

```
int number;             //定义整型变量
long numberL;           //定义长整型变量
short numberS;          //定义短整型变量
float numberF;          //定义单精度变量
double numberD;         //定义双精度变量
char strC;              //定义字符变量
```

3．变量的作用域

变量的作用域是指程序代码能够访问该变量的区域，若超出该区域访问变量，则编译时会出现错误。有效范围决定了变量的生命周期，变量的生命周期是指从声明一个变量并分配内存空间开始，到释放该变量并清除所占用内存空间结束。

3.4.2 常量

在 JSP 中写下一个数值，这个数就称为字面常数。它会存储于内存中的某个位置，用户将无法改变它的值。JSP 中的常量值是用文字串表示的，它区分为不同的类型，如整型常量 321、实型常量 3.21、字符常量 'a'、布尔常量 true 和 false 及字符串常量“One World One Dream”。

在 JSP 中，也可以用 final 关键字来定义常量。通常情况下，在通过 final 关键字定义常量时，常量名全部为大写字母。需要说明的是，由于常量在程序执行过程中保持不变，所以在常量定义后，如果再次对该常量进行赋值，程序将会出错。

例如使用 final 关键字定义一个考试成绩最高分的常量：

```
int final MAXSCORE=100;          //声明了一个整型常量 MAXSCORE，它的值是 100
```

3.5 运算符和表达式

在 JSP 中表达各种运算的符号叫做运算符。JSP 运算符主要可分为赋值运算符、算术运算符、关系运算符、逻辑运算符、位运算符及条件运算符，下面将分别进行介绍。

3.5.1 赋值运算符

JSP 赋值运算符可以分为简单赋值运算和复合赋值运算。简单赋值运算是将赋值运算符（=）右边的表达式的值保存到赋值运算符左边的变量中，复合赋值运算是混合了其他操作（算术运算操作、位操作等）和赋值操作。JSP 赋值运算符见表 3-2。

表 3-2 JSP 赋值运算符

运算符	说明	运算符	说明
=	简单赋值	&=	进行与运算后赋值
+=	相加后赋值	|=	进行或运算后赋值
-=	相减后赋值	^=	进行异或运算后赋值
*=	相乘后赋值	<<=	左移之后赋值
/=	相除后赋值	>>=	带符号右移后赋值
%=	求余后赋值	>>>=	填充零右移后赋值

例如在这里说明一下下面代码的含义和作用：

```
i=1;                    //简单赋值
sum+=i;                 //复合赋值，等同于 sum=sum+i;
```

3.5.2 算术运算符

JSP 算术运算符包括+（加号）、－（减号）、*（乘号）、/（除号）和%（求余）。算术运算符支持整型和浮点型数据的运算，当整型与浮点型数据进行算术运算时，会进行自动类型转换，结果为浮点型。JSP 算术运算符的功能及使用方式见表 3-3。

表 3-3 JSP 算术运算符

运算符	说明	举例	结果及类型
+	加法	1.23f+10	结果：11.23　　类型：float
–	减法	4.56-0.5f	结果：4.06　　类型：double

（续）

运算符	说　明	举　例	结果及类型	
*	乘法	3*9L	结果：27	类型：long
/	除法	9/4	结果：2	类型：int
%	求余数	10%3	结果：1	类型：int

3.5.3 关系运算符

通过关系运算符计算的结果是一个 boolean 类型值。对于应用关系运算符的表达式，计算机将判断运算对象之间通过关系运算符指定的关系是否成立，若成立则表达式的返回值为 true，否则为 false。

关系运算符包括：>（大于）、<（小于）、>=（大于或等于）、<=（小于或等于）、==（等于）和!=（不等于）。其中等于和不等于运算符适用于引用类型和所有的基本数据类型，而其他的关系运算符只适用于除 boolean 类型外的所有基本数据类型。

JSP 关系运算符的功能及使用方式见表 3-4。

表 3-4　JSP 关系运算符

运算符	说　明	举　例	结果	运算符	说　明	举　例	结　果
>	大于	'a'>'b'	false	<=	小于或等于	1.67f<=1.67f	true
<	小于	200>100	true	==	等于	5==4+1	true
>=	大于或等于	11.11>=10	true	!=	不等于	'天'!='天'	false

3.5.4 逻辑运算符

逻辑运算符经常用来连接关系表达式，对关系表达式的值进行逻辑运算，因此逻辑运算符的运算对象必须是逻辑型数据，其逻辑表达式的运行结果也是逻辑型数据。JSP 逻辑运算符见表 3-5。

表 3-5　JSP 逻辑运算符

运算符	说　明	举例(初值 x=10)	结果
&&	与	x==3 && x==10	false
||	或	x==3 || x==10	true
!	非	! x>3	false

3.5.5 位运算符

位运算符用于对数值的位进行操作，参与运算的操作数只能是 int 或 long 类型。在不产生溢出的情况下，左移一位相当于乘以 2，用左移实现乘法运算的速度比通常的乘法运算速度快。JSP 位运算符见表 3-6。

表 3-6　JSP 位运算符

运算符	说　明	实　例
&	转换为二进制数据进行与运算	1&1=1, 1&0=0, 0&1=0, 0&0=0
|	转换为二进制数据进行或运算	1|1=1, 1|0=1, 0|1=1, 0|0=0
^	转换为二进制数据进行异或运算	1^1=0, 1^0=1, 0^1=1, 0^0=0

（续）

运算符	说　明	实　例
~	进行数值的相反数减 1 运算	~50= -50-1= -51
>>	向右移位	15 >> 1 = 7
<<	向左移位	15 << 1 = 30
>>>	向右移位	15 >>> 1 = 7
<<=	左移赋值运算符	n << -3 等价于 n = n << 3
>>=	右移赋值运算符	n >> -3 等价于 n = n >> 3
>>>=	无符号右移赋值运算符	n >>> -3 等价于 n = n >>> 3

3.5.6　条件运算符

条件运算符是三元运算符，其语法格式如下所述。

```
<表达式> ? a : b
```

其中，表达式值的类型为逻辑型。若表达式的值为 true，则返回 a 的值；若表达式的值为 false，则返回 b 的值。例如下面的示例代码应用条件运算符输出库存信息。

```
<%@ page contentType="text/html; charset=gb2312" language="java"%>
<html>
<head>
  <title>条件运算符</title>
</head>
<body>
<% int store=1;
     out.println(store<=2?"库存不足！":"库存量："+store);
%>
</body>
</html>
```

程序运行后，页面预览的结果如图 3-3 所示。

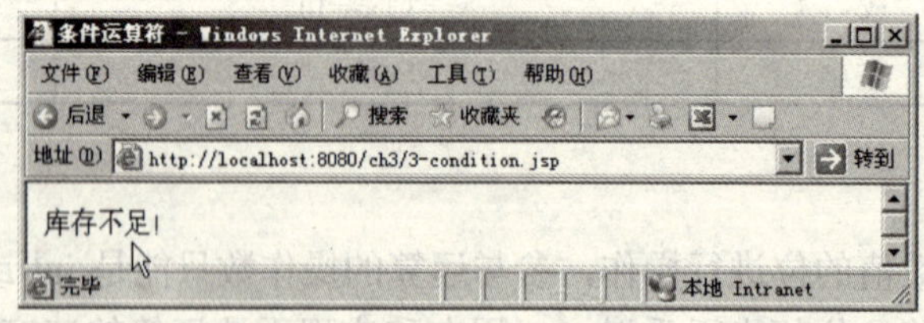

图 3-3　页面预览的结果

3.5.7　自动递增、递减运算符

与 C、C++相同，JSP 也提供了自动递增与递减运算符，其作用是自动将变量值加 1 或减 1。它们既可以放在操作元的前面，也可以放在操作元的后面，根据运算符位置的不同，最终得到的结果也是不同的：放在操作元前面的自动递增、递减运算符，会先将变量的值加

1，然后再使该变量参与表达式的运算；放在操作元后面的递增、递减运算符，会先使变量参与表达式的运算，然后再将该变量加 1。

例如下面的示例代码：

```
int n1=3;
int n2=3;
int a=2+(++n1);              //先将变量 n1 加 1，然后再执行"2+4"
int b=2+(n2++);              //先执行"2+3"，然后再将变量 n2 加 1
out.println(a);              //输出结果为：6
out.println(b);              //输出结果为：5
out.println(n1);             //输出结果为：4
out.println(n2);             //输出结果为：4
```

说明：自动递增、递减运算符的操作元只能为变量，不能为常量和表达式，且该变量类型必须为整型、浮点型或 Java 包装类型。例如，++1、(n+2)++都是不合法的。

3.5.8 运算符的优先级和结合性

一般来说，运算符具有一组优先级，也就是它们的执行顺序。运算符还有结合性，也就是同一优先级的运算符的执行顺序，这种顺序通常是从左到右（简称为左）、从右到左（简称为右）或者非结合。表 3-7 从高到低列出了 JSP 运算符的优先级，同一行中的运算符具有相同优先级，此时它们的结合性决定了求值顺序。

表 3-7　JSP 运算符优先级和结合性

<table>
<tr><th>运算符</th><th>描述</th><th>优先级</th><th>结合性</th></tr>
<tr><td>. [ ] ( )</td><td>域、数组、括号</td><td>1</td><td>从左至右</td></tr>
<tr><td>++ -- - ! ~</td><td>一元操作符</td><td>2</td><td>从右至左</td></tr>
<tr><td>* / %</td><td>乘、除、取余</td><td>3</td><td>从左至右</td></tr>
<tr><td>|</td><td>加、减</td><td>4</td><td>从左至右</td></tr>
<tr><td><< >> >>></td><td>位运算</td><td>5</td><td>从左至右</td></tr>
<tr><td>< <= > >=</td><td>关系运算</td><td>6</td><td>从左至右</td></tr>
<tr><td>== !=</td><td>逻辑运算</td><td>7</td><td>从左至右</td></tr>
<tr><td>&</td><td>按位与</td><td>8</td><td>从左至右</td></tr>
<tr><td>^</td><td>按位异或</td><td>9</td><td>从左至右</td></tr>
<tr><td>|</td><td>按位或</td><td>10</td><td>从左至右</td></tr>
<tr><td>&&</td><td>逻辑与</td><td>11</td><td>从左至右</td></tr>
<tr><td>||</td><td>逻辑或</td><td>12</td><td>从左至右</td></tr>
<tr><td>?:</td><td>条件运算符</td><td>13</td><td>从右至左</td></tr>
<tr><td>= *= /= %= += -= <<= >>= >>>= &= ^= |=</td><td>赋值运算符</td><td>14</td><td>从右至左</td></tr>
</table>

3.5.9 表达式

操作数和操作符组合在一起即组成表达式。表达式是由一个或者多个操作符连接起来的操作数，用来计算出一个确定的值。

表达式是 JSP 最重要的基石。在 JSP 中，几乎所写的任何东西都是一个表达式。简单却最精确地定义表达式就是“任何有值的东西”。最基本的表达式就是常量和变量；一般的表达式大部分都是由变量和运算符组成的；再复杂一点的表达式就是函数。

【案例 3-1】 利用各种运算符计算半径为 10 的圆的面积和长为 20、宽为 15 的矩形的面积。如果圆面积和矩形面积都大于 200，则输出两个图形的面积。

【案例展示】 本实例页面预览后，由于计算出的圆面积和矩形面积都大于 200，因此，浏览器中分别输出了两个图形的面积，页面预览的结果如图 3-4 所示。

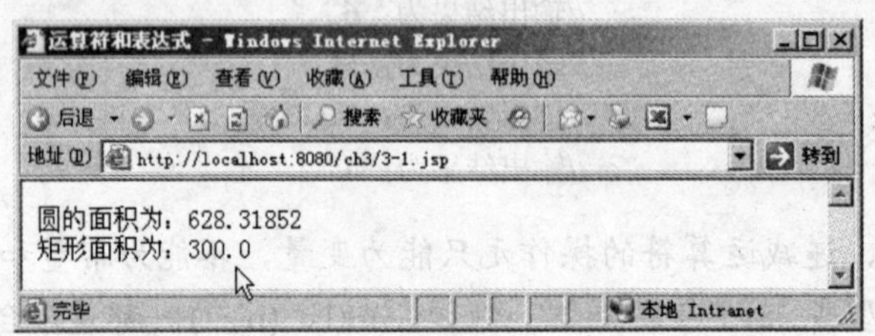

图 3-4　页面预览的结果

【学习目标】 掌握各种运算符和表达式的使用，了解编程的一般步骤。

【知识要点】 自定义常量、自定义变量、算术运算、赋值运算、比较运算和逻辑运算。

操作步骤如下。

① 启动 Dreamweaver，打开已经建立的站点 ch3，在文件面板的本地站点下新建一个空白网页文档，默认的文件名是 untitled.jsp，修改网页文件名为 3-1.jsp。

② 双击网页 3-1.jsp 进入网页的编辑状态。在代码视图下，输入以下 JSP 代码。

```
<%@ page contentType="text/html; charset=gb2312" language="java"%>
<html>
<head>
<title>运算符和表达式</title>
</head>
<body>
<%
int r=10, a=20, b=15;
double PI=3.1415926, cir_area,rec_area;
cir_area=2*PI*r*r;
rec_area=a*b;
if(cir_area>200 && rec_area>200)
{
    out.println("圆的面积为："+cir_area+"<br>");
    out.println("矩形面积为："+rec_area+"<br>");
}
%>
</body>
</html>
```

③ 执行“文件”→“保存全部”，将页面保存，按〈F12〉键预览网页。

【案例说明】

计算圆面积的语句是 cir_area=2*PI*r*r;，其中的 r*r 也可以写成 Math.pow(r,2)平方函数的形式。

3.6 流程控制语句

控制结构确定了程序中的代码流程，定义了一些执行特性，如某条语句是否多次执行，执行多少次，以及某个代码块何时交出执行控制权。JSP 语言中，流程控制语句主要有分支语句、循环控制语句和跳转语句 3 种。

3.6.1 分支语句

分支语句是结构化程序设计语言中重要的内容，也是最基础的内容。所谓分支语句，就是对语句中不同条件的值进行判断，进而根据不同的条件执行不同的语句。常用的分支语句有 if…else 和 switch。

1．If…else 语句

if…else 语句是条件语句最常用的一种形式，它针对某种条件有选择地做出处理。通常表现为“如果满足某种条件，就进行某种处理，否则就进行另一种处理”。其语法格式如下：

```
if(条件表达式){
    语句序列 1
}else{
    语句序列 2
}
```

其中，条件表达式为必要参数，其值可以由多个表达式组成，但是其最后结果一定是 boolean 类型，也就是其结果只能是 truc 或 false；语句序列 1 为可选参数，可以是一条或多条语句，当表达式的值为 true 时执行这些语句；语句序列 2 为可选参数，可以是一条或多条语句，当表达式的值为 false 时执行这些语句。

多分支 if 语句是对 if…else 语句的一种扩充，它可以对多个条件进行判断，并在条件成立时执行相应的语句。多分支 if 语句的使用格式如下所述。

```
if(条件表达式 1)
    语句序列 1
else if(条件表达式 2)
    语句序列 2
else if(条件表达式 3)
    语句序列 3
    …
else
    语句序列 n;
```

这种语句将分别对条件表达式 1、条件表达式 2……依次进行测试，当某个条件表达式成立（值为真）时，去执行其后相关的语句，并由此退出条件结构。如果所有表达式均不成立，则执行最后的“语句序列 n”。可以发现，多分支 if 语句的实质就是 if…else…语句的嵌套，即在其 else 语句中嵌入另一个 if 语句。

【案例 3-2】 已知商品的原价，利用 if…else 语句求商品的优惠价。

【案例展示】 本实例页面预览后，在文本框中输入商品的原价，单击“计算”按钮求出商品的优惠价并显示在页面中，页面预览的结果如图 3-5 所示。

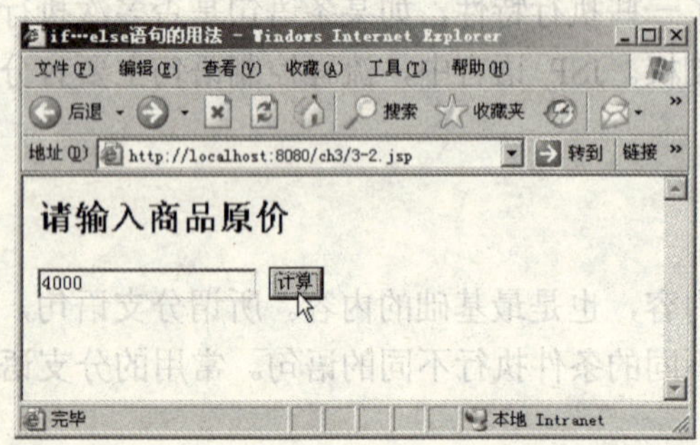

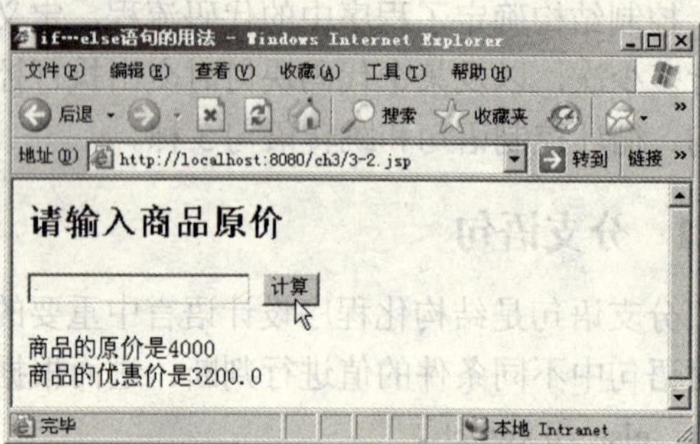

图 3-5 页面预览的结果

【学习目标】 掌握条件表达式的书写和 if…else 条件语句的用法。

【知识要点】 if…else 及其嵌套语句、表单提交数据的获取方法。

操作步骤如下所述。

① 启动 Dreamweaver，打开已经建立的站点 ch3，在文件面板的本地站点下新建一个空白网页文档，默认的文件名是 untitled.jsp，修改网页文件名为 3-2.jsp。

② 双击网页 3-2.jsp 进入网页的编辑状态。在代码视图下，输入以下 JSP 代码。

```
<%@ page contentType="text/html; charset=gb2312" language="java"%>
<html>
<head>
<title>if…else 语句的用法</title>
</head>
<body>
<h2>请输入商品原价</h2>
<form method="post">
<input type="text" name="price">
<input type="submit" name="button" value="计算">
</form>
<%
int price;
double newprice;
if(request.getParameter("button")!=null)                      //判断计算按钮是否按下
{
    price=Integer.valueOf(request.getParameter("price"));     //接收文本框 price 的值
    if(price<1000)
        newprice=price;                                        //原价小于 1000 不优惠
    else if(price<3000)
```

```
            newprice=0.9*price;         //原价大于等于 1000 且小于 3000 时，9 折优惠
    else
            newprice=0.8*price;         //原价大于 3000 时，8 折优惠
    out.println("商品的原价是"+price+"<br>"+"商品的优惠价是"+newprice);
}
%>
</body>
</html>
```

③ 执行“文件”→“保存全部”，将页面保存，按〈F12〉键预览网页。

【案例说明】

① 代码中的 request.getParameter("button")!=null 用来判断是否按下计算按钮，产生 POST 方法提交。程序运行后，当按下计算按钮时，getParameter()函数的返回值为非空，这样才能执行后面的代码。

② 在语句 price=Integer.valueOf(request.getParameter("price"));中，“=”右侧的 price 表示获取文本框中输入的价格，“=”左侧的 price 表示接收提交内容的自定义变量。同样命名为 price，但是含义不同。整条语句的作用是将文本框中输入的价格提交后赋值给左边的自定义变量 price，以供后面的程序使用。

③ Integer.valueOf 用于将数字形式的字符串转化为一个整数对象 Integer 并取出其值。因为从表单文本框中提交的内容（即使是数字）都是以字符串形式提交的，因此需要将其转化为整数，然后赋值给“=”左侧的整型变量 price。

2．switch 多分支语句

switch 语句和具有同样表达式的一系列 if 语句相似。在同一个变量或表达式需要与很多不同值比较时，可使用 switch 语句。语法格式为：

```
switch(表达式){
        case 常量表达式 1: 语句序列 1
             [break;]
        case 常量表达式 2: 语句序列 2
             [break;]
        …
        case 常量表达式 n: 语句序列 n
             [break;]
        default: 语句序列 n+1
             [break;]
    }
```

其中，表达式为必要参数，可以是任何 byte、short、int 和 char 类型的变量。

常量表达式 1：如果有 case 出现，则为必要参数。该常量表达式的值必须是一个与表达式数据类型相兼容的值。

语句序列 1：可选参数。一条或多条语句，但不需要大括号。当表达式的值与常量表达式 1 的值匹配时执行；如果不匹配则继续判断其他值，直到常量表达式 n。

常量表达式 n：如果有 case 出现，则为必要参数。该常量表达式的值必须是一个与表达

式数据类型相兼容的值。

语句序列 n：可选参数。一条或多条语句，但不需要大括号。当表达式的值与常量表达式 n 的值匹配时执行。

break：可选参数。用于跳出 switch 语句。

default：可选参数。如果没有该参数，则当所有匹配不成功时，将不会执行任何操作。

语句序列 n+1：可选参数。如果没有与表达式的值相匹配的 case 常量时，将执行语句序列 n+1。

使用 switch 语句可以避免大量使用 if…else 控制语句。switch 语句首先根据变量值得到一个表达式的值，然后根据表达式的值来决定执行什么语句。switch 语句中的表达式是唯一的，而不像 else if 语句中会有其他的表达式。表达式的值可以是任何一种简单的变量类型，如整数、浮点数或字符串，但是表达式不能是数组或对象等复杂的变量类型。

switch 语句是一行一行执行的，开始时并不执行什么语句，只有在表达式的值和 case 后面的数值相同时才开始执行它下面的语句。程序中 break 语句的作用是跳出程序，使程序停止运行。如果没有 break 语句，程序会继续一行一行地执行下去，当然也会执行其他 case 语句下的语句。

【案例 3-3】 设计职业调查表单，使用 switch 语句判断来自表单提交的职业信息。

【案例展示】 本实例页面预览后，在菜单中选择职业，单击“提交”按钮后在页面中显示出用户选择的职业信息，页面预览的结果如图 3-6 所示。

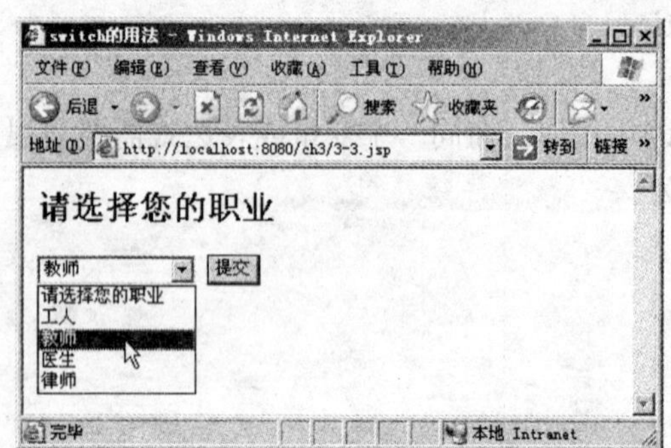

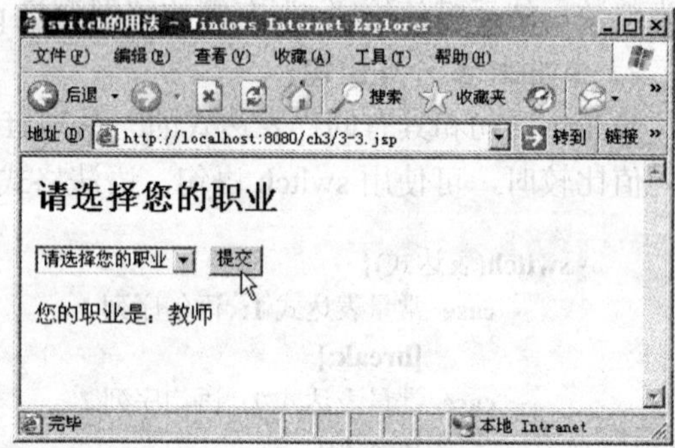

图 3-6　页面预览的结果

【学习目标】 掌握条件表达式的书写和 switch 语句的用法。

【知识要点】 switch 语句、表单提交数据的获取方法。

操作步骤如下。

① 启动 Dreamweaver，打开已经建立的站点 ch3，在文件面板的本地站点下新建一个空白网页文档，默认的文件名是 untitled.jsp，修改网页文件名为 3-3.jsp。

② 双击网页 3-3.jsp 进入网页的编辑状态。在代码视图下，输入以下 JSP 代码。

```
<%@ page contentType="text/html; charset=gb2312" language="java"%>
<html>
<head>
<title>switch 的用法</title>
</head>
```

```
<body>
<h2>请选择您的职业</h2>
<form name="form1" method="post">
<select name="work">
      <option value="0">请选择您的职业</option>
        <option value="1">工人</option>
        <option value="2">教师</option>
        <option value="3">医生</option>
        <option value="4">律师</option>
</select>
<input type="submit" name="button" value="提交">
</form>
<%
int work;
String result;
if(request.getParameter("button")!=null)                                    //判断提交按钮是否按下
{
     work=Integer.valueOf(request.getParameter ("work"));                    //接收表单的值
     switch(work)
     {
          case 1:
               result="工人";
               break;
          case 2:
               result="教师";
               break;
          case 3:
               result="医生";
               break;
          case 4:
               result="律师";
               break;
          default:
               result="请选择您的职业";
     }
     out.println("您的职业是："+result);
}
%>
</body>
</html>
```

③ 执行“文件”→“保存全部”，将页面保存，按〈F12〉键预览网页。

【案例说明】

① switch(work)中的表达式 work 不能定义为字符串，只能是 byte、short、int 和 char 类型的数据，其值来自于菜单选项的提交值。

② 从程序运行后的执行结果中不难看出，单击“提交”按钮后，菜单的显示项又回到了“请选择您的职业”的默认选项，这和当前用户选择的菜单项“教师”并不一致。造成这种现象的原因是，静态的<select>菜单标记不能实现保留用户所选的最近操作值，要实现“保值”的效果，必须通过后面章节案例中的动态代码实现。

3.6.2 循环控制语句

循环控制结构是程序中非常重要和基本的一类结构，它是在一定条件下反复执行某段程序的流程结构，这个被反复执行的程序成为循环体。JSP 提供了 3 种常用的循环语句，分别是 for、while、do…while。下面分别介绍这几种循环控制结构。

1．for 循环语句

for 循环语句也称为计次循环语句，一般用于循环次数已知的情况。for 循环语句的基本语法格式如下：

```
for(初始化语句;循环条件;迭代语句){
    语句序列;
}
```

语法含义如下。

初始化语句：为循环变量赋初始值的语句，该语句在整个循环语句中只执行一次。

循环条件：决定是否进行循环的表达式，其结果为 boolean 类型，也就是其结果只能是 true 或 false。

迭代语句：用于改变循环变量的值的语句。

语句序列：也就是循环体，在循环条件的结果为 true 时，重复执行。

for 循环语句执行的过程是：先执行为循环变量赋初始值的语句，然后判断循环条件，如果循环条件的结果为 true，则执行一次循环体，否则直接退出循环，最后执行迭代语句，改变循环变量的值，至此完成一次循环，接下来将进行下一次循环，直到循环条件的结果为 false，才结束循环。

例如，计算 1+2+3+…+100 的和。

```
<%
int i,s;
s=0;                                    //初始化累加和的初值
for(i=1; i<=100; i++)
{
    s+=i;
}
out.println(s);                         //输出 5050
%>
```

需要注意的是，for 循环中的每个表达式都可以为空，但如果循环条件为空，则 JSP 认为条件为 true，程序将无限循环下去，成为死循环，如果要跳出循环，需要使用 break 语句。

2. while 循环语句

while 循环语句也称为前测试循环语句，它的循环重复执行方式，是利用一个条件来控制是否要继续重复执行这个语句。while 循环语句与 for 循环语句相比，无论是语法还是执行的流程，都较为简明易懂。while 循环语句的基本语法格式如下：

```
while(条件表达式){
  语句序列;
}
```

语法含义如下。

条件表达式：决定是否进行循环的表达式，其结果为 boolean 类型，也就是其结果只能是 true 或 false。

语句序列：也就是循环体，在条件表达式的结果为 true 时，重复执行。

while 循环语句执行的过程是：先判断条件表达式，如果条件表达式的值为 true，则执行循环体，并且在循环体执行完毕后，进入下一次循环，否则退出循环。

例如，计算 5 的阶乘。

```
<%
int i,t;
t=1;                    //初始化阶乘的初值
i=1;
while(i<=5)
{
      t*=i;             //累积
      i++;              //i 自增 1
}
out.println(t);         //输出 120
%>
```

3. do…while 循环语句

do…while 循环语句也称为后测试循环语句，它的循环重复执行方式，也是利用一个条件来控制是否要继续重复执行这个语句。与 while 循环所不同的是，它先执行一次循环语句，然后再去判断是否继续执行。do...while 循环语句的基本语法格式如下：

```
do{
  语句序列;
} while(条件表达式);            //注意！语句结尾处的分号";"一定不能少
```

do...while 循环与 while 循环非常相似，区别在于 do...while 循环首先执行循环内的代码，而不管 while 语句中的条件表达式是否成立。程序执行一次后，do...while 循环才来检查条件表达式的值是否为 true，为 true 则继续循环，为 false 则停止循环。而 while 循环是首先判断条件是否成立才开始循环。所以当两个循环中的条件都不成立时，whilc 循环一次也没运行，而 do...while 循环至少要运行一次。

例如，计算 5 的阶乘也可以写为 do...while 循环的代码形式。

```
<%
```

```
int i,t;
t=1;                      //初始化阶乘的初值
i=1;
do
{
    t*=i;                 //累积
    i++;                  //i 自增 1
} while(i<=5);
out.println(t);           //输出 120
%>
```

4．循环嵌套

一个循环语句的循环体内包含另一个完整的循环结构，称为循环的嵌套。这种嵌套的过程可以有很多重，一个循环的外面包围一层循环称为双重循环，一个循环的外面包围两层或两层以上的循环称为多重循环。

多重循环的特点是：即外循环执行一次，内循环执行一周。

三种循环语句 while、do...while、for 可以互相嵌套，自由组合。外层循环体中可以包含一个或多个内层循环结构，但要注意的是，各循环必须完整包含，相互之间绝对不允许有交叉现象。因此每一层循环体都应该用{ }括起来。下面的形式是不允许的：

```
do
   {…
for(; ;)
   {…
}while();
}
```

在这个嵌套结果中出现了交叉。

【案例 3-4】 使用双重循环打印九九乘法表。

【案例展示】 本实例页面预览后，页面中输出九九乘法表，页面预览的结果如图 3-7 所示。

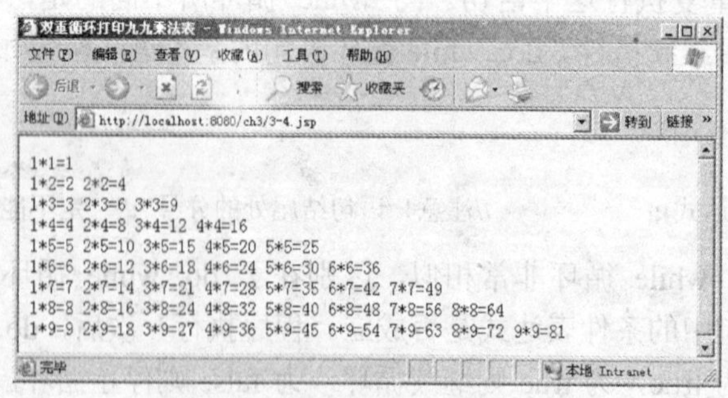

图 3-7　页面预览的结果

【学习目标】 掌握循环嵌套的特点和语法格式。

【知识要点】 for 循环语句，循环的嵌套。

案例分析：

九九乘法表可以通过双重循环输出乘积的方式实现。其中，外循环控制乘法表的行输出，内循环控制每行乘积的个数。

操作步骤如下。

① 启动 Dreamweaver，打开已经建立的站点 ch3，在文件面板的本地站点下新建一个空白网页文档，默认的文件名是 untitled.jsp，修改网页文件名为 3-4.jsp。

② 双击网页 3-4.jsp 进入网页的编辑状态。在代码视图下，输入以下 JSP 代码。

```
<%@ page contentType="text/html; charset=gb2312" language="java"%>
<html>
<head>
<title>双重循环打印九九乘法表</title>
</head>
<body>
<%
int i,j,m;
for(i=1;i<=9;i++)                                   //外循环（行的循环）
 {
  for(j=1;j<=i;j++)                                 //内循环（每行输出乘积的循环）
    {
     m=j*i;
     out.println(j+"*"+i+"="+m+" ");            //内循环输出本行的乘法口诀
     }
  out.println("<br>");                              //内循环结束后，输出另起一行
 }
%>
</body>
</html>
```

③ 执行“文件”→“保存全部”命令，将页面保存，按〈F12〉键预览网页。

【案例说明】

① 内循环语句 for(j=1; j<=i; j++)中的循环条件是 j<=i，而不是 j<=9。这是因为每行输出乘积的个数并不都是 9 个，而是和该行的行变量 i 相同的。

② 内循环输出的每个乘积之间都有一个空格，这个空格是通过 HTML 中的空格标记" "来实现的。

3.6.3 跳转语句

Java 语言中提供了 3 种跳转语句，分别是 break、continue 和 return。

1. break 跳转语句

break 语句在前面已经使用过，这里具体介绍。它可以结束当前 for、while、do…while 或 switch 结构的执行。当程序执行到 break 语句时，就立即结束当前循环。例如在这里说明一下下面代码的含义和作用：

```
<%
int i=1;
```

```
while(i<10)
{
    if(i>5)
        break;                    //当 i>5 时结束 while 循环
    out.println(i+"<br>");        //输出 i，i 最后输出的值只有 1，2，3，4，5
    i++;                          //i 自增 1
}
%>
```

2．continue 跳转语句

continue 语句用于结束本次循环，跳过剩余的代码，并在条件求值为真值时开始执行下一次循环。例如在这里说明一下下面代码的含义和作用：

```
<%
int i=5,j;
for(j=0;j<10;j++)
{
    if(j==i)
        continue;                 //跳出本次循环
    out.println(j);               //输出的结果是 012346789
}
%>
```

3．return 跳转语句

return 语句可以从一个方法返回，并把控制权交给调用它的语句。在函数中使用 return 控制符，将立即结束函数的执行并将 return 语句所带的参数作为函数值返回。在 JSP 的脚本或脚本的循环体内使用 return，将结束当前脚本的运行。例如在这里说明一下下面代码的含义和作用：

```
<%
int n=5,i;
for(i=1;i<10;i++)
{
    if(i>n)
    {
        return;                   //当 i>5 时结束脚本运行
    }
}
%>
```

【案例 3-5】 任意输入一个大于等于 3 的正整数，判断它是不是素数。

【案例展示】 本实例页面预览后，在文本框中输入一个大于等于 3 的正整数，单击“判断”按钮，显示该数是否是素数，页面预览的结果如图 3-8 所示。

【学习目标】 掌握循环结构的流程控制符。

【知识要点】 for 循环语句，break 控制符。

案例分析：

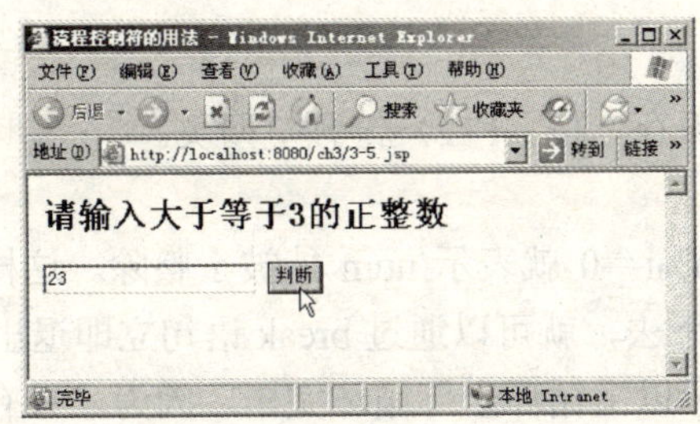

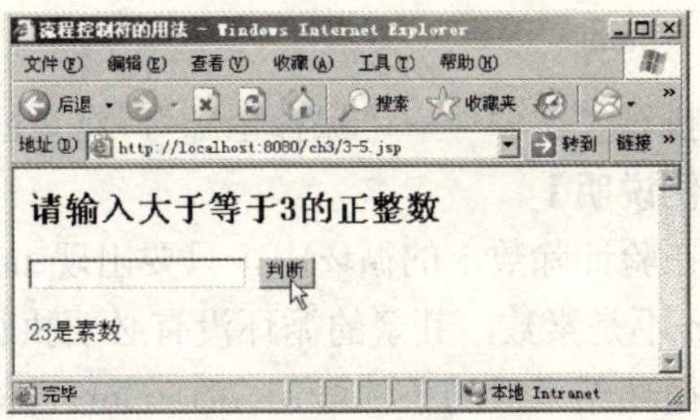

图 3-8　页面预览的结果

素数的定义是除了能被 1 和它本身整除之外，不能被其他正整数整除的数。换句话说，假如 num 代表要判断的数，只要能验证 num 不能被从 2～num-1 之间的所有正整数整除，就能判断 num 是素数；否则，num 就不是素数。

操作步骤如下。

① 启动 Dreamweaver，打开已经建立的站点 ch3，在文件面板的本地站点下新建一个空白网页文档，默认的文件名是 untitled.jsp，修改网页文件名为 3-5.jsp。

② 双击网页 3-5.jsp 进入网页的编辑状态。在代码视图下，输入以下 JSP 代码。

```
<%@ page contentType="text/html; charset=gb2312" language="java"%>
<html>
<head>
<title>流程控制符的用法</title>
</head>
<body>
<h2>请输入大于等于 3 的正整数</h2>
<form method="post">
<input type="text" name="num">
<input type="submit" name="button" value="判断">
</form>
<%
int num,i;
if(request.getParameter("button")!=null)                    //判断“判断”按钮是否按下
{
        num=Integer.valueOf(request.getParameter("num"));   //接收文本框 num 的值
        for(i=2;i<=num-1;i++)
        {
            if(num%i==0)                                     //num 能被 i 整除
                break;                                       //结束当前循环
        }
        if(i>num-1)
            out.println(num+"是素数");
        else
            out.println(num+"不是素数");
}
%>
</body>
```

```
</html>
```

③ 执行“文件”→“保存全部”，将页面保存，按〈F12〉键预览网页。

【案例说明】

① 在验证除数 i 的循环中，只要出现 num%i==0 就表示 num 能被 i 整除。这样，就能判断 num 不是素数，其余的循环没有必要执行下去，就可以通过 break 语句立即退出。

② 循环结束后的条件语句 if(i>num-1)表示以上循环全部循环完毕。因为，只有循环全部循环完毕的情况下，循环变量 i 的值才会大于循环的终值 num-1。这就表示，循环过程中没有出现 num 能被 i 整除的情况，就可以判断 num 是素数；否则，一旦出现，循环立即退出，这时的循环变量 i 的值一定不会大于循环的终值 num-1，就可以判断 num 不是素数。

3.7 数组

数组是具有相同数据结构的元素组成的有序数据的集合，一个数组中包含若干个相同类型的数据。组成数组的数据统称为数组元素，用一个统一的名称来标识这些元素，这个名称就是数组名。数组中，对数组元素的区分使用一个特定序号——数组下标来实现，可以用数组下标来方便地存取每一个数组元素。

数组是由多个元素组成的，每个单独的数组元素就相当于一个变量，可用来保存数据，因此可以将数组视为一连串变量的组合。根据数组存放元素的复杂程度，可将数组依次分为一维数组、二维数组及多维（三维以上）数组。

3.7.1 数组的定义

1．一维数组

JSP 中的数组必须先声明，然后才能使用。声明一维数组有以下两种格式：

数据类型　数组名[] = new 数据类型[个数];
数据类型[]　数组名 = new 数据类型[个数];

当按照上述格式声明数组后，系统会分配一块连续的内存空间供该数组使用，例如，下面的两行代码都是正确的：

```
String myArr[] = new String[5];
String[] myArr = new String[5];
```

这两个语句实现的功能都是创建了一个新的字符串数组，它有 5 个元素可以用来容纳 String 对象，当用关键字 new 来创建一个数组对象时，则必须指定这个数组能容纳多少个元素。

对于一维数组的赋值，语法格式如下：

数据类型 数组名[] = {数值 1,数值 2,…,数值 n};
数据类型[] 数组名= {数值 1,数值 2,…,数值 n};

括号内的数值将依次赋值给数组中的第 1 到 n 个元素。另外，在赋值声明时，不需要给出数组的长度，编译器会按所给的数值个数来决定数组的长度，例如下面的代码：

```
String type[] = {"乒乓球","篮球","羽毛球","排球","网球"};
```

在上面的语句中，声明了一个数组 type，虽然没有特别指名 type 的长度，但由于括号里的数值有 5 个，编译器会分别依次为各元素指定存放位置，如 type[0] ="乒乓球"，type[1] ="篮球"。

2．二维数组

在 JSP 语言中，实际上并不存在称为“二维数组”的明确结构，而二维数组实际上是指数组元素为一维数组的一维数组。声明二维数组语法格式如下：

数据类型 数组名[][] = new 数据类型[个数] [个数];

例如下面的代码：

```
int arry[][] = new int [5][6];
```

上述语句声明了一个二维数组，其中[5]表示该数组有（0～4）5 行，每行有（0～5）6 个元素，因此该数组有 30 个元素。

对于二维数组元素的赋值，同样可以在声明时进行，例如：

```
int number[][] = {{1,2,3,4},{5,6,7,8}};
```

在上面的语句中，声明了一个整型的 2 行 4 列的数组，同时进行赋值，结果如下：

```
number[0][0] = 1; number[0][1] = 2; number[0][2] = 3; number[0][3] = 4;
number[1][0] = 5; number[1][1] = 6; number[1][2] = 7; number[1][3] = 8;
```

3.7.2 数组的访问

对数组进行访问时，通常只能对数组的某一个元素进行单独的访问，而不能对整个数组的全部数据进行访问。一维数组元素的访问形式是通过数组下标来完成，这里的下标可以是一个整型常量，也可以是一个已赋值的整型变量、整型值表达式或整型符号常量。例如：

```
int a[]=new int[5];
int n=3;
a[0]=1;
a[1]=2;
a[2]=3;
a[n]=a[n-1]+a[n-2];
```

执行上述代码后，a[3]的值将为 a[2]+a[1]=5。

由于数组下标具有连续递增的特点，因此对数组的访问通常可用 for 循环来实现。对二维数组的访问也和一维数组相似，只能对单个元素逐一进行访问，而不能用单行语句对整个数组全体成员一次性地进行访问。当需要对数组中的连续多个元素进行引用时，也可以用循环来完成，对于二维数组，可以用双重嵌套循环来完成。

【案例 3-6】 求解二维数组中的最大值、最小值及其行列位置。

【案例展示】 本实例页面预览的结果如图 3-9 所示。

【学习目标】 掌握数组的定义和访问方法。

【知识要点】 使用双重嵌套循环遍历二维数组单元并输出为矩阵的显示格式。

案例分析：程序开始的时候，可以假设二维数组单元的第一个单元既为最大值，也为最小值。如果在遍历二维数组单元的过程中出现某个单元的值大于最初的最大值，将这个值设置为最新的最大值，并记录其当前的行列位置；如果在遍历二维数组单元的过程中出现某个单元的值小于最初的最小值，将这个值设置为最新的最小值，并记录其当前的行列位置。循环完毕即求解出了二维数组中的最大值、最小值及其行列位置。

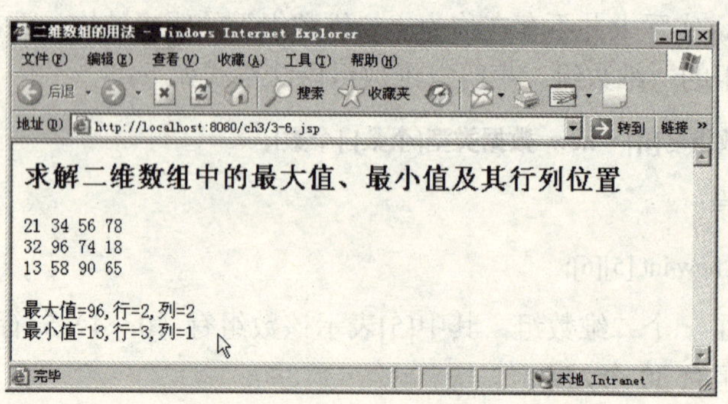

图 3-9　页面预览的结果

操作步骤如下。

① 启动 Dreamweaver，打开已经建立的站点 ch3，在文件面板的本地站点下新建一个空白网页文档，默认的文件名是 untitled.jsp，修改网页文件名为 3-6.jsp。

② 双击网页 3-6.jsp 进入网页的编辑状态。在代码视图下，输入以下 JSP 代码：

```
<%@ page contentType="text/html; charset=gb2312" language="java"%>
<html>
<head>
<title>二维数组的用法</title>
</head>
<body>
<h2>求解二维数组中的最大值、最小值及其行列位置</h2>
<%
int a[][]={{21,34,56,78},{32,96,74,18},{13,58,90,65}};
int vmax,vmin,rmax,cmax,rmin,cmin,i,j;
for(i=0;i<=2;i++)
{
   for(j=0;j<=3;j++)
        out.println(a[i][j]);       //内循环输出行内的各个单元
   out.println("<br>");             //内循环完毕后换行，用来输出新的一行数据
}
out.println("<br>");
vmax=a[0][0];
vmin=a[0][0];
rmax=0;
cmax=0;
rmin=0;
cmin=0;
```

```
for(i=0;i<=2;i++)                    //行的循环
   for(j=0;j<=3;j++)                 //列的循环
   {
     if(a[i][j]>=vmax)               //某个单元的值大于最初的最大值
       {
         vmax=a[i][j];               //将这个值设置为最新的最大值
         rmax=i;                     //记录其当前的行位置
         cmax=j;                     //记录其当前的列位置
         }
       if(a[i][j]<=vmin)             //某个单元的值小于最初的最小值
       {
         vmin=a[i][j];               //将这个值设置为最新的最小值
         rmin=i;                     //记录其当前的行位置
         cmin=j;                     //记录其当前的列位置
         }
   }
out.println("最大值="+vmax+",行="+(rmax+1)+",列="+(cmax+1)+"<br>");
out.println("最小值="+vmin+",行="+(rmin+1)+",列="+(cmin+1));
%>
</body>
</html>
```

③ 执行“文件”→“保存全部”，将页面保存，按〈F12〉键预览网页。

【案例说明】 为了使程序的输出行列值符合用户平时的使用习惯，在输出行列值的代码中通过加 1 运算实现了这个目的。其中，最大值的行修改为 rmax+1，最大值的列修改为 cmax+1；最小值的行修改为 rmin+1，最小值的列修改为 cmin+1。

3.8 JSP 系统常用类

JSP 系统常用类包括数值类、字符串类、日期时间类、Object 类和包装类。本节主要讲解数值类和日期时间类的基本用法，字符串类将在字符串处理一节讲解。

3.8.1 数值类

JSP 常用数值类有 Integer 类、Float 类、Math 类和 Random 类等，这些类大部分属于 java.lang 包，程序中可以直接使用这些类，而不必导入 java.lang 包。

1. Integer 类

Integer 类的方法常用于整型与字符串的相互转化、整型数与进位法转换等。Integer 类的方法见表 3-8。

表 3-8 Integer 类的方法

方 法	说 明
compareTo(int)	比较两数大小。前者比后者大为 1，小为-1，相等为 0
parseInt(String)	转换成整数

（续）

方　法	说　明
decode(String)	转换字符串为整数
equals(Object)	比较两数是否相等
toBinaryString(int)	转换成二进制数字符串
toOctalString(int)	转换成八进制数字符串
toHexString(int)	转换成十六进制数字符串
floatValue()	返回浮点数值
intValue()	返回整数数值
valueOf(String)	字符串转换成整型

2. Float 类

Float 类常用在字符与浮点数的相互转化、判断相同、转化为整形数等方法。Float 类的方法见表 3-9。

表 3-9　Float 类的方法

方　法	说　明
compareTo(float)	比较两数大小
equals(Object)	比较两数是否相等
toString()	转换成字符串
floatValue()	返回浮点数值
intValue()	返回整数数值
valueOf(String)	字符串转换成 float

3. Math 类

Math 类提供了常用的数学方法，如四舍五入、取绝对值、弧度角度转换等方法。Math 类的方法见表 3-10。

表 3-10　Math 类的方法

方　法	说　明
round(double)	返回四舍五入后的整数
abs(long)	返回绝对值
max(Object, Object)	返回最大值
min(Object, Object)	返回最小值
sqrt(double)	返回平方根
log(double)	返回自然对数
pow(double1, double2)	返回 double1 的 double2 次方
toDegrees(double)	返回角度
toRadians(double)	返回弧度
random()	返回随机数

4. Random 类

Math 类的 Random()方法产生一个 Random 对象，使用 Random 对象提供的方法，可以产生随机整数、随机浮点数、随机双精度数、随机长整数。方法说明见表 3-11。

表 3-11 Random 类的方法

方法	说明
nextInt()	返回随机整数
nextFloat()	返回随机浮点数
nextDouble()	返回随机双精度数
nextLong()	返回随机长整数

3.8.2 日期时间类

JSP 提供常用的日期时间类包括 Date 类和 SimpleDateFormat 类。

1. Date 类

Date 类属于 java.util 包，表示与 GMT（格林尼治标准时间）的 1970 年 1 月 1 日 00:00:00 这一刻所相距的毫秒数。Date 类可产生 Date 对象，并可指定对象内容为现在时间或指定时间。产生对象的语法格式为：

```
Date 对象名称=new Date();
Date 对象名称=new Date(毫秒数);
```

Date 类的方法说明见表 3-12。

表 3-12 Date 类的方法

方法	说明
toString()	返回现在时间，并以字符串类型显示
getTime()	返回 1970 年 1 月 1 日到现在的毫秒数，为长整类型
setTime(long)	设置本对象自 1970 年 1 月 1 日起的毫秒数
equals(Object)	判断两个对象是否相等
compareTo(Object)	比较两个对象的大小

2. SimpleDateFormat 类

Date 类内部既不存储年月日也不存储时分秒，而是存储一个从 1970 年 1 月 1 日 00:00:00 开始的毫秒数，而真正有用的日期和时间都是从这个毫秒数转化而来。这种情况导致了 Date 类不易被使用，尤其是显示和存储的场合，但 Date 类的优势在于方便计算和比较。

另外，日常生活中用户习惯用年月日时分秒这样的文本日期来表示时间，既方便显示和存储，也容易理解，但不容易计算和比较。

综上所述，在 JSP 程序中进行日期时间处理时经常需要在在文本日期和 Date 类之间进行转换，为此需要借助 SimpleDateFormat 类来进行处理。

SimpleDateFormat 类属于 java.text 包，用于对日期时间进行格式化。

例如，在第 2 章的实训程序中获得当前系统日期时间并设置日期时间格式为"yyyy-MM-dd H:m:s"的代码如下。

```
<%
```

```
        SimpleDateFormat date=new SimpleDateFormat("yyyy-MM-dd H:m:s");
        String postdate=date.format(new Date());
    %>
```

其中的日期时间格式的参数含义如下：

- yyyy 表示四位数的年份。
- MM 表示两位数的月份。
- dd 表示两位数的日期。
- HH 表示两位数的小时。
- mm 表示两位数的分钟。
- ss 表示两位数的秒钟。

上述代码将当前系统日期时间设置为以下格式：

四位数年份-两位数月份-两位数日期 两位数小时:两位数分钟:两位数秒钟

特别强调的是，在 JSP 程序中如果使用日期时间并设置日期时间格式，必须在程序开头的代码中导入 java.util.Date 类和 java.text.SimpleDateFormat 类。

3.9 字符串处理

字符串由一连串字符组成，它可以包含字母、数字、特殊符号、空格或中文字，只要是键盘能输入的文字都可以。它的表示方法是在文字两边加双引号，如“简单”或“world”等都是合法字符。所有以双引号包围的字符串常数，JSP 编译器都会将它编译为 String 类对象。

3.9.1 字符串的声明

JSP 对于字符串的处理均由 Java.lang 包中的 String 类完成。

声明字符串变量的方法如下所述。

1．初始化新建的 String 对象

初始化一个新创建的 String 对象，它表示一个空字符序列。语法如下：

```
String()
```

2．导入参数

语法如下：

```
String(String name)
```

该方法创建带有内容的字符串，使用双引号标识。利用 new 关键字，调用 String 类产生一个字符串对象，并设置字符串的值。例如下面的代码：

```
String name = new String("程序设计");
```

name 是 String 类的对象，“程序设计”指的是字符串内容。例如，要在网页中输出文字“欢迎进入！JSP 世界！”，可以写成以下代码：

```
<%
String str;                         //定义字符串
```

```
str = new String("欢迎进入!");
String str1 = new String("JSP 世界!");
out.println(str);
out.println(str1);
%>
```

3．导入一个 char[]数组

语法如下：

```
String(char[] value);
```

该方法产生的 String 对象，内含的是 value 参数（char[]类型）所代表的字符串内容。字符串是常量，它们的值在创建之后不能改变。字符串缓冲区支持可变的字符串。因为 String 对象是不可变的，所以可以共享它们。例如下面的代码：

```
String str = "abc";
等效于：
char data[] = {'a', 'b', 'c'};
String str = new String(data);
```

4．导入一个 char[]数组并决定元素值范围

语法如下：

```
String(char[] value,int offset,int count)
```

该方法产生的 String 对象内含的字符串内容，是由 value 字符数组中取出的字符所组成。在该字符串中，第一个字符的索引位置为 0。例如下面的代码：

```
char[] data = {'皆','大','欢','喜'};
String str3 = new String(data,1,2);
System.out.println("Str3 = " + Str3);
```

输出结果：

Str3 = 大欢

5．导入一个 byte[]数组

语法如下：

```
String(byte[] bytes)
```

该方法产生的 String 对象，其内含的是 bytes 参数（byte[]类型）代表的字符串内容，而一个英文字母是以一个 byte 表示，一个中文则以 2 个 byte 表示。

6．导入一个 byte[]数组并决定元素值范围

语法如下：

```
String (byte[] bytes,int offset,int length)
```

该方法产生的 String 对象包含的是字符串内容，是由 bytes 数组元素取出的一个 byte 类型的值所转化而成。由 offset 参数指定要从哪个默认值开始，length 参数决定要取多少个元素。

7．导入一个 StringBuffer 对象

语法如下：

```
String(StringBuffer buffer)
```

该方法产生的 String 对象，其内含的字符串，等同于 buffer 参数（StringBuffer 对象）所存放的字符串内容。

3.9.2 字符串类的常用方法

字符串是程序中经常处理的对象，String 类用于字符处理，可以进行字符比较、字符转换、字符串搜索及字符串插入。String 类的常用方法及含义见表 3-13。

表 3-13 String 类的常用方法

方　法	说　明
boolean endsWith(String suffix)	测试此字符串是否以指定的扩展名结束
boolean equals(Object anObject)	比较此字符串与指定的对象
boolean equalsIgnoreCase(String anotherString)	将此 String 与另一个 String 进行比较，不考虑大小写
int indexOf()	返回指定字符串在另一个字符串中的索引位置
int lastIndexOf()	返回最后一次出现的指定字符在另一个字符串中的索引位置
int length()	返回此字符串的长度
String replace(char oldChar, char newChar)	返回一个新的字符串，它是通过用 newChar 替换此字符串中出现的所有 oldChar 而生成的
boolean startsWith(String prefix)	测试指定字符串是否以指定的前缀开始
String substring()	返回一个字符串的子串
char[] toCharArray()	将指定字符串转换为一个新的字符数组
String toLowerCase()	将指定字符串中的所有字符都转换为小写
String toUpperCase()	将指定字符串中的所有字符都转换为大写
String trim()	返回字符串的副本，忽略前导空白和尾部空白
static String valueOf(boolean b)	返回指定参数的字符串表示形式

【案例 3-7】 String 类的常用方法。

【案例展示】 本实例页面预览的结果如图 3-10 所示。

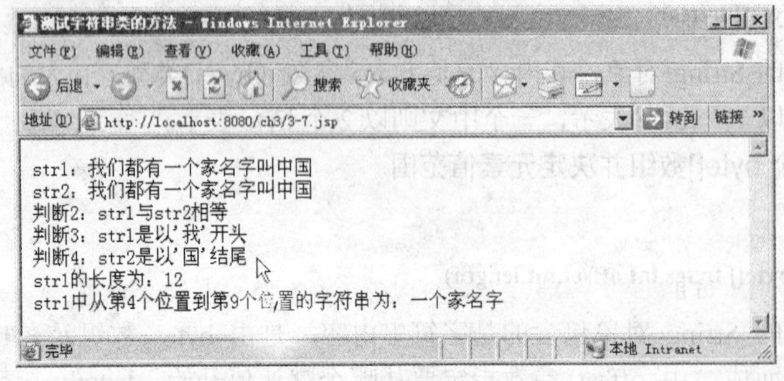

图 3-10 页面预览的结果

【学习目标】 掌握 String 类的常用方法。

【知识要点】 使用双重嵌套循环遍历二维数组单元并输出为矩阵的显示格式。

操作步骤如下。

① 启动 Dreamweaver，打开已经建立的站点 ch3，在文件面板的本地站点下新建一个空白网页文档，默认的文件名是 untitled.jsp，修改网页文件名为 3-7.jsp。

② 双击网页 3-7.jsp 进入网页的编辑状态。在代码视图下，输入以下 JSP 代码：

```
<%@ page contentType="text/html; charset=gb2312" language="java"%>
<html>
<head>
<title>测试字符串类的方法</title>
</head>
<body>
<%
    String str1=new String("我们都有一个家名字叫中国");
    String str2="我们都有一个家名字叫中国";
    out.println("str1："+str1+"<br>str2："+str2);
    if(str1==str2)                    //通过==判断 str1 与 str2 是否相等
        out.println("<br>判断 1：str1 与 str2 相等");
    if(str1.equals(str2))             //通过 equals()方法判断 str1 与 str2 是否相等
        out.println("<br>判断 2：str1 与 str2 相等");
    if(str1.startsWith("我"))          //通过 startsWith()判断是否以指定字符串开头
        out.println("<br>判断 3：str1 是以'我'开头");
    if(str2.endsWith("国"))            //通过 endsWith()判断是否以指定字符串结尾
        out.println("<br>判断 4：str2 是以'国'结尾");
    out.println("<br>str1 的长度为："+str1.length());              //输入 str1 的长度
    out.println("<br>str1 中从第 4 个位置到第 9 个位置的字符串为："+str1.substring(4,9));
    //输出 str1 中从第 4 个位置到第 9 个位置的字符串
%>
</body>
</html>
```

③ 执行"文件"→"保存全部"，将页面保存，按〈F12〉键预览网页。

【案例说明】 JSP 程序中每个汉字占用一位字符，因此，str1.length()输出的字符串长度为 12。

3.10 实训

【实训综述】 综合前面所学的 JSP 语法基础知识，编写以下程序：任意输入一个整数，使用函数的方法判断该数是否为完数。完数是指该数等于其因子之和的整数，例如 6=1+2+3，6 即为完数。

【实训展示】 本实例页面预览后，在文本框中输入一个整数，单击"判断"按钮，显示该数是否是完数，页面预览的结果如图 3-11 所示。

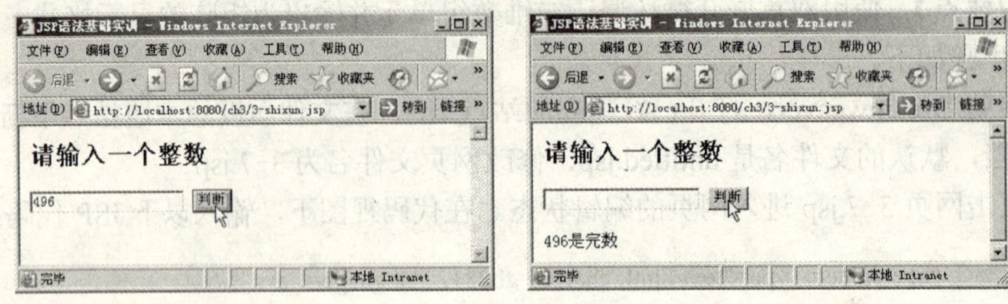

图 3-11 页面预览的结果

【实训目标】 掌握 JSP 语法基础知识的综合应用技术。

【知识要点】 数据类型、运算符、表达式、表单制作、if 条件语句、for 循环。

案例分析：

假设 num 为任意输入的整数，其各个因子用变量 i 代替，则 i 的取值范围一定在 1 和 num/2 之间。假设所有的因子之和为 s，如果 num 和 s 的值相同，则 num 即为完数。

操作步骤如下。

① 启动 Dreamweaver，打开已经建立的站点 ch3，在文件面板的本地站点下新建一个空白网页文档，默认的文件名是 untitled.jsp，修改网页文件名为 3-shixun.jsp。

② 双击网页 3-shixun.jsp 进入网页的编辑状态。在代码视图下，输入以下 JSP 代码：

```
<%@ page contentType="text/html; charset=gb2312" language="java"%>
<html>
<head>
<title>JSP 语法基础实训</title>
</head>
<body>
<h2>请输入一个整数</h2>
<form method="post">
<input type="text" name="num">
<input type="submit" name="button" value="判断">
</form>
<%
int num,i,s;
if(request.getParameter("button")!=null)                    //判断“判断”按钮是否按下
{
      num=Integer.valueOf(request.getParameter("num"));     //接收文本框 num 的值
      s=0;                                                  //初始化因子累积和为 0
      for(i=1;i<= num/2;i++)
      {
            if(num %i==0) s+=i;                             //num 能被 i 整除则累积求因子之和
      }
      if(s== num) out.println(num+"是完数<br>");
      else out.println(num+"不是完数");
```

```
}
%>
</body>
</html>
```

③ 执行“文件”→“保存全部”命令，将页面保存，按〈F12〉键预览网页。

3.11 习题

1．简答 JSP 页面的组成和工作原理。

2．JSP 技术特性有哪几个方面？

3．JSP 有哪 3 种脚本标识？怎样给 JSP 程序添加注释？

4．简答 JSP 的基本数据类型及类型之间的转换方法。

5．简答 JSP 常用的运算符及运算符的优先级和结合性。

6．JSP 分支语句有哪些？各适合应用于哪种场合？

7．JSP 循环控制语句有哪些？各适合应用于哪种场合？

8．已知物体运动的初速度 v0，加速度 a，运动时间 t，求物体的位移。

9．判定学生某门课程的成绩等级，90～100 分之间（包括 90 分）的成绩等级为“优”，80～89 分之间（包括 80 分）的成绩等级为“良”，70～79 分之间（包括 70 分）的成绩等级为“中”，60～69 分之间（包括 60 分）的成绩等级为“及格”，60 分以下的成绩等级为“不及格”。

10．百鸡问题：已知鸡翁一，值钱五；鸡母一，值钱三；鸡雏三，值钱一。百钱买百鸡，求鸡翁、鸡母、鸡雏各多少只？

11．任意输入一个整数，判断该数是否为偶数。

12．在网页中输出如图 3-12 所示的星花图案。

13．使用循环和数组编写程序输出杨辉三角形，如图 3-13 所示。

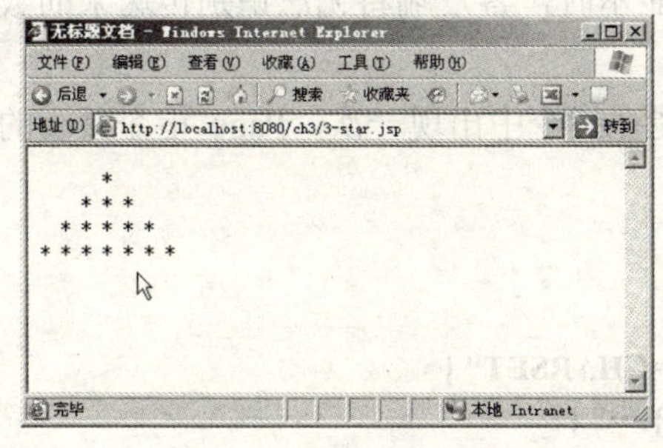

图 3-12 习题 12 的图

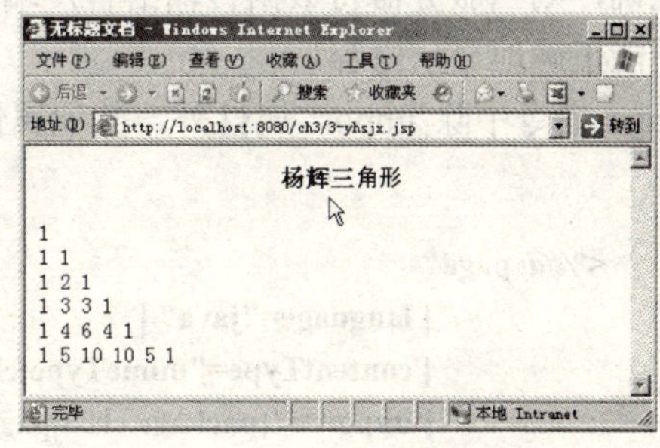

图 3-13 习题 13 的图

第4章 JSP的指令标识和动作标识

JSP 页面是由多种标识构成的，可以分为注释、脚本标识、指令标识、动作标识和模板数据 5 个部分。本章主要讲述指令标识和动作标识。

4.1 指令标识

JSP 指令是为 JSP 引擎而设计的。指令标识不直接产生任何可见的输出内容，而只是告诉引擎如何处理其余 JSP 页面。指令标识在客户端是不可见的，它是被服务器解释并被执行的。通过指令标识可以使服务器按照指令的设置来执行动作和设置在整个 JSP 页面范围内有效的属性。在一个指令中可以设置多个属性，这些属性的设置可以影响到整个页面。

JSP 指令标识主要包括 3 种：page 指令、include 指令及 taglib 指令。以“<%@>”标记开始，以“%>”标记结束。

4.1.1 page 指令

page 指令即页面指令，可以定义在整个 JSP 页面范围内有效的属性，其使用格式如下：

```
<%@ page attribute1="value1" attribute2="value2" …%>
```

page 指令可以放在 JSP 页面中的任意行，但为了利于程序代码的阅读，习惯上放在文件的开始部分。Page 指令具有多种属性，通过这些属性的设置可以影响到当前的 JSP 页面。

例如，在页面中正确设置当前页面响应的 MIME 类型为 text/html，如果 MIME 类型设置不正确，则当服务器将数据传输给客户端进行显示时，客户端将无法识别传送来的数据，从而不能正确地显示内容。

Page 指令中除 import 属性外，其他属性只能在指令中出现一次。Page 指令具有的属性如下：

```
<%@ page
        [ language="java" ]
        [ contentType="mimeType;charset=CHARSET" ]
        [ import="{package.class|pageage.*},…" ]
        [ extends="package.class" ]
        [ session="true|false" ]
        [ buffer="none|8kb|size kb ]
        [ autoFlush="true|false" ]
        [ isThreadSafe="true|false" ]
        [ info="text" ]
        [ errorPage="relativeURL" ]
        [ isErrorPage="true|false" ]
```

```
            [ isELIgnored="true|false" ]
            [ pageEncoding="CHARSET" ]
%>
```

page 指令各属性所具有的功能如下：

language：设置当前页面中编写 JSP 脚本使用的语言。

import：用于向 JSP 文件中导入需要用户的类包。在 page 指令中可多次使用该属性来导入多个包。

contentType：设置响应结果的 MIME 类型。默认 MIME 类型是 text/html，默认字符编码为 ISO-8859-1。当多次使用 page 指令时，该属性只有第一次使用有效。

session：说明当前页面是否支持 session，默认值为 true，表示支持 session。

buffer：设置 out 对象使用的缓冲区的大小。如设置为 none，说明不使用缓存，而直接通过 out 对象进行输出；如果将该属性指定为数值，则输出缓冲区的大小不应小于该值。默认值为 8KB。

autoFlush：设置输出流的缓冲区是否自动清除。默认设置值为 true，说明当缓冲区已满时，自动将其中的内容输出到客户端。如果设置为 false，则当缓冲区中的内容超出其设置的大小时，会产生“JSP Buffer overflow”溢出异常。

isThreadSafe：默认值为 true，说明当前 JSP 页被转换为 Servlet 后，会以多线程的方式来处理来自多个用户的请求；如果设置为 false，则转换后的 Servlet 会实现 SigleThreadModel 接口，该 Servlet 将以单线程的方式来处理用户请求，即其他请求必须等待直到前一个请求被处理结束。

info：设置为任意字符串，如当前页面的作者或其他相关的页面信息。可以通过 Servlet.getServletInfo()方法来获取设置的字符串。

errorPage：指定一个当前页面出现异常时所要调用的页面。如果属性值是以“/”开头的路径，则将在当前 Web 应用的根目录下查找文件；否则，将当前页面的目录下查找文件。

isErrorPage：设置为 true，说明在当前页面中可以使用 execption 异常对象。若在其他页面中通过 errorPage 属性指定了该页面，则当调用页面出现异常时，会跳转到该页面，并且在该页面中可以通过 exception 对象输出错误信息。相反，如果将该属性设置为 false，则在当前页面中不能使用 execption 对象。该属性默认值为 false。

isELIgnored：可以使 JSP 容器忽略表达式语言“${}”。其值只能是 true 或 false。设置为 true 则忽略表达式语言；设置为 false，则不忽略表达式语言。

extends：设置当前 JSP 页产生的 Servlet 是继承哪个父类。在 JSP 中通常不会设置该属性，JSP 容器会提供转换后的 Servlet 继承的父类。并且如果设置该属性，一些改动会影响 JSP 的编译能力。

pageEncoding：用来设置 JSP 页字符的编码，默认值是“ISO-8859-1”。

4.1.2 include 指令

include 指令用于在当前的 JSP 页面中在当前使用该指令的位置嵌入其他的文件，如果被包含文件有可以执行的代码，则显示代码执行结果。include 指令的语法格式如下：

```
<%@ include file="relativeURL"%>
```

include 指令只存在 file 属性，表示此 file 的路径，路径名指的是相对路径，不需要指定端口、协议或域名等。该属性不支持任何表达式，也不允许传递任何参数。如果该属性值以“/”开头，那么指定的是一个绝对路径，将在当前应用的根目录下查找文件；如果是以文件名称或文件夹名开头，那么指定的是一个相对路径，将在当前页面的目录下查找文件。

被包含的文件可以是 HTML 文件、JSP 文件、文本文件，或者只是一段 Java 代码，但是需要注意在这个包含文件中不能使用<html>、</html>、<body>或</body>标记，因为这将会影响在原 JSP 文件中同样的标记，有时会导致错误。

如果包含的是 JSP 文件，那么就会执行这个被包含的 JSP 文件中的代码。如果只是用 include 指令来包含一个静态文件，那么这个包含的文件所执行的结果将会插入到 JSP 文件中 include 指令所在的位置。一旦执行完了包含文件，那么主 JSP 文件的过程将会恢复，继续执行下一行。

使用 include 指令引用外部文件，可以减少代码的冗余。例如，有两个以上的 JSP 页面都需要应用如图 4-1 所示的网页模板进行布局，就可以使用 include 指令包含页面中通用的 LOGO 图片区、侧栏和页尾。

其中，页面中的 LOGO 图片区、侧栏和页尾的内容都不会发生变化。如果通过基本 JSP 语句来编写这两个页面，会导致编写的 JSP 文件出现大量的冗余代码，不仅降低了开发进程而且会给程序的维护带来很大的困难。为了解决该问题，可以将这个复杂的页面分成若干个独立的部分，将相同的部分在单独的 JSP 文件中进行编写。

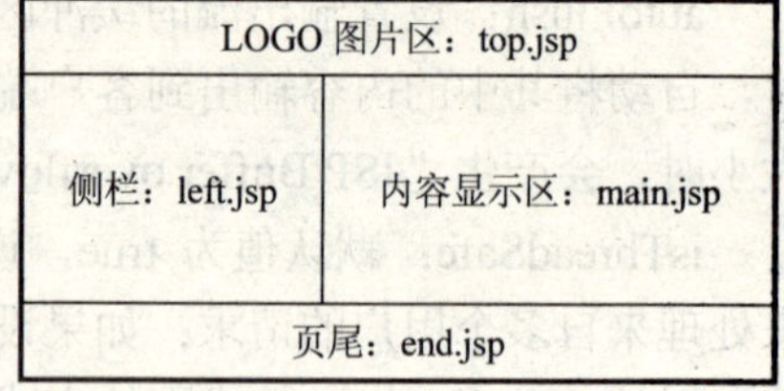

图 4-1　include 指令包含页面通用模块

这样在多个页面中应用上述的页面模板时，就可通过 include 指令在相应的位置上引入这些文件，从而只需对内容显示区进行编码即可。类似的页面代码如下：

```
<%@ page contentType="text/html;charset=gb2312" %>
<table>
    <tr>
        <td colspan="2"> <%@ include file="top.jsp"%> </td>
    </tr>
    <tr>
        <td><%@ include file="side.jsp"%></td>
        <td>在这里对内容显示区进行编码</td>
    </tr>
    <tr>
        <td colspan="2"><%@ include file="end.jsp"%></td>
    </tr>
</table>
```

4.1.3　taglib 指令

在 JSP 页面中，可以直接使用 JSP 提供的一些动作标识来完成特定功能，如使用<jsp:include>包含一个文件。通过使用 taglib 指令，开发者就可以在页面中使用这些基本标识或自定义的标识来完成特殊的功能。taglib 指令的使用格式如下：

```
<%@ taglib uri="tagURI" prefix="tagPrefix" %>
```

taglib 标识具有两个属性。

uri 属性：该属性指定了 JSP 要在 web.xml 文件中查找的标签库描述符，该描述符是一个对标签描述文件（*.tld）的映射。在 tld 标签描述文件中定义了该标签库中的各个标签名称，并为每个标签指定一个标签处理类。

prefix 属性：该属性指定一个在页面中使用由 uri 属性指定的标签库的前缀。前缀不能命名为 jsp、jspx、java、javax、sun、servlet 和 sunw。

开发者可通过前缀来引用标签库中的标签。以下为一个简单的使用 JSTL 的代码：

```
<%@ taglib uri="http://java.sun.com/jsp/jstl/core" prefix="c" %>
<c:set var="name" value="hello"/>
```

上面的代码通过<c:set>标签将 hello 值赋给了变量 name。

4.2 动作标识

在 JSP 中提供了一系列的使用 XML 语法写成的动作标识，这些标识可用来实现特殊的功能，如请求的转发、在当前页中包含其他文件、在页面中创建一个 JavaBean 实例等。

动作标识是在请求处理阶段按照在页面中出现的顺序被执行的，只有它们被执行的时候才会去实现自己所具有的功能。这与指令标识是不同的，因为在 JSP 页面被执行时首先进入翻译阶段，程序会先查找页面中的指令标识并将它们转换成 Servlet，所以这些指令标识会首先被执行，从而设置了整个的 JSP 页面。动作标识通用的使用格式如下：

```
<动作标识名称 属性1="值1" 属性2="值2"…/>
```

或

```
<动作标识名称 属性1="值1" 属性2="值2" …>
  <子动作 属性1="值1" 属性2="值2" …/>
</动作标识名称>
```

在 JSP 中提供的常用的标准动作标识如下。

- 包含文件动作标识：<jsp:include>
- 请求转发动作标识：<jsp:forward>
- 声明使用 JavaBean 动作标识：<jsp:useBean>
- 设置 JavaBean 属性值动作标识：<jsp:setProperty>
- 获取 JavaBean 属性值动作标识：<jsp:getProperty>
- 声明使用 Java 插件动作标识：<jsp:plugin>与<jsp:fallback>
- 参数传递动作标识：<jsp:params>与<jsp:param>

4.2.1 <jsp:include>标识

<jsp:include>动作标识用于向当前的页面中包含其他的文件，这个文件可以是动态文件

也可以是静态文件。该标识的使用格式如下：

```
<jsp:include page="被包含文件的路径" flush="true|false"/>
```

或者向被包含的动态页面中传递参数：

```
<jsp:include page="被包含文件的路径" flush="true|false">
    <jsp:param name="参数名称" value="参数值"/>
</jsp:include>
```

<jsp:include>属性及子标识如下。

page 属性：该属性指定了被包含文件的路径，其值可以是一个代表了相对路径的表达式。当路径是以“/”开头时，则按照当前应用的路径查找这个文件；如果路径是以文件名或目录名称开头，那么将按照当前的路径来查找被包含的文件。

flush 属性：表示当输出缓冲区满时，是否清空缓冲区。该属性值为 boolean 型，默认值为 false，通常情况下设为 true。

<jsp:param>子标识：可以向被包含的动态页面中传递参数。

<jsp:include>标识对包含的动态文件和静态文件的处理方式是不同的。如果被包含的是静态的文件，则页面执行后，在使用了该标识的位置处将会输出这个文件的内容。如果<jsp:include>标识包含的是一个动态的文件，那么 JSP 编译器将编译并执行这个文件。不能通过文件的名称来判断该文件是静态的还是动态的，<jsp:include>标识会识别出文件的类型。

<jsp:include>动作标识与 include 指令都可用来包含文件，下面来介绍它们之间存在的差异。

1．属性

include 指令通过 file 属性来指定被包含的页面，它将 file 属性值看做一个实际存在的文件的路径，所以该属性不支持任何表达式。若在 file 属性值中应用 JSP 表达式，则会抛出异常，如下面的代码：

```
<% String path="logon.jsp";%>
<%@ include file="<%=path%>"%>
```

该用法将抛出下面的异常：

```
File "/<%=path%>" not found
```

<jsp:include>动作标识通过 page 属性来指定被包含的页面，该属性支持 JSP 表达式。

2．处理方式

使用 include 指令被包含的文件，它的内容会原封不动地插入到包含页中使用该指令的位置，然后 JSP 编译器再对这个合成的文件进行翻译。所以在一个 JSP 页面中使用 include 指令来包含另外一个 JSP 页面，最终编译后的文件只有一个。

使用<jsp:include>动作标识包含文件时，当该标识被执行时，程序会将请求转发到（注意是转发，而不是请求重定向）被包含的页面，并将执行结果输出到浏览器中，然后返回包含页继续执行后面的代码。因为服务器执行的是两个文件，所以 JSP 编译器会分别对这两个文件进行编译。

3．包含方式

使用 include 指令包含文件，最终服务器执行的是将两个文件合成后由 JSP 编译器编译成的一个 Class 文件，所以被包含文件的内容应是固定不变的，若改变了被包含的文件，则主文件的代码就发生了改变，因此服务器会重新编译主文件。include 指令的这种包含过程称为静态包含。

使用<jsp:include>动作标识通常是来包含那些经常需要改动的文件。此时服务器执行的是两个文件，被包含文件的改动不会影响到主文件，因此服务器不会对主文件重新编译，而只需重新编译被包含的文件即可。而对被包含文件的编译是在执行时才进行的，也就是说，只有当<jsp:include>动作标识被执行时，使用该标识包含的目标文件才会被编译，否则被包含的文件不会被编译，所以这种包含过程称为动态包含。

4．参数传递

<jsp:include>动作标识请求代码时，可以带参数，而<%@include>指令包含不可以带参数。

【案例 4-1】 通过 include 指令包含文件。

【案例展示】 本实例包含两个页面，主程序页面是 4-1.jsp，被包含文件页面是 top.jsp，主程序页面预览的结果如图 4-2 所示。

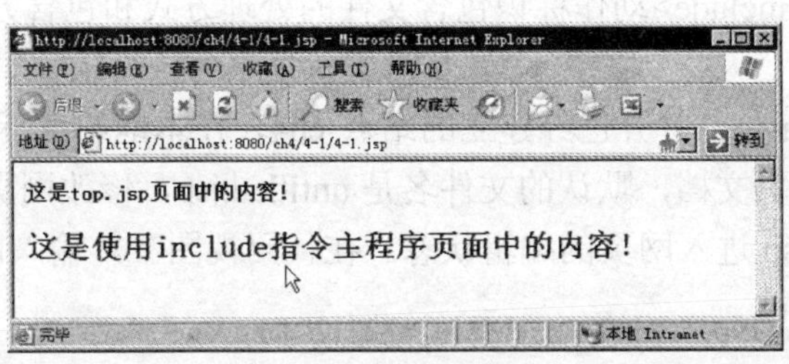

图 4-2 页面预览的结果

【学习目标】 掌握 include 指令包含文件的基本语法。

【知识要点】 include 指令包含文件的处理方式和包含方式。

操作步骤如下所述。

① 启动 Dreamweaver，打开已经建立的站点 ch4，在本地站点下新建一个文件夹 4-1，在其中新建一个空白网页文档，默认的文件名是 untitled.jsp，修改网页文件名为 4-1.jsp。

② 双击网页 4-1.jsp 进入网页的编辑状态。在代码视图下，输入以下 JSP 代码：

```
<%@ page contentType="text/html; charset=gb2312" language="java"%>
<%@ include file="top.jsp" %>
<h2>这是使用 include 指令主程序页面中的内容!</h2>
```

③ 新建一个空白网页文档，默认的文件名是 untitled.jsp，修改网页文件名为 top.jsp。双击网页 top.jsp 进入网页的编辑状态。在代码视图下，输入以下 JSP 代码：

```
<%@ page contentType="text/html;charset=gb2312" language="java"%>
<h4>这是 top.jsp 页面中的内容!</h4>
```

④ 执行“文件”→“保存全部”，将页面保存，按〈F12〉键预览网页。

【案例说明】

被包含文件 top.jsp 中的内容是固定不变的，因此可以被 include 指令静态包含，并且服务器执行的最终编译文件只有一个。

【案例 4-2】 通过<jsp:include>动作标识包含文件。

【案例展示】 本实例包含两个页面，主程序页面是 4-2.jsp，被包含文件页面是 top.jsp（与演练 4-1 中的 top.jsp 相同），主程序页面预览的结果如图 4-3 所示。

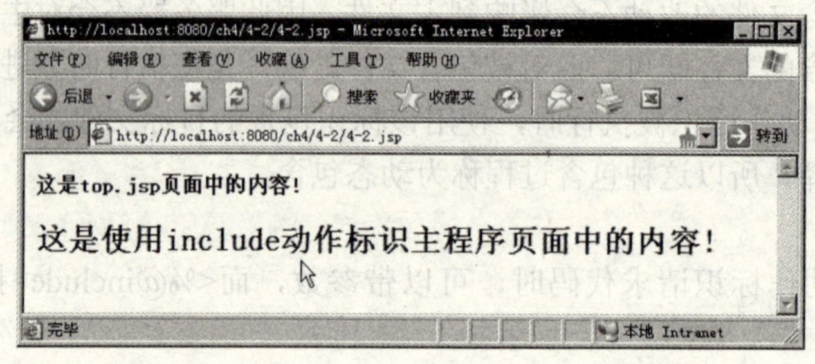

图 4-3 页面预览的结果

【学习目标】 掌握<jsp:include>动作标识包含文件的基本语法。

【知识要点】 <jsp:include>动作标识包含文件的处理方式和包含方式。

操作步骤如下。

① 启动 Dreamweaver，打开已经建立的站点 ch4，在本地站点下新建一个文件夹 4-2，在其中新建一个空白网页文档，默认的文件名是 untitled.jsp，修改网页文件名为 4-2.jsp。

② 双击网页 4-2.jsp 进入网页的编辑状态。在代码视图下，输入以下 JSP 代码：

```
<%@ page contentType="text/html; charset=gb2312" language="java"%>
<jsp:include page="top.jsp"/>
<h2>这是使用 include 动作标识主程序页面中的内容!</h2>
```

③ 执行“文件”→“保存全部”，将页面保存，按〈F12〉键预览网页。

【案例说明】 使用<jsp:include>动作标识包含文件时，当该标识被执行时，程序会将请求转发到被包含的页面 top.jsp，并将执行结果输出到浏览器中，然后返回包含页 4-2.jsp 继续执行后面的代码，服务器执行的是两个文件。

4.2.2 <jsp:forward>标识

<jsp:forward>动作标识用来将请求转发到另外一个 JSP、HTML 或相关的资源文件中。当该标识被执行后，当前的页面将不再被执行，而是去执行该标识指定的目标页面。该标识使用的格式如下：

```
<jsp:forward page="文件路径 | 表示路径的表达式"/>
```

如果转发的目标是一个动态文件，还可以向该文件中传递参数，使用格式如下：

```
<jsp:forward page="文件路径或标识路径的表达式">
    <jsp:param name="参数名称 1" value="值 1"/>
    <jsp:param name="参数名称 2" value="值 2"/>
```

```
...
</jsp:forward>
```

<jsp:forward>属性及子标识如下：

page 属性：该属性指定了目标文件的路径。如果该值是以“/”开头，表示在当前应用的根目录下查找文件，否则就在当前路径下查找目标文件。请求被转向到的目标文件必须是内部的资源，即当前应用中的资源。

<jsp:param>子标识：可以向转向的动态页面中传递参数。

如果想通过 forward 动作转发到应用外部的文件中，例如，当前应用为 A，在根目录下的 index.jsp 页面中存在下面的代码用来将请求转发到应用 B 中的 logon.jsp 页面，代码如下：

```
<jsp:forward page="http://localhost:8080/B/logon.jsp"/>
```

那么将出现下面的错误提示：

```
The requested resource (/http://localhost:8080/B/logon.jsp) is not available
```

仔细观察可以看到，错误提示中的路径前自动加入了一个“/”，这是因为 index.jsp 页面在应用 A 的根目录下，当 forward 标识被执行时，会在该目录下来查找 page 属性指定的目标文件，所以会提示资源不存在的信息。

这里重点提示一下，<jsp:forward>标识实现的是请求的转发操作，而不是请求重定向。它们之间的一个区别就是：进行请求转发时，存储在 request 对象中的信息会被保留并被带到目标页面中；而请求重定向是重新生成一个 request 请求，然后将该请求重定向到指定的 URL，所以事先存储在 request 对象中的信息都不存在了。

【案例 4-3】 通过<jsp:forward>动作标识向转向的动态页面中传递参数。

【案例展示】 本实例包含两个页面，主程序页面是 4-3.jsp，转向的动态页面是 welcome.jsp，传递的参数分别是 n1 和 n2，值分别是“Good”和“Luck”，页面预览的结果如图 4-4 所示。

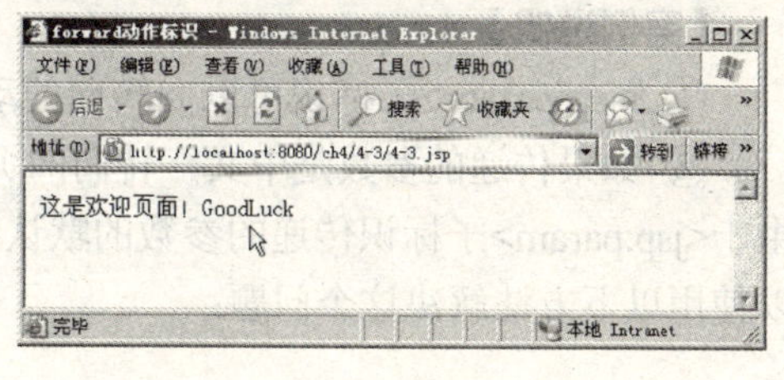

图 4-4 页面预览的结果

【学习目标】 掌握<jsp:forward>动作标识请求转发的基本语法。

【知识要点】 <jsp:forward>动作标识传递参数。

操作步骤如下。

① 启动 Dreamweaver，打开已经建立的站点 ch4，在本地站点下新建一个文件夹 4-3，在其中新建一个空白网页文档，默认的文件名是 untitled.jsp，修改网页文件名为 4-3.jsp。

② 双击网页 4-3.jsp 进入网页的编辑状态。在代码视图下，输入以下 JSP 代码：

```
<%@ page contentType="text/html; charset=gb2312" language="java"%>
<html>
<head>
<title>forward 动作标识</title>
</head>
```

```
<body>
这是首页
<jsp:forward page="welcome.jsp">
  <jsp:param name="n1" value="Good"/>          //向转向的页面 welcome.jsp 中传递参数 n1
  <jsp:param name="n2" value="Luck"/>          //向转向的页面 welcome.jsp 中传递参数 n2
</jsp:forward>
</body>
</html>
```

③ 新建一个空白网页文档，默认的文件名是 untitled.jsp，修改网页文件名为 welcome.jsp。双击网页 welcome.jsp 进入网页的编辑状态。在代码视图下，输入以下 JSP 代码：

```
<%@ page contentType="text/html;charset=gb2312" language="java"%>
<html>
<head>
<title>forward 动作标识</title>
</head>
<body>
<%
  String n1,n2;
  n1=request.getParameter("n1");                //获取 param 参数 n1
  n2=request.getParameter("n2");                //获取 param 参数 n2
%>
这是欢迎页面！<%=n1+n2 %>
</body>
</html>
```

④ 执行“文件”→“保存全部”，将页面保存，按〈F12〉键预览网页。

【案例说明】

① <jsp:param>子标识可以向转向的动态页面 welcome.jsp 传递参数。

② 如果传递的参数是中文，转向的页面 welcome.jsp 接受到中文参数将显示乱码，这是由于<jsp:param>子标识传递的参数的默认编码是 ISO8859_1，而不是中文的 gb2312。用户可以使用以下方法解决这个问题：

```
n1=new String(request.getParameter("n1").getBytes("ISO8859_1"), "gb2312");
```

4.2.3 <jsp:useBean>标识

在讲解<jsp:useBean>标识之前，首先了解一下 JavaBean 的基本知识，关于 JavaBean 的详细内容将在后面第 5 章的 JavaBean 组件中讲解。

JSP 较其他同类语言最强有力的方面就是能够使用 JavaBean 组件，JavaBean 组件就是利用 Java 语言编写的组件，它好比一个封装好的容器，使用者并不知道其内部是如何构造的，但它却具有适应用户要求的功能，每个 JavaBean 都实现了一个特定的功能，通过合理地组织不同功能的 JavaBean，可以快速生成一个全新的应用程序。如果将一个应用程序比做一间空房间，那么这些 JavaBean 就好比房间中的家具。

通过应用<jsp:useBean>动作标识可以在 JSP 页面中创建一个 Bean 实例，并且通过属性的设置可以将该实例存储到 JSP 中的指定范围内。如果在指定的范围内已经存在了指定的 Bean 实例，那么将使用这个实例，而不会重新创建。通过<jsp:useBean>标识创建的 Bean 实例可以在 Scriptlet 中应用。该标识的使用格式如下：

```
<jsp:useBean
    id="变量名"
    scope="page|request|session|application"
    {
        class="package.className"|
        type="数据类型"|
        class="package.className" type="数据类型"|
        beanName="package.className" type="数据类型"
    }
/>
<jsp:setProperty name="变量名" property="*"/>
```

也可以在标识体内嵌入子标识或其他内容：

```
<jsp:useBean id="变量名" scope="page|request|session|application" ...>
  <jsp:setProperty name="变量名" property="*"/>
</jsp:useBean>
```

这两种使用方法是有区别的。在页面中应用<jsp:useBean>标识创建一个 Bean 时，如果该 Bean 是第一次被实例化，那么对于<jsp:useBean>标识的第二种使用格式，标识体内的内容会被执行，若已经存在了指定的 Bean 实例，则标识体内的内容就不再被执行了。而对于第一种使用格式，无论在指定的范围内是否已经存在一个指定的 Bean 实例，<jsp:useBean>标识后面的内容都会被执行。下面将对<jsp:useBean>标识中各属性的用法进行详细介绍。

1．id 属性

id 属性指定一个变量，在所定义的范围内或 Scriptlet 中将使用该变量来对所创建的 JavaBean 实例进行引用。该变量必须符合 JSP 中变量的命名规则。

2．scope 属性

scope 属性指定了所创建 Bean 实例的存取范围，省略该属性时的值为 page。<jsp:useBean>标识被执行时，首先会在 scope 属性指定的范围来查找指定的 Bean 实例，如果该实例已经存在，则引用这个 Bean，否则重新创建，并将其存储在 scope 属性指定的范围内。scope 属性具有的可选值见表 4-1。

表 4-1　scope 属性的可选值

属性名称	描　述
page	指定创建的 JavaBean 实例只能够在当前的 JSP 文件中使用，包括通过 include 静态指令包含的页面中有效
request	指定创建的 JavaBean 实例可以在 request 请求范围内进行存取，在请求被转发至的目标页面中可通过 request 对象的 getAttribute("id 属性值")方法获取创建的 Bean 实例。一个请求的生命周期是从客户端向服务器发出一个请求到服务器响应这个请求给用户后结束，所以请求结束后，存储在其中的 Bean 的实例也就失效了
session	指定创建的 JavaBean 实例可以在 session 范围内进行存取，可以使用 session 对象的 getAttribute("id 属性值")方法获取存储在 session 中的 Bean 实例。session 是当用户访问 Web 应用时，服务器为用户创建的一个对象，服务器通过 session 的 ID 值来区分其他的用户。针对某一个用户而言，在该范围中的对象可被多个页面共享

（续）

属性名称	描　　述
application	指定创建的 JavaBean 实例可以在 application 范围内进行存取，可以使用 application 对象的 getAttribute("id 属性值")方法获取存储在 application 中的 Bean 实例。application 指定了 Bean 实例的有效范围从服务器启动开始到服务器关闭结束。application 对象是在服务器启动时创建的，访问 application 对象的所有用户共享存储于其中的 Bean 实例

注意：可以使用 session 对象的 getAttribute（"id 属性值"）方法获取存储在 session 中的 Bean 实例，也可以使用 session 对象的 getValue（"id 属性值"）来获取，但该方法不建议使用。

3．class 属性

class 属性指定了一个完整的类名，其中 package 表示类包的名字，className 表示类的 class 文件名称。通过 class 属性指定的类不能是抽象的，它必须具有公共的、没有参数的构造方法。在没有设置 type 属性时，必须设置 class 属性。

使用 class 属性定位一个类的示例代码如下：

```
<jsp:useBean id="us" class="com.Bean.UserInfo" scope="session"/>
```

程序首先会在 session 范围中来查找是否存在名为“us”的 UserInfo 类的实例，如果不存在，那么会通过 new 操作符实例化 UserInfo 类来获取一个实例，并以“us”为实例名称存储到 session 范围内。

class 属性与 type 属性可以指定同一个类，在<jsp:useBean>标识中 class 属性与 type 属性一起使用时的示例代码如下：

```
<jsp:useBean id="us" class="com.Bean.UserInfo" type="com.Bean.UserBase" scope="session"/>
```

这里假设 UserBase 类为 UserInfo 类的父类。该标识被执行时，程序首先创建了一个以 type 属性的值为类型，以 id 属性值为名称的变量 us，并赋值为 null；然后在 session 范围内来查找这个名为“us”的 Bean 实例，如果存在，则将其转换为 type 属性指定的 UserBase 类型（类型转换必须是合法的）并赋值给变量 us；如果实例不存在，那么将通过 new 操作符来实例化一个 UserInfo 类的实例并赋值给变量 us，最后将 us 变量储在 session 范围内。

4．type 属性

type 属性用于设置由 id 属性指定的变量类型，可以指定要创建实例的类本身、类的父类或是一个接口。

使用 type 属性来设置变量类型的示例代码如下：

```
<jsp:useBean id="us" type="com.Bean.UserInfo" scope="session"/>
```

如果在 session 范围内，已经存在了名为“us”的实例，则将该实例转换为 type 属性指定的 UserInfo 类型（必须是合法的类型转换）并赋值给 id 属性指定的变量；若指定的实例不存在将抛出“bean us not found within scope”异常。

5．beanName 属性

beanName 属性可以是类文件或 JavaBean 实例包含 JavaBean 的串行化文件。当 JavaBean 不存在与指定范围内时，才可以使用此属性。它必须使用类型属性来指定要将何种类型的 Bean 实例化。beanName 属性不能 class 属性一起使用，并且区分大小写。

beanName 属性与 type 属性可以指定同一个类，在<jsp:useBean>标识中 beanName 属性与 type 属性一起使用时的示例代码如下：

```
<jsp:useBean id="us" beanName="com.Bean.UserInfo" type="com.Bean.UserBase"/>
```

这里假设 UserBase 类为 UserInfo 类的父类。该标识被执行时，程序首先创建了一个以 type 属性的值为类型，以 id 属性值为名称的变量 us，并赋值为 null；然后在 session 范围内来查找这个名为“us”的 Bean 实例，如果存在，则将其转换为 type 属性指定的 UserBase 类型（类型转换必须是合法的）并赋值给变量 us；如果实例不存在，那么将通过 instantiate()方法从 UserInfo 类中实例化一个类，并将其转换成 UserBase 类型后赋值给变量 us，最后将变量 us 存储在 session 范围内。

通常情况下应用<jsp:useBean>标识的格式如下：

```
<jsp:useBean id="变量名" class="package.className"/>
```

如果想在多个页面中共享这个 Bean 实例，可将 scope 属性设置为 session。

使用<jsp:useBean>标识来实例化一个 Bean 实例后，可以通过<jsp:setProperty>属性来设置或修改该 Bean 中的属性，或者通过<jsp:getProperty>标识来读取该 Bean 中指定的属性。

4.2.4 <jsp:setProperty>标识

<jsp:setProperty>标识通常情况下与<jsp:useBean>标识一起使用，它将调用 Bean 中的 setXxx()方法将请求中的参数赋值给由<jsp:useBean>标识创建的 JavaBean 中对应的简单属性或索引属性。该标识的使用格式如下：

```
<jsp:setProperty
    name="Bean 实例名"
    {
      property="*" |
      property="propertyName" |
      property="propertyName" param="parameterName" |
      property="propertyName" value="值"
    }/>
```

下面将对<jsp:setProperty>标识中各属性的用法进行详细介绍。

1．name 属性

name 属性用来指定一个存在 JSP 中某个范围中的 Bean 实例。<jsp:setProperty>标识将会按照 page、request、session 和 application 的顺序来查找这个 Bean 实例，直到第一个实例被找到。若任何范围内不存在这个 Bean 实例，则会抛出异常。

2．property 属性

property 属性的用法可以分为以下几种情况。

（1）property="*"

property 属性取值为“*”时，则 request 请求中所有参数的值将被一一赋给 Bean 中与参数具有相同名字的属性。如果请求中存在值为空的参数，那么 Bean 中对应的属性将不会被赋值为 null；如果 Bean 中存在一个属性，但请求中没有与之对应的参数，那么该属性同样不会被赋值为 null，在这两种情况下的 Bean 属性都会保留原来或默认的值。

该种使用方法要求请求中参数的名称和类型必须与 Bean 中属性的名称和类型一致。但由于通过表单传递的参数都是 String 类型的，所以 JSP 会自动将这些参数转换为 Bean 中对应属性的类型。

（2）property="propertyName"

property 属性取值为 Bean 中的 propertyName 时，则只会将 request 请求中与该 Bean 属性同名的一个参数的值赋给这个 Bean 属性。更进一步讲，如果 property 属性指定的 Bean 属性为 userName，那么指定 Bean 中必须存在 setUserName()方法，否则会抛出类似于下面的异常：

Cannot find any information on property 'userName' in a bean of type 'com.Bean.UserInfo'

在此基础上，如果请求中没有与 userName 同名的参数，则该 Bean 属性会保留原来或默认的值，而不会被赋值为 null。

（3）property="propertyName" param="parameterName"

param 属性指定一个 request 请求中的参数，property 属性指定 Bean 中的某个属性。该种使用方法允许将请求中的参数赋值给 Bean 中与该参数不同名的属性。如果 param 属性指定参数的值为空，那么由 property 属性指定的 Bean 属性会保留原来或默认的值而不会被赋为 null。

（4）property="propertyName" value="值"

其中，value 属性指定的值可以是一个字符串数值或表示一个具体值的 JSP 表达式或 EL 表达式。该值将被赋给 property 属性指定的 Bean 属性。

当 value 属性指定的是一个字符串时，如果指定的 Bean 属性与其类型不一致时，则会将该字符串值自动转换成对应的类型。

当 value 属性指定的是一个表达式时，那么该表达式所表示的值的类型必须与 property 属性指定的 Bean 属性一致，否则会抛出“argument type mismatch”异常。

4.2.5 <jsp:getProperty>标识

<jsp:getProperty>标识用来从指定的 Bean 中读取指定的属性值，并输出到页面中。该 Bean 必须具有 getXxx()方法。<jsp:getProperty>标识的使用格式如下：

```
<jsp:getProperty name="Bean 实例名" property="propertyName"/>
```

<jsp:getProperty>标识的主要属性如下。

name 属性：name 属性用来指定一个存在某 JSP 范围中的 Bean 实例。<jsp:getProperty>标识将会按照 page、request、session 和 application 的顺序来查找这个 Bean 实例，直到第一个实例被找到。若任何范围内不存在这个 Bean 实例，则会抛出“Attempted a bean operation on a null object”异常。

property 属性：该属性指定了要获取由 name 属性指定的 Bean 中的哪个属性的值。若它指定的值为“userName”，那么 Bean 中必须存在 getUserName()方法，否则会抛出“Cannot find any information on property 'userName' in a bean of type”异常。

【案例 4-4】 使用动作标识制作表单提交页面和数据处理的 JavaBean 实例页面。

【案例展示】 本实例包含两个页面，主程序表单页面是 4-4.jsp，表单处理页面是 doForm.jsp。在表单页面中输入书目的信息，表单提交后在表单处理页面中显示出提交的书目信息，页面预览的结果如图 4-5 所示。

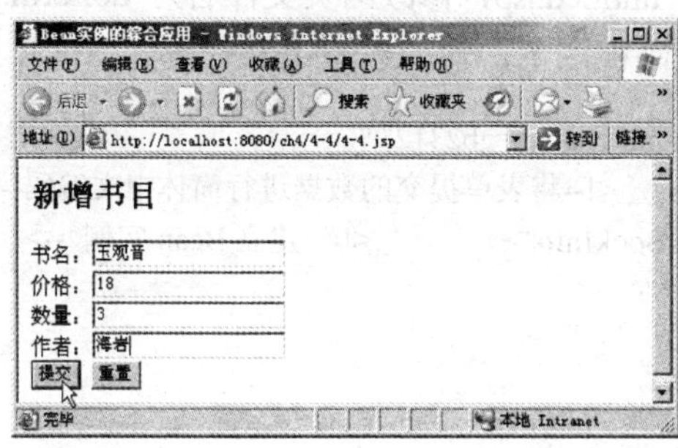

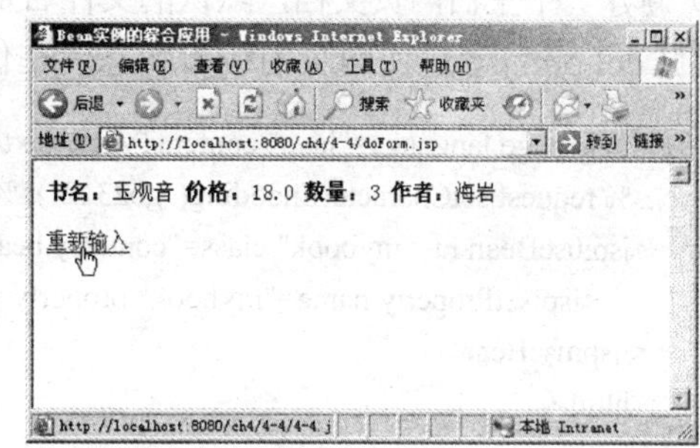

图 4-5　页面预览的结果

【学习目标】 掌握实例的基本语法及属性的设置和获取。

【知识要点】 <jsp:useBean>标识，<jsp:setProperty>标识，<jsp:getProperty>标识。

操作步骤如下所述。

① 本例中需要用到定义书目属性和方法的 JavaBean 类文件 BookInfo.class，定义该类文件的包是 com.zby.bean，在本例素材源代码中 WEB-INF\classes\com\zby\bean 目录下存放。读者需要将 com\zby\bean\BookInfo.class 连同文件夹和文件一并复制到 Tomcat 服务器中的类文件的目录 C:\Tomcat\common\classes 中，这样才能实现在 Tomcat 服务器中执行 JavaBean 程序。类文件最终的路径是 C:\Tomcat\common\classes\com\zby\bean\BookInfo.class。

② 启动 Dreamweaver，打开已经建立的站点 ch4，在本地站点下新建一个文件夹 4-4，在其中新建一个空白网页文档，默认的文件名是 untitled.jsp，修改网页文件名为 4-4.jsp。

③ 双击网页 4-4.jsp 进入网页的编辑状态。在代码视图下，输入以下 JSP 代码：

```
<%@ page language="java" contentType="text/html; charset=gb2312" %>
<html>
<head>
<title>Bean 实例的综合应用</title>
</head>
<body>
<form action="doForm.jsp" method="post">
    <h2>新增书目</h2>
    书名：<input type="text" name="name">
    <br>
    价格：<input type="text" name="price">
    <br>
    数量：<input type="text" name="stock">
    <br>
    作者：<input type="text" name="author">
    <br>
    <input type="submit" value="提交">
```

```
    <input type="reset" value="重置">
</form>
</body>
</html>
```

④ 新建一个空白网页文档，默认的文件名是 untitled.jsp，修改网页文件名为 doForm.jsp。双击网页 doForm.jsp 进入网页的编辑状态。在代码视图下，输入以下 JSP 代码：

```
<%@ page language="java" contentType="text/html; charset=gb2312" %>
<% request.setCharacterEncoding("gb2312"); %>    <!--将表单提交的数据进行简体中文编码-->
<jsp:useBean id="mybook" class="com.zby.bean.BookInfo">          <!-- 建立 Bean 实例 -->
    <jsp:setProperty name="mybook" property="*"/>
</jsp:useBean>
<html>
<head>
<title>Bean 实例的综合应用</title>
</head>
<body>
<b>书名：</b><jsp:getProperty name="mybook" property="name"/>        <!--获取属性值-->
<b>价格：</b><jsp:getProperty name="mybook" property="price"/>       <!--获取属性值-->
<b>数量：</b><jsp:getProperty name="mybook" property="stock"/>       <!--获取属性值-->
<b>作者：</b><jsp:getProperty name="mybook" property="author"/>      <!--获取属性值-->
<p>
<a href="4-4.jsp">重新输入</a>
</body>
</html>
```

⑤ 执行“文件”→“保存全部”，将页面保存，按〈F12〉键预览网页。

【案例说明】

① 本例创建 Bean 实例时省略了存取范围 scope，该属性的默认值为 page。

② 定义表单时应注意将表单中各个元素的名称设置为与 Bean 中的属性名称相同。本例中 Bean 的源代码 BookInfo.java 此处不再列出，读者可以参考第 5 章中 JavaBean 一节中相关的知识。

③ property="*"表示将表单提交的 request 请求中的所有参数值一一赋给 Bean 中与参数具有相同名字的属性。

④ <% request.setCharacterEncoding("gb2312"); %>这行语句用于将表单提交的数据进行简体中文编码，以便在表单处理页面接收这些数据后能正确地显示中文，但这种方法只对提交方式为 post 的表单有效。

4.2.6 <jsp:plugin>与<jsp:fallback>标识

<jsp:plugin>标识可以在页面中插入 Java Applet 小程序或 JavaBean，它们能够在客户端运行，该标识会根据客户端浏览器的版本转换成<object>或<embed>HTML 元素。当转换失败时，<jsp:fallback>标识用来显示用户的提示信息。因此，<jsp:plugin>与<jsp:fallback>通常情况下一起使用。<jsp:plugin>标识的使用格式如下所述。

```
<jsp:plugin   type="bean | applet"    code="classFileName"
codebase="classFileDirectoryName"
[ name="instanceName" ] [ archive="URIToArchive, ..." ]
[ align="bottom | top | middle | left | right" ][ height="displayPixels" ]
[ width="displayPixels" ] [ hspace="leftRightPixels" ]
[ vspace="topBottomPixels" ] [ jreversion="JREVersionNumber | 1.1" ]
[ nspluginurl="URLToPlugin" ] [ iepluginurl="URLToPlugin" ] >
[ <jsp:params>
[ <jsp:param name="parameterName" value="{parameterValue |
                              <%= expression %>}" /> ]
</jsp:params> ]
[ <jsp:fallback> text message for user </jsp:fallback> ]
</jsp:plugin>
```

其中的属性与参数意义见表 4-2。

表 4-2 <jsp:plugin>标识的属性与参数

属性或参数	描 述
type	指定了所要加载插件对象的类型，可选值为“bean”和“applet”
code	指定了要加载的 Java 类文件的名称。该名称可以包含扩展名和类包名
codebase	用来指定 code 属性指定的 Java 类文件所在的路径。默认值为当前访问的 JSP 页面路径
name	指定了加载的 Applet 或 JavaBean 的名称
archive	指定预先加载的存档文件的路径，多个路径可用逗号进行分隔
align	主要是加载的插件对象在页面中显示时的对齐方式。可选值为 bottom、top、middle、left 和 right
height	加载的插件对象在页面中显示时的高度，单位为像素
width	加载的插件对象在页面中显示时的宽度，单位为像素
hspace	加载的 Applet 或 JavaBean 在屏幕或单元格中所留出的左右空间大小，不支持任何表达式
vspace	加载的 Applet 或 JavaBean 在屏幕或单元格中所留出的上下空间大小，不支持任何表达式
jerversion	在浏览器中执行 Applet 和 JavaBean 时所需的 Java 运行环境的版本，默认是 1.1
nspluginurl	指定了 Netscape 浏览器用户能够使用的 JRE 的下载地址
iepluginurl	指定了浏览器 Internet 浏览器用户能够使用的 JRE 的下载地址
session	在该标识中可以包含多个<jsp:param>标识，用来向 Applet 或 JavaBean 中传递参数
application	当加载 Java 类文件失败时，用来显示给用户的提示信息

其中，nspluginurl 属性和 iepluginurl 属性分别指定了 Netscape Navigator 用户和 Internet Explorer 用户能够使用的 JRE 的下载地址。若当前的 Internet Explorer 用户没有安装 JRE，则访问包含下面代码的 JSP 页面后浏览器自动弹出如图 4-6 所示的提示。

```
<jsp:plugin type="applet" code="com.applet.MyApplet.class" codebase="./applet"
iepluginurl="http://localhost:8080">
   <jsp:fallback>加载 Java Applet 小程序失败!</jsp:fallback>
</jsp:plugin>
```

弹出该提示的前提是需要在浏览器中进行相应的安全设置。打开浏览器中的“工具”→“Internet 选项”子菜单，选择“安全”选项卡并单击“自定义级别”按钮，在弹出的“安全设置”对话框中设置“下载未签名的 ActiveX 控件”单选按钮的选项为“提示”，如图 4-7 所示。

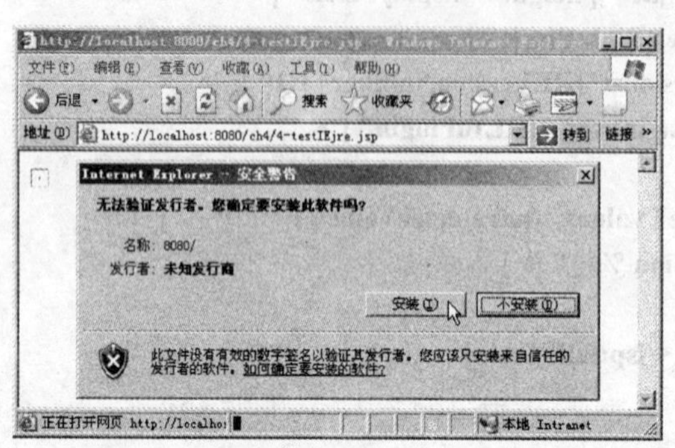

图 4-6　IE 浏览器没有安装 JRE 时的弹窗提示

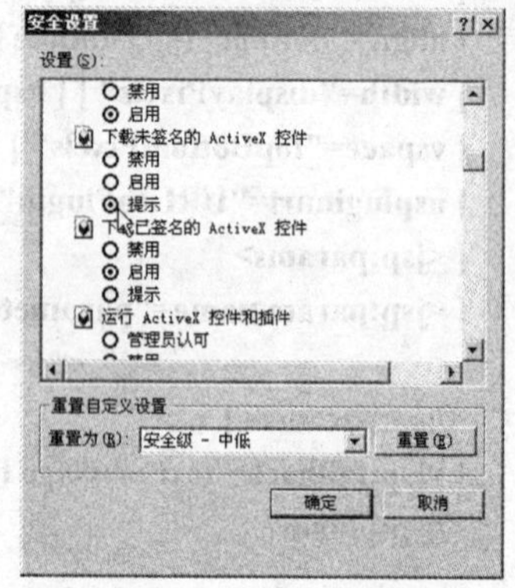

图 4-7　“安全设置”对话框

4.2.7　<jsp:params>与<jsp:param>标识

通过<jsp:param>标识可以传递一个参数，使用格式如下：

```
<jsp:param name="参数名称" value="值"/>
```

通过<jsp:params>标识可以传递多个参数，使用格式如下：

```
<jsp:params>
    <jsp:param name="参数名称 1" value="值 1"/>
    <jsp:param name="参数名称 2" value="值 2"/>
    ……
</jsp:params>
```

<jsp:params>与<jsp:param>标识的主要属性如下：

name 属性：表示参数名称。

value 属性：表示参数值。

说明：<jsp:param>标识经常与其他标识一起使用的。例如，<jsp:include>、<jsp:forward>等标识一起使用；<jsp:params>标识只能与<jsp:plugin>标识一起使用。

4.3　实训

【实训综述】 使用动作标识编写显示购物车产品的 JavaBean 应用程序。

【实训展示】 本实例包含两个页面，主程序表单页面是 4-shixun.jsp，表单处理页面是 doForm.jsp。在表单页面中输入产品名称和生产地址，表单提交后在表单处理页面中根据不同的 Bean 实例存取范围显示出不同的产品信息，页面预览的结果如图 4-8 所示。

【实训目标】 掌握 Bean 实例的基本语法及属性的设置和获取。

【知识要点】 Bean 实例的存取范围。

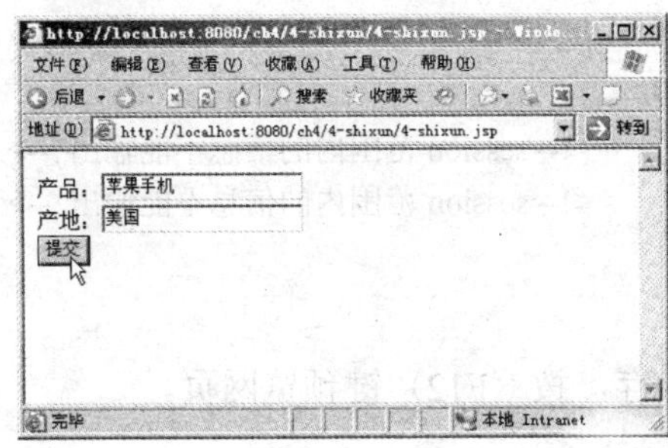

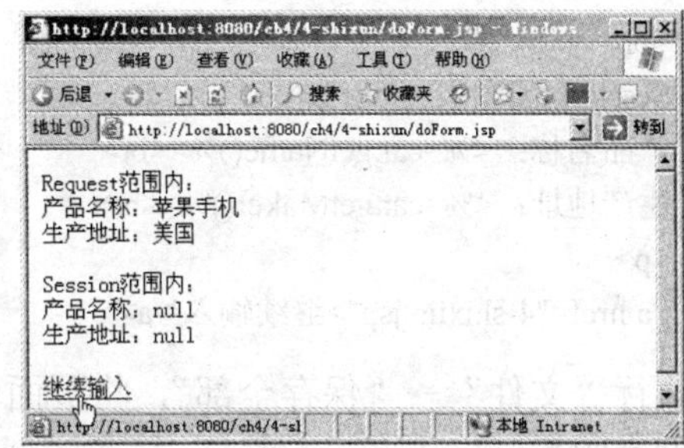

图 4-8 页面预览的结果

操作步骤如下。

① 本例中需要用到定义产品属性和方法的 JavaBean 类文件 ShopCar.class，定义该类文件的包是 com.bean，在本例素材源代码中 WEB-INF\classes\com\bean 目录下存放。读者需要将 com\bean\ShopCar.class 连同文件夹和文件一并复制到 Tomcat 服务器中的类文件的目录 C:\Tomcat\common\classes 中，这样才能实现在 Tomcat 服务器中执行 JavaBean 程序。类文件最终的路径是 C:\Tomcat\common\classes\com\bean\ShopCar.class。

② 启动 Dreamweaver，打开已经建立的站点 ch4，在本地站点下新建一个文件夹 4-shixun，在其中新建一个空白网页文档，默认的文件名是 untitled.jsp，修改网页文件名为 4-shixun.jsp。

③ 双击网页 4-shixun.jsp 进入网页的编辑状态。在代码视图下，输入以下 JSP 代码：

```
<%@ page contentType="text/html;charset=gb2312" language="java"%>
<form action="doForm.jsp" method="post">
    产品：<input type="text" name="name" size="20">
    <br>
    产地：<input type="text" name="maker" size="20">
    <br>
    <input type="submit" value="提交">
</form>
```

④ 新建一个空白网页文档，默认的文件名是 untitled.jsp，修改网页文件名为 doForm.jsp。双击网页 doForm.jsp 进入网页的编辑状态。在代码视图下，输入以下 JSP 代码：

```
<%@ page contentType="text/html;charset=gb2312" language="java"%>
<%@ page import="com.bean.ShopCar"%>            <!--导入包含类文件 ShopCar.class 的包-->
<% request.setCharacterEncoding("gb2312"); %>   <!--将表单提交的数据进行简体中文编码-->
<jsp:useBean id="car" class="com.bean.ShopCar" scope="session"/>
<%
  ShopCar r_car=new ShopCar();                  //创建一个 Bean 实例 r_car
  request.setAttribute("car",r_car);            //将创建的 Bean 实例 r_car 存在 request 范围内
%>
<jsp:setProperty name="car" property="*"/>
<!-- 显示输入的信息 -->
Request 范围内：<br>
产品名称：<%=r_car.getName()%><br>              <!-- request 范围内的信息可以输出 -->
生产地址：<%=r_car.getMaker()%><br>             <!-- request 范围内的信息可以输出 -->
```

```
<br>
Session 范围内：<br>
产品名称：<%=car.getName()%><br>                <!-- session 范围内的信息不能输出 -->
生产地址：<%=car.getMaker()%><br>               <!-- session 范围内的信息不能输出 -->
<p>
<a href="4-shixun.jsp">继续输入</a>
```

⑤ 执行"文件"→"保存全部"，将页面保存，按〈F12〉键预览网页。

【案例说明】

① 本例首先使用<jsp:useBean>标识了创建一个 Bean 实例，并设置存取范围 scope 的属性值为 session。

② 接下来的语句 ShopCar r_car=new ShopCar();创建一个 Bean 实例 r_car，又使用语句 request.setAttribute("car",r_car);将创建的 Bean 实例 r_car 存在 request 范围内。

③ 在输出产品信息时，request 范围内的实例 r_car 可以输出产品信息；而 session 范围内的实例 car 不能输出产品信息。

4.4 习题

1．JSP 指令标识有哪几种？指令标识有什么用途？

2．JSP 动作标识有哪几种？动作标识有什么用途？

3．简答 include 指令包含文件和<jsp:include>动作标识包含文件的区别。

4．<jsp:forward>标识实现的请求转发有什么特点和用途？请求转发时能不能向转向的页面传递参数？

5．<jsp:useBean>标识的 scope 属性有哪几种存取范围？各有什么特点？

6．<jsp:setProperty>标识的 property 属性有哪几种取值？各有什么特点？

7．<jsp:plugin>与<jsp:fallback>标识主要应用于哪种场合？

8．使用动作标识编写显示用户登录信息的 JavaBean 应用程序，如图 4-9 所示。

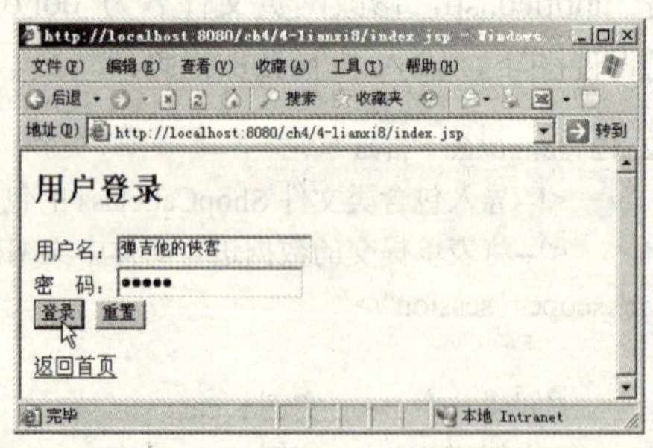

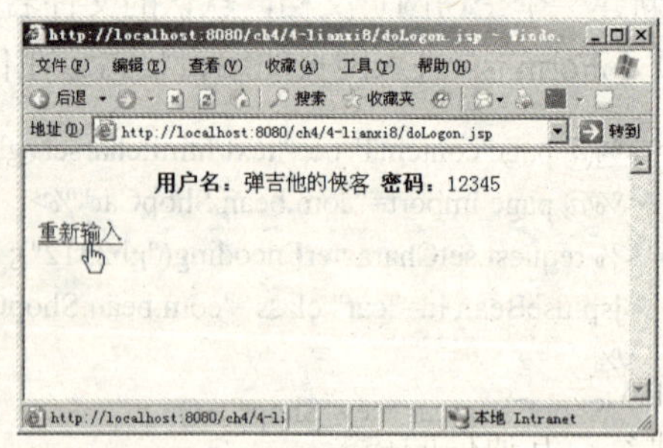

图 4-9　习题 8 的图

第 5 章　JSP 的常用对象和组件

为了方便 Web 应用程序开发，在 JSP 页面中内置了一些默认的对象，这些对象不需要预先声明就可以在脚本代码和表达式中随意使用。利用 JSP 强大的组件功能，可以提高程序开发的可重用性，简化程序设计的流程。

5.1　JSP 内置对象简介

JSP 内置对象也称为隐含对象，由 JSP 容器自动为 JSP 页面提供。这些对象不需要预先声明就可以直接在脚本程序中进行使用。JSP 提供的内置对象共有 9 个，见表 5-1。

表 5-1　JSP 内置对象

内置对象名称	所属类型	有效范围	说明
application	javax.servlet.ServletContext	application	该对象代表应用程序上下文，它允许 JSP 页面与包括在同一应用程序中的任何 Web 组件共享信息
config	javax.servlet.ServletConfig	page	该对象允许将初始化数据传递给一个 JSP 页面
exception	java.lang.Throwable	page	该对象含有只能由指定的 JSP“错误处理页面”访问的异常数据
out	javax.servlet.jsp.JspWriter	page	该对象提供对输出流的访问
page	javax.servlet.jsp.HttpJspPage	page	该对象代表 JSP 页面对应的 Servlet 类实例
pageContext	javax.servlet.jsp.PageContext	page	该对象是 JSP 页面本身的上下文，它提供了唯一一组方法来管理具有不同作用域的属性，这些 API 在实现 JSP 自定义标签处理程序时非常有用
request	javax.servlet.http.HttpServlet Request	request	该对象提供对 HTTP 请求数据的访问，同时还提供用于加入特定请求数据的上下文
response	javax.servlet.http.HttpServlet Response	page	该对象允许直接访问 HttpServletReponse 对象，可用来向客户端输入数据
session	javax.servlet.http.HttpSession	session	该对象可用来保存在服务器与一个客户端之间需要保存的数据，当客户端关闭网站的所有网页时，session 变量会自动消失

其中，request、response 和 session 是 JSP 内置对象中重要的 3 个对象，这 3 个对象体现了服务器端与客户端（即浏览器）进行交互通信的控制，如图 5-1 所示。

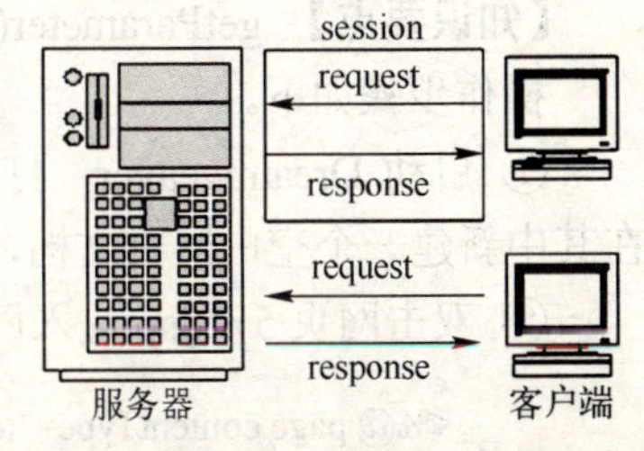

图 5-1　服务器端与客户端交互

从图中可以看出，当客户端打开浏览器，在地址栏中输入服务器 Web 服务页面的地址后，就会显示 Web 服务器上的网页。客户端的浏览器从 Web 服务器上获得网页，实际上是使用 HTTP 协议向服务器端发送了一个请求，服务器在收到来自客户端浏览器发来的请求后要响应请求。JSP 通过

request 对象获取客户浏览器的请求，通过 response 对客户浏览器进行响应。而 session 则一直保存着会话期间所需要传递的数据信息。

5.2 request 对象

request 对象是从客户端向服务器发出请求，包括用户提交的信息以及客户端的一些信息。客户端可通过 HTML 表单或在网页地址后面提供参数的方法提交数据，然后通过 request 对象的相关方法来获取这些数据。request 的各种方法主要用来处理客户端浏览器提交的请求中的各项参数和选项。

5.2.1 访问请求参数

在 Web 应用程序中，经常还需要完成用户与网站的交互。例如，当用户填写表单后，需要把数据提交给服务器处理，服务器获取到这些信息并进行处理。request 对象的 getParameter()方法，可以用来获取用户提交的数据。访问请求参数的方法如下：

```
String userName = request.getParameter("name");
```

参数 name 与 HTML 标记 name 属性对应，如果参数值不存在，则返回一个 null 值，该方法的返回值为 String 类型。

【案例 5-1】 使用 request 对象的 getParameter()方法获取用户提交的数据。

【案例展示】 本实例包含两个页面，主程序表单页面是 5-1.jsp，表单处理页面是 login_deal.jsp，页面预览的结果如图 5-2 所示。

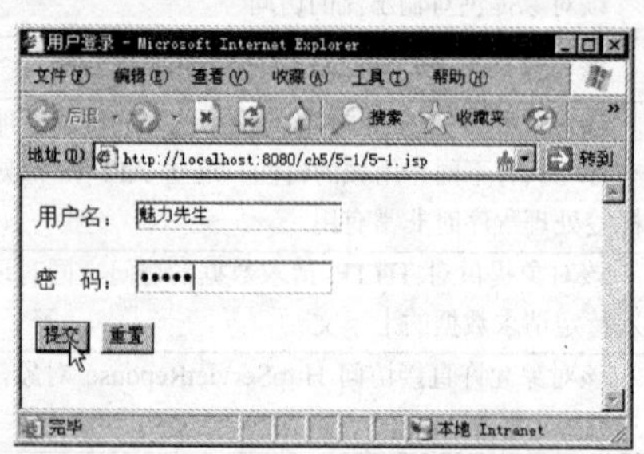

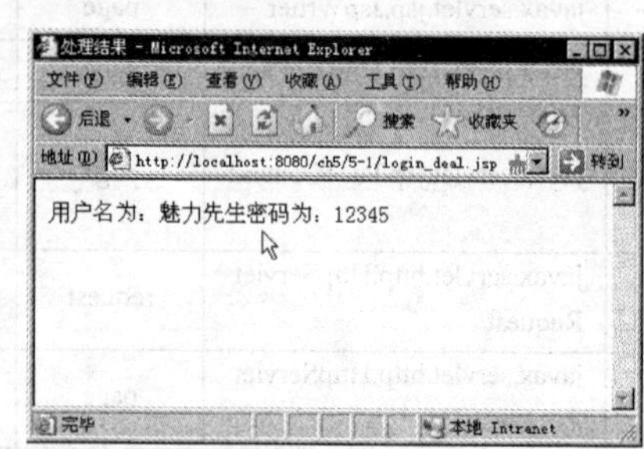

图 5-2　页面预览的结果

【学习目标】 掌握 request 对象访问请求参数的基本语法。

【知识要点】 getParameter()方法。

操作步骤如下。

① 启动 Dreamweaver，打开已经建立的站点 ch5，在本地站点下新建一个文件夹 5-1，在其中新建一个空白网页文档，默认的文件名是 untitled.jsp，修改网页文件名为 5-1.jsp。

② 双击网页 5-1.jsp 进入网页的编辑状态。在代码视图下，输入以下 JSP 代码：

```
<%@ page contentType="text/html; charset=gb2312" language="java"%>
<html>
<head>
```

```
<title>用户登录</title>
</head>
<body>
<form id="form1" name="form1" method="post" action="login_deal.jsp">
  用户名:
  <input name="username" type="text" id="username" /><br /><br />
  密  码:
  <input name="pwd" type="password" id="pwd" /><br /><br />
  <input type="submit" name="Submit" value="提交" />
  <input type="reset" name="Submit2" value="重置" />
</form>
</body>
</html>
```

③ 新建一个空白网页文档，默认的文件名是 untitled.jsp，修改网页文件名为 login_deal.jsp。双击网页 login_deal.jsp 进入网页的编辑状态，在代码视图下，输入以下 JSP 代码：

```
<%@ page contentType="text/html;charset=gb2312" language="java"%>
<html>
<head>
<title>处理结果</title>
</head>
<body>
<%
request.setCharacterEncoding("gb2312");
String username=request.getParameter("username");
String pwd=request.getParameter("pwd");
out.println("用户名为："+username);
out.println("密码为："+pwd);
%>
</body>
</html>
```

④ 执行“文件”→“保存全部”，将页面保存，按〈F12〉键预览网页。

【案例说明】 参数 username、pwd 与表单中的文本框 username、密码框 pwd 一一对应，getParameter()方法的返回值为 String 类型。即使用户在表单中输入的数据是数字形式，也会以字符串类型处理。

5.2.2 在作用域中管理属性

有时，在进行请求转发时，需要把一些数据带到转发后的页面进行处理。这时，就可以使用 request 对象的 setAttribute()方法设置数据在 request 范围内存取。

设置转发数据的方法使用如下：

```
request.setAttribute("key", Object);
```

参数 key 是键，为 String 类型。在转发后的页面取数据时，就通过这个键来获取数据。

参数 object 是键值，为 Object 类型，它代表需要保存在 request 范围内的数据。

获取转发数据的方法如下：

```
request.getAttribute(String name);
```

参数 name 表示键名。

在页面使用 request 对象的 setAttribute("name",obj)方法，可以把数据 obj 设定在 request 范围内。请求转发后的页面使用“getAttribute("name");”就可以取得数据 obj。

【案例 5-2】 使用 request 对象在作用域中管理属性。

【案例展示】 本实例包含两个页面，主程序设置转发数据的页面是 5-2.jsp，转发后获取数据的页面是 error.jsp，页面预览的结果如图 5-3 所示。

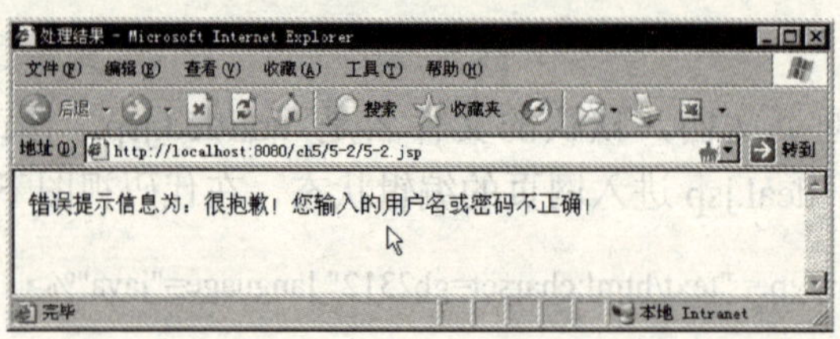

图 5-3 页面预览的结果

【学习目标】 掌握 request 对象设置转发数据和获取转发数据的基本语法。

【知识要点】 setAttribute()方法和 getAttribute()方法。

操作步骤如下所述。

① 启动 Dreamweaver，打开已经建立的站点 ch5，在本地站点下新建一个文件夹 5-2，在其中新建一个空白网页文档，默认的文件名是 untitled.jsp，修改网页文件名为 5-2.jsp。

② 双击网页 5-2.jsp 进入网页的编辑状态。在代码视图下，输入以下 JSP 代码：

```
<%@ page contentType="text/html; charset=gb2312" language="java"%>
<html>
<head>
<title>转发数据</title>
</head>
<body>
<%
request.setAttribute("error","很抱歉！您输入的用户名或密码不正确！");        //设置转发数据
%>
<jsp:forward page="error.jsp" />
</body>
</html>
```

③ 新建一个空白网页文档，默认的文件名是 untitled.jsp，修改网页文件名为 error.jsp。双击网页 error.jsp 进入网页的编辑状态，在代码视图下，输入以下 JSP 代码：

```
<%@ page contentType="text/html;charset=gb2312" language="java"%>
<html>
<head>
```

```
<title>处理结果</title>
</head>
<body>
<%
out.println("错误提示信息为："+request.getAttribute("error"));          //获取转发数据
%>
</body>
</html>
```

④ 执行“文件”→“保存全部”，将页面保存，按〈F12〉键预览网页。

【案例说明】 主程序中的参数 error 是键，为 String 类型。在转发后的页面 error.jsp 取数据时，通过这个键来获取数据。主程序中的参数"很抱歉！您输入的用户名或密码不正确！"是键值，为 Object 类型，代表需要保存在 request 范围内的数据。

5.2.3 获取客户端信息

request 对象的一些方法可以用于确定组成 JSP 页面的客户端的信息，request 对象获取客户端信息的方法见表 5-2。

表 5-2 request 对象获取客户端信息的方法

方 法	说 明
getHeader(String name)	获得 Http 协议定义的文件头信息
getHeaders(String name)	返回指定名字的 request Header 的所有值，其结果是一个枚举的实例
getHeadersNames()	返回所有 request Header 的名字，其结果是一个枚举的实例
getMethod()	获得客户端向服务器端传送数据的方法，如 get，post，header，trace 等
getProtocol()	获得客户端向服务器端传送数据所依据的协议名称
getRequestURI()	获得发出请求字符串的客户端地址
getRealPath()	返回当前请求文件的绝对路径
getRemoteAddr()	获取客户端的 IP 地址
getRemoteHost()	获取客户端的机器名称
getServerName()	获取服务器的名字
getServerPath()	获取客户端所请求的脚本文件的文件路径
getServerPort()	获取服务器的端口号

例如以下获取客户端信息的示例代码：

```
<%@ page contentType="text/html; charset=gb2312" language="java"%>
<html>
<body>
客户提交信息的方式：<%=request.getMethod()%>
<br>使用的协议：<%=request.getProtocol()%>
<br>获取发出请求字符串的客户端地址：<%=request.getRequestURI()%>
<br>获取提交数据的客户端 IP 地址：<%=request.getRemoteAddr()%>
<br>获取服务器端口号：<%=request.getServerPort()%>
```

```
<br>获取服务器的名称：<%=request.getServerName()%>
<br>获取客户端的机器名称：<%=request.getRemoteHost()%>
<br>获取客户端所请求的脚本文件的文件路径:<%=request.getServletPath()%>
<br>获得 Http 协议定义的文件头信息 Host 的值:<%=request.getHeader("host")%>
<br>获得 Http 协议定义的文件头信息 User-Agent 的值:<%=request.getHeader("user-agent")%>
</body>
</html>
```

上述代码运行后的结果如图 5-4 所示。

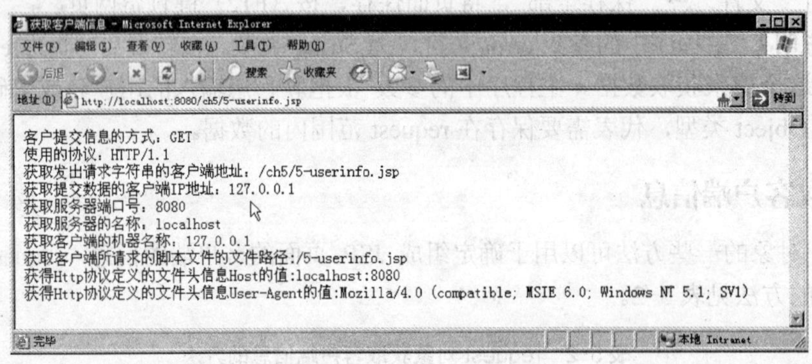

图 5-4　运行后的结果

5.2.4　访问国际化信息

浏览器可以通过 accept-language 的 HTTP 报头向 Web 服务器指明它所使用的本地语言。request 对象中的 getLocale()和 getLocales()方法允许 JSP 开发人员获取这一信息，获取的信息属于 java.util.Local 类型。使用这些信息，JSP 开发者就可以使用语言所特有的信息作出响应。使用这个报头的代码如下：

```
<%
java.util.Locale locale=request.getLocale();
if(locale.equals(java.util.Locale.US)){
out.print("Welcome to BeiJing");
}
if(locale.equals(java.util.Locale.CHINA)){
out.print("北京欢迎您");
}
%>
```

执行这段代码，如果所在区域为中国，将显示“北京欢迎您”，而所在区域为英国，则显示“Welcome to BeiJing”。

5.3　response 对象

response 对象和 request 对象相对应，用于响应客户请求，向客户端输出信息。response 对象是 javax.servlet.http.HttpServletResponse 接口类的对象，它封装了 JSP 产生的响应，并发送到客户端以响应客户端的请求。请求的数据可以是各种数据类型，甚至是文件。

5.3.1 重定向网页

在 JSP 页面中，可以使用 response 对象中的 sendRedirect()方法将客户请求重定向到一个不同的页面。例如，将客户请求转发到 login_ok.jsp 页面的代码如下：

```
response.sendRedirect("login_ok.jsp");
```

在 JSP 页面中，还可以使用 response 对象中的 sendError()方法指明一个错误状态。该方法接收一个错误以及一条可选的错误消息，该消息将在内容主体上返回给客户。例如，代码“response.sendError(500,"请求页面存在错误")”将客户请求重定向到一个在内容主体上包含了出错消息的出错页面。

上述两个方法都会中止当前的请求和响应。如果 HTTP 响应已经提交给客户，则不会调用这些方法。response 对象中用于重定向网页的方法见表 5-3。

表 5-3　response 对象重定向网页的方法

方　法	说　明
sendError(int number)	使用指定的状态码向客户发送错误响应
sendError(int number,String msg)	使用指定的状态码和描述性消息向客户发送错误响应
sendRedirect(String location)	使用指定的重定向位置 URL 向客户发送重定向响应，可以使用相对 URL

【案例 5-3】 使用 response 对象的相关方法重定向网页。

【案例展示】 本实例包含 3 个页面，主程序用户登录表单页面是 5-3.jsp，表单处理页面是 login_deal.jsp，如果登录成功则显示页面 login_ok.jsp，页面预览的结果如图 5-5 所示；如果登录失败后则使用指定的状态码和描述性消息向客户发送错误响应，页面预览的结果如图 5-6 所示。

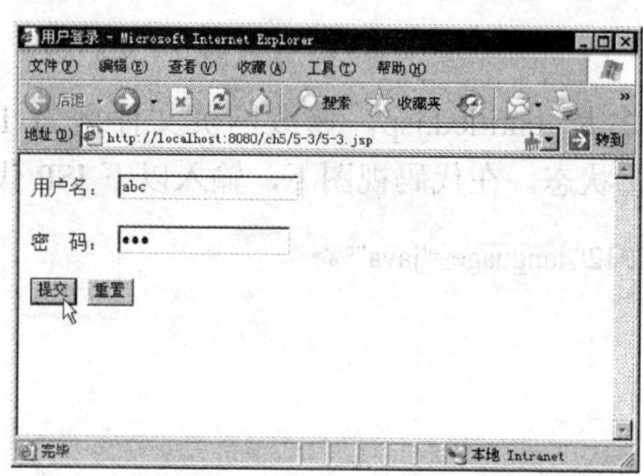

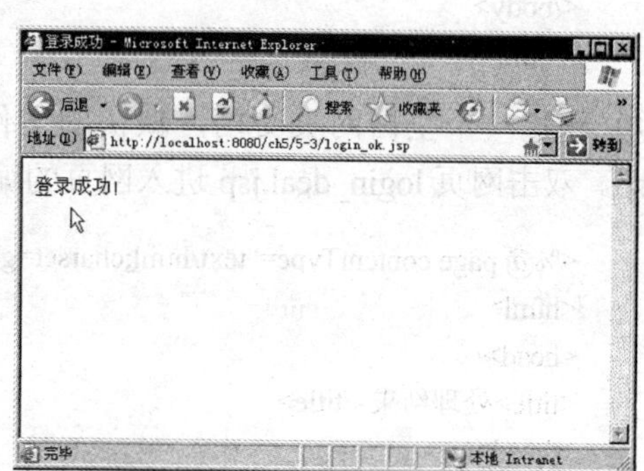

图 5-5　登录成功的页面预览结果

【学习目标】 掌握 response 对象重定向网页的基本语法。

【知识要点】 sendRedirect()方法和 sendError()方法。

操作步骤如下。

① 启动 Dreamweaver，打开已经建立的站点 ch5，在本地站点下新建一个文件夹 5-3，在其中新建一个空白网页文档，默认的文件名是 untitled.jsp，修改网页文件名为 5-3.jsp。

② 双击网页 5-3.jsp 进入网页的编辑状态。在代码视图下，输入以下 JSP 代码：

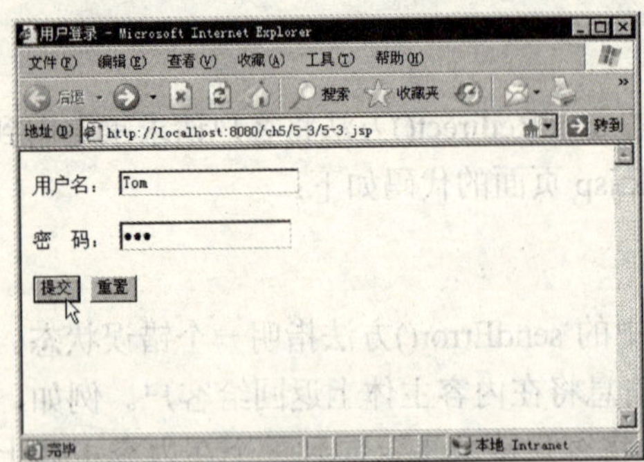

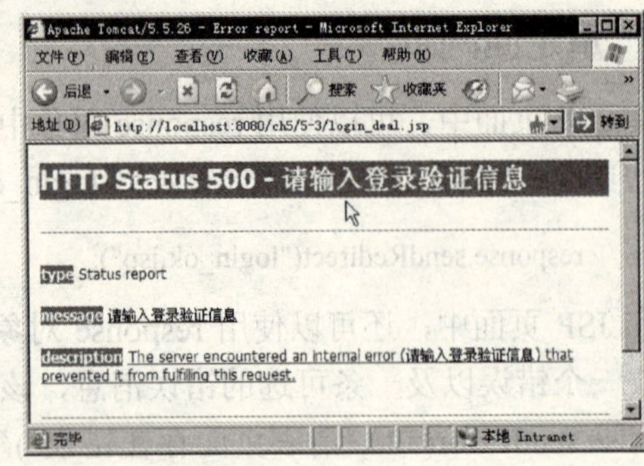

图 5-6　登录失败的页面预览结果

```
<%@ page contentType="text/html; charset=gb2312" language="java"%>
<html>
<head>
<title>用户登录</title>
</head>
<body>
<form id="form1" name="form1" method="post" action="login_deal.jsp">
  用户名：
  <input name="username" type="text" id="username" /><br /><br />
  密  码：
  <input name="pwd" type="password" id="pwd" /><br /><br />
  <input type="submit" name="Submit" value="提交" />
  <input type="reset" name="Submit2" value="重置" />
</form>
</body>
</html>
```

③ 新建一个空白网页文档，默认的文件名是 untitled.jsp，修改网页文件名为 login_deal.jsp。双击网页 login_deal.jsp 进入网页的编辑状态，在代码视图下，输入以下 JSP 代码：

```
<%@ page contentType="text/html;charset=gb2312" language="java"%>
<html>
<head>
<title>处理结果</title>
</head>
<body>
<%
request.setCharacterEncoding("gb2312");
String username=request.getParameter("username");
String pwd=request.getParameter("pwd");
if(username.equals("abc") && pwd.equals("123")){          //如果输入的用户名为 abc 且密码为 123
      response.sendRedirect("login_ok.jsp");               //转向登录成功的页面
}else{
      response.sendError(500,"请输入登录验证信息");
```

```
                                    //使用指定的状态码和描述性消息向客户
                                    //发送错误响应
}
%>
</body>
</html>
```

④ 新建一个空白网页文档，默认的文件名是 untitled.jsp，修改网页文件名为 login_ok.jsp。双击网页 login_ok.jsp 进入网页的编辑状态，在代码视图下，输入以下 JSP 代码：

```
<%@ page contentType="text/html;charset=gb2312" language="java"%>
<html>
<head>
<title>登录成功</title>
</head>
<body>
登录成功！
</body>
</html>
```

⑤ 执行"文件"→"保存全部"，将页面保存，按〈F12〉键预览网页。

【案例说明】 本例中如果用户提交的用户名为 abc 且密码为 123，在表单处理程序中就认为是合法的用户，但在实际应用中应当让用户提交的用户名和密码与数据库中的相应字段比较，如果匹配则认为是合法的用户。在后面的动态网站数据库编程的案例中将会讲解这种方法。

5.3.2 设置 HTTP 响应报头

response 对象提供了设置 HTTP 响应报头的方法，见表 5-4。

表 5-4 response 对象设置 HTTP 响应报头的方法

方 法	说 明
setDateHeader(String name,long date)	使用给定的名称和日期值设置一个响应报头，如果指定的名称已经设置，则新值会覆盖旧值
setHeader(String name,String value)	使用给定的名称和值设置一个响应报头，如果指定的名称已经设置，则新值会覆盖旧值
setHeader(String name,int value)	使用给定的名称和整数值设置一个响应报头，如果指定的名称已经设置，则新值会覆盖旧值
addHeader(String name,long date)	使用给定的名称和值设置一个响应报头
addDateHeader(String name,long date)	使用给定的名称和日期值设置一个响应报头
containHeader(String name)	返回一个布尔值，它表示是否设置了已命名的响应报头
addIntHeader(String name,int value)	使用给定的名称和整数值设置一个响应报头
setContentType(String type)	为响应设置内容类型，其参数值可以为 text/html，text/plain，application/x_msexcel 或 application/msword
setContentLength(int len)	为响应设置内容长度
setLocale(java.util.Locale loc)	为响应设置地区信息

通过设置 HTTP 报头可实现禁用缓存功能，具体代码如下：

```
<%response.setHeader("Cache-Control","no-store");
response.setDateHeader("Expires",0);%>
```

需要注意的是，上面的代码必须在没有任何输出发送到客户端之前使用。

例如下面设置 HTTP 响应报头的示例代码，能够实现将 JSP 页面保存为 word 文档。

```
<%@ page contentType="text/html; charset=gb2312" language="java"%>
<%
if(request.getParameter("submit1")!=null){                          //单击了“保存为 word”
                                                                    //的提交按钮
    response.setContentType("application/msword;charset=gb2312");   //为响应设置内容类型
}
%>
<html>
<head>
<title>将 JSP 页面保存为 word 文档</title>
</head>
<body>
会当凌绝顶，一览众山小。
<form action="" method="post" name="form1">
<input name="submit1" type="submit" id="submit1" value="保存为 word">
</form>
</body>
</html>
```

以上代码运行后，当用户单击“保存为 word”的提交按钮后，打开“文件下载”对话框，如图 5-7 所示。

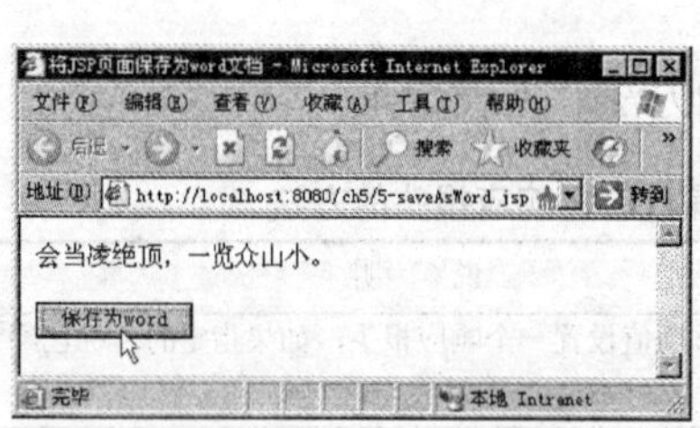

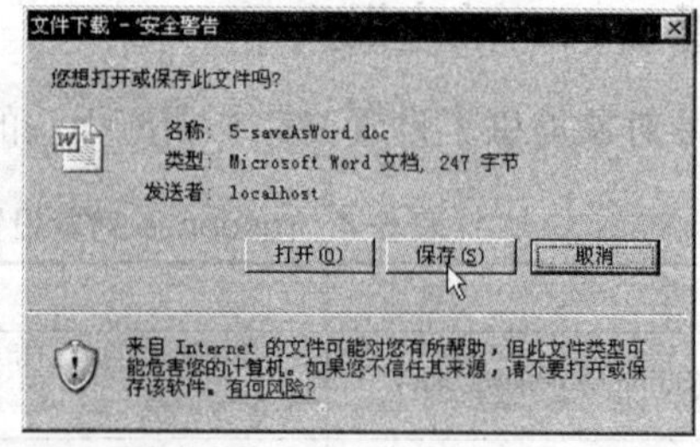

图 5-7　页面预览的结果

用户保存文档后，生成的 Word 文档如图 5-8 所示。

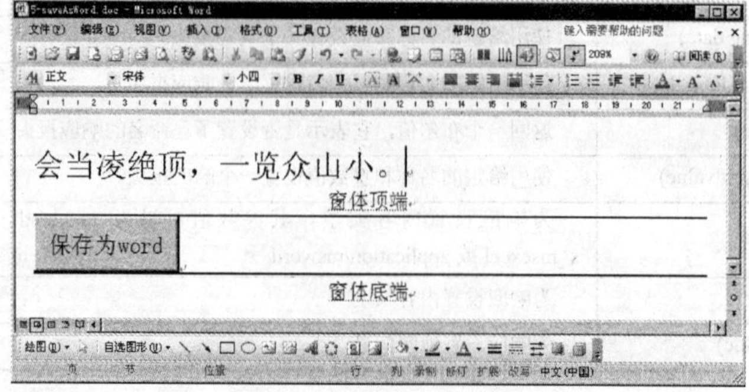

图 5-8　生成的 Word 文档

5.3.3 缓冲区配置

缓冲可以更加有效地在服务器与客户之间传输内容。HttpServletResponse 对象为支持 jspWriter 对象而启用了缓冲区配置。response 对象提供了配置缓冲区的方法见表 5-5。

表 5-5 response 对象配置缓冲区的方法

方法	说明
flushBuffer()	强制把缓冲区中内容发送给客户
getBufferSize()	返回响应所使用的实际缓冲区大小，如果没使用缓冲区，则该方法返回 0
setBufferSize(int size)	为响应的主体设置首选的缓冲区大小
isCommitted()	返回一个 boolean，表示响应是否已经提交；提交的响应已经写入状态码和报头
reset()	清除缓冲区存在的任何数据，同时清除状态码和报头

例如下面配置缓冲区的示例代码，能够实现输出缓冲区的大小并测试强制将缓冲区的内容发送给客户。

```
<%@ page contentType="text/html; charset=gb2312" language="java"%>
<html>
<head>
<title>配置缓冲区</title>
</head>
<body>
<%
out.print("缓冲区大小："+response.getBufferSize()+"<br>");
out.print("缓冲区内容强制提交前<br>");
out.print("输出内容是否提交："+response.isCommitted()+"<br>");
response.flushBuffer();
out.print("缓冲区内容强制提交后<br>");
out.print("输出内容是否提交："+response.isCommitted()+"<br>");
%>
</body>
</html>
```

以上代码运行后的页面预览的结果如图 5-9 所示。

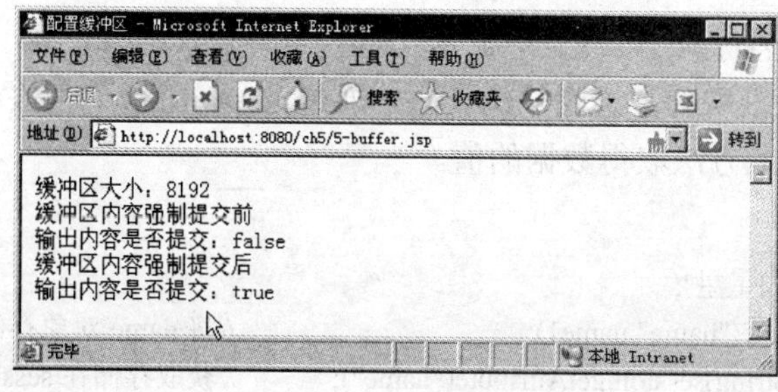

图 5-9 页面预览的结果

5.4 session 对象

session 是用于保存客户信息而分配给客户的对象，HTTP 协议不能保存客户端请求信息的历史记录，为了解决这一问题，生成一个 session 对象，这样服务器和客户端之间的连接就会一直保持下去。session 中的 ID 标识是唯一的，用来标识每个用户，当刷新浏览器时，该标识的值不变。如果在一定时间内，则客户端不向服务器发出应答请求，系统默认在 30min 内，session 对象会自动消失。session 标识可以通过 getId()方法得到，具体代码如下：

```
<body>
    客户端 session 的 ID 值：<%=session.getId() %>
</body>
```

程序运行的结果如图 5-10 所示。

图 5-10 程序运行的结果

5.4.1 创建及获取客户的会话

JSP 页面可以将任何对象作为属性来保存。session 内置对象使用 setAttribute()和 getAttribute()方法创建及获取客户的会话。

setAttribute()方法用于是设置指定名称的属性值，并将其存储在 session 对象中，其语法格式如下：

```
session.setAttribute(String name,String value);
```

参数 name 为属性名称，value 为属性值。

getAttribute()方法用于是获取与指定名字 name 相联系的属性，其语法格式如下：

```
session.getAttribute(String name);
```

参数 name 为属性名称。

例如下面的创建及获取客户会话示例代码，通过 setAttribute()方法将数据保存在 session 中，并通过 getAttribute()方法取得数据的值。

```
<%
String name1="周星星";
session.setAttribute("name",name1);                    //将 name 对象存储在 session 对象中
String name2=(String)session.getAttribute("name");     //获取存储在 session 对象中的数据
%>
```

5.4.2 移除会话中指定的对象

JSP 页面可以将任何已经保存的对象进行移除。session 内置对象使用 removeAttribute()方法将所指定名称的对象移除，也就是说，从这个会话删除与指定名称绑定的对象。removeAttribute()方法的语法格式如下所述。

```
session.removeAttribute (String name);
```

参数 name 为 session 对象的属性名，代表要移除的对象名。

【案例 5-4】 从会话中移除指定对象示例。

【案例展示】 本实例包含两个页面，主程序页面是 5-4.jsp，转向页面是 forward.jsp。在主程序中通过 setAttribute()方法将数据保存在 session 中，然后在转向页面中通过 removeAttribute()方法移除指定对象，页面预览的结果如图 5-11 所示。

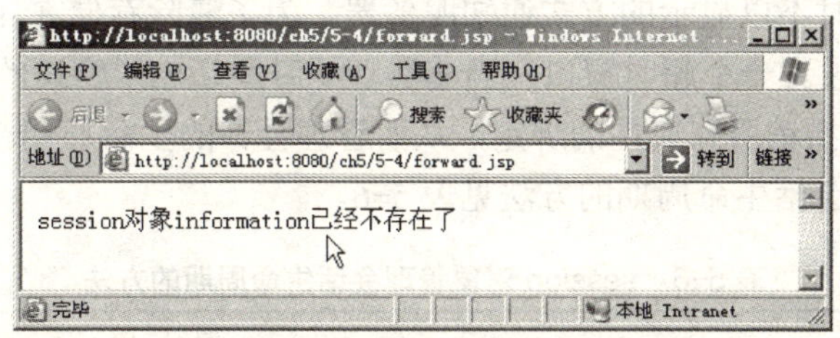

图 5-11 页面预览的结果

【学习目标】 掌握创建及获取 session 对象及移除会话中指定对象的基本语法。

【知识要点】 setAttribute()方法，getAttribute()方法，removeAttribute()方法。

操作步骤如下。

① 启动 Dreamweaver，打开已经建立的站点 ch5，在本地站点下新建一个文件夹 5-4，在其中新建一个空白网页文档，默认的文件名是 untitled.jsp，修改网页文件名为 5-4.jsp。

② 双击网页 5-4.jsp 进入网页的编辑状态。在代码视图下，输入以下 JSP 代码：

```
<%@ page contentType="text/html; charset=gb2312" language="java"%>
<%
session.setAttribute("information","向 session 中保存数据");
response.sendRedirect("forward.jsp");                    //页面转向
%>
```

③ 新建一个空白网页文档，默认的文件名是 untitled.jsp，修改网页文件名为 forward.jsp。双击网页 forward.jsp 进入网页的编辑状态，在代码视图下，输入以下 JSP 代码：

```
<%@ page contentType="text/html; charset=gb2312" language="java"%>
<%
      session.removeAttribute("information");                 //移除对象 information
      if (session.getAttribute("information") == null) {
            out.print("session 对象 information 已经不存在了");
      }else{
            out.print(session.getAttribute("information"));
      }
%>
```

④ 执行“文件”→“保存全部”，将页面保存，按〈F12〉键预览网页。

【案例说明】 使用 removeAttribute()方法从会话中移除指定对象后，会话仍旧存在。如果要销毁会话，需要使用下面讲解的销毁 session 对象来实现。

5.4.3 销毁 session

JSP 页面可以将已经保存的所有对象全部删除。session 内置对象使用 invalidate()方法将会话中的全部对象删除。invalidate()方法的语法格式如下：

```
session.invalidate();
```

5.4.4 会话超时的管理

在一个 JSP 文件中，确保客户会话终止的唯一方法是使用超时设置。这是因为 Web 客户在进入非活动状态时不以显示的方式通知服务器。为了清除存储在 session 对象中的客户申请资源，JSP 容器设置一个超时窗口。当非活动的时间超出了窗口的大小时，JSP 容器将使 session 对象无效并撤销所有属性的绑定，从而管理会话的生命周期。

session 对象管理会话生命周期的方法见表 5-6。

表 5-6 session 对象管理会话生命周期的方法

方 法	说 明
getLastAccessedTime()	获取客户端最近访问服务器端的保存时间
getMaxInactiveInterval()	获取客户端停止访问服务器端的保存时间
setMaxInactiveInterval(int interval)	以 s 为单位指定在服务器小程序容器使该会话无效之前的客户请求之间的最长时间，也就是超时时间

5.5 application 对象

application 对象用于保存所有应用程序中的公有数据，服务器启动并且自动创建 application 对象后，只要没有关闭服务器，application 对象将一直存在，所有用户可以共享 application 对象。application 对象与 session 对象有所区别，session 对象和用户会话相关，不同用户的 session 是完全不同的对象，而用户的 application 对象都是相同的一个对象，即共享这个内置的 application 对象。

在 JSP 页面中，作用范围的对象分别为 page、request、session、application，它们之间的关系如图 5-12 所示。

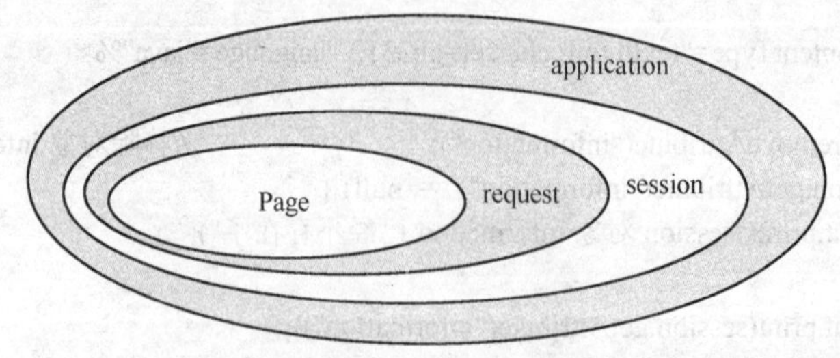

图 5-12 作用范围对象之间的关系

5.5.1 访问应用程序初始化参数

通过 application 对象调用的 ServletContext 对象提供了对应用程序环境属性的访问。对于将安装信息与给定的应用程序关联起来而言，这是非常有用的。例如，通过初始化信息为数据库提供了一个主机名，每一个 Servlet 程序客户和 JSP 页面都可以使用它连接到该数据库并检索应用程序数据。为了实现这个目的，Tomcat 使用了 web.xml 文件，它位于应用程序环境目录下的 WEB-INF 子目录中。

访问应用程序初始化参数的方法见表 5-7。

表 5-7 application 对象访问应用程序初始化参数的方法

方　法	说　明
getInitParameter(String name)	返回一个已命名的初始化参数的值
getInitParameterNames()	返回所有已定义的应用程序初始化参数名称的枚举

5.5.2 管理应用程序环境属性

与 session 对象相同，也可以在 application 对象中设置属性。在 session 中设置的属性只是在当前客户的会话范围内容有效，客户超过保存时间不发送请求时，session 对象将被回收，而在 application 对象中设置的属性在整个应用程序范围内是有效的，即使所有的用户都不发送请求，只要不关闭应用服务器，在其中设置的属性仍然是有效的。

application 对象管理应用程序环境属性的方法见表 5-8。

表 5-8 application 对象管理应用程序环境属性的方法

方　法	说　明
removeAttribute(String name)	从 ServletContext 的对象中去掉指定名称的属性
setAttribute(String name,Object object)	使用指定名称和指定对象在 ServletContext 的对象中进行关联
getAttribute(String name)	从 ServletContext 的对象中获取一个指定对象
getAttributeNames()	返回存储在 ServletContext 对象中属性名称的枚举数据

【案例 5-5】 使用 application 对象管理应用程序环境属性示例。

【案例展示】 使用 application 对象实现全局网站计数器，页面预览的结果如图 5-13 所示。

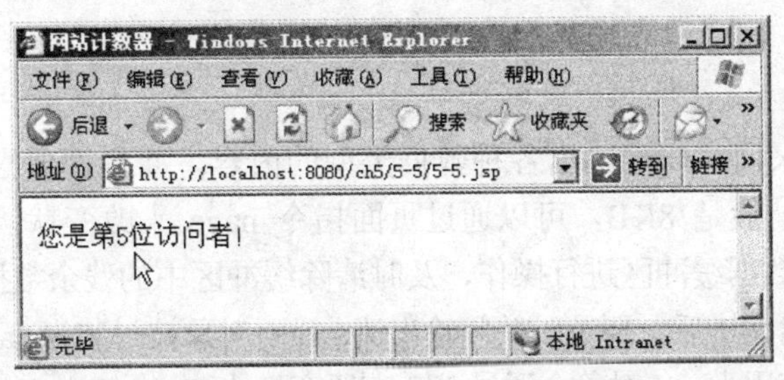

图 5-13 页面预览的结果

【学习目标】 掌握通过 application 对象管理应用程序环境属性的方法实现网站计数器。

【知识要点】 setAttribute()方法，getAttribute()方法。

操作步骤如下。

① 启动 Dreamweaver，打开已经建立的站点 ch5，在本地站点下新建一个文件夹 5-5，在其中新建一个空白网页文档，默认的文件名是 untitled.jsp，修改网页文件名为 5-5.jsp。

② 双击网页 5-5.jsp 进入网页的编辑状态。在代码视图下，输入以下 JSP 代码：

```
<%@ page contentType="text/html; charset=gb2312" language="java"%>
<html>
<head>
<meta http-equiv="Content-Type" content="text/html; charset=gb2312" />
<title>网站计数器</title>
</head>
<body>
<%
int number=0;
if(application.getAttribute("number")==null){                    //如果网站还未访问
        number=1;
}else{
        number=Integer.parseInt((String)application.getAttribute("number"));  //获得已经访问过的次数
        number=number+1;                                          //访问次数加 1 生成最新
                                                                  //的访问次数
}
out.print("您是第"+number+"位访问者！");
application.setAttribute("number",String.valueOf(number));        //记录当前的访问次数
%>
</body>
</html>
```

③ 执行“文件”→“保存全部”，将页面保存，按〈F12〉键预览网页。

【案例说明】

① 本例使用 application 对象编写全局网页计数器。首先，设置 int 类型的变量 number，并将该对象初始化为 1。通过获取 application 中 getAttribute()方法获取 number 对象，并判断该对象是否为 null，如果不为 null，则将获取的内容赋值给 number 变量。最后，将该变量自动加 1 并显示在页面中。

② 当浏览器关闭时，再次访问该网页时，访问次数继续增加。

5.6 out 对象

out 对象主要用来向客户端输出各种数据类型的内容，并且管理应用服务器上的输出缓冲区，缓冲区默认值一般是 8KB，可以通过页面指令 page 来改变默认值。在使用 out 对象输出数据时，可以对数据缓冲区进行操作，及时清除缓冲区中的残余数据，为其他的输出让出缓冲空间。待数据输出完毕后，要及时关闭输出流。out 对象被封装为 javax.servlet.jsp.JspWriter 类的对象，在实际上应用上 out 对象会通过 JSP 容器变换为 java.io.PrintWriter 类的对象。

5.6.1 管理响应缓冲

out 对象主要内容是向 web 浏览器内输出各种数据类型的内容，并且管理应用服务器上

的输出缓冲区，缓冲区默认值是 8KB。out 对象被封装为 javax.servlet.jsp.JspWriter 接口，它是 JSP 编程过程中经常用到的一个对象。

在 JSP 页面中，可以通过 out 对象调用 clear()方法清除缓冲区的内容。这类似于重置响应流，以便重新开始操作。如果响应已经提交，则会有产生 IOException 异常的副作用。相反，另一种方法 clearBuffer()清除缓冲区的“当前”内容，而且即使内容已经提交给客户端，也能够访问该方法。

out 对象管理响应缓冲区的方法见表 5-9。

表 5-9　out 对象管理响应缓冲区的方法

方　法	说　明
clear()	清空缓冲区
clearBuffer()	清空当前区的内容
close()	先刷新流，然后关闭流
flush()	刷新流
getBufferSize()	以字节为单位返回缓冲区的大小
getRemaining()	返回缓冲区中没有使用的字符的数量
isAutoFlush()	返回布尔值，自动刷新还是在缓冲区溢出时抛出 IOException 异常

5.6.2 向客户端输出数据

out 对象的另外一个很重要的功能就是向客户写入内容。由于 JspWriter 是由 java.io.Writer 派生而来，因此它的使用与 java.io.Writer 很相似。例如在 JSP 页面中输出一句话，代码如下：

```
<%=out.println("好好学习，天天向上")%>
```

这句代码用于在页面中输出“好好学习，天天向上”。

5.7 其他内置对象

在 JSP 内置对象中，pageContext，config，page 及 exception 这些对象是不经常使用的，下面将对这些对象分别进行简单介绍。

5.7.1 pageContext 对象

pageContext 对象是一个比较特殊的对象。它相当于页面中所有其他对象功能的最大集成者，使用它可以访问到本页中所有其他对象。pageContext 对象被封装成 javax.servlet.jsp.pageContext 接口，主要用于管理对属于 JSP 中特殊可见部分中已经命名对象的访问，它的创建和初始化都是由容器来完成的，JSP 页面里可以直接使用 pageContext 对象的句柄，pageContext 对象的 getXxx()、setXxx()和 findXxx()方法可以用来根据不同的对象范围实现对这些对象的管理。pageContext 对象的常用方法见表 5-10。

表 5-10　pageContext 对象的常用方法

方　法	说　明
forward(java.lang.String relativeUtlpath)	把页面转发到另一个页面或者 servlet 组件上
getAttribute(java.lang.String name[,int scope])	获取 name 对象的属性，可选参数 scope 表示在特定范围内
getException()	返回当前的 Exception 对象
getRequest()	返回当前的 request 对象
getResponse()	返回当前的 response 对象
invalidate()	返回 servletContext 对象，全部销毁
setAttribute()	设置默认页面范围或特定对象范围之中的已命名对象
removeAttribute()	删除默认页面范围或特定对象范围之中的已命名对象

使用 pageContext 对象获取作用域的值，首先在不同的范围内设置属性：

```
<%
    request.setAttribute("sample","获取到 request 范围内对象的值");
    session.setAttribute("sample","获取到 session 范围内对象的值");
    application.setAttribute("sample","获取到 application 范围内对象的值");
%>
```

然后取出属性：

```
request 范围内:<%=pageContext.getRequest().getAttribute("sample")%><br>
session 范围内:<%=pageContext.getSession().getAttribute("sample")%><br>
application 范围内:<%=pageContext.getServletContext().getAttribute("sample")%>
```

程序的运行结果如图 5-14 所示。

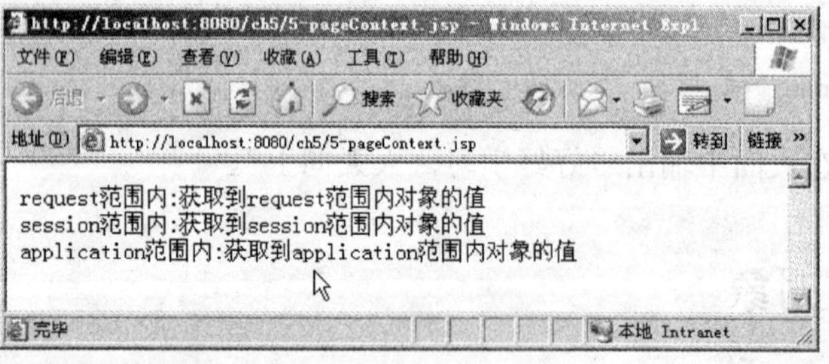

图 5-14　程序的运行结果

说明：pageContext 对象在实际 JSP 开发过程中很少使用，因为 request 和 response 等对象可以直接调用方法进行使用，如果通过 pageContext 来调用其他对象有些麻烦。

5.7.2　config 对象

config 对象被封装成 javax.servlet.ServletConfig 接口，它表示 Servlet 的配置，当一个 Servlet 初始化时，容器把某些信息通过此对象传递给这个 Servlet。开发者可以在 web.xml 文件中为应用程序环境中的 Servlet 程序和 JSP 页面提供初始化参数。config 对象的常用方法见表 5-11。

表 5-11　config 对象的常用方法

方　法	说　明
getServletContext()	返回执行者的 Servlet 上下文
getServletName()	返回 Servlet 的名字
getInitParameter()	返回名字为 name 的初始参数的值
getInitParameterNames()	返回这个 JSP 的所有的初始参数的名字

5.7.3　page 对象

page 对象是为了执行当前页面应答请求而设置的 Servlet 类的实体，即显示 JSP 页面自身，只有在 JSP 页面内才是合法的。page 隐含对象本质上包含当前 Servlet 接口引用的变量，可以看做是 this 变量的别名，因此该对象对于开发 JSP 比较有用。page 对象的常用方法见表 5-12。

表 5-12　page 对象的常用方法

方　法	说　明
getClass()	返回当前 Object 的类
hashCode()	返回此 Object 的哈希代码
toString()	将此 Object 类转换成字符串
equals(Object o)	比较此对象和指定的对象是否相等
copy(Object o)	把此对象赋值到指定的对象当中去
clone()	对此对象进行克隆

用户可以使用 page 对象输出 JSP 页面的对象转换类型和哈希代码值，调用 page 对象的 hashCode()方法和 toString()方法，分别获取 Page 对象的哈希代码值和 JSP 页面的对象转换类型，代码如下：

```
<%
int hashCode=page.hashCode();
String thisStr=page.toString();
out.println("page 对象的 ID 值:"+thisStr);
out.print("<br>");
out.println("page 对象的 hash 代码:"+hashCode);
%>
```

程序运行的结果如图 5-15 所示。

图 5-15　程序运行的结果

5.7.4　exception 对象

exception 内置对象用来处理 JSP 文件执行时发生的所有错误和异常。exception 对象和 Java 的所有对象一样，都具有系统的继承结构，exception 对象几乎定义了所有异常情况，这样的 exception 对象和我们常见的错误有所不同。所谓错误，指的是可以预见的，并且知道如何解决的情况，一般在编译时可以发现。

与错误不同，异常是指在程序执行过程中不可预料的情况，由潜在的错误几率导致，如果不对异常进行处理，程序会崩溃。在 Java 程序中，用户可以利用“try/catch”关键字来处理异常情况，如果在 JSP 页面中出现没有捕捉到的异常，就会生成 exception 对象，并把这个 exception 对象传送到在 page 指令中设定的错误页面中，然后在错误提示页面中处理相应的 exception 对象。exception 对象只有在错误页面（在页面指令里包含 isErrorPage=true 的页面）中才可以使用。exception 对象的常用方法见表 5-13。

表 5-13　exception 对象的常用方法

方　法	说　明
getMessage()	该方法返回异常消息字符串
getLocalizedMessage()	该方法返回本地化语言的异常错误
printStackTrace()	显示异常的栈跟踪轨迹
toString()	返回关于异常错误的简单信息描述
fillInStackTrace()	重写异常错误的栈执行轨迹

例如下面获取异常信息的示例代码，能够实现通过 exception 异常对象将系统出现的异常转向其他页面。

主程序页面 5-exception.jsp 的代码如下：

```
<%@ page contentType="text/html; charset=gb2312" language="java" errorPage="error.jsp"%>
<html>
<head>
<title>主程序</title>
</head>
<body>
<%
    int a=100;
    int b=0;
    out.println("结果="+(a/b));
%>
</body>
</html>
```

显示异常信息页面 error.jsp 的代码如下所述。

```
<%@ page contentType="text/html; charset=gb2312" language="java" isErrorPage="true" %>
<html>
<head>
<title></title>
</head>
<body>
错误提示为：<%=exception.getMessage()%>
</body>
</html>
```

以上代码运行后的页面的预览结果如图 5-16 所示。

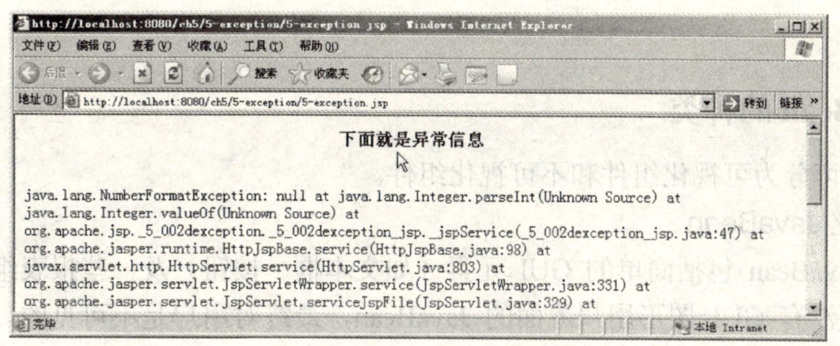

图 5-16 页面的预览结果

5.8 JavaBean 组件

JavaBean 是使用 Java 语言描述的软件组件模型，简单地说，它就是一个可以重复使用的 Java 类。本书主要简介 JavaBean 组件的基本概念，而侧重讲解 JavaBean 组件在 JSP 页面中的调用方法。读者如果要详细地学习 JavaBean 组件，可以参考相关的 Java 教程。

5.8.1 JavaBean 概述

JavaBean 是 Sun 微系统的一个面向对象的编程接口。使用 JavaBean 可以创建可重用的应用程序或能在网络中任何主流操作系统平台上配置的程序模块。这些可重用的程序或模块被称为组件。JavaBean 是一个组件，具有重用性、封装性和独立性等特点。可以在应用程序中使用，也可以提供给其他应用程序使用。它能构成复合组件、小程序、应用程序或 Servlet。

使用 JavaBean 的最大优点就在于它可以提高代码的重用性，例如正在开发一个商品信息显示界面，由于商品信息存放在数据库指定表中，此时需要执行连接数据库、查询数据库、显示数据操作，如果将这些数据库操作代码都放入 JSP 页面中，代码复杂度可以想象，非编程人员根本无法接收这样的代码，这将为开发带来极大的不便。

编写一个成功的 JavaBean，宗旨是“一次性编写，任何地方执行，任何地方重用”，这正迎合了当今软件开发的潮流，“简单复杂化”，将复杂需求分解成简单的功能模块，这些模块是相对独立的，可以继承、重用，这样为软件开发提供了一个简单、紧凑、优秀的解决方案。

在程序中使用 JavaBean 具有以下优点。

1. 一次性编写

一个成功的 JavaBean 组件重用时不需要重新编写，开发者只需要根据需求修改和升级代码即可。

2. 任何地方执行

一个成功的 JavaBean 组件可以在任何平台上运行，由于 JavaBean 是基于 Java 语言编写的，所以它可以轻易移植到各种运行平台上。

3. 任何地方重用

一个成功的 JavaBean 组件能够被在多种方案中使用，包括应用程序、其他组件、Web

应用等。

5.8.2 JavaBean 的种类

JavaBean 可分为可视化组件和不可视化组件。

1．可视化 JavaBean

可视化 JavaBean 包括简单的 GUI 元素（如文本框、按钮）及一些报表组件等；不可视 JavaBean 就是没有 GUI 图形用户界面的 JavaBean，最终对用户是不可见的，它更多的是被应用到 JSP 中。

2．不可视化 JavaBean

不可视化 JavaBean 是在实际开发中经常被使用到的并且在应用程序中起着至关重要的作用，其主要功能是用来封装业务逻辑（功能实现）、数据库操作（如连接数据库、数据处理）等。不可视化 JavaBean 就是没有 GUI 图形用户界面的 JavaBean，最终对用户是不可见的，它更多的是被应用到 JSP 中。

不可视化 JavaBean 又分为值 JavaBean 和工具 JavaBean。值 JavaBean 严格遵循了 JavaBean 的命名规范，通常用来封装表单数据，作为信息的容器。

5.8.3 JavaBean 规范

编写 JavaBean 就是编写一个 Java 的类，这个类创建的一个对象称做一个 Bean。为了能让使用这个 bean 的应用程序构建工具（如 JSP 引擎）知道这个 bean 的属性和方法，只需在类的方法命名上遵守以下规范：

① 实现 java.io.Serializable 接口。

② 是一个公共类。

③ 类中必须存在一个无参数的构造方法。

④ 提供对应的 setXxx()和 getXxx()方法来存取类中的属性，方法中的“Xxx”为属性名称，属性的第一个字母应大写。若属性为布尔类型，则可使用 isXxx()方法代替 getXxx()方法。

实现 java.io.Serializable 接口的类实例化的对象被 JVM（Java 虚拟机）转化为一个字节序列，并且能够将这个字节序列完全恢复为原来的对象，序列化机制可以弥补网络传输中不同操作系统的差异问题。作为 JavaBean，对象的序列化也是必需的。使用一个 JavaBean 时，一般情况下是在设计阶段对它的状态信息进行配置，并在程序启动后期恢复，这种具体工作是由序列化完成的。

如果在 JSP 中使用 JavaBean 组件，创建的 JavaBean 不必实现 java.io.Serializable 接口仍然可以运行。

例如以下 JavaBean 示例代码：

```
public class Hello {
        Hello(){}                                   //无参构造方法
        private String name;                        //定义 String 类型的简单属性 name
        private boolean info;
        public String getName() {                   //简单属性的 getXxx()方法
```

```
            return name;
        }
        public void setName(String name) {        //简单属性的 setXxx()方法
            this.name = name;
        }
        public boolean isInfo() {                 //布尔类型的取值方法
            return info;
        }
        public void setInfo(boolean info) {       //布尔类型的 setXxx 方法
            this.info = info;
        }
    }
```

5.8.4 JavaBean 属性

在 JavaBean 的设计中按照其属性的不同作用可以把该 Bean 分为 4 类，分别是简单属性设置（Simple）、索引属性设置（Indexed）、束缚属性设置（Bound）、限制属性设置（Constrained）。

其中绑定属性和约束属性通常在 JavaBean 的图形编程中使用，所以在这里不进行介绍，下面来介绍 JavaBean 中的简单属性和索引属性。

1．简单属性（Simple）

简单属性就是在 JavaBean 中对应了简单的 setXxx()和 getXxx()方法的变量，在创建 JavaBean 时，简单属性最为常用。

在 JavaBean 中，简单属性的 getXxx()与 setXxx()方法如下：

```
public void setXxx(type value);
public type getXxx();
```

其中 type 表示属性的数据类型，若属性为布尔类型，则可使用 isXXX()方法代替 getXxx()方法。

2．索引属性（Indexed）

需要通过索引访问的属性通常称为索引属性。如存在一个大小为 3 的字符串数组，若要获取该字符串数组中指定位置中的元素，需要得知该元素的索引，则该字符串数组就被称为索引属性。

在 JavaBean 中，索引属性的 getXxx()与 setXxx()方法如下：

```
public void setXxx(type[] value);
public type[] getXxx();
public void setXxx(int index,type value);
public type getXxx(int index);
```

其中 type 表示属性类型，第一个 setXxx()方法为简单的 setXxx()方法，用来为类型为数组的属性赋值，第二个 setXxx()方法增加了一个表示索引的参数，用来为数组中索引为 index 的元素赋值为 value 指定的值；第一个 getXxx()方法为简单 getXxx()方法，用来返回一个数组，第二个 getXxx()方法增加了一个表示索引的参数，用来返回数组中索引为 index 的元素值。例如下面的示例代码：

```
public int[] array=new int[8];
        public int[] getArray() {                              //返回整个数组
                return array;
        }
        public void setArray(int[] array) {                    //为整个数组赋值
                this.array = array;
        }
        public void setArray(int index,int value) {            //为数组中的某个元素赋值
                this.array[index]=value;
        }
        public int getArray(int index){                        //返回数组中的某个值
                return array[index];
}
```

5.8.5 在 JSP 页面中应用 JavaBean

JavaBean 实质上就是一种遵循了特殊规范的 Java 类，所以创建一个 JavaBean，就是在遵循这些规范的基础上创建一个 Java 类。

首先在 Dreamweaver 中新建一个文本文件，然后输入代码，最后保存为*.java 源文件即可完成一个 JavaBean 的创建。然后将 JavaBean 的源文件编译成 class 文件后，需要将 class 文件（包括类文件所在包的路径）复制到项目中的 WEB-INF\classes 目录下，还需要将 class 文件（包括类文件所在包的路径）复制到 Tomcat 服务器中的类文件目录 C:\Tomcat\common\classes 中，这样才能实现在 Tomcat 服务器中执行 JavaBean 程序。

【案例 5-6】 在 JSP 页面中应用 JavaBean，计算圆的周长与面积。

【案例展示】 本实例包含 3 个文件，分别是实现圆的数学计算操作的 JavaBean 类文件 Circle.java，输入圆半径的表单页面文件 5-6.jsp 和显示计算结果的页面文件 circle.jsp，页面预览的结果如图 5-17 所示。

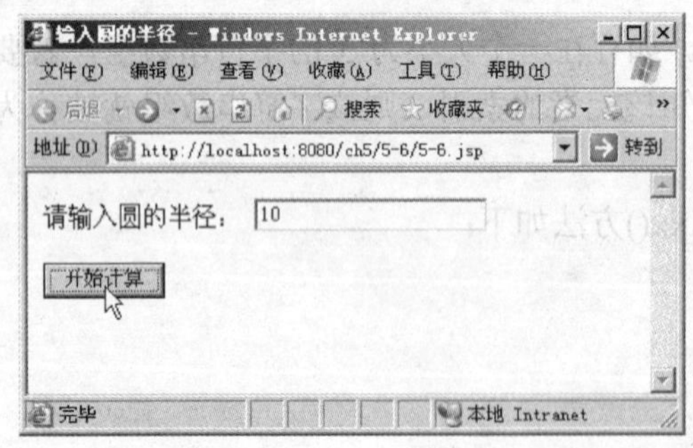

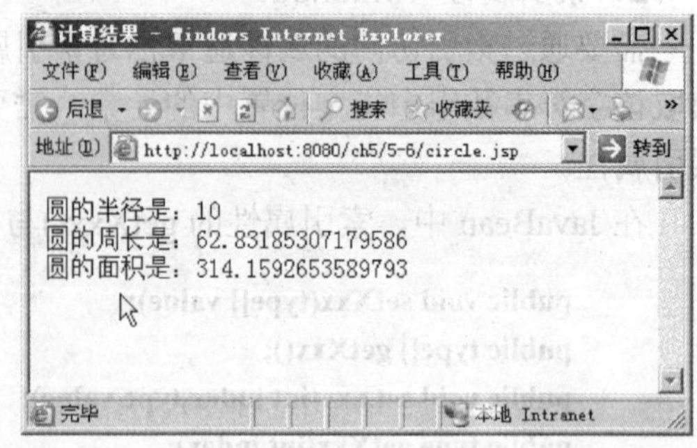

图 5-17 页面预览的结果

【学习目标】 掌握在 JSP 页面中应用 JavaBean 的方法。

【知识要点】 JavaBean 规范，JavaBean 属性，setXxx()和 getXxx()方法存取类中的属性。

操作步骤如下。

① 启动 Dreamweaver，打开已经建立的站点 ch5，在本地站点下新建一个文件夹 5-6，

在其中新建一个文件夹 src（用来存储 JavaBean 类的源文件），在文件夹 src 夹下再建立一个包文件夹 circle，最后在文件夹 circle 中建立一个名称为 Circle.java 的文件。双击文件 Circle.java 进入文件的编辑状态。在代码视图下，输入以下定义 JavaBean 的代码：

```
package circle;                          //定义类所在的包
public class Circle {
    private int radius=1;                //定义私有变量 radius 表示圆的半径
    public Circle(){}                    //无参的构造函数
    public int getRadius()  {
        return radius;                   //返回变量 radius
    }
    public void setRadius(int rRadius)  {
        radius=rRadius;                  //给变量 radius 赋值
    }
    public double circleLength(){
        return Math.PI*radius*2.0;       //计算圆的周长
    }
    public double circleArea(){
        return Math.PI*radius*radius;    //计算圆的面积
    }
}
```

② 单击“开始”→“运行”菜单项，在弹出的对话框中输入 cmd 命令，打开一个 DOS 窗口，切换到当前 JavaBean 类源文件所在的文件夹“C:\Tomcat\webapps\ch5\5-6\src\circle”，然后输入编译 JavaBean 类源文件的编译命令，代码如下：

```
javac Circle.java
```

该 JavaBean 类源文件已经被成功编译为 Circle.class，如图 5-18 所示。

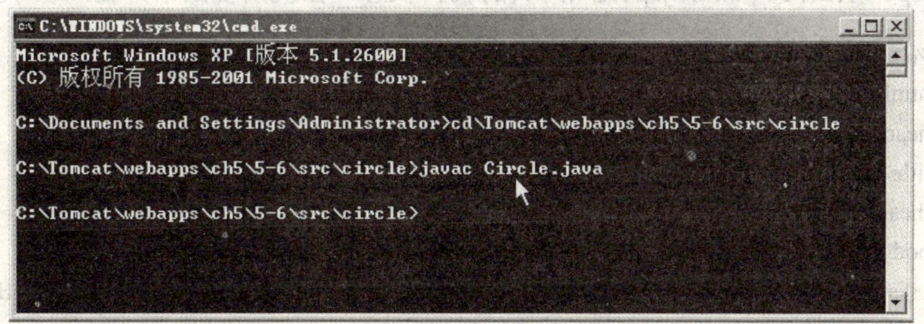

图 5-18　编译 JavaBean 类源文件

最后将编译好的 Circle.class（包括类文件所在包的路径 circle）复制到项目中的 WEB-INF\classes 目录下，还需要将 Circle.class（包括类文件所在包的路径 circle）复制到 Tomcat 服务器中的类文件目录 C:\Tomcat\common\classes 中，如图 5-19 所示。

③ 在文件夹 5-6 下新建一个空白网页文档，默认的文件名是 untitled.jsp，修改网页文件名为 5-6.jsp。双击网页 5-6.jsp 进入网页的编辑状态。在代码视图下，输入以下 JSP 代码：

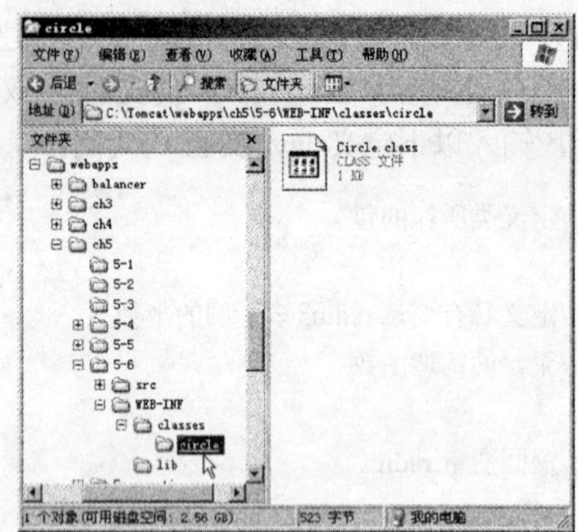

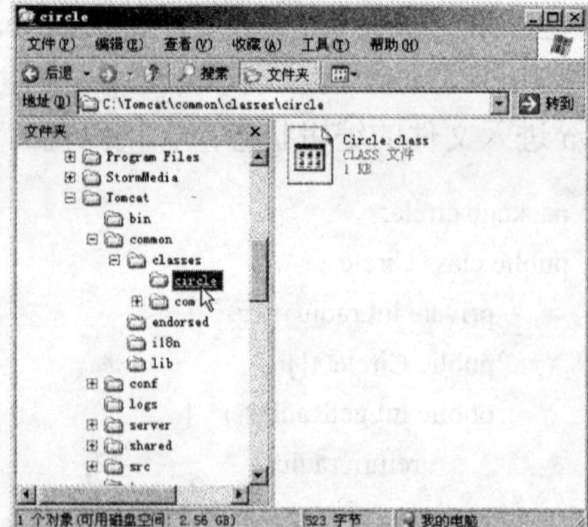

图 5-19 将编译好的类文件复制到目标位置

```
<%@ page contentType="text/html; charset=gb2312" language="java"%>
<html>
<head>
<title>输入圆的半径</title>
</head>
<body>
    <form id="form1" name="form1" method="post" action="circle.jsp">
    请输入圆的半径：
    <input name="radius" type="text" id="radius" /><br><br>
    <input type="submit" name="submit" value="开始计算"/>
    </form>
</body>
</html>
```

④ 在文件夹 5-6 下新建一个空白网页文档，默认的文件名是 untitled.jsp，修改网页文件名为 circle.jsp。双击网页 circle.jsp 进入网页的编辑状态。在代码视图下，输入以下 JSP 代码：

```
<%@ page contentType="text/html; charset=gb2312" language="java"%>
<html>
<head>
<title>计算结果</title>
</head>
<body>
  <jsp:useBean id="circleBean" scope="session" class="circle.Circle"/></p>   <!--创建 Bean 实例-->
  <%
      int radius=Integer.parseInt(request.getParameter("radius"));
      circleBean.setRadius(radius);                                    //设置类中的属性
      out.println("圆的半径是："+circleBean.getRadius()+"<br>");       //取出类中的属性
      out.println("圆的周长是："+circleBean.circleLength()+"<br>");
      out.println("圆的面积是："+circleBean.circleArea());
%>
</body>
</html>
```

⑤ 执行“文件”→“保存全部”，将页面保存，按〈F12〉键预览网页。

【案例说明】 JavaBean 作为信息的容器，通常用来封装表单数据，也就是将用户向表单字段中输入的数据存储到 JavaBean 对应的属性中。使用值 JavaBean 可以减少在 JSP 页面中嵌入大量的 Java 代码。

5.9 jspSmartUpload 文件上传组件

在 Web 开发中，对文件操作是一项非常实用的功能，例如，文件的上传。在 JSP 中，常用的文件上传组件是 jspSmartUpload，该组件是一个可免费使用的全功能的文件上传组件。通过该组件可以很方便地实现文件的上传。

jspSmartUpload 组件可以通过网络搜索找到相关网站进行下载，下载的文件名为 jspSmartUpload.jar 压缩包。为了方便读者使用，在本书的源代码和素材中已经为读者提供了这个压缩包。

用户只需要将该文件复制到“C:\Tomcat\common\lib”下即可使用文件上传功能，但需要注意的是复制文件完成后，必须重新启动 Tomcat 服务器才能生效。另外，将文件复制到此处，可以使 Tomcat 服务器下的所有网站都能使用文件上传功能。如果用户只把这个文件复制到当前站点的 WEB-INF\classes 目录下，则只有当前的网站才能使用这项功能。

5.9.1 jspSmartUpload 组件中的常用类

在 jspSmartUpload 组件中主要包含了 File、Files、Request 和 SmartUpload 核心类，下面对这些核心类分别进行介绍。

1. File 类

File 类不同于 java.io.File 类，在编写程序时应注意使用。File 类用于保存单个上传文件的相关信息，如上传文件的文件名、文件大小、文件数据等，File 类的常用方法见表 5-14。

表 5-14 File 类的常用方法

方 法	说 明
saveAs()	该方法用于保存文件
isMissing()	该方法用于判断用户是否选择了文件，即表单中对应的<input type="file">标记实现的文件选择域中是否有值，该方法返回 boolean 型值，选择了文件时，返回 false，否则返回 true
getFieldName()	获取 Form 表单中当前上传文件所对应的表单项的名称
getFileName()	获取文件的文件名，该文件名不包含目录
getFilePathName()	获取文件的文件全名，获取的值是一个包含目录的完整文件名
getFileExt()	获取文件的扩展名，即后缀名，不包含“.”符号
getContentType()	获取文件 MIME 类型，如"text/plain"
getContentString()	获取文件的内容，返回值为 String 型
getSize()	获取文件的大小，单位 byte，返回值为 int 型
getBinaryData(int index)	获取文件数据中参数 index 指定位置处的一个字节，用于检测文件

Files 类中的 saveAs()方法用于保存文件，在 File 类中提供了以下两种形式的 saveAs()方法：

```
saveAs(String destFilePathName)
saveAs(String destFilePathName, int optionSaveAs)
```

这两个方法都没有返回值，第一种形式与第二种形式的 saveAs(destFilePathName, 0)执行效果相同。参数的含义如下：

destFilePathName：指定文件保存的路径，包括文件名，其值应以“/”开头。

optionSaveAs：保存目标选项。该选项有 3 个值，分别是 SAVEAS_AUTO、SAVEAS_VIRTUAL 和 SAVEAS_PHYSICAL。它们是 File 类中的静态字段，分别表示整数 0、1 和 2。

将 optionSaveAs 参数设为 SAVEAS_VIRTUAL（虚拟路径）选项值，则通知 jspSmartUpload 组件以 Web 网站的根目录为文件根目录，然后加上 destFilePathName 参数指定的路径来保存文件；参数设为 SAVEAS_PHYSICAL（物理路径）值，则一种情况是通知 jspSmartUpload 组件将以 Web 服务器的安装路径中的磁盘根目录为文件根目录，然后加上 destFilePathName 参数指定的路径来保存文件，另一种情况则以 destFilePathName 参数指定的目录为最终目录来保存文件；参数设为 SAVEAS_AUTO 值，则首先以 SAVEAS_VIRTUAL 方式来保存文件，若 Web 应用下由 destFilePathName 参数指定的路径不存在，则以 SAVEAS_ PHYSICAL 方式保存文件。

2. Files 类

Files 类存储了所有上传的文件，通过类中的方法可获得上传文件的数量和总长度等信息。Files 类中的常用方法见表 5-15。

表 5-15　Files 类的常用方法

方　法	说　明
getCount()	获取上传文件的数目，返回值为 int 型
getSize()	获取上传文件的总长度，单位 byte，返回值为 long 型
getFile(int index)	获取参数 index 指定位置处的 com.jspsmart.upload.File 对象
getCollection()	将所有 File 对象以 Collection 形式返回
getEnumeration()	将所有 File 对象以 Enumeration 形式返回

Files 类中的 getCollection()方法和 getEnumeration()方法将所有的 File 对象分别以 Collection 和 Enumeartion 形式返回，它们的源代码如下。

（1）getCollection()方法

将所有 File 对象以 Collection 的形式返回，以便其他应用程序引用，该方法的格式如下：

```
public Collection getCollection(){
    return m_files.values();
}
```

其中，m_files 为 Files 类中的属性，其类型为 Hashtable，它存储了所有的 File 对象。

（2）getEnumeration()方法

将所有 File 对象以 Enumeration 形式返回，以便其他应用程序引用，该方法的格式如下：

```
public Enumeration getEnumeration(){
    return m_files.elements();
}
```

其中，m_files 为 Files 类中的属性，其类型为 Hashtable，它存储了所有的 File 对象。

3．Request 类

设置该类的目的，是因为当 Form 表单用来实现文件上传时，通过 JSP 的内置对象 request 的 getParameter()方法无法获取其他表单项的值，所以提供了该类来获取，Request 类中提供的方法见表 5-16。

表 5-16　Request 类的常用方法

方　法	说　明
getParameter(String name)	获取 Form 表单中由参数 name 指定的表单元素的值，如<input type="text" name="user">，当该表单元素不存在时，返回 null
getParameterNames()	获取 Form 表单中除<input type="file">外的所有表单元素的名称，它返回一个枚举型对象
getParameterValues(String name)	获取 Form 表单中多个具有相同名称的表单元素的值，该名称由参数 name 指定，该方法返回一个字符串数组

4．SmartUpload 类

（1）SmartUpload 类实现文件的上传操作

SmartUpload 类用于实现文件的上传操作，该类中提供的方法如下。

① initialize()初始化方法。

在使用 jspSmartUpload 组件实现文件上传时，必须先实现 initialize()方法。在 SmartUpload 类中提供了常用的 initialize()方法，格式如下：

```
initialize(PageContext pageContext)
```

该方法中的 pageContext 参数为 JSP 的内置对象（页面上下文）。

② upload()方法。

实现了 initialize()方法后，紧接着就应实现 upload()方法，该方法用来完成一些准备操作。首先在该方法中调用 JSP 的内置对象 request 的 getInputStream()方法获取客户端的输入流，然后通过该输入流的 read()方法读取用户上传的所有文件数据到字节数组中，然后在循环语句中从该字节数组中提取每个文件的数据，并将当前提取出的文件的信息封装到 File 类对象中，最后将该 File 类对象通过 Files 类的 addFile()方法添加到 Files 类对象中。

③ save()方法。

在实现了 initialize()方法和 upload()方法后，通过调用该方法就可将全部上传文件保存到指定目录下，并返回保存的文件个数。该方法具有以下两种形式：

```
save(String destPathName)
save(String destPathName, int option)
```

第一种形式等同于第二种形式的 save(destPathName,0)或 save(destPathName,File. SAVE_AUTO)。

实际上在 SmartUpload 类的 save()方法中最终是调用 File 类中的 saveAs()方法保存文件的，所以 save()方法中的参数使用与 File 类的 saveAs()方法中的参数使用是相同的。在 save()

方法中 option 参数指定的保存选项的可选值为 SAVE_AUTO，SAVE_VIRTUAL 和 SAVE_PHYSICAL。它们是 SmartUpload 类中的静态字段，分别表示整数 0、1 和 2。

仅仅通过以上的两个方法就实现了文件的上传。下面介绍 SmartUpload 类中可用来限制上传文件和获取文件信息的方法。

（2）SmartUpload 类限制上传文件的方法

① setDeniedFilesList(String deniedFilesList)方法。

该方法用于设置禁止上传的文件。其中参数 deniedFilesList 指定禁止上传文件的扩展名，多个扩展名之间以逗号分隔。若禁止上传没有扩展名的文件，以“,,”表示。例如，setDeniedFilesList("exe,jsp,,bat")表示禁止上传*.exe、*.jsp、*.bat 和不带扩展名的文件。

② setAllowedFilesList(String allowedFilesList)方法。

该方法用于设置允许上传的文件。其中参数 allowedFilesList 指定允许上传文件的扩展名，多个扩展名之间以逗号分隔。若允许上传没有扩展名的文件，以“,,”表示。例如，setAllowedFilesList("txt,doc,,")表示只允许上传*.txt、*.doc 和不带扩展名的文件。

上述的对上传文件进行限制的方法，需在 upload()方法之前调用。

（3）SmartUpload 类获取文件信息的方法

① getSize()方法。

该方法用于获取上传文件的总长度，格式如下：

```
public int getSize(){
    return m_totalBytes;
}
```

其中 m_totalBytes 为 SmartUpload 类中的属性，表示上传文件的总长度，它是在 upload()方法中通过调用 JSP 内置对象 request 的 getContentLength()方法被赋值的。

② getFiles()方法。

获取全部上传文件，以 Files 对象形式返回。

③ getRequest()方法。

获取 com.jspsmart.upload.Request 对象，然后通过该对象获得上传的表单中其他表单项的值。

5.9.2 采用 jspSmartUpload 组件实现文件上传

本节将通过一个具体的实例介绍应用 jspSmartUpload 组件实现文件上传的方法。

【案例 5-7】 用 jspSmartUpload 组件上传文件。

【案例展示】 本实例包含两个页面：主程序表单页面 5-7.jsp 和表单处理页面 upFile_deal.jsp。在主程序表单页面中选择需要上传的文件，单击“提交”按钮后，转向表单处理页面，成功地将文件上传到本例目录下的 upload 子目录中，并显示出上传文件的信息。页面预览的结果如图 5-20 所示。

【学习目标】 掌握 jspSmartUpload 组件上传文件的基本方法。

【知识要点】 文件上传控件，SmartUpload 类实现文件上传及获取文件信息的方法。

操作步骤如下所述。

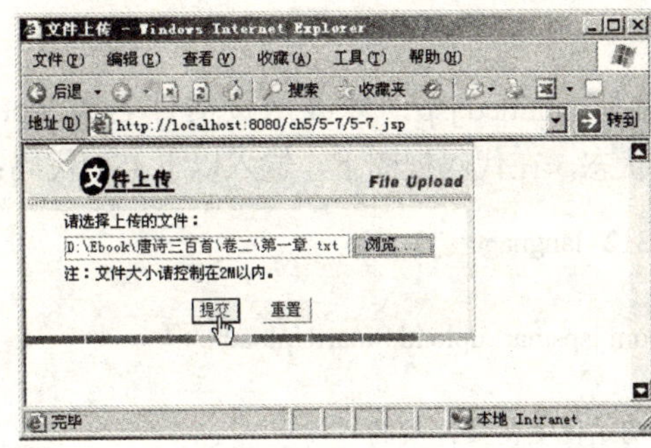
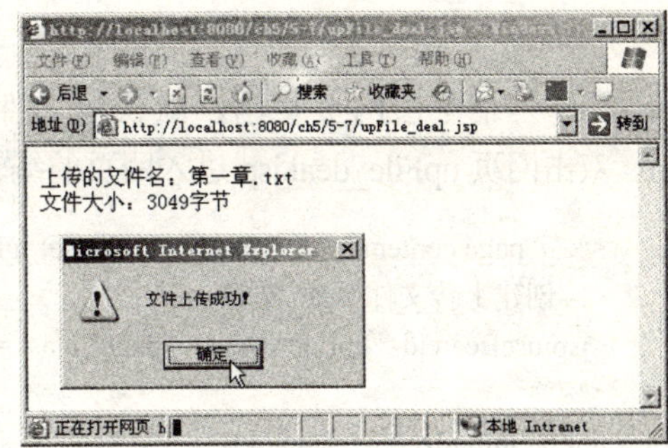

图 5-20　页面预览的结果

① 启动 Dreamweaver，打开已经建立的站点 ch5，在本地站点下新建一个文件夹 5-7，在其中新建一个空白网页文档，默认的文件名是 untitled.jsp，修改网页文件名为 5-7.jsp。

② 双击网页 5-7.jsp 进入网页的编辑状态。在代码视图下，输入以下 JSP 代码：

```
<%@ page contentType="text/html; charset=gb2312" language="java" %>
<html>
<head>
<title>文件上传</title>
<link href="Css/style.css" rel="stylesheet">
</head>
<body>
<form name="form1" enctype="multipart/form-data" method="post" action="upFile_deal.jsp">
  <table width="350" height="150" border="0"
    cellpadding="0" cellspacing="0" background="images/upFile_bg.gif">
    <tr>
      <td valign="top"><table width="100%" height="145" border="0" >
    <tr>
      <td height="49" colspan="2"> </td>
    </tr>
    <tr>
      <td width="9%" height="53"> </td>
      <td width="91%">请选择上传的文件：<br>
      <input name="file" type="file" size="35">
      <br>
      注：文件大小请控制在 2MB 以内。</td>
    </tr>
    <tr>
      <td colspan="2" align="center">
      <input name="Submit" type="submit" class="btn_grey" value="提交"> 
      <input name="Submit2" type="reset" class="btn_grey" value="重置"></td>
    </tr>
    </table></td></tr>
  </table>
 </form>
 </body>
```

```
</html>
```

③ 新建一个空白网页文档，默认的文件名是 untitled.jsp，修改网页文件名为 upFile_deal.jsp。双击网页 upFile_deal.jsp 进入网页的编辑状态，在代码视图下，输入以下 JSP 代码：

```
<%@ page contentType="text/html; charset=gb2312" language="java"%>
<!--创建上传文件 Bean 实例-->
<jsp:useBean id="upFile" scope="page" class="com.jspsmart.upload.SmartUpload" />
<%
upFile.initialize(pageContext);                    //初始化上传文件实例
upFile.upload();                                   //为上传文件做准备操作
long size=upFile.getFiles().getSize();             //获取上传文件的总长度
System.out.println("文件大小："+size);
if(size>2000000){                                  //限制上传文件的大小
    out.println("<script>alert('您上传的文件太大，不能完成上传！');history.back(-1);</script>");
}else{
    String getFileName=upFile.getFiles().getFile(0).getFileName();     //获取上传文件的名字
    out.println("上传的文件名："+getFileName+"<br>文件大小"+size+"字节");
    out.println("<script>alert('文件上传成功！');</script>");
    try{
        upFile.save("/5-7/upload");        //将上传文件保存到指定目录下
    }catch(Exception e){
        System.out.println("上传文件出现错误："+e.getMessage());
    }
}
%>
```

④ 执行“文件”→“保存全部”，将页面保存，按〈F12〉键预览网页。

【案例说明】

① 上传文件表单的编码类型 enctype 必须设置为 multipart/form-data（允许上传文件内容），表单提交方式 method 必须设置为 post。

② 由于本章的网站根目录设置为“C:\Tomcat\webapps\ch5”，因此将上传文件保存到指定目录时，指定的文件夹为网站根目录下的“/5-7/upload”，而不能直接指定为“/upload”。这是由于本书中的案例都是以章为网站根目录，例如第 5 章的网站根目录就是“C:\Tomcat\webapps\ch5”，然后又在其下建立各个案例的子目录，而上传文件指定的保存位置是从网站根目录出发的，因此本例中设置的保存位置为“/5-7/upload”。如果读者在制作个人网站时，upload 目录直接放在网站的根目录下，保存位置就相应地设置为“/upload”。

5.10 JavaMail 电子邮件发送组件

常用的邮件传输协议包括 SMTP（简单邮件传输协议）、POP（邮局传输协议）和 IMAP（国际互联网消息访问协议）。Java Mail 是由原 Sun 公司发布的 E-mail 组件，可以方便地执行一些常用的邮件传输。它支持上节提到的 3 种邮件传输协议，为 Java 应用程序提供了邮件处理的公共接口。

5.10.1 Java Mail 组件简介

Java Mail 组件通过 javax.mail.Session 类定义一个基本邮件会话。发送邮件时使用 javax.mail.Message 类储存邮件信息，通过 javax.mail.Transport 类指定的邮件传输协议将邮件发送到 javax.mail.Address 类指定的邮件地址。接收邮件时通过 javax.mail.Store 类访问邮件服务器账户，通过 javax.mail.Folder 类进入邮件服务器账户中的指定文件夹，使用 javax.mail.Message 类获取邮件的相关信息，然后将其下载到本地。

接收及发送邮件的具体流程如图 5-21 所示。

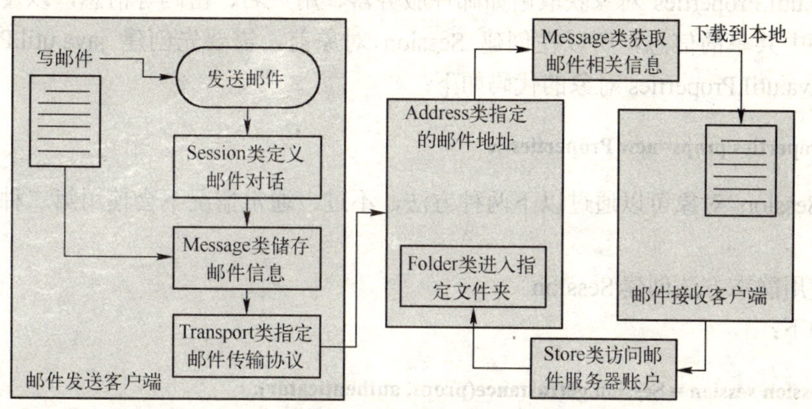

图 5-21 接收及发送邮件的具体流程

5.10.2 搭建 Java Mail 的开发环境

由于目前 Java Mail 还没有被加在标准的 Java 开发工具中，所以在使用前必须另外下载 Java Mail API，以及原 Sun 公司的 JAF（JavaBeans Activation Framework），Java Mail 的运行必须依赖于 JAF 的支持。

Java Mail 是原 Sun 公司提供的一种可选组件，使用时需要将其类库下载到本地。用户可以登录“http://java.sun.com/products/javamail/downloads/index.html”下载该组件的最新版本 1.4.1 版。下载后可以得到 javamail-1_4_1.zip 文件，解压该文件得到文件夹 javamail-1.4.1，其中的 mail.jar 即为 Java Mail 所需类库。

Java Mail 组件的运行需要依赖于 JAF 组件，同样，用户也需要下载该组件。登录“http://java.sun.com/javase/technologies/desktop/javabeans/jaf/downloads/index.html”下载 JAF 组件的最新版本 1.1.1 版。下载后可以得到 jaf-1_1_1.zip 文件，解压该文件得到 jaf-1.1.1 文件夹，其中的 activation.jar 即为 JAF 所需类库。

为了方便读者使用，在本书的源代码和素材中已经为读者提供了 mail.jar 和 activation.jar 压缩包。用户只需要将该文件复制到“C:\Tomcat\common\lib”下即可使用电子邮件发送功能，但需要注意的是复制文件完成后，必须重新启动 Tomcat 服务器才能生效。

5.10.3 Java Mail 核心类简介

Java Mail API 中提供很多用于处理 E-mail 的类，其中比较常用的有 Session（会话）类、Message（消息）类、Address（地址）类、Authenticator（认证方式）类、Transport（传

输）类、Store（存储）类和 Folder（文件夹）类共 7 个类。这 7 个类都可以在 Java Mail API 的核心包 mail.jar 中找到。

1. Session 类

Java Mail API 中提供了 Session 类，用于定义保存诸如 SMTP 主机和认证的信息的基本邮件会话。通过 Session 会话可以阻止恶意代码窃取其他用户在会话中的信息（包括用户名和密码等认证信息），从而让其他工作顺利执行。

每个基于 Java Mail 的程序都需要创建一个 Session 或多个 Session 对象。由于 Session 对象利用 java.util.Properties 对象获取诸如邮件服务器、用户名、密码等信息，以及其他可在整个应用程序中共享的信息，所以在创建 Session 对象前，需要先创建 java.util.Properties 对象。创建 java.util.Properties 对象的代码如下：

```
Properties props=new Properties();
```

创建 Session 对象可以通过以下两种方法，不过，通常情况下会使用第二种方法创建共享会话。

（1）使用静态方法创建 Session

格式如下：

```
Session session = Session.getInstance(props, authenticator);
```

props 为 java.util. Properties 类的对象，authenticator 为 Authenticator 对象，用于指定认证方式。

（2）创建默认的共享 Session

格式如下：

```
Session defaultSession = Session.getDefaultInstance(props, authenticator);
```

props 为 java.util. Properties 类的对象，authenticator 为 Authenticator 对象，用于指定认证方式。如果在进行邮件发送时，不需要指定认证方式，可以使用空值（null）作为参数 authenticator 的值，例如，创建一个不需要指定认证方式的 Session 对象的代码如下：

```
Session mailSession=Session.getDefaultInstance(props,null);
```

2. Message 类

Message 类是电子邮件系统的核心类，用于存储实际发送的电子邮件信息。Message 类是一个抽象类，要使用该抽象类可以使用其子类 MimeMessage，该类保存在 javax.mail.internet 包中，可以存储 MIME 类型和报头（在不同的 RFC 文档中均有定义）消息，并且将消息的报头限制成只能使用 US-ASCII 字符，尽管非 ASCII 字符可以被编码到某些报头字段中。

如果想对 MimeMessage 类进行操作，首先要实例化该类的一个对象，在实例化该类的对象时，需要指定一个 Session 对象，这可以通过将 Session 对象传递给 MimeMessage 的构造方法来实现，例如，实例化 MimeMessage 类的对象 message 的代码如下：

```
MimeMessage msg = new MimeMessage(mailSession);
```

实例化 MimeMessage 类的对象 msg 后，就可以通过该类的相关方法设置电子邮件信息的详细信息。MimeMessage 类中常用的方法包括以下几个。

（1）setText()方法

setText()方法用于指定纯文本信息的邮件内容。该方法只有一个参数，用于指定邮件内容。setText()方法的语法格式如下：

```
setText(String content)
```

content：纯文本的邮件内容。

（2）setContent()方法

setContent()方法用于设置电子邮件内容的基本机制，多数应用在发送 HTML 等纯文本以外的信息。该方法包括两个参数，分别用于指定邮件内容和 MIME 类型。setContent()方法的语法格式如下：

```
setContent(Object content, String type)
```

content：用于指定邮件内容。

type：用于指定邮件内容类型。

例如，指定邮件内容为“非常思念远方的你”，类型为普通的文本，代码如下：

```
message.setContent("非常思念远方的你", "text/plain");
```

（3）setSubject ()方法

setSubject()方法用于设置邮件的主题。该方法只有一个参数，用于指定主题内容。setSubject()方法的语法格式如下：

```
setSubject(String subject)
```

subject：用于指定邮件的主题。

（4）saveChanges()方法

saveChanges()方法能够保证报头域同会话内容保持一致。saveChanges()方法的使用方法如下：

```
msg.saveChanges();
```

（5）setFrom()方法

setFrom()方法用于设置发件人地址。该方法只有一个参数，用于指定发件人地址，该地址为 InternetAddress 类的一个对象。setFrom()方法的使用方法如下：

```
msg.setFrom(new InternetAddress(from));
```

（6）setRecipients()方法

setRecipients()方法用于设置收件人地址。该方法有两个参数，分别用于指定收件人类型和收件人地址。setRecipients()方法的语法格式如下：

```
setRecipients(RecipientType type, InternetAddress address);
```

type：收件人类型。可以使用以下 3 个常量来区分收件人的类型。

● Message.RecipientType.TO：发送。
● Message.RecipientType.CC：抄送。
● Message.RecipientType.BCC：暗送。

address：收件人地址，可以为 InternetAddress 类的一个对象或多个对象组成的数组。

例如，设置收件人的地址为“zhby1972@yahoo.com.cn”的代码如下：

```
toAddrs=InternetAddress.parse("zhby1972@yahoo.com.cn",false);
msg.setRecipients(Message.RecipientType.TO, toAddrs);
```

（7）setSentDate()方法

setSentDate()方法用于设置发送邮件的时间。该方法只有一个参数，用于指定发送邮件的时间。setSentDate ()方法的语法格式如下：

```
setSentDate(Date date);
```

date：用于指定发送邮件的时间。

（8）getContent()方法

getContent()方法用于获取消息内容，该方法无参数。

（9）writeTo()方法

writeTo()方法用于获取消息内容（包括报头信息），并将其内容写到一个输出流中。该方法只有一个参数，用于指定输出流。writeTo()方法的语法格式如下：

```
writeTo(OutputStream os)
```

os：用于指定输出流。

3．Address 类

Address 类用于设置电子邮件的响应地址。Address 类是一个抽象类，要使用该抽象类可以使用其子类 InternetAddress，该类保存在 javax.mail.internet 包中，可以按照指定的内容设置电子邮件的地址。

如果想对 InternetAddress 类进行操作，首先要实例化该类的一个对象，在实例化该类的对象时，有以下两种方法。

（1）创建只带有电子邮件地址的地址

可以把电子邮件地址传递给 InternetAddress 类的构造方法，代码如下：

```
InternetAddress address = new InternetAddress("zhby1972@yahoo.com.cn");
```

（2）创建带有电子邮件地址并显示其他标识信息的地址

可以将电子邮件地址和附加信息同时传递给 InternetAddress 类的构造方法，代码如下：

```
InternetAddress address = new InternetAddress("zhby1972@yahoo.com.cn","Zhang BingYi");
```

4．Authenticator 类

Authenticator 类通过用户名和密码来访问受保护的资源。Authenticator 类是一个抽象类，要使用该抽象类首先需要创建一个 Authenticator 的子类，并重载 getPasswordAuthentication()方法，具体代码如下：

```
class WghAuthenticator extends Authenticator {
    public PasswordAuthentication getPasswordAuthentication() {
        String username = "sample";          //邮箱登录账号
        String pwd = "12345";                //登录密码
        return new PasswordAuthentication(username, pwd);
    }
}
```

首先从指定协议的会话中获取一个特定的实例，然后传递用户名和密码，再发送信息，最后关闭连接，代码如下：

```
Transport transport =sess.getTransport("smtp");
transport.connect(servername,from,password);
transport.sendMessage(message,message.getAllRecipients());
transport.close();
```

在发送多个消息时，建议采用第二种方法，因为它将保持消息间活动服务器的连接，而使用第一种方法时，系统将为每一个方法的调用建立一条独立的连接。

注意：如果想要查看经过邮件服务器发送邮件的具体命令，可以用 session.setDebug(true)方法设置调试标志。

然后再通过以下代码实例化新创建的 Authenticator 的子类，并将其与 Session 对象绑定：

```
Authenticator auth = new WghAuthenticator ();
Session session = Session.getDefaultInstance(props, auth);
```

5．Transport 类

Transport 类用于使用指定的协议（通常是 SMTP）发送电子邮件。Transport 类可调用其静态方法 send()，按照默认协议发送电子邮件，格式如下：

```
Transport.send(message);
```

6．Store 类

Store 类定义了用于保存文件夹间层级关系的数据库，以及包含在文件夹之中的信息，该类也可以定义存取协议的类型，以便存取文件夹与信息。

在获取会话后，就可以使用用户名和密码或 Authenticator 类来连接 Store 类。与 Transport 类一样，首先要告诉 Store 类将使用什么协议。

使用 POP3 协议连接 Stroe 类，格式如下：

```
Store store = session.getStore("pop3");
store.connect(host, username, password);
```

使用 IMAP 协议连接 Stroe 类，格式如下：

```
Store store = session.getStore("imap");
store.connect(host, username, password);
```

说明：如果使用 POP3 协议，只可以使用 INBOX 文件夹，但是使用 IMAP 协议，则可以使用其他的文件夹。在使用 Store 类读取完邮件信息后，需要及时关闭连接。关闭 Store 类的连接可以使用以下代码：

```
store.close();
```

7. Folder 类

Folder 类定义了获取（fetch）、备份（copy）、附加（append）以及删除（delete）信息等的方法。

在连接 Store 类后，就可以打开并获取 Folder 类中的消息。打开并获取 Folder 类中的信息的代码如下：

```
Folder folder = store.getFolder("INBOX");
folder.open(Folder.READ_ONLY);
Message message[] = folder.getMessages();
```

在使用 Folder 类读取完邮件信息后，需要及时关闭对文件夹存储的连接。关闭 Folder 类的连接的语法格式如下：

```
folder.close(Boolean boolean);
```

boolean：用于指定是否通过清除已删除的消息来更新文件夹。

5.11 实训

Java Mail 组件最常用的功能就是实现发送 E-mail。本节将通过一个具体的实例介绍使用 Java Mail 组件发送 E-mail 的方法。

【实训综述】 使用 Java Mail 组件发送 E-mail。

【实训展示】 本实例包含两个页面：主程序发送邮件表单页面 5-shixun.jsp 和表单处理页面 maildeal.jsp。在主程序发送邮件表单页面中填写收件人、发件人、发件人密码、主题和内容后，单击“发送”按钮转向表单处理页面，邮件成功地发送。页面预览的结果如图 5-22 所示。

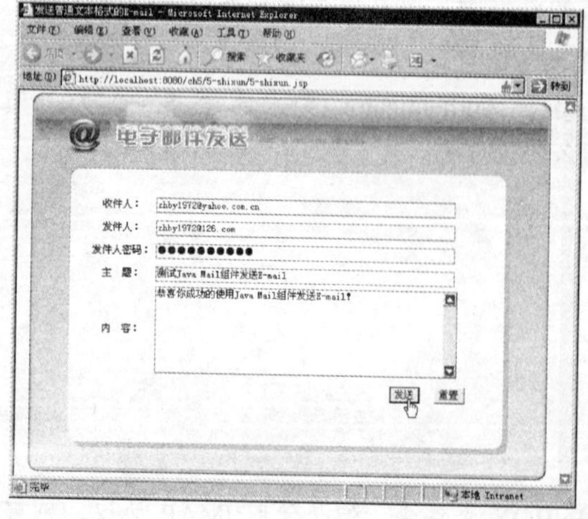

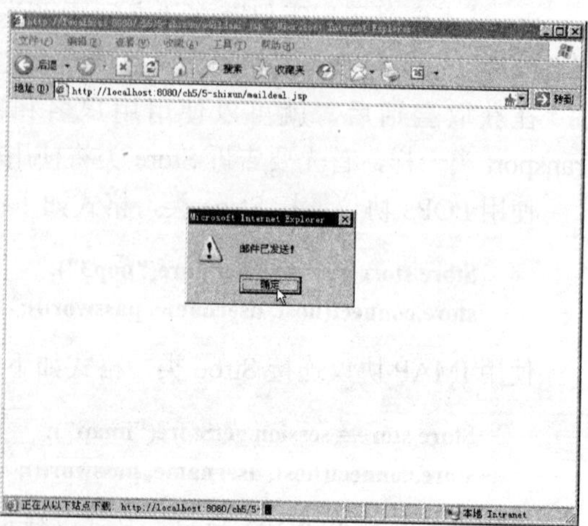

图 5-22 页面预览的结果

【实训目标】 掌握 Java Mail 组件发送 E-mail 的基本方法。

【知识要点】 Java Mail 核心类，发送 E-mail 的原理。

操作步骤如下。

① 启动 Dreamweaver，打开已经建立的站点 ch5，在本地站点下新建一个文件夹 5-shixun，在其中新建一个空白网页文档，默认的文件名是 untitled.jsp，修改网页文件名为 5-shixun.jsp。

② 双击网页 5-shixun.jsp 进入网页的编辑状态。在代码视图下，输入以下 JSP 代码：

```
<%@ page contentType="text/html; charset=gb2312" language="java" %>
<html>
<head>
<title>发送普通文本格式的 E-mail</title>
<link href="css/style.css" rel="stylesheet">
<script language="javascript">
function checkform(myform){
        for(i=0;i<myform.length;i++){
                if(myform.elements[i].value==""){
                        alert(myform.elements[i].title+"不能为空！");
                        myform.elements[i].focus();
                        return false;
                }
        }
}
</script>
</head>
<body>
<form name="form1" method="post" action="maildeal.jsp" onSubmit="return checkform(form1)">
<table width="649" height="454" border="0" align="center" background="images/bg.jpg">
    <tr>
        <td width="67" height="109" background="images/board_left.gif"> </td>
        <td width="531" background="Images/board_left.gif"> </td>
        <td width="51" background="Images/board_left.gif"> </td>
    </tr>
    <tr valign="top">
        <td height="247"> </td>
        <td valign="top"><table width="96%" border="0" align="center" cellpadding="0" cellspacing="0">
            <tr>
                <td width="16%" height="27" align="center">收件人：</td>
                <td width="84%" colspan="2" align="left">
                    <input name="to" type="text" id="to" title="收件人" size="60"></td>
            </tr>
            <tr>
                <td height="27" align="center">发件人：</td>
                <td colspan="2" align="left">
                    <input name="from" type="text" id="from" title="发件人" size="60"></td>
            </tr>
```

```
<tr>
  <td height="27" align="center">发件人密码：</td>
  <td colspan="2" align="left">
    <input name="password" type="password" id="password" title="密码" size="60"></td>
</tr>
<tr>
  <td height="27" align="center">主  题：</td>
  <td colspan="2" align="left">
    <input name="subject" type="text" id="subject" title="邮件主题" size="60"></td>
</tr>
<tr>
  <td height="93" align="center">内  容：</td>
  <td colspan="2" align="left">
   <textarea name="content" cols="59" rows="7" class="wenbenkuang"
     id="content" title="邮件内容"></textarea></td>
</tr>
<tr>
  <td height="30" align="center"> </td>
  <td height="40" align="right">
    <input name="Submit" type="submit" class="btn_grey" value="发送">
     
    <input name="Submit2" type="reset" class="btn_grey" value="重置">
       </td>
  <td align="left"> </td>
</tr>
</table></td>
<td> </td>
</tr>
<tr valign="top">
  <td height="48"> </td>
  <td> </td>
  <td> </td>
</tr>
</table>
</form>
</body>
</html>
```

③ 新建一个空白网页文档，默认的文件名是 untitled.jsp，修改网页文件名为 maildeal.jsp。双击网页 maildeal.jsp 进入网页的编辑状态，在代码视图下，输入以下 JSP 代码。

```
<%@ page contentType="text/html; charset=gb2312" language="java"   errorPage="" %>
<%@ page import="java.util.*" %>
<%@ page import ="javax.mail.*" %>
<%@ page import="javax.mail.internet.*" %>
<%@ page import="javax.activation.*" %>
<%
```

```
try{
    request.setCharacterEncoding("gb2312");
    String from=request.getParameter("from");
    String to=request.getParameter("to");
    String subject=request.getParameter("subject");
    String messageText=request.getParameter("content");
   String password=request.getParameter("password");
    //生成 SMTP 的主机名称
    int n =from.indexOf('@');
    int m=from.length() ;
    String mailserver ="smtp."+from.substring(n+1,m);
    //建立邮件会话
    Properties pro=new Properties();
   pro.put("mail.smtp.host",mailserver);
   pro.put("mail.smtp.auth","true");
   Session sess=Session.getInstance(pro);
   sess.setDebug(true);
   //新建一个消息对象
   MimeMessage message=new MimeMessage(sess);
   //设置发件人
   InternetAddress from_mail=new InternetAddress(from);
   message.setFrom(from_mail);
  //设置收件人
   InternetAddress to_mail=new InternetAddress(to);
   message.setRecipient(Message.RecipientType.TO ,to_mail);
   //设置主题
   message.setSubject(subject);
   //设置内容
   message.setText(messageText);
   //设置发送时间
   message.setSentDate(new Date());
   //发送邮件
   message.saveChanges();  //保证报头域同会话内容保持一致
   Transport transport =sess.getTransport("smtp");
   transport.connect(mailserver,from,password);
   transport.sendMessage(message,message.getAllRecipients());
   transport.close();
   out.println("<script language='javascript'>alert('邮件已发送！');
     window.location.href='5-shixun.jsp';</script>");
}catch(Exception e){
   out.println("发送邮件产生的错误："+e.getMessage());
   out.println("<script language='javascript'>alert('邮件发送失败！');
     window.location.href='5-shixun.jsp';</script>");
}
%>
```

④ 执行“文件”→“保存全部”，将页面保存，按〈F12〉键预览网页。

【案例说明】

① Java Mail API 没有提供检查电子邮件地址有效性的机制。如果需要可以自己编写检查电子邮件地址是否有效的方法。

② 邮件成功发送后，收件人可以打开自己的邮箱，看到已经成功发送的邮件，如图 5-23 所示。

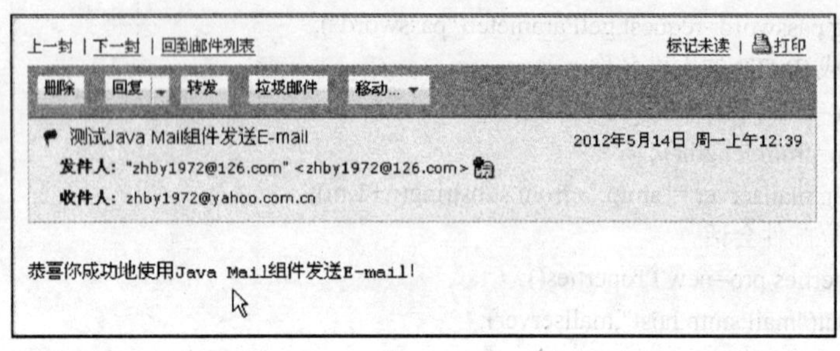

图 5-23　成功发送的邮件

5.12　习题

1．JSP 提供的内置对象有哪些？服务器端与客户端交互的原理是什么？

2．application 对象有什么特点，它与 session 对象有什么区别呢？

3．如何取得客户端的 IP 地址？

4．编写一个实例：将页面中的错误信息或异常实现，重定向到另一个页面，并给予提示信息，页面预览的结果如图 5-24 所示。

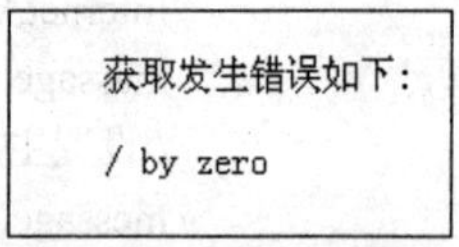

获取发生错误如下：

/ by zero

图 5-24　习题 4 的图

5．什么是 JavaBean 组件？使用 JavaBean 组件有什么优点？一个标准的 JavaBean 应遵守哪些规范？

6．编写一个 JSP 页面，该页面提供一个表单，用户通过表单输入正方形的边长后提交给本页面，JSP 页面将计算正方形面积和周长的任务交给一个 JavaBean 去完成，并将计算结果在另外一个 JSP 页面中显示出来。

7．练习使用 jspSmartUpload 组件进行文件上传操作。

8．练习使用 Java Mail 组件发送 E-mail。

第 6 章　MySQL 数据库的使用

在前面已经学习了 JSP 的使用，读者对 JSP 有了一定的了解。在实际的网站制作过程中，经常遇到大量的数据，如用户的账号、文章或留言信息等，通常使用数据库存储数据信息。JSP 可以访问并操作很多种数据库管理系统，如 SQL Server、MySQL、Oracle、Access、DB2、Sybase 和 PostgreSQL 数据库等。

6.1　数据库管理系统

动态网站开发离不开数据存储，数据存储则离不开数据库。在前面的章节中，我们曾做过一个例子，将投票结果的信息存储在一个文本文件中，可以在以后取用。这使得网站可以增加很多交互性因素。但是文本文件并不是存储数据的最理想方法。数据库技术的引入给网站开发带来的巨大飞跃。

6.1.1　数据库与数据库管理系统

1．数据库

数据库（DB）是存放数据的仓库，只不过这些数据存在一定的关联，并按一定的格式存放在计算机上。从广义上讲，数据不仅包含数字，还包括了文本、图像、音频、视频等。总之一切可以在计算机中存储下来的数据都可以通过各种方法存储到数据库中。

例如，把学校的学生、课程、学生成绩等数据有序地组织并存放在计算机内，就可以构成一个数据库。因此，数据库由一些持久的相互关联的数据集合组成，并以一定的组织形式存放在计算机的存储介质中。

2．数据库管理系统

数据库管理系统（DBMS）是管理数据库的系统，它按一定的数据模型组织数据。数据库管理系统对数据库进行统一的管理和控制，以保证数据库的安全性和完整性。用户通过 DBMS 访问数据库中的数据，数据库管理员也通过 DBMS 进行数据库的维护工作。它可使多个应用程序和用户用不同的方法在同时或不同时刻去建立、修改和询问数据库。

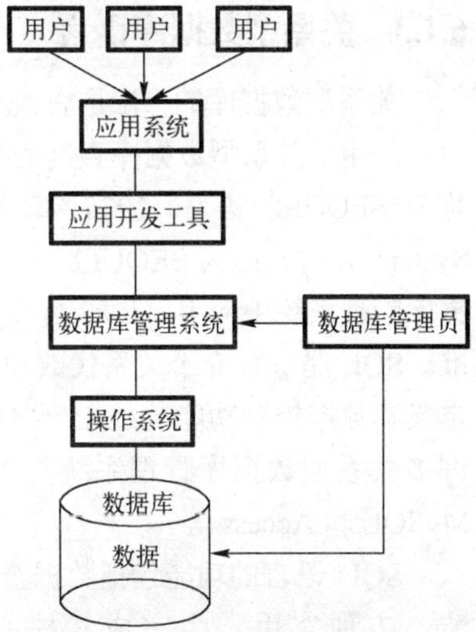

图 6-1　数据库系统的构成

数据、数据库、数据库管理系统与操作数据库的应用程序，加上支撑它们的硬件平台、软件平台及与数据库有关的人员，构成了一个完整的数据库系统。图 6-1 描述了数据库系统的构成。

DBMS 提供数据定义语言（Data Definition Language，DDL）与数据操作语言（Data

Manipulation Language，DML），供用户定义数据库的模式结构与权限约束，实现对数据的追加、删除等操作。DBMS 应提供如下功能：

- 数据定义功能可定义数据库中的数据对象。
- 数据操纵功能可对数据库表进行基本操作，如插入、删除、修改、查询。
- 数据的完整性检查功能保证用户输入的数据满足相应的约束条件。
- 数据库的安全保护功能保证只有赋予权限的用户才能访问数据库中的数据。
- 数据库的并发控制功能使多个应用程序可在同一时刻并发地访问数据库的数据。
- 数据库的故障恢复功能使数据库运行出现故障时进行数据库恢复，以保证数据库可靠运行。
- 在网络环境下访问数据库的功能。
- 方便、有效地存取数据库信息的接口和工具。编程人员通过程序开发工具与数据库的接口编写数据库应用程序。数据库管理员（DBA，DataBase Administrator）通过提供的工具对数据库进行管理。

6.1.2 关系型数据库管理系统简介

关系模型是以二维表格（关系表）的形式组织数据库中的数据，这和日常生活中经常用到的各种表格形式上是一致的，一个数据库中可以有若干张表。

表格中的一行称为一个记录，一列称为一个字段，每列的标题称为字段名。如果给每个关系表取一个名字，则有 n 个字段的关系表的结构可表示为：关系表名（字段名 1，…，字段名 n），通常把关系表的结构称为关系模式。

在关系表中，如果一个字段或几个字段组合的值可唯一标志其对应记录，则称该字段或字段组合为码。

常见的关系型数据库管理系统有 SQL Server、DB2、Sybase、Oracle、MySQL 和 Access。

6.1.3 关系型数据库语言

关系型数据库的标准语言是 SQL（Structured Query Language，结构化查询语言）。SQL 语言是用于关系型数据库查询的结构化语言，最早由 Boyce 和 Chambedin 在 1974 年提出，称为 SEQUEL 语言。1976 年，IBM 公司的 San Jose 研究所在研制关系型数据库管理系统 System R 时修改为 SEQUEL 2，即目前的 SQL 语言。1976 年，SQL 开始在商品化关系型数据库管理系统中应用。1982 年美国国家标准化组织 ANSI 确认 SQL 为数据库系统的工业标准。SQL 是一种介于关系代数和关系演算之间的语言，具有丰富的查询功能，同时具有数据定义和数据控制功能，是集数据定义、数据查询和数据控制于一体的关系数据语言。目前，许多关系型数据库管理系统都支持 SQL 语言，如 SQL Server、DB2、Sybase、Oracle、MySQL 和 Access 等。

SQL 语言的功能包括数据查询、数据操纵、数据定义和数据控制 4 部分。SQL 语言简洁、方便实用，为完成其核心功能只用了 6 个词：SELECT、CREATE、INSERT、UPDATE、DELETE、GRANT（REVOKE）。目前已成为应用最广的关系型数据库语言。

6.2 JDBC 技术

JDBC 是用于执行 SQL 语句的 API 类包，由一组用 Java 语言编写的类和接口组成。JDBC 提供了一种标准的应用程序设计接口，通过它可以访问各类关系数据库。

6.2.1 JDBC 技术简介

JDBC 的全称为 Java DataBase Connectivity，是一套面向对象的应用程序接口（API），制定了统一的访问各类关系数据库的标准接口，为各个数据库厂商提供了标准接口的实现。通过 JDBC 技术，开发人员可以用纯 Java 语言和标准的 SQL 语句编写完整的数据库应用程序，并且真正地实现了软件的跨平台性。

在 JDBC 技术问世之前，各家数据库厂商执行各自的一套 API，使得开发人员访问数据库非常困难，特别是在更换数据库时，需要修改大量代码，十分不方便。JDBC 的发布获得了巨大的成功，很快就成为了 Java 访问数据库的标准，并且获得了几乎所有数据库厂商的支持。

1．JDBC 执行步骤

JDBC 主要完成以下 4 个步骤：

① 与数据库建立连接。

② 向数据库发送 SQL 语句。

③ 处理发送的 SQL 语句。

④ 将处理的结果进行返回。

使用 JDBC 操作数据库的执行步骤如图 6-2 所示。

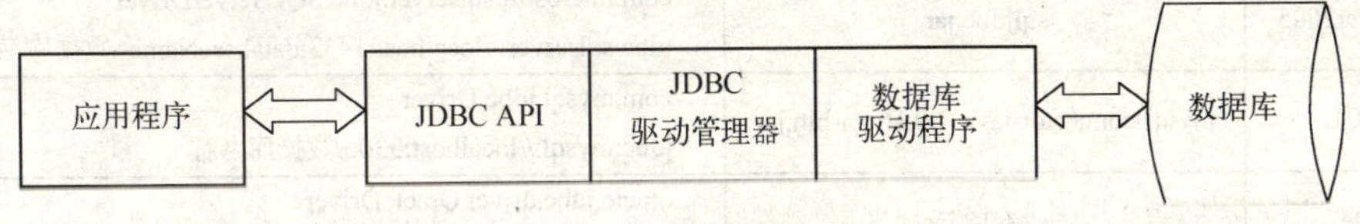

图 6-2　JDBC 操作数据库的执行步骤

2．JDBC 的优缺点

JDBC 具有下列优点：

① JDBC 与 ODBC 十分相似，便于软件开发人员理解。

② JDBC 使软件开发人员从复杂的驱动程序编写工作中解脱出来，可以完全专注于业务逻辑的开发。

③ JDBC 支持多种关系型数据库，大大增加了软件的可移植性。

④ JDBC API 是面向对象的，软件开发人员可以将常用的方法进行二次封装，从而提高代码的重用性。

与此同时，JDBC 也具有下列缺点：

① 通过 JDBC 访问数据库时速度将受到一定影响。

② 虽然 JDBC API 是面向对象的，但通过 JDBC 访问数据库依然是面向关系的。

③ JDBC 提供了对不同厂家的产品的支持，这将对数据源带来影响。

6.2.2 JDBC 数据库结构

1. JDBC 类型

JDBC 驱动程序是用于解决应用程序与数据库通信的问题，它可以分为 JDBC-ODBC Bridge、JDBC-Native API Bridge、JDBC-middleware 和 Pure JDBC Driver 共 4 种，见表 6-1。

表 6-1 JDBC 驱动程序的类型

驱动类型名称	说　明
JDBC-ODBC 桥	通过 JDBC 访问 ODBC 接口的驱动程序。在使用过程中，客户机上首先必须加载 ODBC 的二进制代码程序，必要时还需要加载数据库客户机代码。此驱动程序常常应用于企业网
本地 API	此驱动是将客户机上的 JDBC API 转换为数据库管理系统（DBMS）来调用，实现数据库连接。同 JDBC-ODBC 桥驱动类型相似的是客户机必须加载某些必需的二进制代码程序
网络 Java 驱动程序	此驱动程序通过网络协议进行数据库连接。首先将 JDBC 转换成一种网络协议，该网络协议不同于 DBMS 使用的交互协议，再将该网络协议转换为 DBMS 协议。网络纯 Java 驱动是最灵活适用的驱动程序，利用网络服务可以将 Java 客户机连接到多种数据库上，但是交互过程中使用的协议需要由网络服务器提供
本地协议纯 Java 驱动程序	此驱动程序将 JDBC 调用直接转换为 DBMS 使用的协议，客户机可以直接调用 DBMS 服务器，进行数据库操作。数据库制造商提供专用的 DBMS 使用协议

2. 数据库驱动程序

使用 JDBC 操作数据库首先必须要安装驱动程序，大多数数据库都有 JDBC 驱动程序，常见的驱动程序见表 6-2。

表 6-2 常见的 JDBC 驱动程序

数据库名称	类 包 名	驱动名称与 URL 地址
SQL Server2005	sqljdbc.jar	com.microsoft.sqlserver.jdbc.SQLServerDriver jdbc:sqlserver://localhost:1433;databaseName=数据库名称
MYSQL	mysql-connector-java-3.0.16-ga-bin.jar	com.mysql.jdbc.Driver jdbc:mysql://localhost:3306/数据库名称
oracle	class12.jar	oracle.jdbc.driver.OracleDriver jdbc:oracle:thin:@dssw2k01:1521:数据库名称
DB2	db2jcc.jar	com.ibm.db2.jdbc.net.DB2Driver jdbc:db2://localhost:6789/数据库名称
Derby	derby.jar	org.apache.derby.jdbc.EmbeddedDriver jdbc:derby://localhost:1527:数据库名称;create=false

6.3 MySQL 数据库的使用

当前市场上的数据库有几十种，其中有如 Oracle、SQL Server 等大型网络数据库，也有如 Access、VFP 等小型桌面数据库。对于网站开发而言，一般来说中小型数据库系统就能满足要求。MySQL 就是当前 Web 开发中尤其是 JSP 开发中使用最为广泛的数据库。

6.3.1 MySQL 数据库简介

MySQL 是一种开放源代码的关系型数据库管理系统（RDBMS），开发者为瑞典 MySQL AB 公司。在 2008 年 1 月 16 号被原 Sun 公司收购。而 2009 年，Sun 公司又被 Oracle 收购。

MySQL 数据库系统使用最常用的数据库管理语言——结构化查询语言（SQL）进行数据库管理。MySQL 是一个快速、多线程、多用户的 SQL 数据库服务器，其出现虽然只有短短的数年时间，但凭借着“开放源代码”的东风，它从众多的数据库中脱颖而出，成为 JSP 开发动态网站的最常用数据库。

MySQL 关系型数据库于 1998 年 1 月发行第一个版本。它使用系统核心提供的多线程机制提供完全的多线程运行模式，提供了面向 C、C++、Eiffel、Java、Perl、PHP、Python 等编程语言的编程接口，支持多种字段类型并且提供了完整的操作符。

2001 年 MySQL 4.0 版本发布。在这个版本中提供了新的特性：新的表定义文件格式、高性能的数据复制功能、更加强大的全文搜索功能等。目前，MySQL 已经发展到 MySQL 5.5，功能和效率方面都得到了更大的提升。

MySQL 体积小、速度快、总体拥有成本低，尤其是开放源码这一特点，许多中小型网站为了降低网站总体拥有成本而选择了 MySQL 作为网站数据库。开发者只需要用 JSP 写下短短几行代码，就可以轻松连接到 MySQL 数据库。JSP 还提供了大量的函数来对 MySQL 数据库进行操作，可以说，用 JSP 操作 MySQL 数据库极为简单和高效，这也使得 JSP + MySQL 成为当今最为流行的 Web 开发语言与数据库搭配之一。

6.3.2 MySQL 数据库的特点

MySQL 数据库的特点如下：

- 使用核心线程的完全多线程服务，这意味着可以采用多 CPU 体系结构。
- 支持 AIX、FreeBSD、HP-UX、Linux、Mac OS、Novell Netware、OpenBSD、OS/2 Wrap、Solaris、Windows 等多种操作系统。
- 使用 C 和 C++语言编写，并使用多种编译器进行测试，保证了源代码的可移植性。
- 为多种编程语言提供了 API。这些编程语言包括 C、C++、Eiffel、Java、Perl、PHP、Python、Ruby 和 Tcl 等。
- 支持多线程，允分利用 CPU 资源。
- 优化的 SQL 查询算法，可有效地提高查询速度。
- 提供 TCP/IP、ODBC 和 JDBC 等多种数据库连接途径。
- 提供可用于管理、检查、优化数据库操作的管理工具。
- 可以处理拥有上千万条记录的大型数据库。
- 支持多种存储引擎。

6.3.3 MySQL 数据库的安装与配置

MySQL 数据库的安装与配置过程如下：

① 用户打开 MySQL 的官方下载页面 http://www.mysql.com/downloads/，下载 Windows 版的 MySQL 5.0，双击下载文件进入安装向导。有 3 种安装方式可供选择：Typical（典型安装）、Complete（完全安装）和 Custom（定制安装），如图 6-3 所示。对于大多数用户，选择 Typical 就可以了。

单击“Next”按钮打开如图 6-4 所示的安装界面。其中，“Destination Folder”为 MySQL 所在的主目录，默认为 C:\Program Files\MySQL\MySQL Server 5.0，确认后单击

"Install"按钮开始安装。

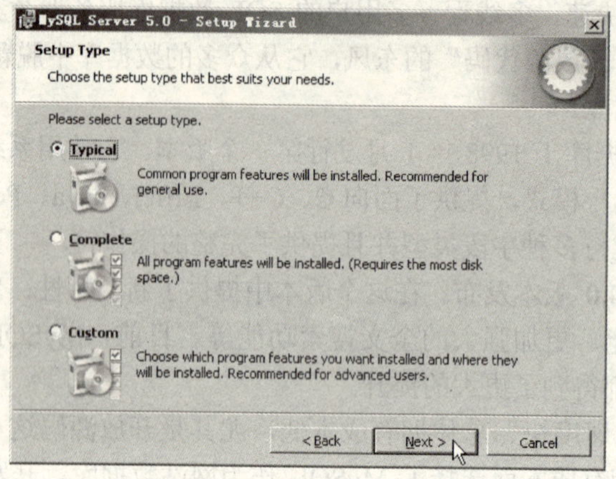

图 6-3　MySQL 安装模式选择

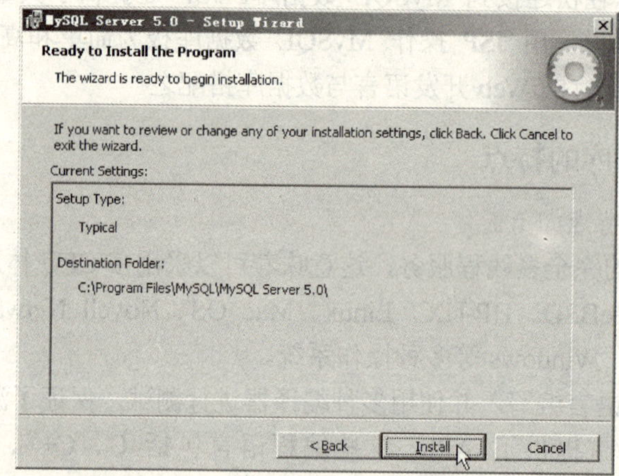

图 6-4　MySQL 确认安装界面

② 等待一段时间后安装完成，弹出注册窗口，此处选择"Skip Sign-Up"跳过注册，如图 6-5 所示。单击"Next"按钮打开如图 6-6 所示的配置界面，选择"Configure the MySQL Server now"复选框，单击"Finish"按钮进入配置向导。

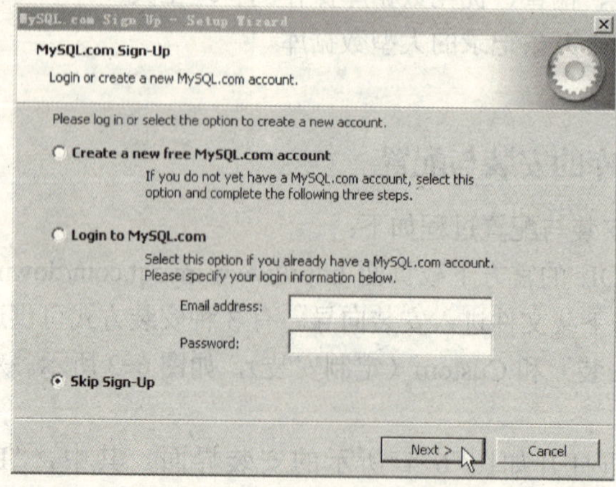

图 6-5　注册窗口

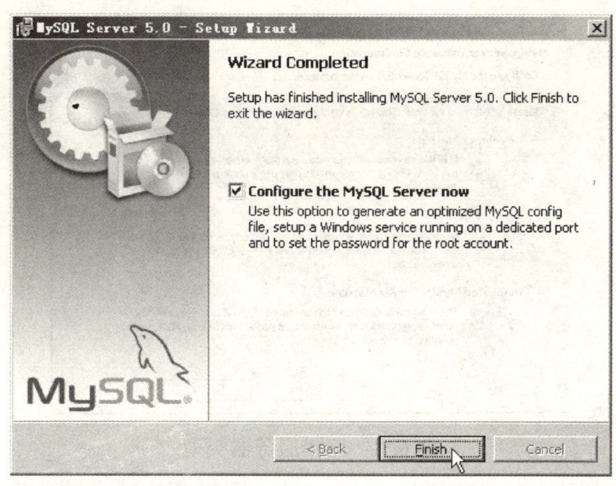

图 6-6　开始配置 MySQL

③ 在打开的配置向导界面中可以选择配置类型，配置类型包括 Detailed Configuration（详细配置）和 Standard Configuration（标准配置）。标准配置选项适合想要快速启动 MySQL 而不必考虑服务器配置的新用户；详细配置选项适合想要更加细粒度控制服务器配置的高级用户。本书选择“Detailed Configuration”选项，如图 6-7 所示。

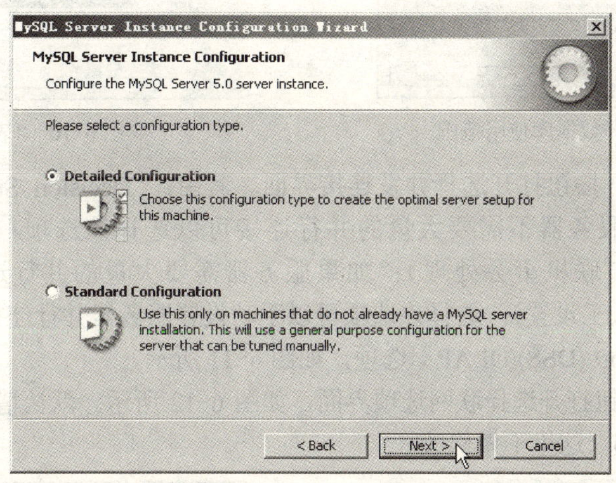

图 6-7　选择配置类型

单击“Next”按钮打开选择服务器类型界面，服务器类型分为 3 种：Developer Machine（开发机器）、Server Machine（服务器）和 Dedicated MySQL Server Machine（专用 MySQL 服务器）。本书选择“Developer Machine”选项，如图 6-8 所示。

④ 单击“Next”按钮打开选择数据库使用范围界面，有 3 个选项：“Multifunctional Database”（多功能数据库）、“Transactional Database Only”（只是事务处理数据库）和“Non-Transactional Database Only”（只是非事务处理数据库）。其中多功能数据库对 InnoDB 和 MyISAM 表都适用，所以本书选择“Multifunctional Database”选项，如图 6-9 所示。

单击“Next”按钮打开 InnoDB 表空间界面，这里可以修改 InnoDB 表空间文件的位置，如图 6-10 所示。默认位置是 MySQL 服务器数据目录，这里不做修改。

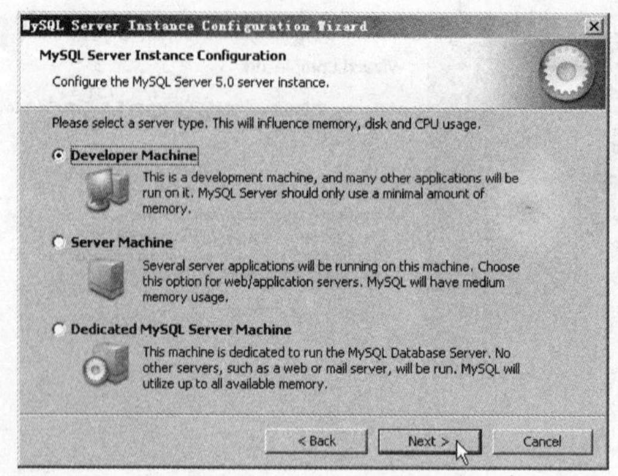

图 6-8 选择服务器类型

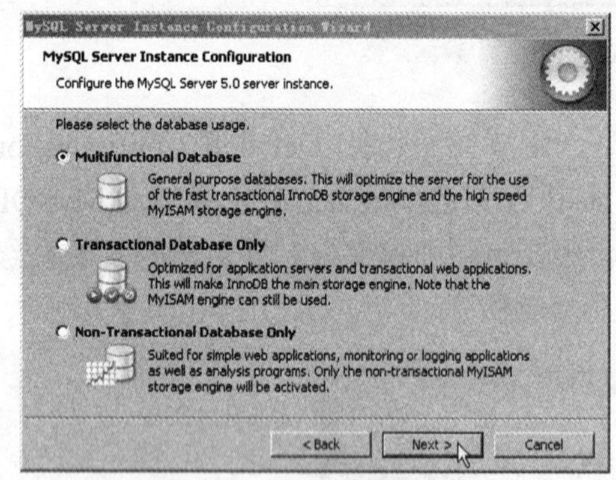

图 6-9 选择数据库使用范围

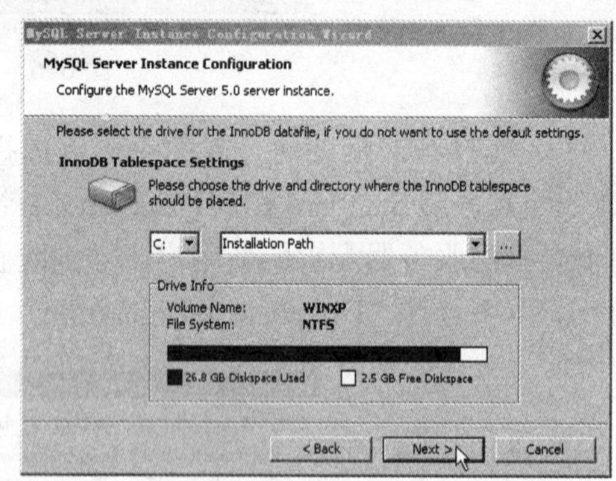

图 6-10 “表空间”对话框

⑤ 单击“Next”按钮打开选择并发连接界面。其中，“Decision Support (DSS)/OLAP”（决策支持）：如果服务器不需要大量的并行连接可以选择该选项；“Online Transaction Processing”（OLTP，联机事务处理）：如果服务器需要大量的并行连接则选择该选项；“Manual Setting”（人工设置）：选择该选项可以手动设置服务器并行连接的最大数目。本书选择“Decision Support (DSS)/OLAP”选项，如图 6-11 所示。

单击“Next”按钮打开选择联网选项界面，如图 6-12 所示。默认情况是启用 TCP/IP 网络，默认端口为 3306。这里不做修改。

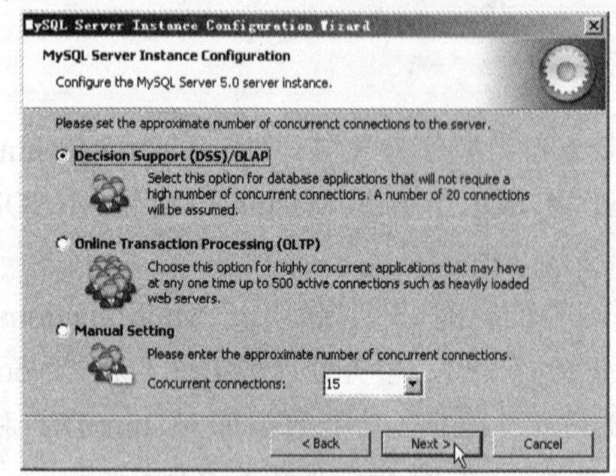

图 6-11 选择并发连接

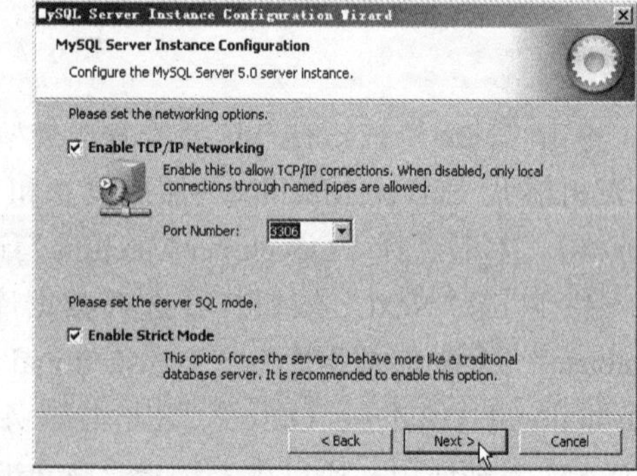

图 6-12 选择联网选项

⑥ 单击“Next”按钮打开选择字符集界面，前面的选项一直是按默认设置进行的，这

里要做一些修改。选中“Manual Selected Default Character Set/Collation”选项，在“Character Set”选框中将 latin1 修改为 gb2312，如图 6-13 所示。

单击“Next”按钮打开 Windows 服务选项界面，服务名为 MySQL，这里不做修改，如图 6-14 所示。

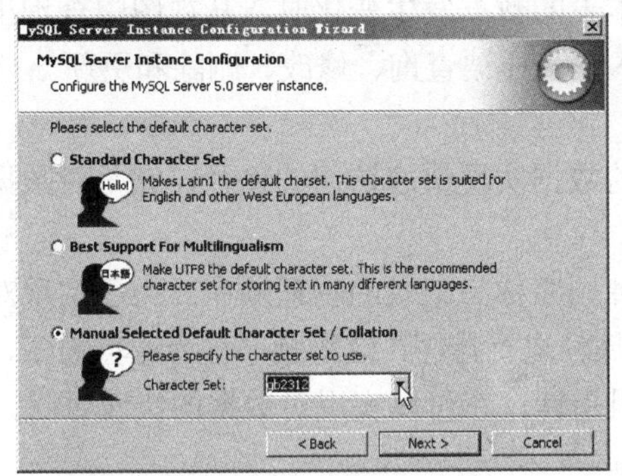

图 6-13 选择字符集

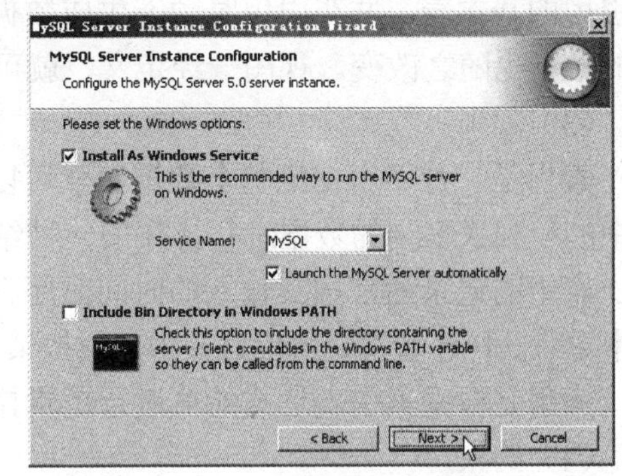

图 6-14 选择 Windows 服务选项

⑦ 单击“Next”按钮打开选择安全选项界面，如图 6-15 所示，在密码输入框中输入 root 用户的密码，为了便于记忆，此处密码设为“root”。在实际应用时密码不可过于简单。要想创建一个匿名用户账户，选中“Create An Anonymous Account”（创建匿名账户）选项旁边的框。由于安全原因，不建议选择该项。

⑧ 单击“Next”按钮打开提交配置界面，单击“Execute”按钮提交配置。配置完成后打开如图 6-16 所示的配置完成界面，单击“Finish”按钮即可完成 MySQL 数据库的配置。

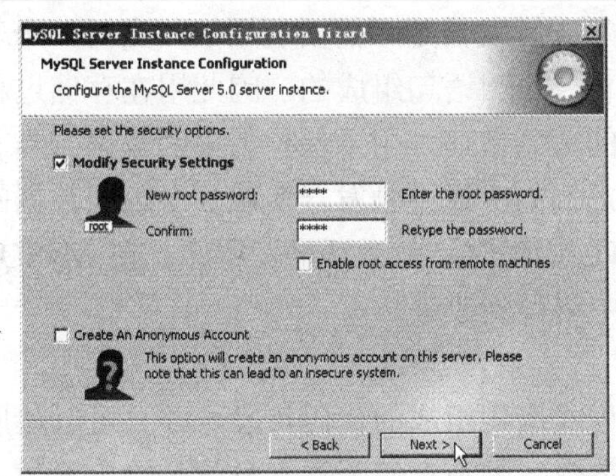

图 6-15 选择安全选项

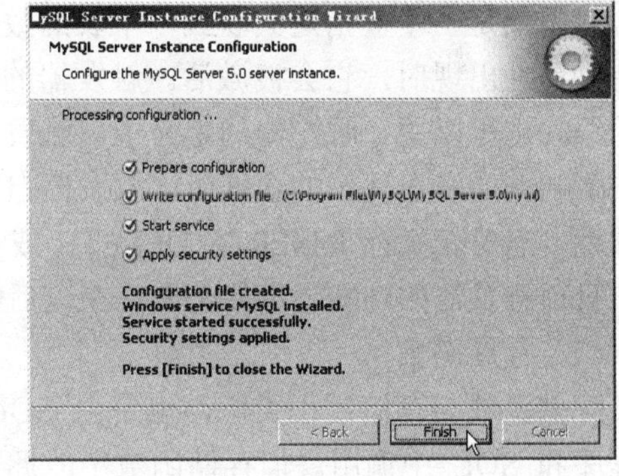

图 6-16 完成 MySQL 数据库的配置

6.3.4 MySQL 基础知识

1. MySQL 的数据库对象

数据库可看做是一个存储数据对象的容器，在 MySQL 中，这些数据对象包括以下几种。

（1）表

“表”是 MySQL 中最主要的数据库对象，是用来存储和操作数据的一种逻辑结构。“表”由行和列组成，因此也称为二维表。“表”是在日常工作和生活中经常使用的一种表示数据及其关系的形式。

（2）视图

视图是从一个或多个基本表中引出的表。数据库中只存放视图的定义，而不存放视图对应的数据，这些数据仍存放在导出视图的基本表中。

由于视图本身并不存储实际数据，因此也称为虚表。视图中的数据来自定义视图的查询所引用的基本表，并在引用时动态生成数据。当基本表的数据发生变化时，从视图中查询出来的数据也随之改变。视图一经定义，就可以像基本表一样被查询、修改、删除和更新。

（3）索引

索引是一种不用扫描整个数据表就可以对表中的数据实现快速访问的途径，它是对数据表中的一列或多列的数据进行排序的一种结构。

表中的记录通常按其输入的时间顺序存放，这种顺序称为记录的物理顺序。为了实现对表中记录的快速查询，可以对表中记录按某个或某些属性进行排序，这种顺序称为逻辑顺序。

索引是根据索引表达式的值进行逻辑排序的一组指针，它可以实现对数据的快速访问。

（4）约束

约束机制保障了 MySQL 中数据的一致性与完整性，具有代表性的约束就是主键和外键。主键约束当前表记录的唯一性，外键约束当前表记录与其他表的关系。

（5）存储过程

在 MySQL 5.0 以后，MySQL 才开始支持存储过程、存储函数、触发器和事件这 4 种过程式数据库对象。存储过程是一组完成特定功能的 SQL 语句集合。这个语句集合经过编译后存储在数据库中，存储过程具有输入、输出和输入/输出参数，它可以由程序、触发器或另一个存储过程调用从而激活它，实现代码段中的 SQL 语句。存储过程独立于表存在。

（6）触发器

触发器是一个被指定关联到一个表的数据库对象，触发器是不需要调用的，当对一个表的特别事件出现时，它会被激活。触发器的代码是由 SQL 语句组成的，因此用在存储过程中的语句也可以用在触发器的定义中。触发器与表的关系密切，用于保护表中的数据。当有操作影响到触发器保护的数据时，触发器自动执行，例如，通过触发器实现多个表间数据的一致性。当对表执行 INSERT、DELETE 或 UPDATE 语句时，将激活触发程序。在 MySQL 中，目前触发器的功能还不够全面，在以后的版本中将得到改进。

（7）存储函数

存储函数与存储过程类似，也是由 SQL 和过程式语句组成的代码片段，并且可以从应用程序和 SQL 中调用。但存储函数不能拥有输出参数，因为存储函数本身就是输出参数。存储函数必须包含一条 RETURN 语句，从而返回一个结果。

（8）事件

事件与触发器类似，都是在某些事情发生时启动。不同的是，触发器是在数据库上启动一条语句时被激活，而事件是在相应的时刻被激活。例如，可以设定在 2012 年的 1 月 1 日上午 10 点启动一个事件，或者设定每个周日下午 3 点启动一个事件。从 MySQL 5.1 开始才添加了事件，不同的版本功能可能也不相同。

2．MySQL 的数据类型

为了对不同性质的数据进行区分，以提高数据查询和操作的效率，数据库系统都将可存入的数据分为多种类型。如姓名、性别之类的信息为字符串型，年龄、价格、分数之类的信息为数字型，日期等为日期时间型。这就有了数据类型的概念。下面分别介绍 MySQL 的数据类型。

（1）整数型

整数型包括 BIGINT、INT、SMALLINT、MEDIUMINT 和 TINYINT，从标志符的含义可以看出，它们表示数的范围逐渐缩小。

BIGINT：大整数，数值范围为-2^{63}(−9 223 372 036 854 775 808)～$2^{63}-1$(9 223 372 036 854 775 807)，其精度为 19，小数位数为 0，长度为 8 字节。

INTEGER（简写为 INT）：整数，数值范围为-2^{31}(−2 147 483 648)～$2^{31}-1$(2 147 483 647)，其精度为 10，小数位数为 0，长度为 4 字节。

MEDIUMINT：中等长度整数，数值范围为-2^{23}(−8 388 608)～$2^{23}-1$(8 388 607)，其精度为 7，小数位数为 0，长度为 3 字节。

SMALLINT：短整数，数值范围为-2^{15}(−32 768)～$2^{15}-1$(32 767)，其精度为 5，小数位数为 0，长度为 2 字节。

TINYINT：微短整数，数值范围为-2^{7}(−128)～$2^{7}-1$(127)，其精度为 3，小数位数为 0，长度为 1 字节。

（2）精确数值型

精确数值型由整数部分和小数部分构成，其所有的数字都是有效位，能够以完整的精度存储十进制数。精确数值型包括 DECIMAL、NUMERIC 两类。从功能上说两者完全等价，两者的唯一区别在于 DECIMAL 不能用于带有 IDENTITY 关键字的列。

声明精确数值型数据的格式是 NUMERIC | DECIMAL(P[,S])，其中 P 为精度，S 为小数位数，S 的默认值为 0。例如，指定某列为精确数值型，精度为 6，小数位数为 3，即 DECIMAL(6,3)，那么若向某记录的该列赋值 65.342 689 时，该列实际存储的是 65.3 427。

（3）浮点型

浮点型也称为近似数值型。这种类型不能提供精确表示数据的精度。使用这种类型来存储某些数值时，有可能会损失一些精度，所以它可用于处理取值范围非常大且对精确度要求不是十分高的数值量，如一些统计量。

有两种浮点数据类型：单精度（FLOAT）和双精度（DOUBLE）。两者通常都使用科学计数法表示数据，即形为：尾数 E 阶数，如 6.5432E20，−3.92E10，1.237 649E−9 等。

（4）位型

位字段类型表示方式如下：

BIT[(M)]

其中，M 表示位值的位数，范围为 1～64。如果省略 M，默认为 1。

（5）字符型

字符型数据用于存储字符串，字符串中可包括字母、数字和其他特殊符号（如#、@、&等）。在输入字符串时，需将串中的符号用单引号或双引号括起来，如'ABC'、"ABC<CDE"。

MySQL 字符型包括固定长度（CHAR）和可变长度（VARCHAR）字符数据类型。

CHAR[(N)]为定长字符数据类型，其中 N 定义字符型数据的长度，N 为 1～255 之间，默认为 1。当表中的列定义为 CHAR(N)类型时，若实际要存储的字符串长度不足 N 时，则在串的尾部添加空格以达到长度 N，所以 CHAR(N)的长度为 N。例如，某列的数据类型为 CHAR(20)，而输入的字符串为“ABCD2012”，则存储的是字符 ABCD2012 和 12 个空格。若输入的字符个数超出了 N，则超出的部分被截断。

VARCHAR[(N)]为变长字符数据类型，其中 N 可以指定为 0~65 535 之间的值，但这里 N 表示的是字符串可达到的最大长度。VARCHAR(N)的长度为输入的字符串的实际字符个数，而不一定是 N。例如，表中某列的数据类型为 VARCHAR(50)，而输入的字符串为“ABCD2012”，则存储的就是字符 ABCD2012，其长度为 8 字节。

（6）文本型

当需要存储大量的字符数据，如较长的备注、日志信息等，字符型数据的最长 65 535 个字符的限制可能使它们不能满足应用需求，此时可使用文本型数据。文本型数据对应 ASCII 字符，其数据的存储长度为实际字符数个字节。

文本型数据可分为 4 种：TINYTEXT、TEXT、MEDIUMTEXT 和 LONGTEXT。

表 6-3 列出了各种文本数据类型的最大字符数。

表 6-3　文本数据类型的最大字符数

文本数据类型	最 大 长 度
TINYTEXT	255(2^8-1)
TEXT	65 535($2^{16}-1$)
MEDIUMTEXT	16 777 215($2^{24}-1$)
LONGTEXT	4 294 967 295($2^{32}-1$)

（7）BINARY 和 VARBINARY 型

BINARY 和 VARBINARY 类型数据类似于 CHAR 和 VARCHAR，不同的是，它们包含的是二进制字符串，而不是非二进制字符串。也就是说，它们包含的是字节字符串，而不是字符字符串。这说明它们没有字符集，并且排序和比较基于列值字节的数值。

BINARY[(N)]为固定长度的 N 字节二进制数据。N 取值范围为 1～255，默认为 1。BINARY(N)数据的存储长度为 N+4 字节。若输入的数据长度小于 N，则不足部分用 0 填充；若输入的数据长度大于 N，则多余部分被截断。

输入二进制值时，在数据前面要加上 0X，可以用的数字符号为 0～9、A～F（字母大小写均可）。例如，0XFF、0X12A0 分别表示十六进制的 FF 和 12A0。因为每字节的数最大为 FF，故在“0X”格式的数据每两位占 1 字节。

VARBINARY[(N)]为 N 字节变长二进制数据。N 取值范围为 1～65 535，默认为 1。VARBINARY(N)数据的存储长度为实际输入数据长度+4 字节。

（8）BLOB 类型

在数据库中，对于数码照片、视频和扫描的文档等的存储是必需的，MySQL 可以通过 BLOB 数据类型来存储这些数据。BLOB 是一个二进制大对象，可以容纳可变数量的数据。有 4 种 BLOB 类型：TINYBLOB、BLOB、MEDIUMBLOB 和 LONGBLOB。这 4 种 BLOB 数据类型的最大长度对应于 4 种 TEXT 数据类型：TINYTEXT、TEXT、MEDIUMTEXT 和 LONGTEXT。不同的是 BLOB 表示的是最大字节长度，而 TEXT 表示的是最大字符长度。

（9）日期时间类型

MySQL 支持 5 种时间日期类型：DATE、TIME、DATETIME、TIMESTAMP、YEAR。

DATE 数据类型由年份、月份和日期组成，代表一个实际存在的日期。DATE 的使用格式为字符形式'YYYY-MM-DD'，年份、月份和日期之间使用连字符“-”隔开，除了“-”，还可以使用其他字符如“/”、“@”等，也可以不使用任何连接符，如'20120101'表示 2012 年 1 月 1 日。DATE 数据支持的范围是'1000-01-01'～'9999-12-31'。虽然不在此范围的日期数据也允许，但是不能保证能正确进行计算。

TIME 数据类型代表一天中的一个时间，由小时数、分钟数、秒数和微秒数组成。格式为'HH:MM:SS.fraction'，其中 fraction 为微秒部分，是一个 6 位的数字，可以省略。TIME 值必须是一个有意义的时间，例如'10:18:54'表示 10 点 18 分 54 秒，而'10:88:54'是不合法的，它将变成'00:00:00'。

DATETIME 和 TIMESTAMP 数据类型是日期和时间的组合，日期和时间之间用空格隔开，如'2012-01-01 10:53:20'。大多数适用于日期和时间的规则在此也适用。DATETIME 和 TIMESTAMP 有很多共同点，但也有区别。对于 DATETIME，年份在 1000～9999 之间，而 TIMESTAMP 的年份在 1970～2037 之间。另一个重要的区别是：TIMESTAMP 支持时区，即在操作系统时区发生改变时，TIMESTAMP 类型的时间值也相应改变，而 DATETIME 则不支持时区。

YEAR 用来记录年份值。MySQL 以 YYYY 格式检索和显示 YEAR 值，范围是 1901～2155。

（10）ENUM 和 SET 类型

ENUM 和 SET 是比较特殊的字符串数据列类型，它们的取值范围是一个预先定义好的列表。ENUM 或 SET 数据列的取值只能从这个列表中进行选择。ENUM 和 SET 的主要区别是：ENUM 只能取单值，它的数据列表是一个枚举集合。ENUM 的合法取值列表最多允许有 65 535 个成员。例如，ENUM("N"，"Y")表示该数据列的取值要么是“Y”，要么是“N”。SET 可取多值。它的合法取值列表最多允许有 64 个成员。空字符串也是一个合法的 SET 值。

6.3.5 MySQL 数据库的基本操作

本节主要讲述在命令行的方式下 MySQL 数据库的基本操作。

1．MySQL 数据库服务的开启与关闭

（1）MySQL 数据库服务的开启

执行“开始”→“运行”命令，打开“运行”对话框，输入启动 MySQL 数据库服务的命令，如图 6-17 所示。代码如下：

```
net start mysql
```

（2）MySQL 数据库服务的关闭

执行“开始”→“运行”，打开“运行”对话框，输入关闭 MySQL 数据库服务的命令，如图 6-18 所示。代码如下：

```
net stop mysql
```

2．进入与退出 MySQL 管理控制台

MySQL 管理控制台是管理 MySQL 数据库的控制中心，只有进入 MySQL 管理控制

台后才能管理 MySQL 数据库。在进入 MySQL 管理控制台之前必须先启动 MySQL 数据库服务。

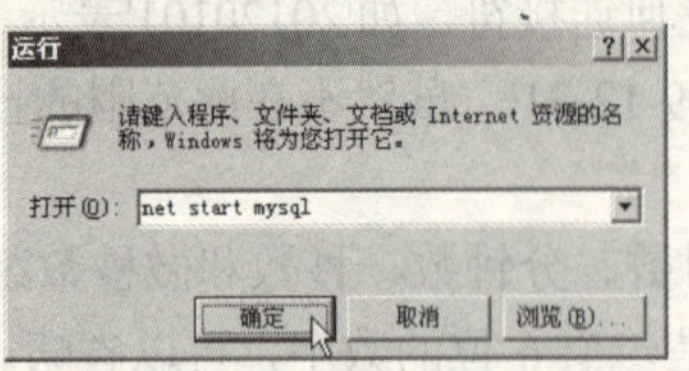

图 6-17　启动 MySQL 数据库服务

图 6-18　关闭 MySQL 数据库服务

（1）进入 MySQL 管理控制台

单击“开始”→“程序”→“MySQL”→“MySQL Server 5.0”→“MySQL Command Line Client”菜单项，进入 MySQL 客户端，如图 6-19 所示。在客户端输入密码 root，就以 root 用户身份登录到 MySQL 服务器，在窗口中出现如图 6-20 所示的 MySQL 管理控制台，在命令行中输入 SQL 语句就可以操作 MySQL 数据库。以 root 用户身份登录可以对数据库进行所有的操作。

图 6-19　进入 MySQL 客户端

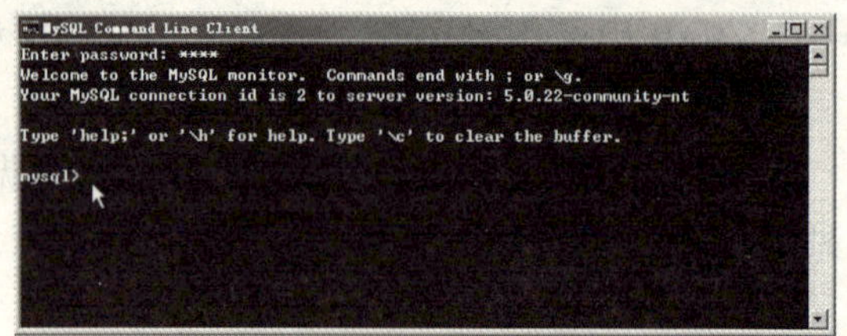

图 6-20　MySQL 管理控制台

（2）退出 MySQL 管理控制台

退出 MySQL 管理控制台非常简单，只需要在 MySQL 命令行中输入“\q”或“quit”命令即可，如图 6-21 所示。

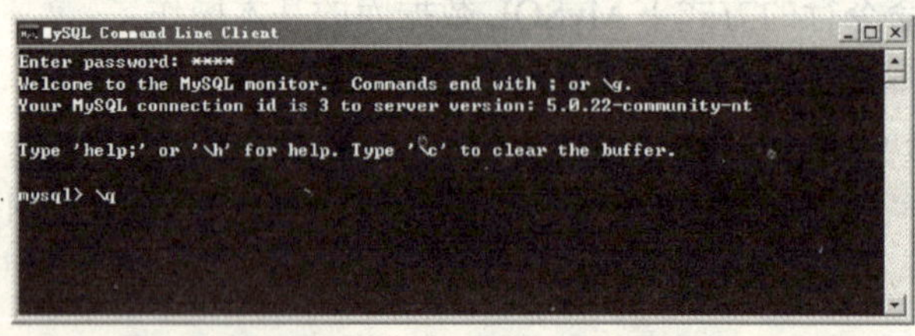

图 6-21　退出 MySQL 管理控制台

3．使用数据库和数据表

用户在使用 MySQL 数据库和数据表之前，应先进入 MySQL 管理控制台。由于篇幅所限，这里主要讲述 MySQL 数据库和数据表常用操作的基本语法。

（1）创建数据库

创建数据库可以使用 CREATE DATABASE 语句。语法格式如下：

```
CREATE DATABASE 库文件名;
```

（2）显示数据库

显示数据库能够显示出 MySQL 中的所有数据库。语法格式如下：

```
SHOW DATABASES;
```

（3）打开数据库

创建数据库后必须打开数据库才能进一步操作数据库。语法格式如下：

```
USE 库文件名;
```

（4）删除数据库

已经创建的数据库如要删除，使用 DROP DATABASE 命令。语法格式如下：

```
DROP DATABASE 库文件名;
```

（5）显示数据库中的表

显示数据库中的表能够显示出当前数据库中包含的所有表。语法格式如下：

```
SHOW TABLES;
```

（6）创建数据表

创建表的实质就是定义表结构，设置表和列的属性。定义完表结构，就可以根据表结构创建表了。语法格式如下：

```
CREATE TABLE 表名
(
    <列名 1> <数据类型> [<列选项>],
    <列名 2> <数据类型> [<列选项>],
    …
    <表选项>
);
```

（7）查看表结构

查看表结构能够显示出表结构的定义。语法格式如下：

```
EXPLAIN 表名;
```

（8）删除数据表

删除一个表可以使用 DROP TABLE 语句。语法格式如下：

```
DROP TABLE 表名;
```

（9）显示表内容

SELECT 语句可以从一个或多个表中选取特定的行和列，结果通常是生成一个临时表。在执行过程中系统根据用户的要求从数据库中选出匹配的行和列，并将结果存放到临时的表中。语法格式如下：

```
SELECT
    [ALL | DISTINCT ]
```

```
select_expr, ...
[FROM 表 1 [，表 2] …]                              /*FROM 子句*/
[WHERE 条件]                                        /*WHERE 子句*/
[GROUP BY {列名 | 表达式 | 位置} [ASC | DESC], ...]  /*GROUP BY 子句*/
[HAVING 条件]                                       /*HAVING 子句*/
[ORDER BY {列名 | 表达式 | 位置} [ASC | DESC] , ...] /*ORDER BY 子句*/
[LIMIT {[偏移,] 行数}]                               /*LIMIT 子句*/
```

（10）插入表数据

创建了数据库和表之后，下一步就是向表里插入数据。通过 INSERT 语句可以向表中插入一行或多行数据。语法格式如下：

```
INSERT [INTO] 表名 [(列名,...)]
    VALUES ({表达式 | 默认值},...),(...),...
```

如果要给全部列插入数据，列名可以省略。如果只给表的部分列插入数据，需要指定这些列。对于没有指出的列，它们的值根据列默认值或有关属性来确定。

注意：插入记录的字段类型如果是字符串类型，插入值既可以使用单引号，也可以使用双引号。

（11）修改表数据

向表中插入数据后，如要修改表中的数据，可以使用 UPDATE 语句。语法格式如下：

```
UPDATE 表名
    SET 列名 1=表达式 1 [, 列名 2=表达式 2 ...]
    [WHERE 条件]
```

（12）删除表数据

删除表中数据一般使用 DELETE 语句。语法格式如下：

```
DELETE FROM 表名
    [WHERE 条件]
```

【案例 6-1】 建立新闻管理系统的数据库、数据表，并在此基础上，练习使用数据库和数据表的基本操作命令。

【案例展示】 新闻管理系统数据库名称为 news，包含管理员表 admins 和新闻表 newsdata 共两个表。admins 表的结构如图 6-22 所示，newsdata 表的结构如图 6-23 所示。

Field	Type	Null	Key	Default	Extra
username	char(10)	NO		NULL	
password	varchar(10)	NO		NULL	

图 6-22 admins 表的结构

Field	Type	Null	Key	Default	Extra
news_id	int(11)	NO	PRI	NULL	auto_increment
news_date	datetime	NO		NULL	
news_type	varchar(20)	NO		NULL	
news_title	varchar(100)	NO		NULL	
news_editor	varchar(100)	NO		NULL	
news_content	text	NO		NULL	

图 6-23 newsdata 表的结构

【学习目标】 MySQL 数据库和数据表的基本操作。

【知识要点】 开启 MySQL 数据库服务，进入 MySQL 管理控制台，数据库的基本操作，数据表的基本操作。

操作步骤如下。

① 开启 MySQL 数据库服务，命令如下：

```
net start mysql
```

② 进入 DOS 命令窗口，登录 MySQL 管理控制台。

③ 在命令行中输入命令建立新闻管理系统数据库 news，如图 6-24 所示。命令如下：

```
CREATE DATABASE news
```

```
MySQL Command Line Client
Enter password: ****
Welcome to the MySQL monitor.  Commands end with ; or \g.
Your MySQL connection id is 3 to server version: 5.0.22-community-nt

Type 'help;' or '\h' for help. Type '\c' to clear the buffer.

mysql> CREATE DATABASE news;
Query OK, 1 row affected (0.00 sec)

mysql> _
```

图 6-24　建立数据库 news

④ 在命令行中输入命令显示所有数据库的清单，如图 6-25 所示。命令如下：

```
SHOW DATABASES;
```

清单中可以看到新建的数据库 news。

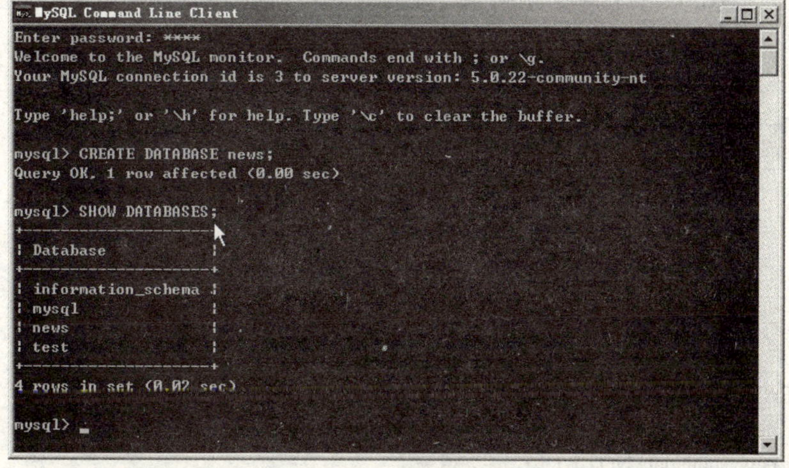

图 6-25　显示数据库清单

⑤ 在命令行中输入命令打开数据库 news，如图 6-26 所示。命令如下：

```
USE news;
```

```
MySQL Command Line Client
Welcome to the MySQL monitor.  Commands end with ; or \g.
Your MySQL connection id is 3 to server version: 5.0.22-community-nt

Type 'help;' or '\h' for help. Type '\c' to clear the buffer.

mysql> CREATE DATABASE news;
Query OK, 1 row affected (0.00 sec)

mysql> SHOW DATABASES;
+--------------------+
| Database           |
+--------------------+
| information_schema |
| mysql              |
| news               |
| test               |
+--------------------+
4 rows in set (0.02 sec)

mysql> USE news;
Database changed
mysql>
```

图 6-26　打开数据库 news

⑥ 在命令行中输入命令建立管理员表 admins，如图 6-27 所示。命令如下：

```
CREATE TABLE admins (
    username char(10) NOT NULL,
    password    varchar(10) NOT NULL
) ENGINE=MyISAM DEFAULT CHARSET=gb2312;
```

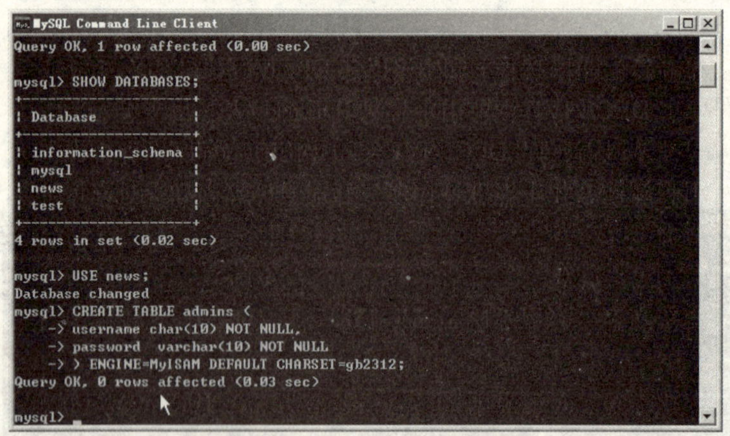

图 6-27　建立管理员表 admins

⑦ 在命令行中输入命令建立新闻表 newsdata，如图 6-28 所示。命令如下：

```
CREATE TABLE newsdata (
    news_id int(11) NOT NULL PRIMARY KEY auto_increment,
    news_date date NOT NULL,
    news_type varchar(20) NOT NULL,
    news_title varchar(100) NOT NULL,
```

```
    news_editor varchar(100) NOT NULL,
    news_content text NOT NULL
) ENGINE=MyISAM    DEFAULT CHARSET=gb2312;
```

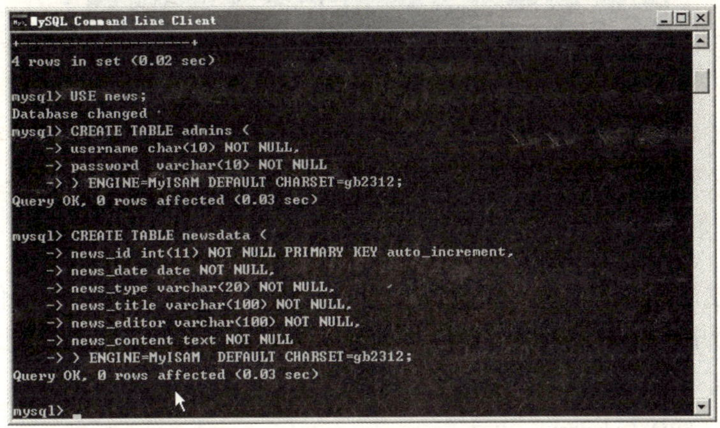

图 6-28 建立新闻表 newsdata

新闻表 newsdata 中的主键是 news_id，且自动增量。

⑧ 在命令行中输入命令查看管理员表 admins 和新闻表 newsdata 的结构，如图 6-29 所示。命令如下：

```
EXPLAIN admins;
EXPLAIN newsdata;
```

```
mysql> EXPLAIN admins;
+----------+-------------+------+-----+---------+-------+
| Field    | Type        | Null | Key | Default | Extra |
+----------+-------------+------+-----+---------+-------+
| username | char(10)    | NO   |     | NULL    |       |
| password | varchar(10) | NO   |     | NULL    |       |
+----------+-------------+------+-----+---------+-------+
2 rows in set (0.00 sec)

mysql> EXPLAIN newsdata;
+--------------+--------------+------+-----+---------+----------------+
| Field        | Type         | Null | Key | Default | Extra          |
+--------------+--------------+------+-----+---------+----------------+
| news_id      | int(11)      | NO   | PRI | NULL    | auto_increment |
| news_date    | date         | NO   |     | NULL    |                |
| news_type    | varchar(20)  | NO   |     | NULL    |                |
| news_title   | varchar(100) | NO   |     | NULL    |                |
| news_editor  | varchar(100) | NO   |     | NULL    |                |
| news_content | text         | NO   |     | NULL    |                |
+--------------+--------------+------+-----+---------+----------------+
6 rows in set (0.00 sec)
```

图 6-29 查看表结构

⑨ 在命令行中输入命令向新闻表 newsdata 中插入一条新闻记录，向管理员表 admins 中添加一条管理员记录，如图 6-30 所示。命令如下：

```
INSERT INTO newsdata(news_date,news_type,news_title,news_editor,news_content)
    VALUES('2012-01-03','财经','股市见底了吗','小猫','恐怕很难见底');
```

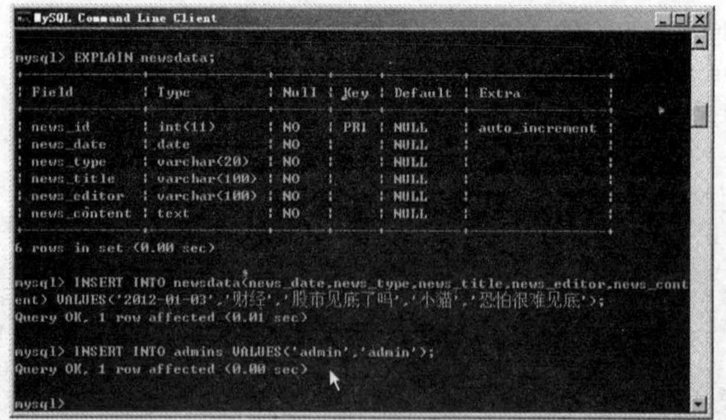

图 6-30 向表中插入记录

用类似的方法向新闻表 newsdata 中再添加几条记录，以便在后续的操作中使用这些记录。

⑩ 在命令行中输入命令显示管理员表 admins 和新闻表 newsdata 中的记录，如图 6-31 所示。命令如下：

```
SELECT * FROM admins;
SELECT * FROM newsdata;
```

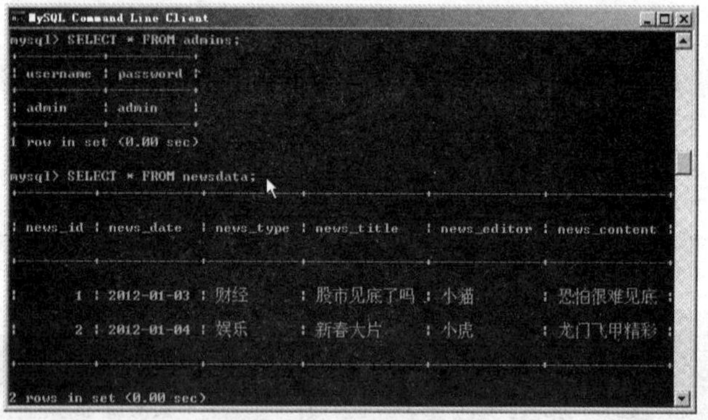

图 6-31 显示表中的记录

⑪ 在命令行中输入命令修改新闻表 newsdata 中第 2 条记录的字段 news_editor 的值，将“小虎”改为“老虎”，如图 6-32 所示。命令如下：

```
UPDATE newsdata SET news_editor='老虎' WHERE news_editor='小虎';
```

```
MySQL Command Line Client
2 rows in set (0.00 sec)

mysql> UPDATE newsdata SET news_editor='老虎' WHERE news_editor='小虎';
Query OK, 1 row affected (0.00 sec)
Rows matched: 1  Changed: 1  Warnings: 0

mysql> SELECT * FROM newsdata;
+---------+------------+-----------+--------------+-------------+--------------+
| news_id | news_date  | news_type | news_title   | news_editor | news_content |
+---------+------------+-----------+--------------+-------------+--------------+
|       1 | 2012-01-03 | 财经      | 股市见底了吗 | 小猫        | 恐怕很难见底 |
|       2 | 2012-01-04 | 娱乐      | 新春大片     | 老虎        | 龙门飞甲精彩 |
+---------+------------+-----------+--------------+-------------+--------------+
2 rows in set (0.00 sec)

mysql>
```

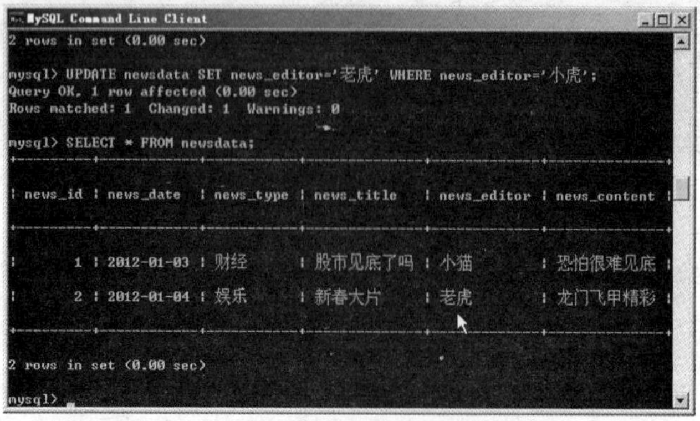

图 6-32 修改表记录

⑫ 在命令行中输入命令删除新闻表 newsdata 中字段 news_editor 的值为“老虎”的记录，如图 6-33 所示。命令如下：

```
DELETE FROM newsdata WHERE news_editor='老虎';
```

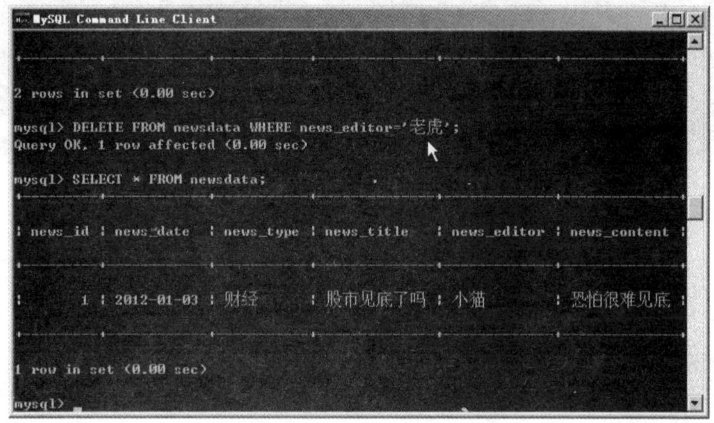

图 6-33　删除表记录

有关删除数据表和数据库的操作，这里不再演示，读者可试着自己练习。

【案例说明】 如果插入的记录中包含中文内容，例如，本例中插入的新闻记录，要注意将 MySQL 服务器的默认字符集设置为“gb2312”简体中文编码，否则将出现不能插入记录的错误。

4. 备份与还原数据库

备份数据库就是要保存数据的完整性，防止因非法关机、断电、病毒感染等情况导致的数据丢失；还原数据库就是当数据库出现错误或者是崩溃后不能继续使用时，将原来的数据恢复回来。

（1）备份数据库

备份数据库有两种方法。

- 方法一：复制数据库文件到备份盘。

数据库的存放位置位于 C:\Program Files\MySQL\MySQL Server 5.0\data 中，将该文件夹下的数据库文件夹（如 news）复制到目标位置即可。

- 方法二：命令备份法。

命令备份数据库的语法如下：

mysqldump -u 用户名 -p 密码 --opt 数据库名>.sql 文件

备份生成的.sql 文件默认的存储位置是当前目录。

首先，打开 DOS 命令窗口。在命令窗口中，将文件夹切换到 MySQL 的主程序文件夹，如 C:\Program Files\MySQL\MySQL Server 5.0\bin，执行命令如图 6-34 所示。代码如下所述。

```
mysqldump -uroot -proot --opt news>C:\news.sql
```

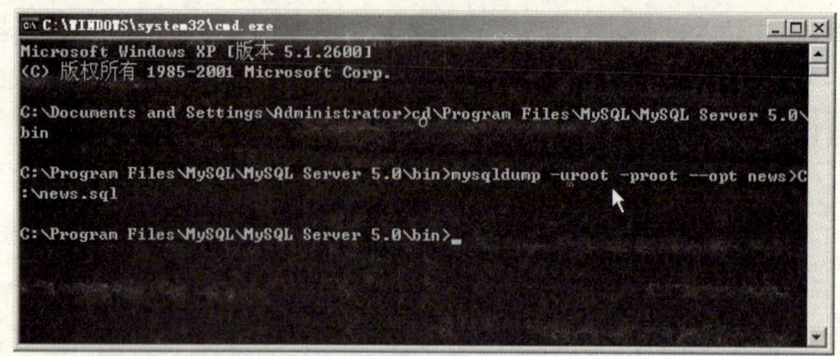

图 6-34　命令备份数据库

命令执行后，将在 C 盘根目录生成备份文件 news.sql，用记事本打开该文件后，内容如图 6-35 所示。

```
news.sql - 记事本
文件(F) 编辑(E) 格式(O) 查看(V) 帮助(H)
-- MySQL dump 10.10
--
-- Host: localhost    Database: news
-- ------------------------------------------------------
-- Server version       5.0.22-community-nt

/*!40101 SET @OLD_CHARACTER_SET_CLIENT=@@CHARACTER_SET_CLIENT */;
/*!40101 SET @OLD_CHARACTER_SET_RESULTS=@@CHARACTER_SET_RESULTS */;
/*!40101 SET @OLD_COLLATION_CONNECTION=@@COLLATION_CONNECTION */;
/*!40101 SET NAMES utf8 */;
/*!40103 SET @OLD_TIME_ZONE=@@TIME_ZONE */;
/*!40103 SET TIME_ZONE='+00:00' */;
/*!40014 SET @OLD_UNIQUE_CHECKS=@@UNIQUE_CHECKS, UNIQUE_CHECKS=0 */;
/*!40014 SET @OLD_FOREIGN_KEY_CHECKS=@@FOREIGN_KEY_CHECKS, FOREIGN_KEY_CHECKS=0 */;
/*!40101 SET @OLD_SQL_MODE=@@SQL_MODE, SQL_MODE='NO_AUTO_VALUE_ON_ZERO' */;
/*!40111 SET @OLD_SQL_NOTES=@@SQL_NOTES, SQL_NOTES=0 */;

--
-- Table structure for table `admins`
Ln 1, Col 1
```

图 6-35　备份文件 news.sql 的内容

（2）还原数据库

还原数据库有两种方法。

- 方法一：将使用第一种备份方法备份的数据库，直接复制到 MySQL 的数据库文件夹 C:\Program Files\MySQL\MySQL Server 5.0\data 中。
- 方法二：命令还原法。

命令还原数据库的语法如下：

```
mysql>SOURCE .sql 文件
```

注意：该命令结尾不带分号。

首先，进入 MySQL 管理控制台。在控制台中建立数据库（假设该数据库事先不存在），打开数据库，执行还原数据库命令，如图 6-36 所示。代码如下：

```
CREATE DATABASE news;
USE news;
SOURCE C:\news.sql
```

```
MySQL Command Line Client
Enter password: ****
Welcome to the MySQL monitor.  Commands end with ; or \g.
Your MySQL connection id is 6 to server version: 5.0.22-community-nt

Type 'help;' or '\h' for help. Type '\c' to clear the buffer.

mysql> CREATE DATABASE news;
Query OK, 1 row affected (0.00 sec)

mysql> USE news;
Database changed
mysql> SOURCE C:\news.sql
Query OK, 0 rows affected (0.00 sec)

Query OK, 0 rows affected (0.00 sec)

Query OK, 0 rows affected (0.00 sec)

Query OK, 0 rows affected (0.00 sec)
```

图 6-36　命令还原数据库

命令执行后，用户可以使用显示数据库中表的方法查看数据是否被还原，如图 6-37 所示。

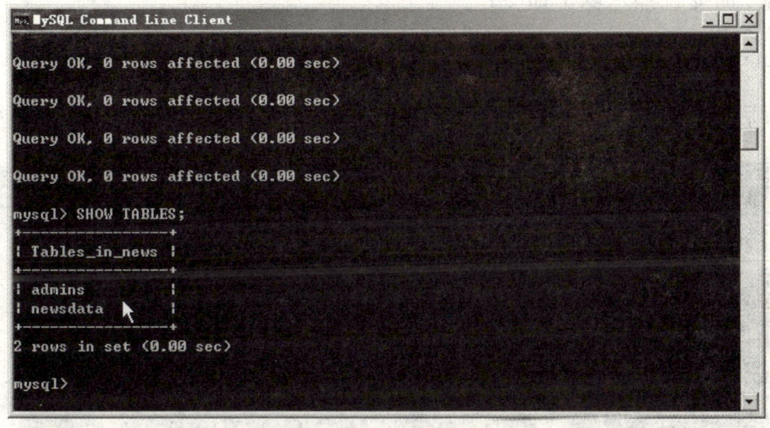

图 6-37　查看数据库中的表

上述操作中打开数据库这个步骤很关键，否则即使建立数据库，不打开数据库，仍旧不能还原数据。

5. MySQL 管理控制台的常用操作技巧

这里给读者介绍几个使用 MySQL 管理控制台的常用操作技巧。

（1）取消命令的输入

在 MySQL 命令行输入一条命令时，如果发现输入错误且命令处于未换行状态，可以按〈Esc〉键直接取消；如果命令处于换行状态，可以输入“\c”（小写字母 c）取消。

（2）使用 MySQL 命令帮助

在 MySQL 命令行输入以下命令：

```
mysql>?
```

命令执行后，打开命令帮助窗口，如图 6-38 所示。

```
C:\WINDOWS\system32\cmd.exe - mysql -uroot -proot
mysql> ?

For information about MySQL products and services, visit:
   http://www.mysql.com/
For developer information, including the MySQL Reference Manual, visit:
   http://dev.mysql.com/
To buy MySQL Network Support, training, or other products, visit:
   https://shop.mysql.com/

List of all MySQL commands:
Note that all text commands must be first on line and end with ';'
?         (\?) Synonym for `help'.
clear     (\c) Clear command.
connect   (\r) Reconnect to the server. Optional arguments are db and host.
delimiter (\d) Set statement delimiter. NOTE: Takes the rest of the line as new
delimiter.
ego       (\G) Send command to mysql server, display result vertically.
exit      (\q) Exit mysql. Same as quit.
go        (\g) Send command to mysql server.
help      (\h) Display this help.
notee     (\t) Don't write into outfile.
print     (\p) Print current command.
```

图 6-38　命令帮助窗口

（3）获取服务器信息

在 MySQL 命令行输入以下命令：

```
mysql>\s
```

命令执行后，打开服务器信息窗口，如图 6-39 所示。

```
C:\WINDOWS\system32\cmd.exe - mysql -uroot -proot

mysql> \s
--------------
mysql  Ver 14.12 Distrib 5.0.51b, for Win32 (ia32)

Connection id:          7
Current database:       news
Current user:           root@localhost
SSL:                    Not in use
Using delimiter:        ;
Server version:         5.0.51b-community-nt MySQL Community Edition (GPL)
Protocol version:       10
Connection:             localhost via TCP/IP
Server characterset:    gb2312
Db     characterset:    gb2312
Client characterset:    gb2312
Conn.  characterset:    gb2312
TCP port:               3306
Uptime:                 4 hours 10 min 13 sec

Threads: 1  Questions: 272  Slow queries: 0  Opens: 60  Flush tables: 1  Open ta
bles: 0  Queries per second avg: 0.018
```

图 6-39　服务器信息窗口

6.4　使用 MySQL GUI Tools 数据库图形化界面管理工具

6.4.1　MySQL GUI Tools 简介

MySQL GUI Tools 是一个有可视化界面的 MySQL 数据库管理控制台，提供了 4 个非常好用的图形化应用程序，方便数据库管理和数据查询。这些图形化管理工具可以大大提高数据库管理、备份、迁移和查询以及管理数据库实例效率，即使没有丰富 SQL 语言基础的用户也可以应用自如。

- MySQL Migration Toolkit：数据库迁移。
- MySQL Administrator：MySQL 管理器。
- MySQL Query Browser：用于数据查询的图形化客户端。
- MySQL Workbench：DB Design 工具。

MySQL GUI Tools 可以从 http://dev.mysql.com/downloads/gui-tools/5.0.html 免费下载。

6.4.2 安装 MySQL GUI Tools

① 双击下载的 MySQL GUI Tools 安装文件 mysql-gui-tools-5.0-r17-win32.msi 运行安装向导，在安装时需要接受许可协议，如图 6-40 所示。

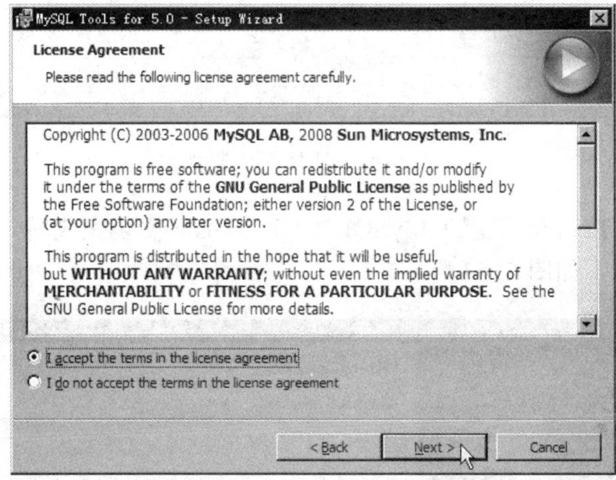

图 6-40 接受许可协议

② 选择接受许可协议，单击“Next”按钮打开如图 6-41 所示的选择安装目标文件夹的界面，这里采用默认的文件夹“C:\Program Files\MySQL\MySQL Tools for 5.0”。

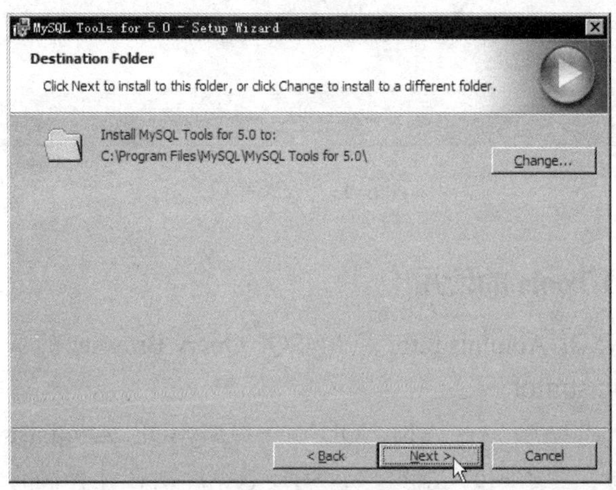

图 6-41 选择安装目标文件夹

③ 单击“Next”按钮打开选择安装类型界面，如图 6-42 所示。这里选择“Complete”完全安装模式。

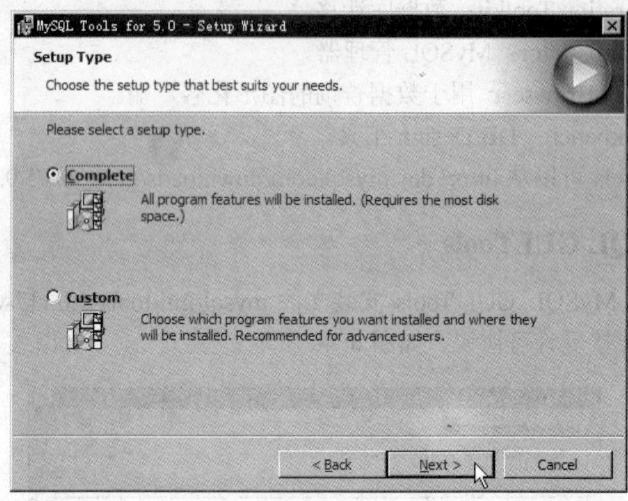

图 6-42　选择安装类型

④ 单击“Next”按钮开始安装 MySQL GUI Tools，安装完成后，系统会给出提示，单击“Finish”按钮即可，如图 6-43 所示。

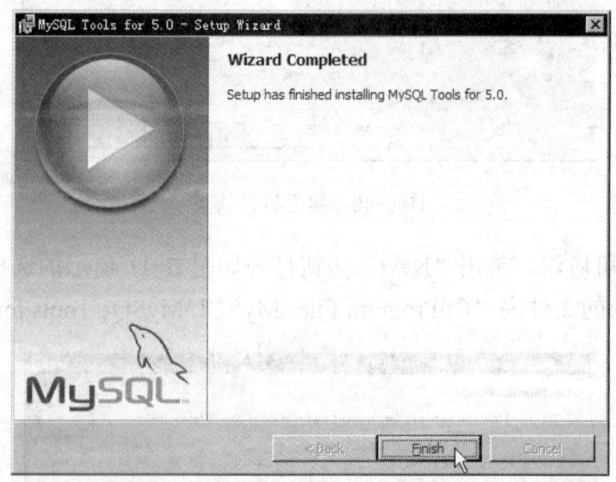

图 6-43　安装完成

6.4.3　MySQL GUI Tools 的使用

本书主要讲解 MySQL Administrator 和 MySQL Query Browser 的基本使用方法。

1．MySQL Administrator

单击“开始”→“程序”→“MySQL”→“MySQL Administrator”菜单项，打开“MySQL Administrator”登录画面，输入 MySQL 数据库所在计算机的 IP 地址、用户名和密码，如图 6-44 所示。单击“OK”按钮，如果登录成功即打开“MySQL Administrator”管理初始画面，如图 6-45 所示。在左侧面板中列出了各项管理选项如下所述。

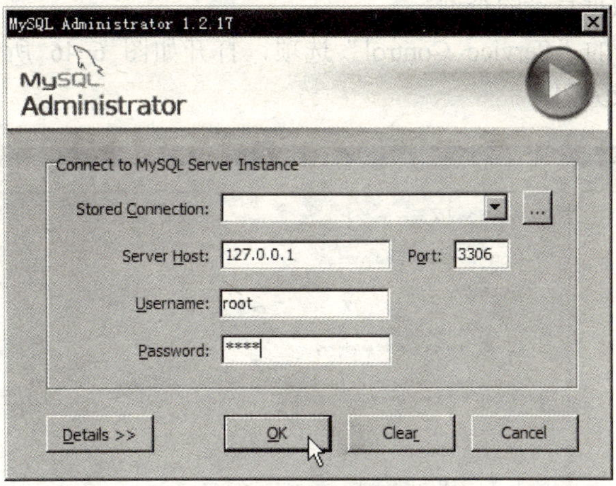

图 6-44　MySQL Administrator 登录界面

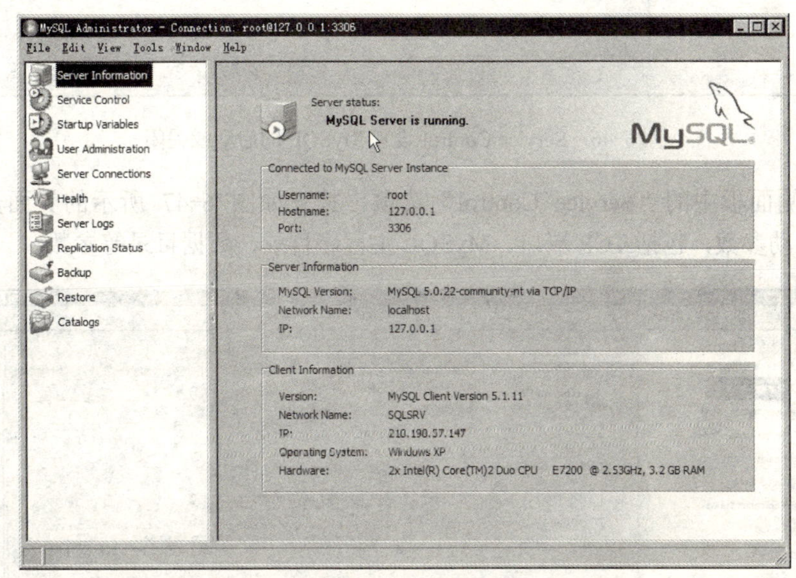

图 6-45　MySQL Administrator 管理初始界面

Server Information：显示 MySQL 服务器的统计信息。

Service Control：设置 MySQL 服务器的启动/关闭，配置 MySQL 服务器的服务参数。

StartUp Variables：设置 MySQL 服务器的启动参数。

Users Administration：添加新的登录账号。

Server Connections：显示登录到服务器的用户级相关的状态信息。

Health：可以进行连接实时曲线图、内存、状态变量、系统变量查看等操作。

Server Logs：数据库日志查询。

Replication Status：复制服务器信息。

Backup：备份数据库。

Restore：恢复数据库。

Catalogs：现有数据目录的查询。

单击左侧面板中的“Service Control”选项，打开如图 6-46 所示的界面，可以设置 MySQL 服务的启动或关闭。

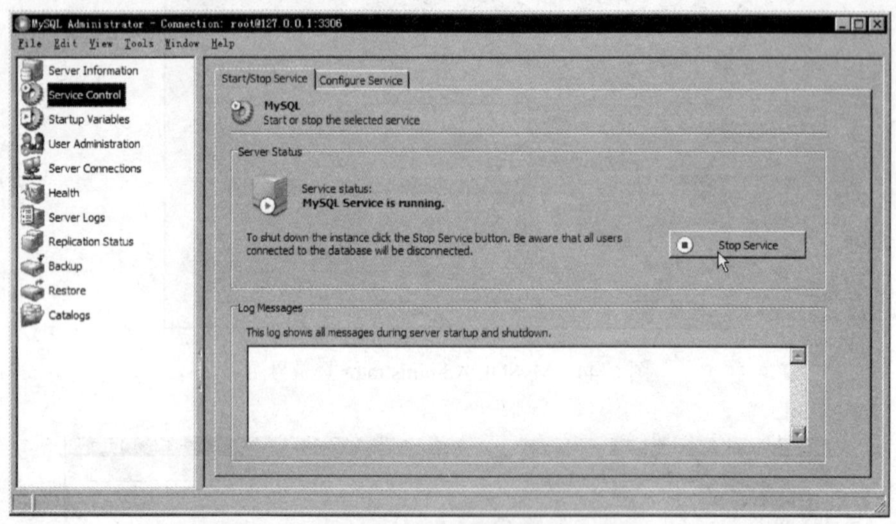

图 6-46　Service Control 设置 MySQL 的启动或关闭

单击左侧面板中的“Service Control”选项，打开如图 6-47 所示的界面，可以设置 MySQL 的启动参数，包括 TCP 端口、MySQL 主程序目录、数据目录等参数。

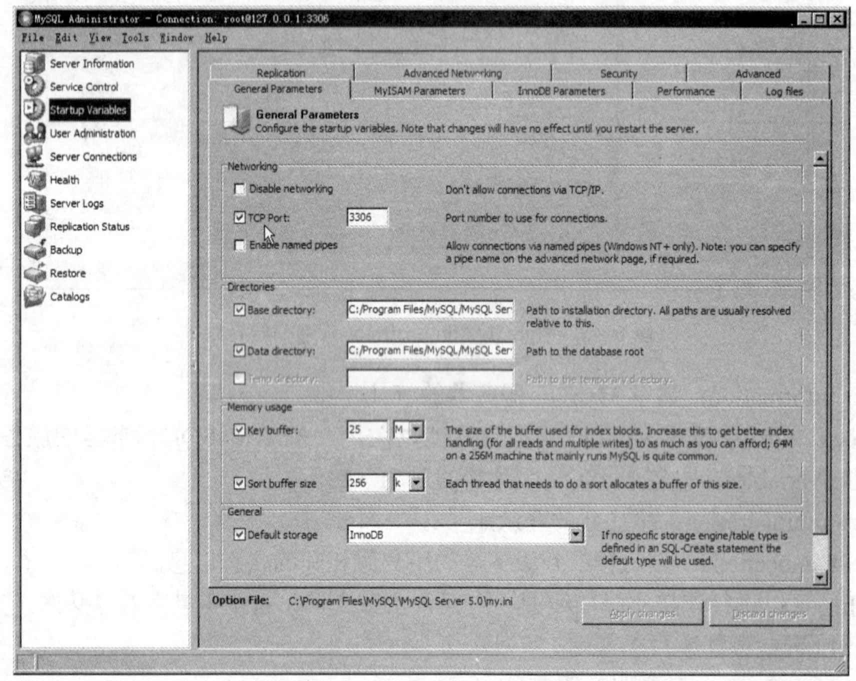

图 6-47　设置 MySQL 启动参数

此外，用户还可以通过其他选项执行添加新的登录账号、查询数据库日志、备份与恢复数据库、查询现有数据目录等操作，这里不再赘述。

2. MySQL Query Browser

MySQL Query Browser 是专为 MySQL 服务器设计的执行和优化 SQL 查询最简单的可视化工具，使用 MySQL Query Browser 可以在图形管理界面下创建数据库、表和录入数据。

单击“开始”→“程序”→“MySQL”→“MySQL Query Browser”菜单项，打开“MySQL Query Browser”登录界面，输入 MySQL 数据库所在计算机的 IP 地址、用户名和密码，如图 6-48 所示。单击“OK”按钮，如果登录成功即打开“MySQL Query Browser”主界面，如图 6-49 所示。

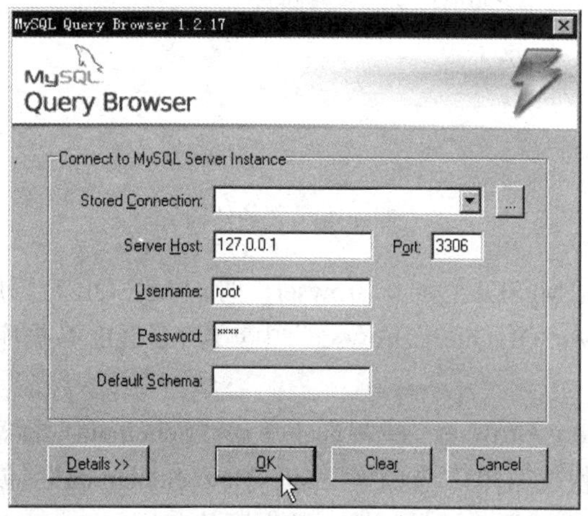

图 6-48 “MySQL Query Browser”登录界面

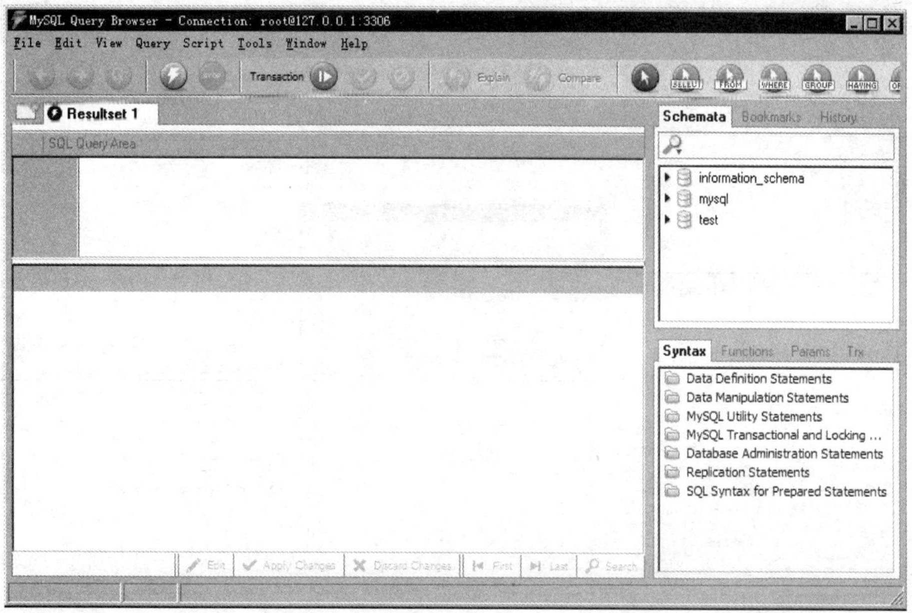

图 6-49 “MySQL Query Browser”主界面

6.5 实训

【实训综述】 在“MySQL Query Browser”图形操作界面中建立新闻管理系统的数据库、数据表，并在此基础上，练习使用数据库和数据表的基本操作。

【实训展示】 新闻管理系统数据库名称为 mynews，包含新闻表 newsdata，表的结构和【案例 6-1】新闻表的结构完全相同，如图 6-50 所示。

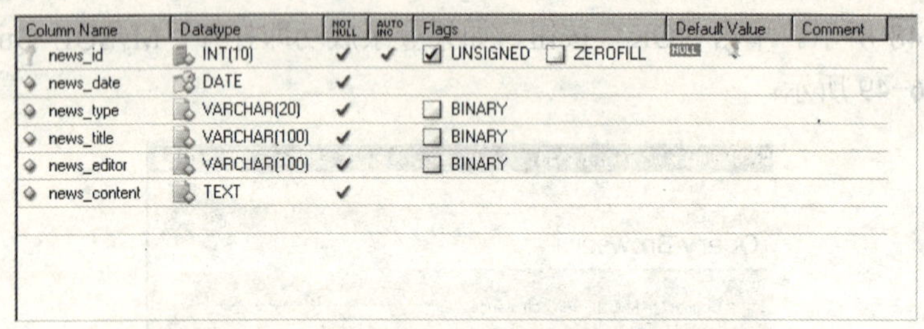

图 6-50 表的结构

【实训目标】 使用“MySQL Query Browser”管理 MySQL 数据库。

【知识要点】 在“MySQL Query Browser”中实现 MySQL 数据库和数据表的基本操作。

操作步骤如下。

① 在“MySQL Query Browser”主界面中单击“Schemata”标签，然后在右侧边栏中单击鼠标右键，在弹出的快捷菜单中选择“Create New Schemata”（创建新数据库）菜单项，打开“Create New Schemata”对话框，输入数据库的名称 mynews，如图 6-51 所示。单击“OK”按钮，即可从右侧边栏中看到新建的数据库。

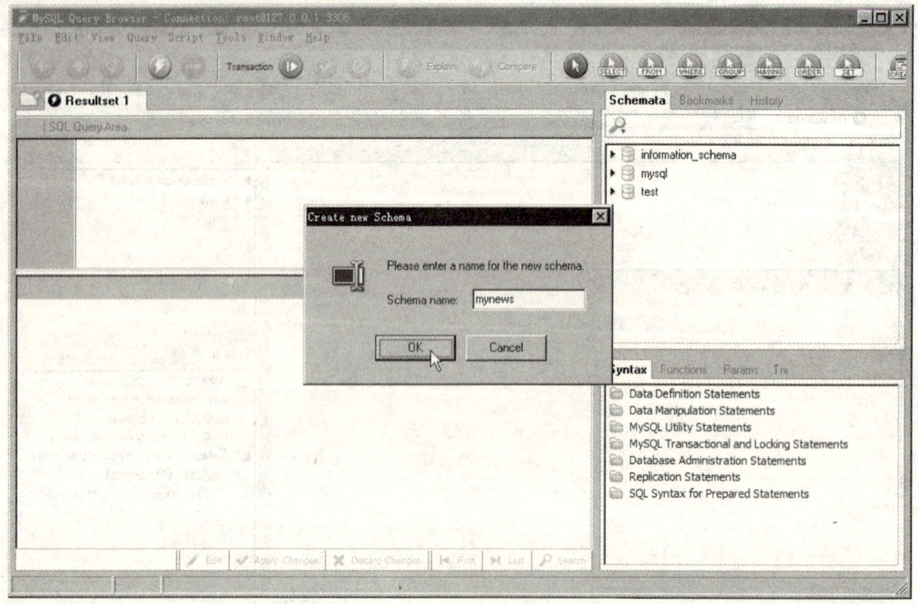

图 6-51 新建数据库

② 在右侧边栏中选择新建的数据库 mynews，用鼠标右键单击 mynews，在弹出的快捷菜单选择“Create New Table”（创建新表）菜单项，如图 6-52 所示。打开“MySQL Table Editor”窗口，在 Table Name 文本框中输入表的名称 newsdata；在 Column Name 列中输入字段名称；在 Datatype 列中输入字段的数据类型；在 NOT NULL 列设置字段是否允许空值；在 AUTO INC 列设置字段是否自动增量，如图 6-53 所示。另外，用户还可以在 Table Options 选项卡中设置数据库使用的字符集，这里选择“gb2312”，以便其支持中文。

在以上表字段的定义中，要注意将 news_id 字段定义为主键，并且自动增量。设置完成后，单击“Apply Changes”按钮，即完成了数据表的创建。

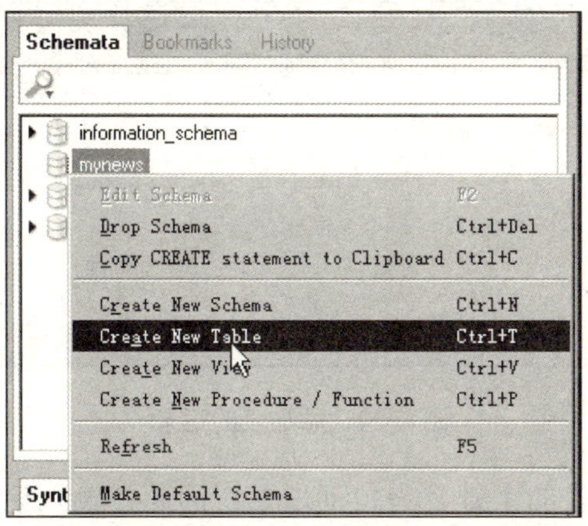

图 6-52　Create New Table 菜单项

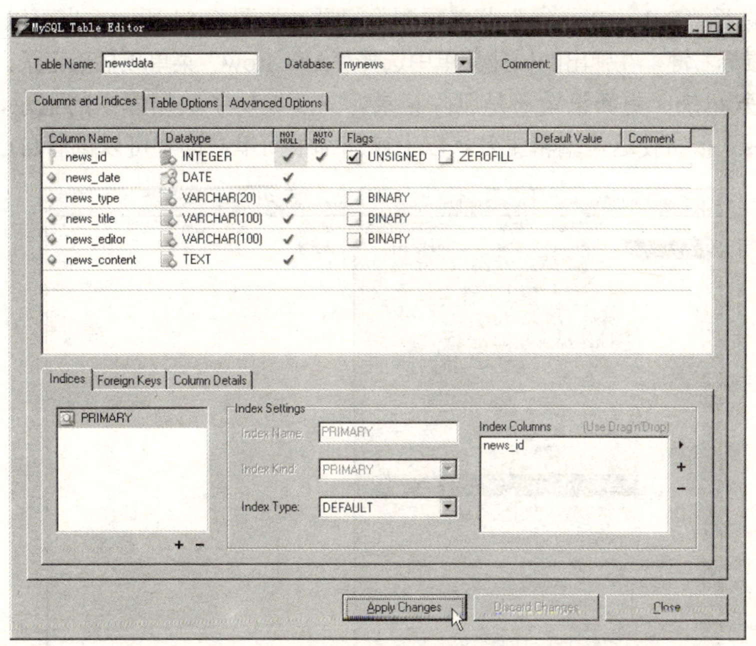

图 6-53　定义表的结构

③ 在主界面右侧边栏中双击新建的表 newsdata，在打开的界面中单击界面底部的

"Edit"按钮，使表 newsdata 处于编辑状态，待输入完数据后，单击"Apply Changes"按钮即完成了表记录的添加，如图 6-54 所示。

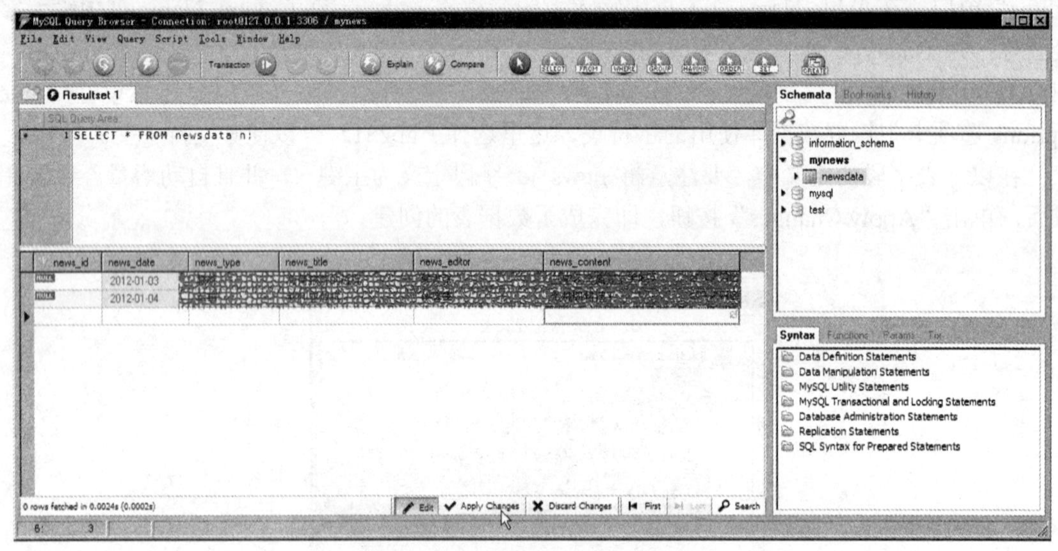

图 6-54　添加表的记录

由于 news_id 字段是表的主键且为自动增量，因此在输入记录的时候该字段不必输入值，系统会自动按照递增的顺序填充该字段的值。

④ 在编辑记录的状态下，用户可以选中一条或多条记录，然后单击鼠标右键，在弹出的快捷菜单中选择"Delete Row(s)"菜单项删除记录，如图 6-55 所示；也可以在需要插入记录的位置单击鼠标右键，在弹出的快捷菜单中选择"Add Row"菜单项插入记录，如图 6-56 所示。无论是插入记录、更新记录还是删除记录，只要编辑了数据库中的记录，都需要单击"Apply Changes"按钮使这些编辑生效。以上操作都很简单，读者可以试着自己练习。

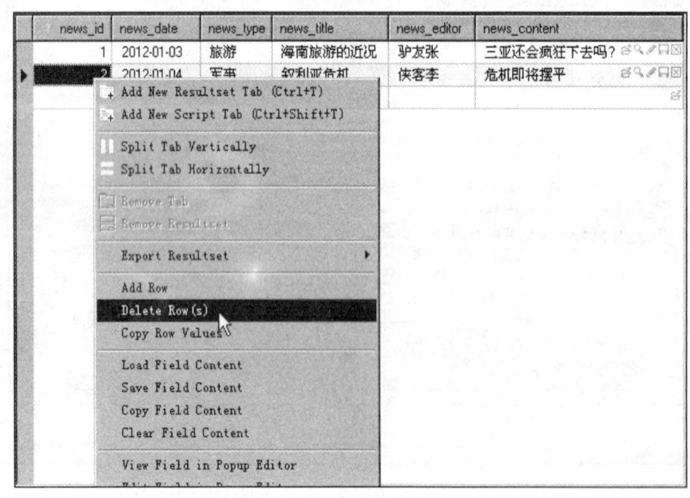

图 6-55　删除记录

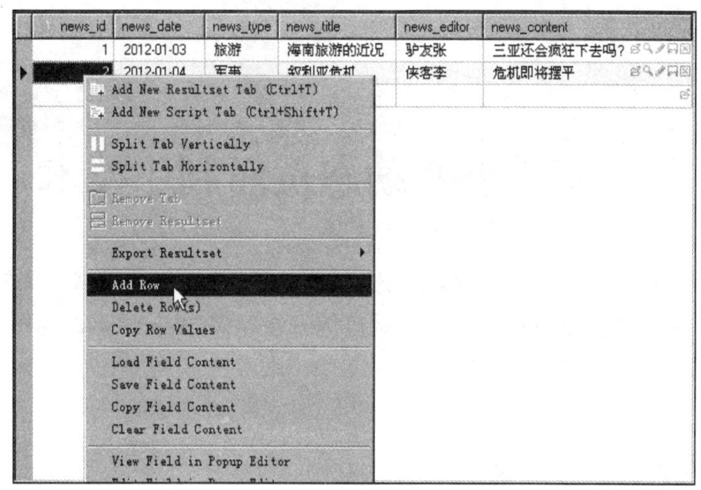

图 6-56　插入记录

MySQL GUI Tools 的功能很强大，限于篇幅，不可能详尽地进行介绍，有兴趣的读者可以参考其他资料进一步学习 MySQL GUI Tools 的使用方法。

6.6　习题

1．在 Web 开发中使用数据库有何优点？简答数据库系统的构成。

2．常见的关系型数据库管理系统有哪些？什么是 SQL 语言？SQL 语言的功能有哪些？

3．简答 MySQL 数据库的特点和数据类型。

4．在 MySQL 管理控制台中以命令行的方式建立留言板数据库 guest，包含管理员表 admin 和留言表 board 共两个表。admin 表的结构如图 6-57 所示，board 表的结构如图 6-58 所示。在此基础上，练习使用数据库和数据表的基本操作命令。

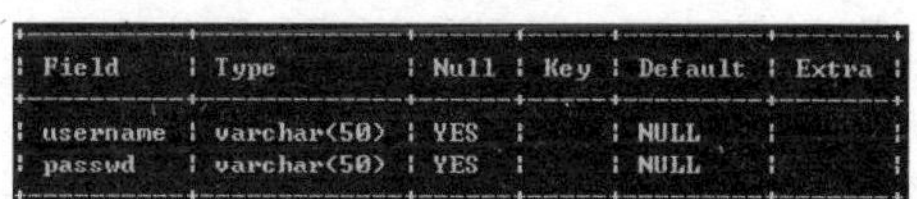

Field	Type	Null	Key	Default	Extra
username	varchar(50)	YES		NULL	
passwd	varchar(50)	YES		NULL	

图 6-57　admin 表的结构

Field	Type	Null	Key	Default	Extra
boardid	int(11) unsigned	NO	PRI	NULL	auto_increment
boardname	varchar(50)	YES		NULL	
boardsex	varchar(50)	YES		NULL	
boardsubject	varchar(100)	YES		NULL	
boardtime	datetime	YES		NULL	
boardmail	varchar(100)	YES		NULL	
boardweb	varchar(100)	YES		NULL	
boardcontent	text	YES		NULL	

图 6-58　board 表的结构

5．在 MySQL Query Browser 图形操作界面中建立留言板数据库 guest，包含管理员表 admin 和留言表 board 共两个表，表的结构同习题 4。在此基础上，练习使用数据库和数据表的基本操作。

第 7 章　JSP 动态页面制作技术

Dreamweaver 的优势在于使用户能够在没有编程语言使用经验的情况下创建动态 Web 站点。Dreamweaver 的可视化工具使用户可以轻松地开发动态 Web 站点，而不必亲手编写制作动态页面所必需的复杂编程逻辑。

7.1　建立网站数据库连接

Web 应用程序是一个包含多个页面的 Web 站点，这些页面存储在 Web 服务器上。只有当用户请求 Web 服务器中的某个网页时，才能确定该网页的最终内容。因为网页的最终内容基于用户的操作，随请求的不同而变化，所以这种网页称为动态网页。用户如果计划建立动态 Web 应用程序，可以从建立网站数据库连接开始着手。

如果用户要将数据库与 Web 应用程序一起使用，则必须首先连接到该数据库。如果没有数据库连接，则应用程序将不知道在何处找到数据库或如何与之连接。用户可通过提供应用程序与数据库建立联系所需的信息或“参数”，在 Dreamweaver 中创建数据库连接。

7.1.1　JSP 程序连接到数据库服务器的原理

从根本上来说，JSP 是通过预先写好的一系列函数来与数据库进行通信，向数据库发送指令、接收返回数据等都是通过 JDBC 接口函数来完成。图 7-1 给出了一个普通 JSP 程序与数据库进行通信的基本原理示意图。

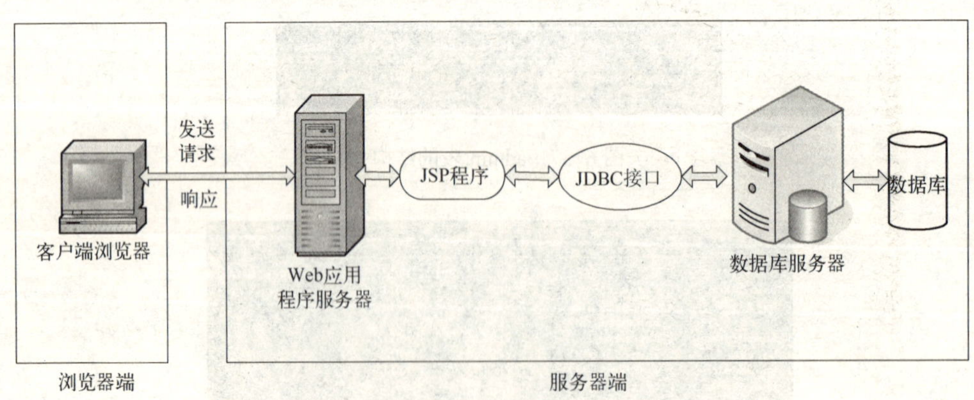

图 7-1　JSP 程序与数据库进行通信的基本原理示意图

图 7-1 展示了 JSP 程序连接到数据库服务器的原理。可以看出，JSP 通过调用自身的专门用来处理数据库连接的 JDBC 接口函数，来实现与数据库通信。JSP 并不是直接操作数据库中的数据，而是把要执行的操作以 SQL 语句的形式发送给数据库服务器，由数据库服务

器执行这些指令，并将结果返回给 JSP 程序。数据库服务器可以比做一个数据“管家”。其他程序需要这些数据时，只需要向“管家”提出请求，“管家”就会根据要求进行相关的操作或返回相应的数据。

7.1.2 数据库连接组件

由于必须要有 mysql-connector-java 组件才能连接 JSP 网页与 MySQL 数据库，因此用户需要到 MySQL 官方网站 http://dev.mysql.com/downloads 下载 mysql-connector-java 组件。

为了方便读者使用，在本书的源代码和素材包中已经准备好了这个组件的压缩包 mysql-connector-java-5.1.12-bin.jar。用户只需要将该压缩包复制到 Tomcat 服务器的 common\lib 目录下（C:\Tomcat\common\lib）。需要注意的是，复制完这个组件后，必须重启 Tomcat 服务器才能生效。

7.1.3 JSP 网页中建立 MySQL 数据库连接

在 JSP 网页中建立 MySQL 数据库连接非常简单，用户只需要简单的几个操作步骤就可以实现。以下讲述一个实例来说明如何使用 Dreamweaver 建立 JSP 网页连接 MySQL 数据库。

【案例 7-1】 在 Dreamweaver 中建立 MySQL 数据库连接及生成连接脚本。

【案例展示】 在前面章节中建立的新闻管理数据库 news 的基础上，建立数据库的连接，如图 7-2 所示，连接脚本如图 7-3 所示。

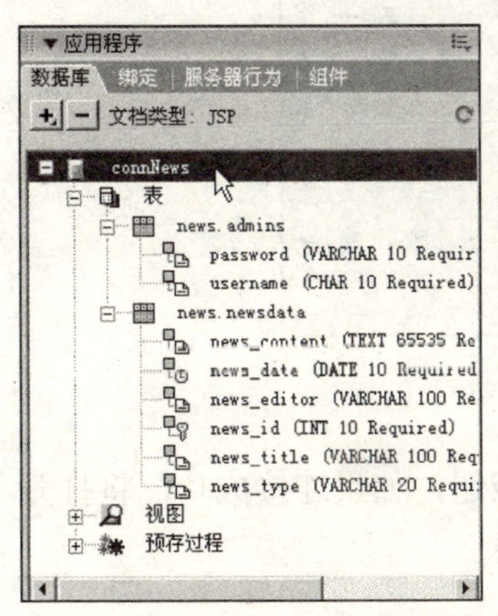

图 7-2 建立数据库的连接

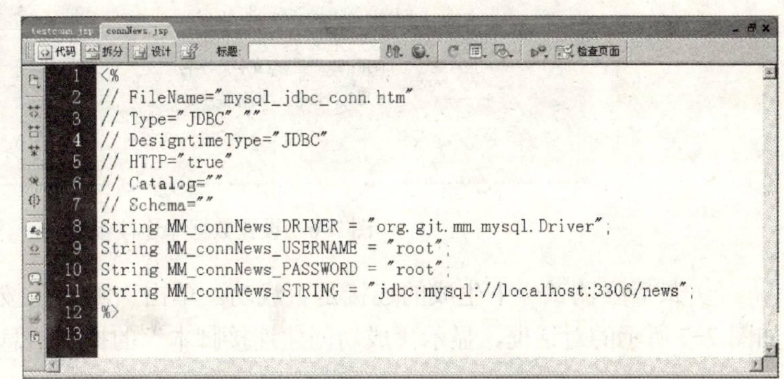

图 7-3 数据库连接脚本

【学习目标】 在 Dreamweaver 中建立 MySQL 数据库连接。

【知识要点】 MySQL 数据库连接，连接脚本。

操作步骤如下。

① 打开第 2 章中建立的站点 example，对应的本地物理文件夹为 C:\Tomcat\webapps\test。

② 在“文件”面板的本地站点下新建一个空白网页文档，默认的文件名是 untitled.jsp，修改网页文件名为 testconn.jsp。

③ 双击网页 testconn.jsp 进入网页的编辑状态。在“应用程序”面板的“数据库”选项

卡中单击“+”按钮，弹出选择数据库连接的菜单，如图 7-4 所示。

在弹出的菜单中选择“MySQL 驱动程序（MySQL）”命令，打开“MySQL 驱动程序（MySQL）”对话框，对话框的初始状态如图 7-5 所示。

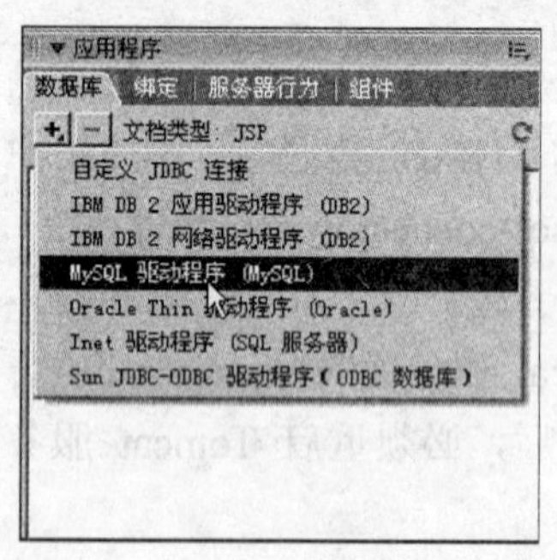

图 7-4 选择数据库连接的菜单

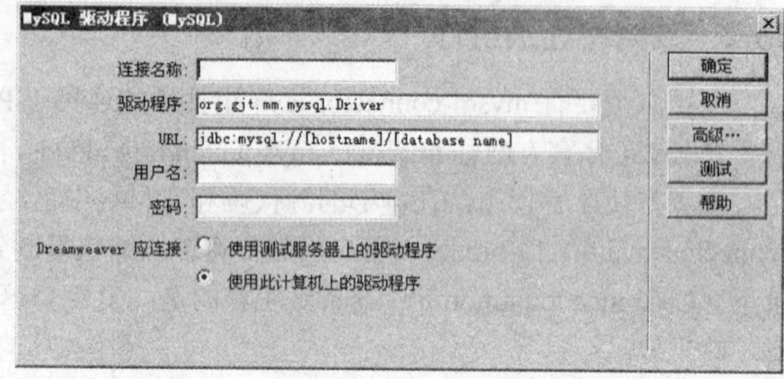

图 7-5 “MySQL 驱动程序（MySQL）”对话框

在对话框中输入自定义的连接名称“connNews”，MySQL 数据库的 URL 地址修改为“jdbc:mysql://localhost:3306/news”，用户名为“root”，密码为“root”，Dreamweaver 应连接设置为“使用测试服务器上的驱动程序”，如图 7-6 所示。

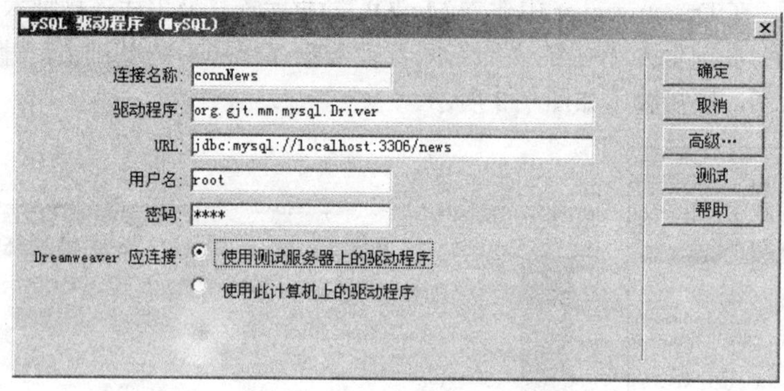

图 7-6 设置数据库连接参数

④ 最后要测试一下生成的连接是否成功。单击“测试”按钮，如果连接成功，将打开如图 7-7 所示的对话框，显示“成功创建连接脚本”的提示信息。

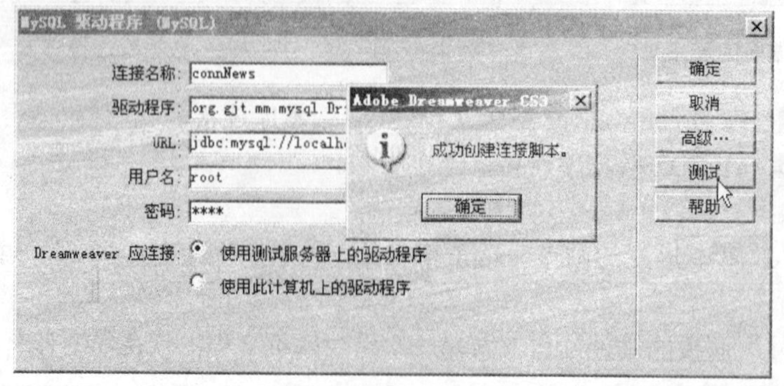

图 7-7 成功创建连接脚本

⑤ 单击“确定”按钮，返回“MySQL 驱动程序（MySQL）”对话框。接着单击“确定”按钮，返回 Dreamweaver。用户即可查看到“应用程序”面板的“数据库”选项卡中生成的数据库连接 connNews 及展开后包含的表和表中的字段，如图 7-2 所示。同时，在“文件”面板中生成数据库连接脚本 connNews.jsp。双击 connNews.jsp 进入网页的编辑状态，在代码视图下查看连接脚本的代码，如图 7-3 所示。

至此，在 Dreamweaver 中建立 MySQL 数据库连接及生成连接脚本的操作全部结束。

【案例说明】

① 在“MySQL 驱动程序（MySQL）”对话框中设置 MySQL 数据库的 URL 地址时，一定要在 localhost 后面写上服务端口号 3306。

② 由于数据库连接组件只能在测试服务器上运行，因此 Dreamweaver 应连接设置为“使用测试服务器上的驱动程序”。

7.2 Dreamweaver 动态网页开发环境

Dreamweaver 动态网页开发环境主要包括动态网页开发面板和动态内容源。

7.2.1 动态网页开发面板

在进行动态网页开发之前，用户必须先熟悉一下“数据”选项卡和“应用程序”面板，才能使开发的过程更加高效。

1.“数据”选项卡

单击“插入”栏中的“数据”选项卡，显示一组按钮，使用户能够将动态内容和服务器行为添加到页面中，如图 7-8 所示。

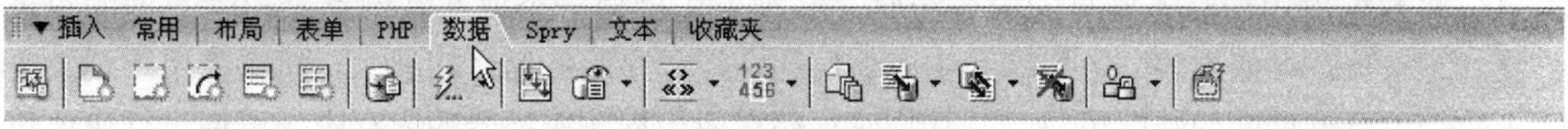

图 7-8 “数据”选项卡

显示的按钮的数量和类型取决于在“文档”窗口中打开的文档类型。“插入”栏中包括可将下列项添加到页面中的按钮。

- 记录集。
- 动态文本或表。
- 向数据库插入记录或更新其中记录的表单。
- 记录导航条。

2.“应用程序”面板

“应用程序”面板包括 4 个面板：“数据库”面板、“绑定”面板、“服务器行为”面板和“组件”面板，如图 7-9 所示。这些面板的联合使用使开发动态 Web 站点非常简捷。

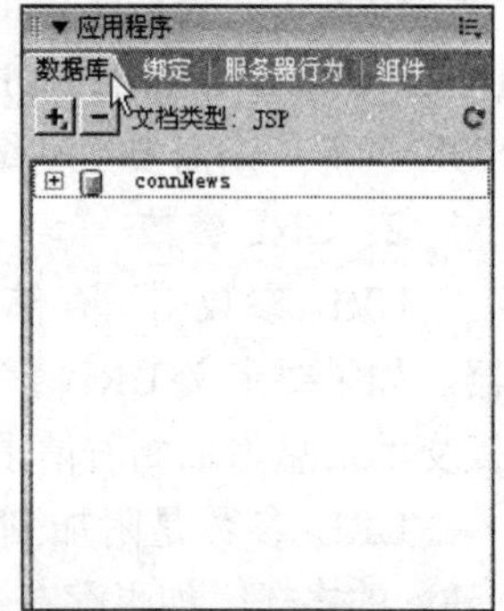

图 7-9 “应用程序”面板

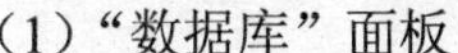

（1）“数据库”面板

如果用户需要创建数据库连接，则可以选择“窗口”→“数据库”，出现“数据库”面板。在上一章中已经详细地讲解了“数据库”面板的使用方法。

（2）“绑定”面板

如果用户需要为页面定义动态内容的源，并将该内容添加到页面中，则可以选择“窗口”→“绑定”，出现“绑定”面板。

（3）“服务器行为”面板

如果用户需要向动态页添加服务器端逻辑，则可以选择“窗口”→“服务器行为”，出现“服务器行为”面板。服务器行为是在设计时插入到动态页中的指令组，这些指令运行时在服务器上执行。

（4）“组件”面板

如果用户需要检查、添加或修改 Web 服务的代码，则可以选择“窗口”→“组件”，出现“组件”面板。“组件”面板只有在用户打开动态网页时才被启用。

7.2.2　动态内容源

动态内容源是一个显示在 Web 页中使用的动态内容的信息存储区，不仅包括存储在数据库中的信息，还包括通过 HTML 表单提交的值、服务器对象中包含的值以及其他内容源。

Dreamweaver 允许使用数据库、请求变量、URL 变量、服务器变量、表单变量、预存过程以及其他动态内容源。在 Dreamweaver 中定义的任何动态内容源都被添加到“绑定”面板的内容源列表中，然后用户可以将内容源插入当前选定的页面。

下面讲解 Dreamweaver 中常用的几个动态内容源。

1．记录集

记录集是数据库查询的结果，它提取请求的特定信息，并允许在指定页面内显示该信息。将数据库用做动态网页的内容源时，必须首先创建一个要在其中存储检索数据的记录集。记录集在存储内容的数据库和生成页面的应用程序服务器之间起一种桥梁作用。记录集由数据库查询返回的数据组成，并且临时存储在应用程序服务器的内存中，以便进行快速数据检索。当服务器不再需要记录集时，就会将其丢弃。

记录集可以包括完整的数据库表，也可以包括表的行和列的子集，这些行和列通过在记录集中定义的数据库查询进行检索。数据库查询是用结构化查询语言（SQL）编写的，使用 Dreamweaver 附带的 SQL 生成器，用户可以轻松地创建简单查询。不过，如果想创建复杂的 SQL 查询，则需要手动编写 SQL 语句。

2．URL 参数

URL 参数用于存储用户输入的检索信息，并且将用户提供的信息从浏览器传递到服务器。如果要定义 URL 参数，则需要建立使用 GET 方法提交数据的表单或超文本链接。用户提交的信息附加到所请求页面的 URL 后面并传送到服务器。

URL 参数是附加到 URL 上的一个名称-值对。参数以问号“?”开始，采用 name = value 的格式。如果存在多个 URL 参数，则参数之间用“&”符号隔开。

例如，下面显示带有两个名称-值对的 URL 参数：

http://localhost:8080/test/Search.jsp?Year=2012&Month=05

3. 表单参数

表单参数存储包含在网页的 HTTP 请求中的检索信息。如果创建使用 POST 方法的表单，则通过该表单提交的数据将传递到服务器。将表单参数定义为内容源后，即可在页面中使用其值。例如，在制作在线邮寄结果页面时，就采用了这种技术。

4. 会话变量

会话变量提供了一种机制，通过这种机制，将用户的信息存储下来，供 Web 应用程序所使用。通常，会话变量存储信息（通常是由用户提交的表单或 URL 参数），并使该信息在用户访问的持续时间中对应用程序的所有页都可用。

例如，当用户登录一个 Web 门户（从该门户可访问电子邮件、股票报价、天气预报和每日新闻）之后，Web 应用程序会将登录信息存储在一个会话变量中，该变量在所有站点页面中标识该用户。这样，当用户浏览整个站点时，可以只看到已经选中的内容类型。

会话变量还可以提供一种超时形式的安全机制，这种机制在用户账户长时间不活动的情况下，终止该用户的会话。如果用户忘记从 Web 站点注销，则这种机制还会释放服务器内存和处理资源。在 Dreamweaver 中，会话变量也称为阶段变量。

7.3 动态网页设计工作流程

本节主要讲述在 Dreamweaver 中设计动态页必须遵循的几个关键步骤。

1. 设计页面

在设计任何 Web 站点（无论是静态还是动态的）时的一个关键步骤是页面视觉效果的设计。当向网页中添加动态元素时，页面的设计对于其可用性至关重要。

将动态内容合并到 Web 页的常用方法是创建一个显示内容的表格，然后将动态内容导入该表格的一个或多个单元格中。利用此方法，可以用一种结构化的格式表示各种类型的信息。

2. 创建动态内容源

动态 Web 站点需要一个内容源，在将数据显示在网页上之前，动态 Web 站点需要从该内容源提取这些数据。在 Dreamweaver 中，这些数据源可以是数据库、请求变量、服务器变量、表单变量或预存过程。在 Web 页中使用这些内容源之前，必须执行以下操作。

- 创建动态内容源（如数据库）与处理该页面的应用程序服务器之间的连接。
- 指定要显示数据库中信息。
- 使用 Dreamweaver 的指向并单击界面选择动态内容元素并将其插入到选定页面。

3. 向 Web 页添加动态内容

定义记录集或其他数据源并将其添加到“绑定”面板后，用户可以将该记录集所代表的动态内容插入到页面中。菜单型界面使得添加动态内容元素非常简单，只需从“绑定”面板中选择动态内容源，然后将其插入到当前页面内的适当文本、图像或表单对象中即可。

将动态内容元素或其他服务器行为插入到页面中时，Dreamweaver 会将一段服务器端脚本插入到该页面的源代码中。该脚本指示服务器从定义的数据源中检索数据，然后将数据呈现在该网页中。

4. 增强动态页的功能

除了添加动态内容外，用户还可以通过使用服务器行为轻松地将复杂的应用程序逻辑合并到网页中。“服务器行为”是预定义的服务器端代码片段，这些代码向 Web 页添加应用程序逻辑，从而提供更强的交互性能和功能。

如果要向页面添加服务器行为，则用户可以从“插入”栏的“数据”选项卡或“服务器行为”面板中选择它们。

Dreamweaver 提供指向并单击界面，这种界面使得将动态内容和复杂行为应用到页面就像插入文本元素和设计元素一样简单。可使用的服务器行为如下所述。

- 定义来自现有数据库的记录集。所定义的记录集随后存储在“绑定”面板中。
- 在一个页面上显示多条记录。可以选择整个表、包含动态内容的各个单元格或各行，并指定要在每个页面视图中显示的记录数。
- 创建动态表并将其插入到页面中，然后将该表与记录集相关联。以后可以分别使用“属性”面板和“重复区域服务器行为”来修改表的外观和重复区域。
- 在页面中插入动态文本对象。插入的文本对象是来自预定义记录集的项，可以对其应用任何 Dreamweaver 数据格式。
- 创建记录导航和状态控件、主/详细页面以及用于更新数据库中信息的表单。
- 显示来自数据库记录的多条记录。
- 创建记录集导航链接，允许用户查看来自数据库记录的前面或后面的记录。
- 添加记录计数器，帮助用户跟踪返回记录的个数及它们在返回结果中所处的位置。

此外，用户还可以通过编写自己的服务器行为，或者安装由第三方编写的服务器行为来扩展 Dreamweaver 的服务器行为。

5. 测试和调试页

在 Web 上使用动态页或整个 Web 站点之前，需要测试其功能。在将站点上传到服务器并声明其可供浏览之前，建议用户先在本地对其进行测试。

7.4 以可视化方式生成动态网页

在 Dreamweaver 中，用户可以通过可视化的操作生成动态网页，包括查询、插入、删除和更新数据库的记录、显示主要信息和详细信息以及限制某些用户进行访问的页面。

本节主要讲述如何通过简单的操作快速地生成 JSP 动态网页，让读者了解动态网页生成的原理，为后面各章节案例的制作打好基础。

7.4.1 网页中绑定记录集

网页中如果要使用数据库的资源，在创建数据库的连接之后必须创建记录集才能进行相关的记录操作。记录集的实质就是将数据库中的表按照自己的要求筛选、排序整理出来的记录。用户可以在“绑定”面板中执行新建记录集的操作。

下面讲述在数据库连接 connNews 的基础上如何新建记录集。

【案例 7-2】 建立显示新闻信息的记录集并绑定在网页中。

【案例展示】 新建名为 RecNews 的记录集，如图 7-10 所示，测试结果如图 7-11 所示。

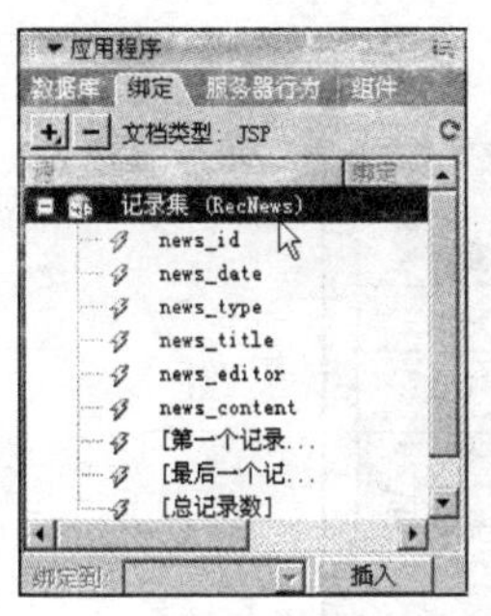

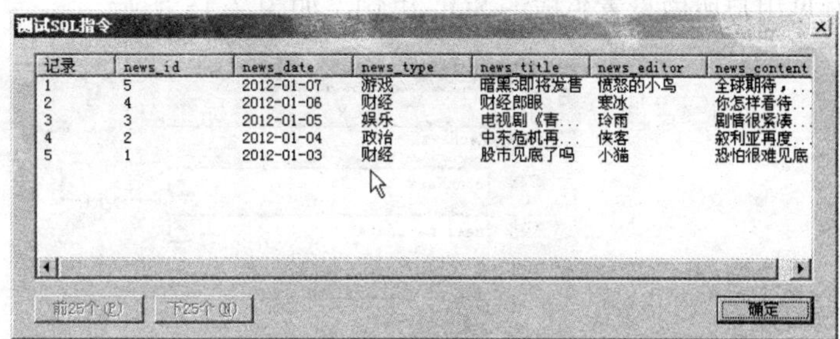

记录	news_id	news_date	news_type	news_title	news_editor	news_content
1	5	2012-01-07	游戏	暗黑3即将发售	愤怒的小鸟	全球期待，...
2	4	2012-01-06	财经	财经郎眼	寒冰	你怎样看待...
3	3	2012-01-05	娱乐	电视剧《春...	玲雨	剧情很紧凑...
4	2	2012-01-04	政治	中东危机再...	侠客	叙利亚再度...
5	1	2012-01-03	财经	股市见底了吗	小猫	恐怕很难见底

图 7-10　显示新闻信息的记录集　　　　　　图 7-11　记录集的测试结果

【学习目标】 新建记录集并绑定在网页中。

【知识要点】 新建记录集，绑定记录集，测试记录集。

操作步骤如下。

① 启动 Dreamweaver，在“文档”窗口中打开要使用记录集的页面 testconn.jsp。

② 选择“窗口”→“绑定”以显示“绑定”面板。

③ 在“绑定”面板中，单击“+”按钮并从下拉菜单中选择“记录集（查询）”，如图 7-12 所示。弹出简单的“记录集”对话框，如图 7-13 所示。

- 在“名称”文本框中，输入记录集的名称。例如，输入“RecNews”。
- 从“连接”下拉菜单中选取已经建立的连接，如“connNews”。如果列表中未出现连接，可以单击“定义”创建连接。
- 在“表格”下拉菜单中，选取为记录集提供数据的数据库表。例如，选择表“newsdata”。
- 要使记录集中只包括某些表列，单击“选定的”按钮，然后按〈Ctrl〉键并单击列表中的列，选择所需列。这里选择“全部”按钮包括表中所有的列。
- 要使记录集中只包括表的某些记录，可以设置“筛选”实现。
- 要对记录进行排序，可以选取要作为排序依据的列，然后指定是按升序还是按降序对记录进行排序。这里选择列 news_date 降序排列。

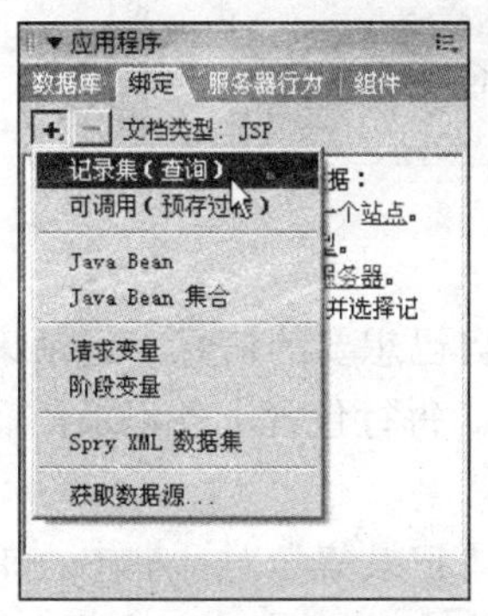

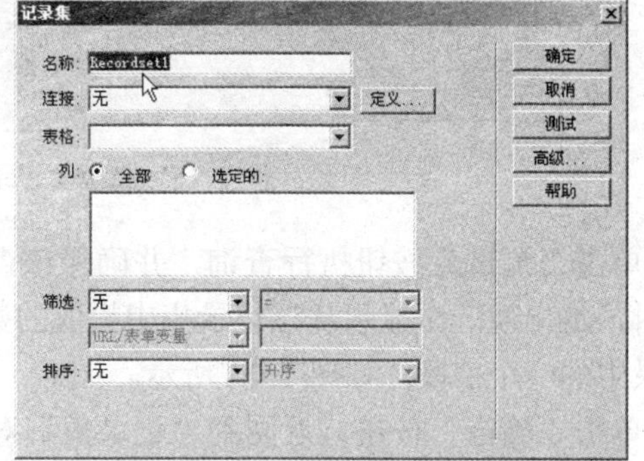

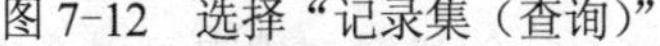
图 7-12　选择“记录集（查询）”　　　　　　图 7-13　“记录集”对话框

以上设置完成后，“记录集”对话框的参数如图 7-14 所示。如果用户需要创建复杂的 SQL 查询，则可以单击“高级”按钮切换到高级“记录集”对话框，在 SQL 文本框中可以看见用户所做设置生成的 SQL 语句，如图 7-15 所示。

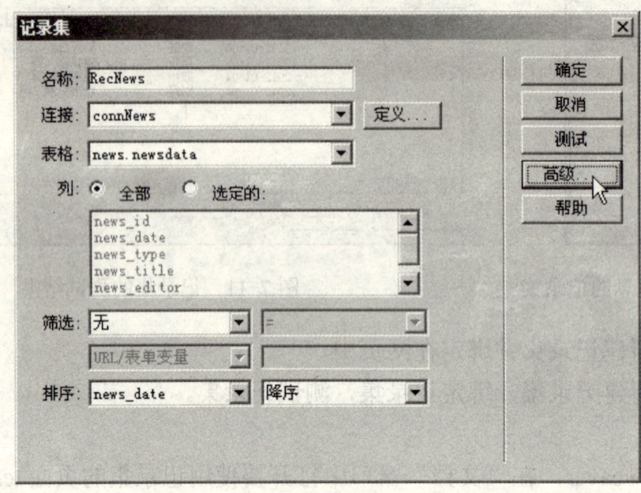

图 7-14 设置“记录集”

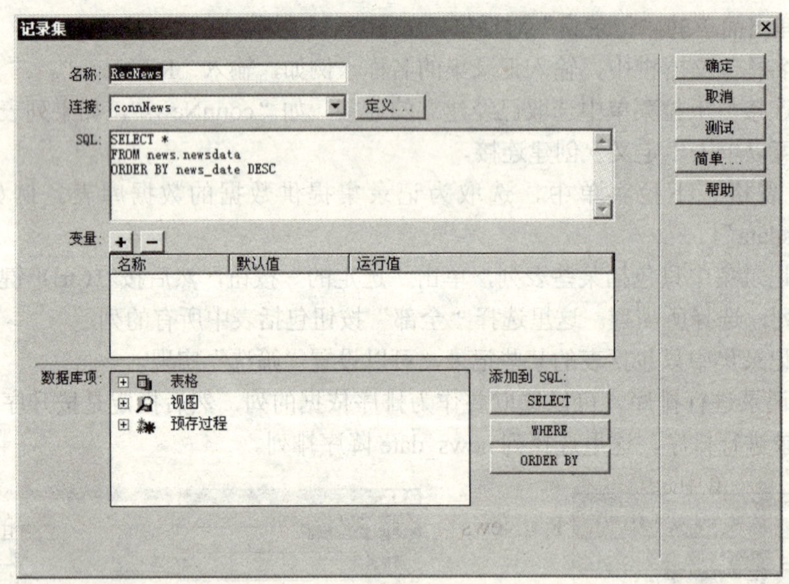

图 7-15 高级“记录集”对话框

④ 单击“测试”按钮执行查询，并确保该查询检索到自己想要的信息。记录集实例创建成功时，将出现一个显示从该记录集中提取的数据的表格。每行包含一条记录，而每列表示该记录中的一个字段，如图 7-11 所示。

⑤ 单击“确定”按钮，返回到“记录集”对话框。在“记录集”对话框中，单击“确定”按钮，将该记录集添加到“绑定”面板的可用内容源列表中，如图 7-10 所示。

【案例说明】 以上操作只是利用 Dreamweaver 附带的 SQL 创建器，用户可以在不太深入了解 SQL 的情况下创建简单查询。如果用户想创建复杂的 SQL 查询，则需要使用高级 SQL 创建器手动编写复杂的 SQL 语句。

7.4.2 动态表格的使用

记录集建立好之后，用户就可以将该记录集所代表的动态内容插入到页面中，在动态页中显示数据库中的数据。Dreamweaver 提供了许多显示动态内容的方法，还提供了若干内置的服务器行为增强动态内容的显示。

在显示动态内容的方法中，最简单快捷的方法是使用动态表格，动态表格就是将绑定的记录集自动化为表格并显示在页面上。

7.5 实训

【实训综述】 使用动态表格技术将记录集中的记录显示在网页中。

【实训展示】 将记录集 RecNews 中按新闻发布时间降序排列的记录自动化为表格并显示在页面上，页面预览的结果如图 7-16 所示。

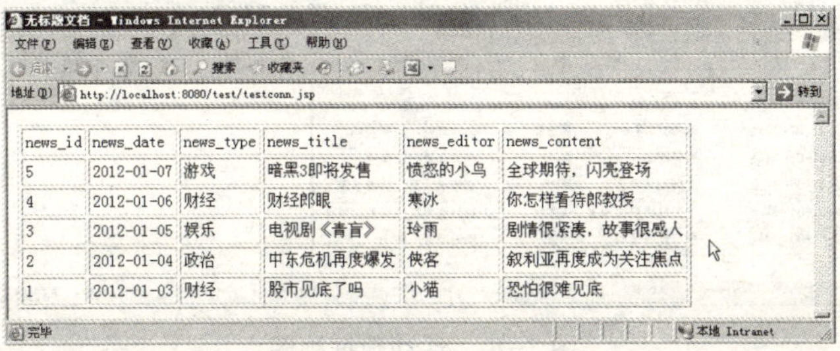

news_id	news_date	news_type	news_title	news_editor	news_content
5	2012-01-07	游戏	暗黑3即将发售	愤怒的小鸟	全球期待，闪亮登场
4	2012-01-06	财经	财经郎眼	寒冰	你怎样看待郎教授
3	2012-01-05	娱乐	电视剧《青盲》	玲雨	剧情很紧凑，故事很感人
2	2012-01-04	政治	中东危机再度爆发	侠客	叙利亚再度成为关注焦点
1	2012-01-03	财经	股市见底了吗	小猫	恐怕很难见底

图 7-16 页面预览的结果

【实训目标】 使用动态表格显示动态内容。

【知识要点】 动态表格，活动数据视图。

操作步骤如下。

① 启动 Dreamweaver，在“文档”窗口中打开页面 testconn.jsp。

② 选择“插入”栏中的“数据”选项卡，单击“动态数据”按钮 右侧的下拉按钮，在弹出的菜单中选择“动态表格”菜单项，如图 7-17 所示。打开“动态表格”对话框，设置要显示的记录集为“RecNews”，显示“所有记录”，设置生成表格的边框粗细为“1”(默认)，单元格边距为“3”，单元格间距为“3”，如图 7-18 所示。

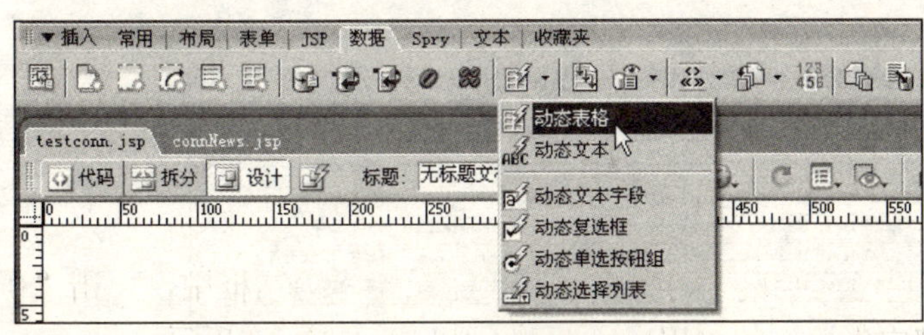

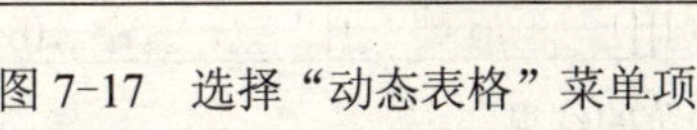

图 7-17 选择“动态表格”菜单项

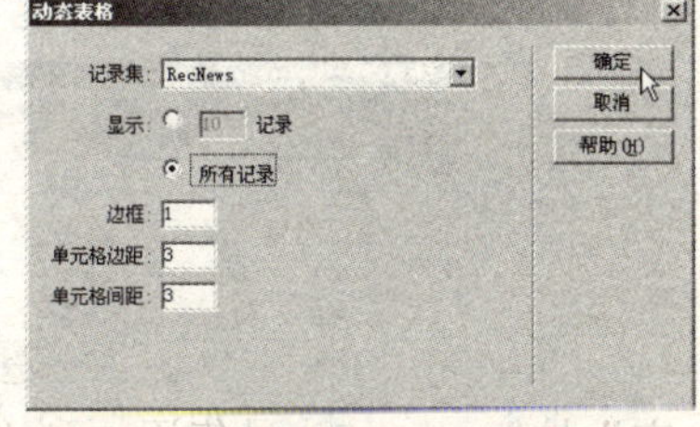

图 7-18 “动态表格”对话框

③ 单击“确定”按钮，程序会自动地在页面中插入一个表格，Dreamweaver 已经自动将记录集中的数据以字段方式显示在表格中，如图 7-19 所示。

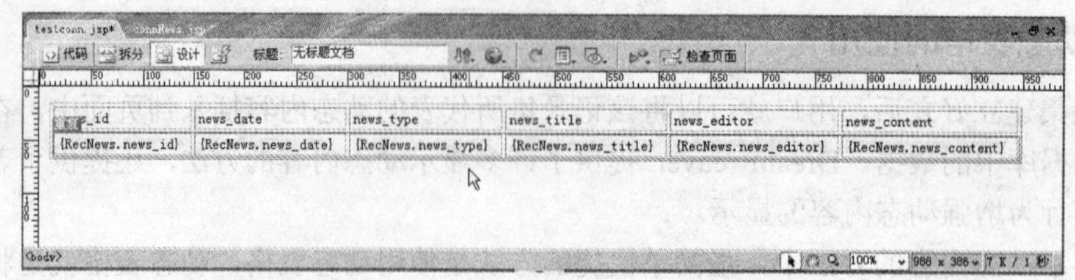

图 7-19　记录集中的数据以字段方式显示在表格中

④ 用户一定很想看到表格中显示的新闻记录效果。在包含数据库连接的页面中，Dreamweaver 提供了一种即时查看动态数据的视图模式——“活动数据视图”，用户可以直接在编辑页面中读取数据库中的数据查看。

单击文档工具栏中的“活动数据视图”按钮 ，进入活动数据视图显示方式。用户就可以在文档窗口中看到表格中显示的一条条新闻记录，如图 7-20 所示。

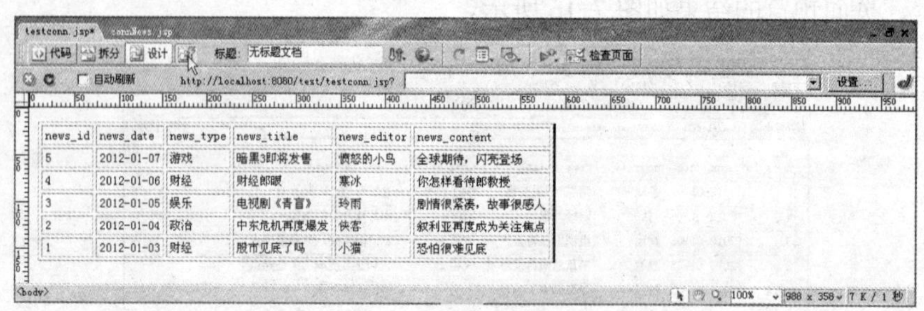

图 7-20　活动数据视图

⑤ 执行“文件”→“保存全部”命令，将页面保存，按〈F12〉键预览网页。

需要注意的是，只有在包含数据库连接的页面中才能进入活动数据视图显示方式。在后面的章节案例中，将继续深入地讲解通过服务器行为生成动态网页的应用。

7.6　习题

1．简答 JSP 程序连接到 MySQL 数据库服务器的原理。

2．Dreamweaver 允许使用的动态内容源有哪些？动态网页设计的工作流程是什么？

3．使用动态表格技术将留言信息记录集中的记录显示在网页中，页面预览的结果如图 7-21 所示。

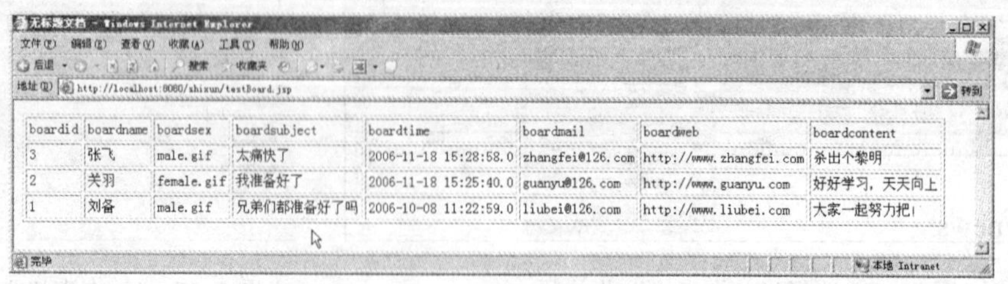

图 7-21　页面预览的结果

4．建立一个测试数据库连接的页面，连接留言板数据库 guest，并生成测试脚本。

5．在留言板数据库连接的基础上建立显示留言信息的记录集并绑定在网页中。

第 8 章　新闻发布系统

新闻发布系统是构成企业网站的重要组成部分，它一方面可以用来发布企业的最新公告，另外一方面可以发布与企业相关的新闻动态。新闻发布系统一般包括添加、修改、删除以及查询新闻等功能。

8.1　网站的规划

本章重点介绍建立一个具备添加、修改、删除数据库中的数据等功能的新闻发布系统的方法。下面将分别介绍新闻发布系统的网站结构与页面设计。

8.1.1　网站结构

新闻发布系统的网站结构示意图如图 8-1 所示，主要包括浏览者页面与管理员页面两部分，网站的首页为 news.jsp。

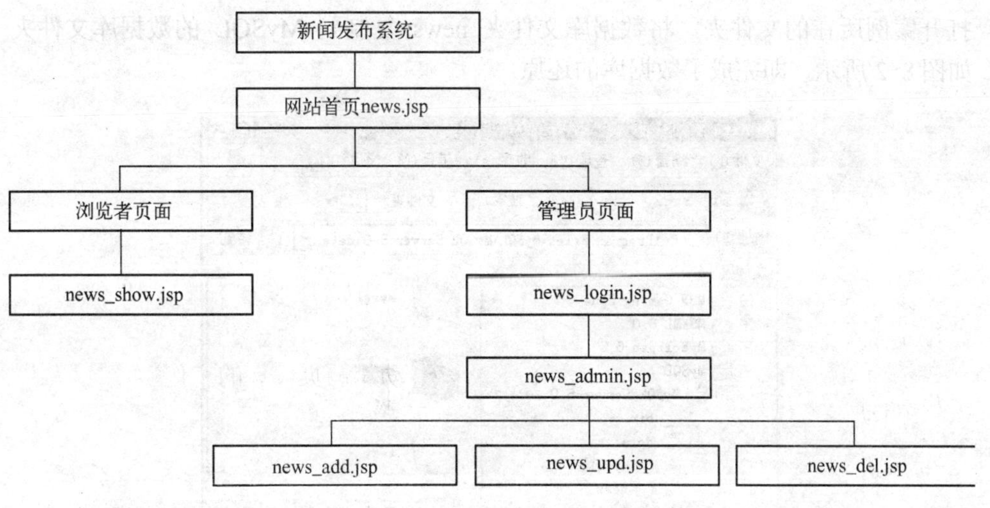

图 8-1　网站结构示意图

本案例的本地站点和测试站点都架设在本地服务器。用户既可以在 Dreamweaver 动态网站环境下按〈F12〉键预览网页，也可以在启动 IE 浏览器后输入网站地址 http://localhost:8080/news/news.jsp 来测试网站的首页 news.jsp。

8.1.2　页面设计

本案例所介绍的新闻发布系统的页面包括添加公告、修改公告、删除公告等 7 个页面，见表 8-1。其中，浏览者只有浏览及查询公告的权限，而系统管理员则有添加、修改、删除公告信息等权限。

表 8-1　新闻发布系统的页面文件

文 件 名 称	功 能 说 明
news.jsp	新闻发布系统主页面
news_show.jsp	新闻发布详细内容页面
news_login.jsp	系统管理员登录页面
news_admin.jsp	系统管理员管理主页面
news_add.jsp	添加公告页面
news_upd.jsp	修改公告页面
news_del.jsp	删除公告页面

8.2　数据库设计

在本书所有的案例中，每个案例的文件夹下都包含一个数据库文件夹。程序中用到的数据库均采用复制数据库文件夹的方法，还原数据库到 MySQL 的数据库文件夹下。

8.2.1　还原数据库

1．复制数据库文件夹到 MySQL 的数据库文件夹

打开案例所在的文件夹，将数据库文件夹 news 复制到 MySQL 的数据库文件夹 data 下，如图 8-2 所示，即完成了数据库的还原。

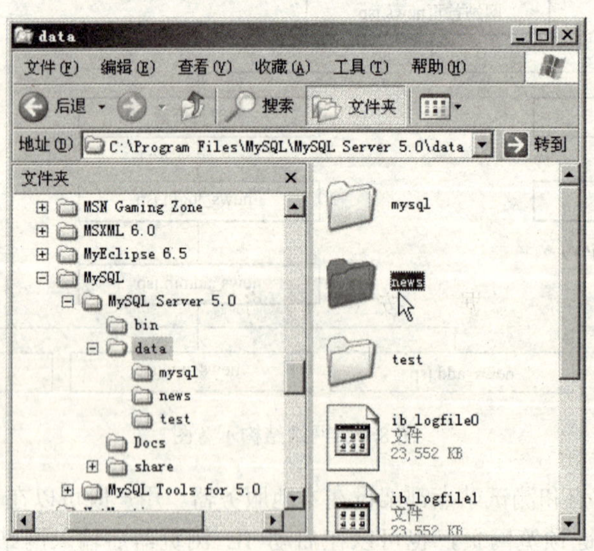

图 8-2　复制数据库文件夹到目标位置

2．在 MySQL Query Browser 中查看数据库中的表

登录 MySQL Query Browser，在 MySQL Query Browser 主界面的右侧导航中显示出已经还原的数据库 news，如图 8-3 所示。

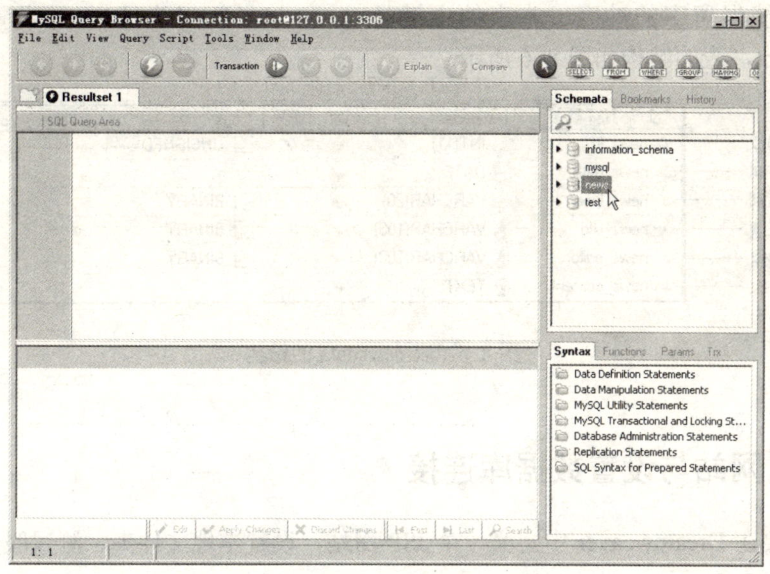

图 8-3　已经还原的数据库

双击数据库 news，在展开的包含文件中显示出数据库中的数据表 admins 和 newsdata，如图 8-4 所示。

图 8-4　数据库中包含的数据表

8.2.2　数据表的结构

在图 8-4 中，选中某个数据表，按〈F2〉键将打开表的结构定义。

1．表 admins 的结构

表 admins 用来存储管理页面的账号和密码，表的结构如图 8-5 所示。

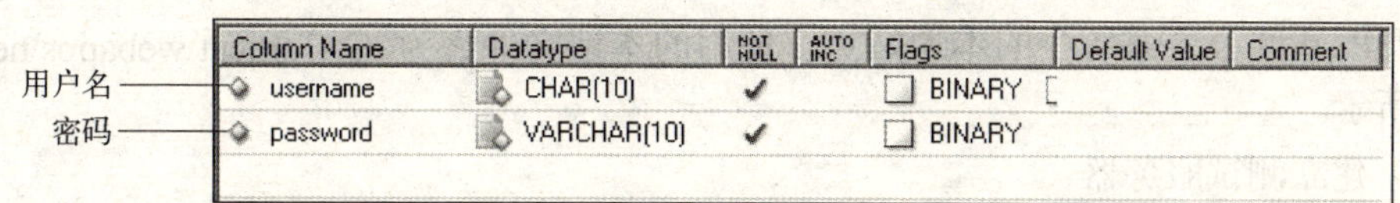

Column Name	Datatype	NOT NULL	AUTO INC	Flags	Default Value	Comment
username	CHAR(10)	✔		BINARY		
password	VARCHAR(10)	✔		BINARY		

图 8-5　表 admins 的结构

当前表中已经预存了一条管理员的记录，用户名和密码的值都是“admin”。

2．表 newsdata 的结构

表 newsdata 用来存储新闻公告的信息，所有字段的命名都以“news_”为前缀，目的在于避免与系统保留字的冲突。本表的主键是 news_id（新闻编号），并设置为自动编号 auto_increment，表的结构如图 8-6 所示。

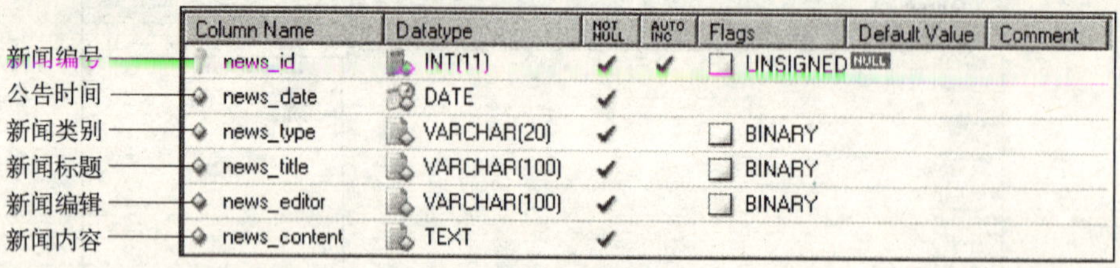

	Column Name	Datatype	NOT NULL	AUTO INC	Flags	Default Value	Comment
新闻编号	news_id	INT(11)	✔	✔	UNSIGNED	NULL	
公告时间	news_date	DATE	✔				
新闻类别	news_type	VARCHAR(20)	✔		BINARY		
新闻标题	news_title	VARCHAR(100)	✔		BINARY		
新闻编辑	news_editor	VARCHAR(100)	✔		BINARY		
新闻内容	news_content	TEXT	✔				

图 8-6　表 newsdata 的结构

8.3　定义网站与设置数据库连接

接下来要在 Dreamweaver 中定义一个 JSP 网站，设置本地文件夹、测试服务器和数据库的连接，见表 8-2。

表 8-2　定义网站

参　数	设 置 值
站点名称	JSP 新闻公告系统
本地文件夹	C:\Tomcat\webapps\news
测试服务器	C:\Tomcat\webapps\news
网站测试地址	http://localhost:8080/news/
MySQL 服务器地址	localhost:3306
MySQL 服务器管理账号/密码	root/root
数据库名称	news
数据表名称	admins、newsdata

1．复制网页源文件

本书所附的素材文件中的 news 文件夹包含此案例所需的全部原始文件（静态页面），用户可以将其全部复制到网站的根目录 C:\Tomcat\webapps 下。

2．定义网站

（1）建立本地站点

打开 Dreamweaver，选择“站点”→“新建站点”，打开站点定义对话框，新建一个名称为“JSP 新闻公告系统”的本地站点，使用的本地文件夹为 C:\Tomcat\webapps\news，如图 8-7 所示。

（2）建立测试服务器

将分类切换到“测试服务器”类别，设置服务器模型为“JSP”，访问为“本地/网络”，测试服务器文件夹为 C:\Tomcat\webapps\news，HTTP 地址为 http://localhost:8080/news，如图 8-8 所示。

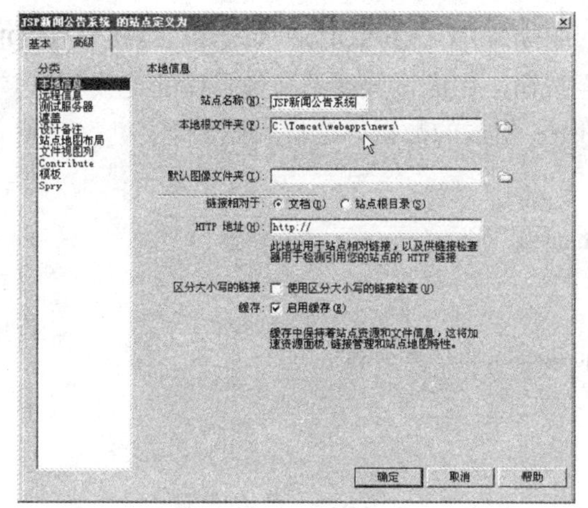

图 8-7　建立本地站点

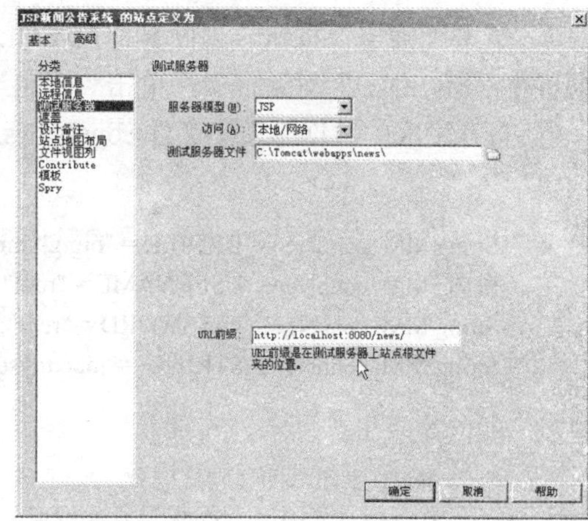

图 8-8　建立测试服务器

完成设置后，单击“确定”按钮，完成网站的定义。

3．设置数据库连接

完成了网站的定义后，需要设置网站与数据库的连接，才能在此基础上制作出动态页面。操作步骤如下。

① 打开网页 news.jsp，在“应用程序”面板的“数据库”选项卡中单击“+”按钮，弹出选择数据库连接的菜单，如图 8-9 所示。

② 在弹出的菜单中选择“MySQL 驱动程序（MySQL）”命令，打开“MySQL 驱动程序（MySQL）”对话框，如图 8-10 所示。接下来，参照如表 8-3 所示的参数进行数据库连接设置。

表 8-3　设置数据库连接参数

参　数	设　置　值
连接名称	connNews
URL	jdbc:mysql://localhost:3306/news
用户名	root
密码	root
Dreamweaver 应连接	使用测试服务器上的驱动程序

③ 单击“测试”按钮测试是否与 MySQL 数据库连接成功。如果连接成功，将打开如图 8-11 所示的对话框，显示“成功创建连接脚本”的提示信息。

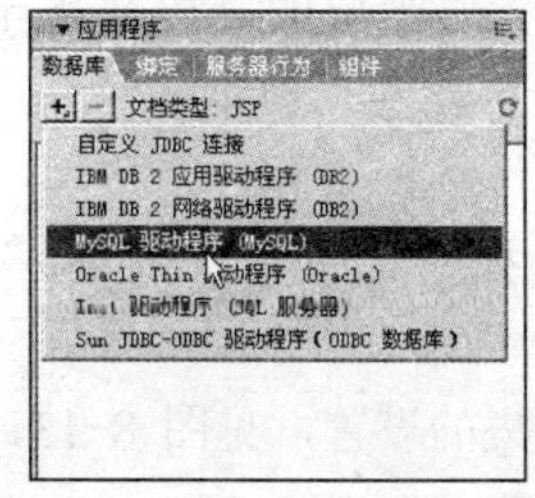

图 8-9　选择数据库连接的菜单

图 8-10　“MySQL 驱动程序”对话框

图 8-11　连接成功

④ 单击“确定”按钮，返回到“MySQL 驱动程序（MySQL）”对话框。在“MySQL 驱动程序（MySQL）”对话框中，单击“确定”按钮，完成设置网站与数据库的连接。

⑤ 打开生成的数据库连接文件 connNews.jsp，生成的数据库连接代码如下：

```
<%
String MM_connNews_DRIVER = "org.gjt.mm.mysql.Driver";
String MM_connNews_USERNAME = "root";
String MM_connNews_PASSWORD = "root";
String MM_connNews_STRING = "jdbc:mysql://localhost:3306/news";
%>
```

8.4 新闻发布系统主页面的制作

在 Dreamweaver 中定义网站，建立与 MySQL 数据库的连接后，就可以开始设计 JSP 页面了。新闻发布系统主页面包含了新闻标题页面及新闻内容页面。用户浏览新闻标题页面后，可以直接选择有兴趣的主题阅读详细内容。

8.4.1 新闻标题页面的制作

新闻标题页面 news.jsp 用于显示网站所有公告的标题，用户可以选择要阅读的标题链接至详细内容，管理员可以从中选择进入管理页面的链接，如图 8-12 所示。

图 8-12　新闻标题页面

1. 绑定记录集 newslist

记录集可根据当前网页的需要选取所需的字段，甚至进一步筛选或排列信息内容。在建立与 MySQL 数据库的连接后，就可以利用“绑定”面板，将所需要的字段链接至网页中。

news.jsp 所使用的数据表是 newsdata，绑定这个数据表字段的操作步骤如下。

① 打开“绑定”面板，单击“+”按钮，从弹出的菜单中选择“记录集（查询）”命令。

② 打开“记录集”对话框，参照如表 8-4 所示的参数进行记录集的设置，见图 8-13，完成后单击“确定”按钮。

表 8-4　绑定记录集 newslist 的参数设置

参　数	设 置 值
名称	newslist
连接	connNews
表格	newsdata
列	全部
排序	以 news_date 降序排列

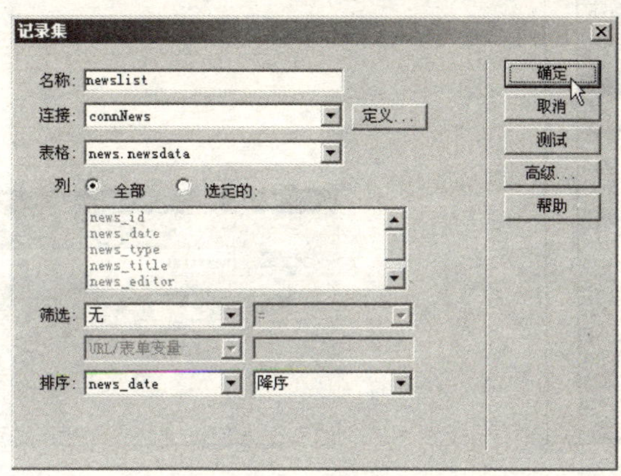

图 8-13　记录集的参数设置

③ 绑定记录集后，将记录集的字段拖动至 news.jsp 网页的适当位置，如图 8-14 所示。

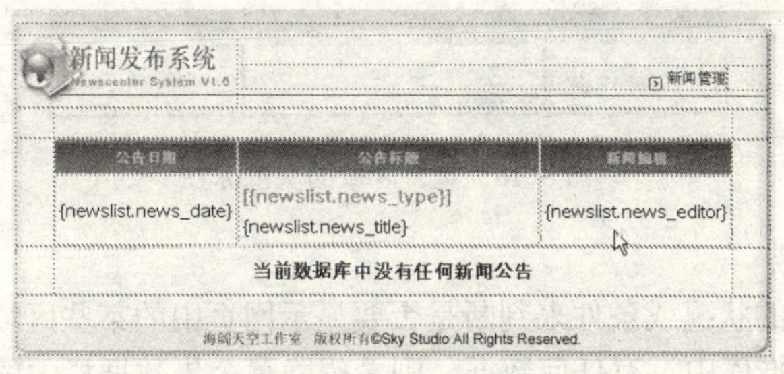

图 8-14　将记录集的字段拖动至网页

2．设置重复区域

由于要在 news.jsp 页面中显示数据库中的所有记录，而当前的设置只能显示数据库的第一条记录，所以需要设置“重复区域”服务器行为将数据一一读取并显示出来。

操作步骤如下。

① 选取 news.jsp 页面中的数据行，如图 8-15 所示。

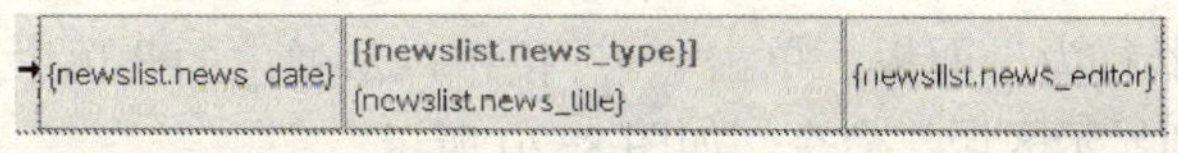

图 8-15　选取数据行

② 打开“服务器行为”面板，单击“+”按钮，从弹出的菜单中选择“重复区域”命

令，如图 8-16 所示。

③ 打开“重复区域”对话框，设置每页显示的记录数。例如，设置为 3 条记录，如图 8-17 所示。

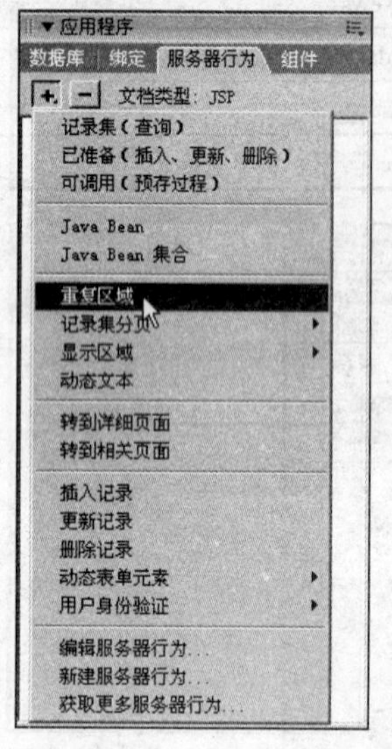

图 8-16 选择“重复区域”命令

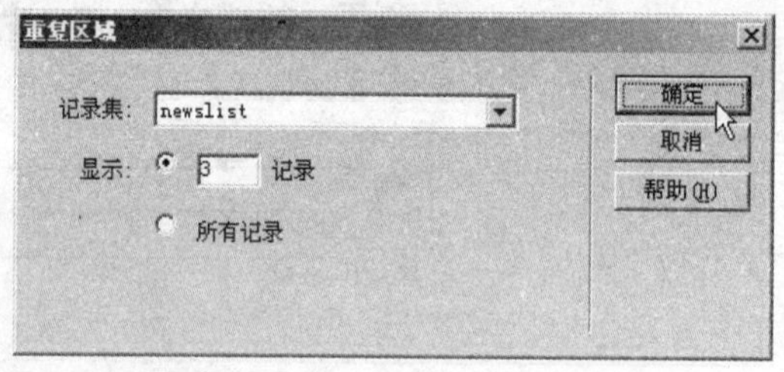

图 8-17 “重复区域”对话框

④ 单击“确定”按钮返回到设计窗口，会发现所选取要重复区域的左上角出现了一个“重复”的灰色标签，表示已经完成设置，如图 8-18 所示。

图 8-18 重复区域的灰色标签

3. 设置显示区域

如果根据记录集的状况或条件来判断是否要显示网页中的某些区域，这就是显示区域的设置。例如，如果数据库中没有任何数据，则希望隐藏公告数据栏中的表格，并且显示没有任何数据的说明文字。操作步骤如下。

① 选取记录集有数据时要显示的数据表格，如图 8-19 所示。

图 8-19 选取数据表格

② 打开“服务器行为”面板，单击“+”按钮，从弹出的菜单中选择“显示区域”→“如果记录集不为空则显示区域”命令，如图 8-20 所示。

③ 打开“如果记录集不为空则显示区域”对话框，如图 8-21 所示。

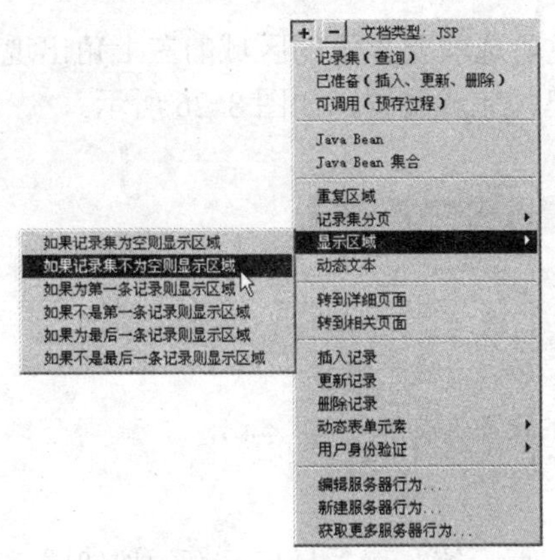

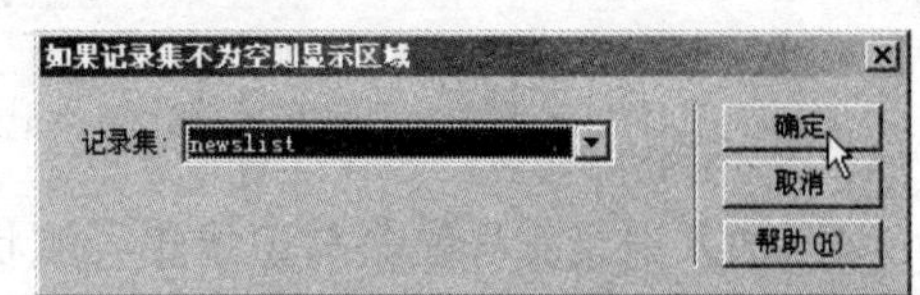

图 8-20　选择“如果记录集不为空则显示区域”命令　　图 8-21　“如果记录集不为空则显示区域”对话框

④ 单击“确定”按钮返回到设计窗口，会发现所选取要显示的区域的左上角出现了一个“如果符合此条件则显示...”的灰色标签，表示已经完成设置，如图 8-22 所示。

图 8-22　显示区域的设置效果

⑤ 选取记录集没有数据时要显示的数据表格，如图 8-23 所示。

图 8-23　选取记录集没有数据时要显示的数据表格

⑥ 仍然在“服务器行为”面板中单击“+”按钮，从弹出的菜单中选择“显示区域”→“如果记录集为空则显示区域”命令，如图 8-24 所示。

⑦ 打开“如果记录集为空则显示区域”对话框，如图 8-25 所示。

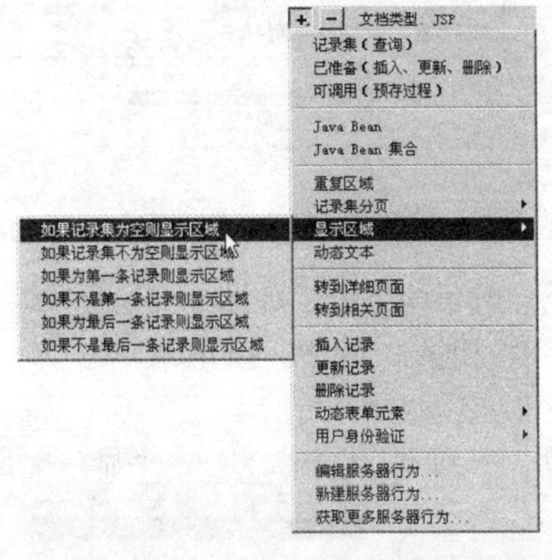

图 8-24　选择“如果记录集为空则显示区域”命令　　图 8-25　“如果记录集为空则显示区域”对话框

⑧ 单击“确定”按钮返回到设计窗口，会发现所选取要显示的区域的左上角出现了一个“如果符合此条件则显示...”的灰色标签，表示已经完成设置，如图 8-26 所示。

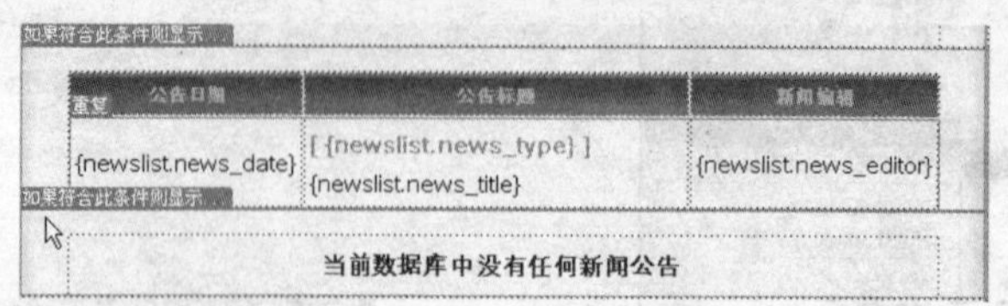

图 8-26　记录集为空时的设置效果

4. 加入记录集导航条与记录集导航状态

当记录集超过一页时，就必须设置上一页、下一页、第一页、最后一页的按钮或文字，让浏览者单击进行翻页，这就是记录集导航条的功能。如果要进一步显示记录集的总记录数及当前是第几条记录，就必须加入记录集导航状态。

① 移动鼠标指针到要加入记录集导航条的位置，如图 8-27 所示。单击“插入”工具栏“数据”面板中的记录集分页按钮 ，在弹出的菜单中选择“记录集导航条”命令，如图 8-28 所示。

图 8-27　定位记录集导航条的位置

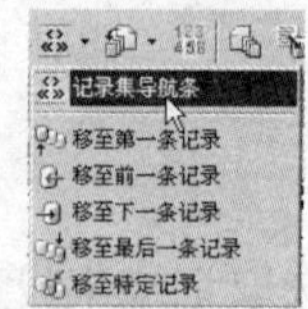

图 8-28 “记录集导航条”命令

② 打开“记录集导航条”对话框，设置导航条的显示方式为默认的“文本”方式，如图 8-29 所示。

③ 单击“确定”按钮返回到设计窗口，会发现页面中出现该记录集的导航条，如图 8-30 所示。

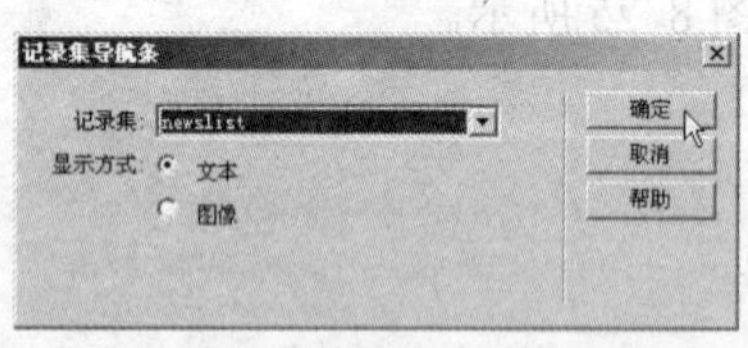

图 8-29 “记录集导航条”对话框

图 8-30　加入记录集导航条后的效果

④ 接着插入记录集导航状态。将鼠标指针移至导航条的下方，如图 8-31 所示。单击“插入”工具栏“数据”面板中的“记录集导航状态”按钮，如图 8-32 所示。

图 8-31　定位记录集导航状态的位置

图 8-32 “记录集导航状态”按钮

⑤ 打开“Recordset Navigation Status”（记录集导航状态）对话框，选取要显示导航状态的记录集，如图 8-33 所示。

⑥ 单击“确定”按钮返回到设计窗口，会发现页面中出现该记录集的导航状态，如图 8-34 所示。

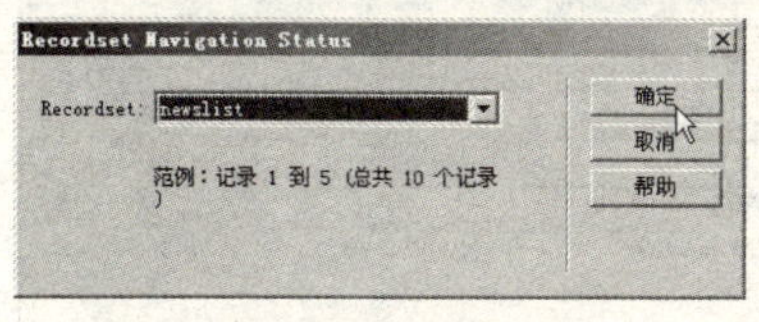

图 8-33 “记录集导航状态”对话框

图 8-34 加入记录集导航状态后的效果

5. 转到详细页面

浏览者可以单击感兴趣的标题链接至详细内容页面阅读其中的信息，这就是“转到详细页面”服务器行为。操作步骤如下：

① 选取公告标题，如图 8-35 所示。

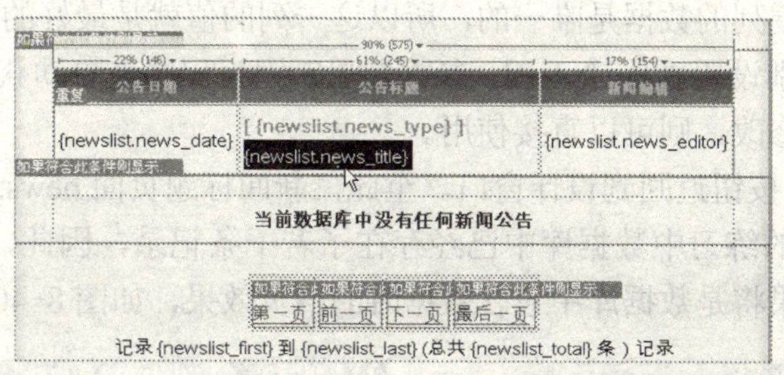

图 8-35 选取公告标题

② 打开“服务器行为”面板，单击“+”按钮，从弹出的菜单中选择“转到详细页面”命令，如图 8-36 所示。打开“转到详细页面”对话框，如图 8-37 所示。

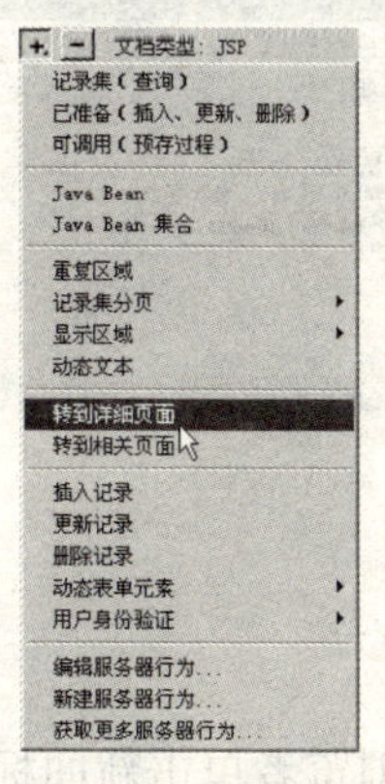

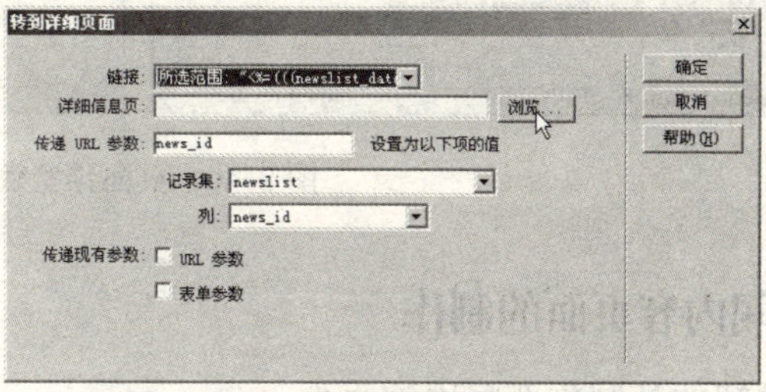

图 8-36 选择“转到详细页面”命令

图 8-37 “转到详细页面”对话框

③ 在“转到详细页面”对话框中，单击“浏览”按钮，打开“选择文件”对话框。此处选择新闻详细内容页面 news_show.jsp，如图 8-38 所示。单击“确定”按钮，完成设置后的“转到详细页面”对话框如图 8-39 所示。

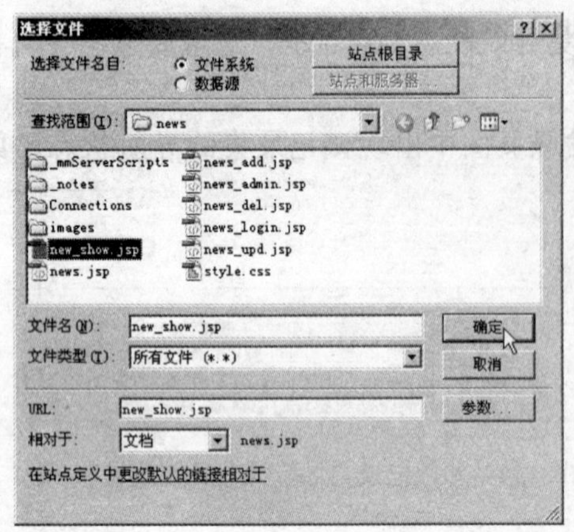

图 8-38　选择详细内容页面

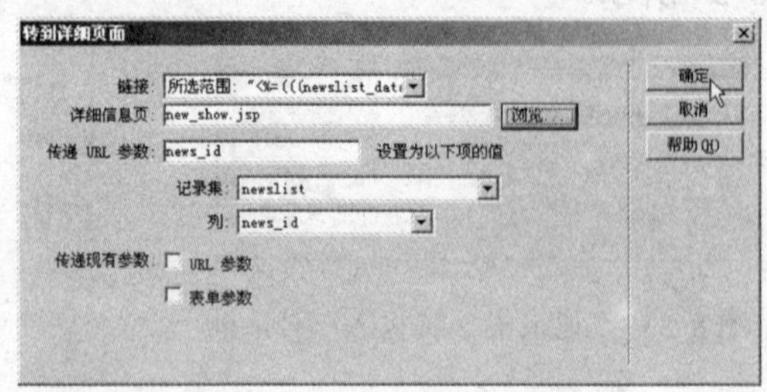

图 8-39　完成设置后的“转到详细页面”对话框

在“转到详细页面”对话框中，最重要的设置是“传递 URL 参数”。该参数用于向详细内容页面传递主题的参数进而调出该主题的详细资料。在设计表结构的时候都会为表设置一个主键，每条记录主键列的数据是唯一的，所以这一列的值就是最好的选择。

这里为什么不特别设置“传递 URL 参数”呢？因为程序会自动获取所设置列名为参数名，如果没有特殊的修改，则可以直接使用。

④ 单击“确定”按钮返回到设计窗口。至此，新闻标题页面 news.jsp 设计完毕。

由于在前面章节的练习中数据库中已经存在了若干条记录，因此，用户在按〈F12〉键预览网页时看到的结果将是数据库中包含数据时的网页效果，如图 8-40 所示。

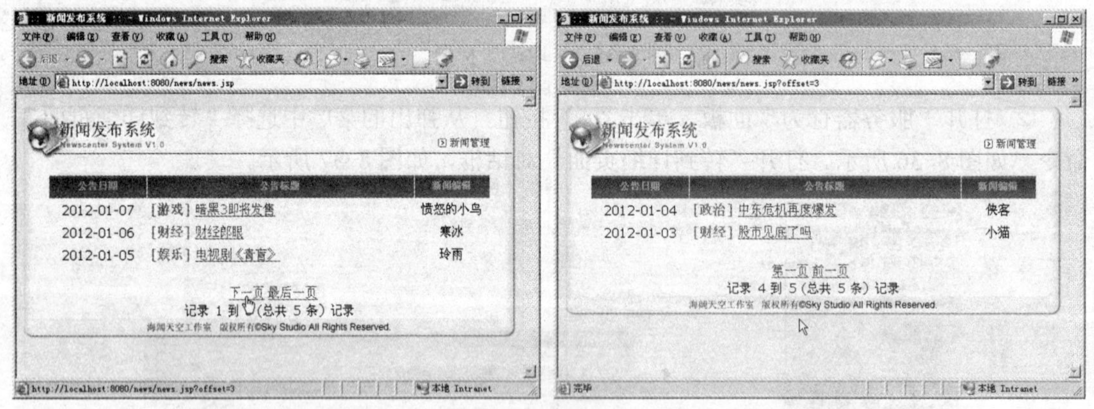

图 8-40　页面预览效果

8.4.2　新闻内容页面的制作

本节讲解的是制作新闻内容页面 news_show.jsp，用来显示浏览者单击新闻标题后显示出相关的详细内容。设计的重点是如何接收主页面 news.jsp 所传递的参数，并根据这个参数显示数据库中的数据。操作步骤如下：

① 打开新闻内容页面 news_show.jsp。打开“绑定”面板，单击“+”按钮，从弹出的菜单中选择“记录集（查询）”命令。

② 打开“记录集”对话框，参照表 8-5 中的参数进行记录集的设置，如图 8-41 所示，完成后单击“确定”按钮。

表 8-5　绑定记录集 newsdetail 的参数设置

参　数	设 置 值
名称	newsdetail
连接	connNews
表格	newsdata
列	全部
筛选	news_id = URL/表单变量 news_id

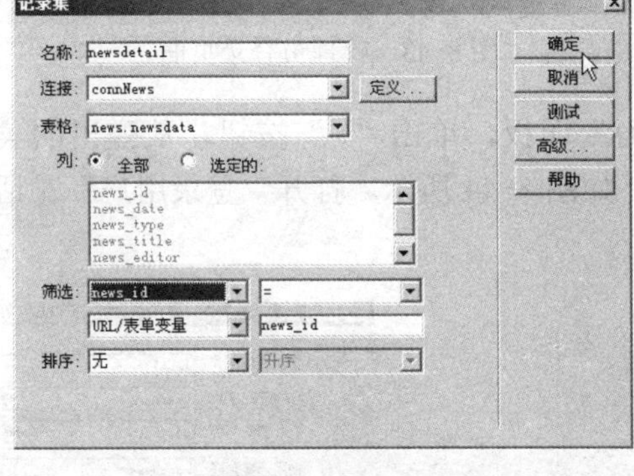

图 8-41 “记录集”对话框

③ 绑定记录集后，将记录集的字段拖动至 news_show.jsp 网页的适当位置，如图 8-42 所示。

图 8-42　将记录集的字段拖动至网页

8.5　新闻发布系统管理页面的制作

系统管理页面对于新闻发布系统来说至关重要，管理员可以通过这些页面添加、修改或者删除新闻的内容，使网站的信息能随时保持更新。

8.5.1　管理员登录页面的制作

由于管理页面不允许普通浏览者进入，所以必须受到权限管理。可以利用登录账号与密码来判断是否有适当的权限进入管理页面。Dreamweaver 对于登录页面的制作具有一套完整的服务器行为。下面将讲解登录页面的制作方法。

① 打开管理员登录页面 news_login.jsp，如图 8-43 所示。

图 8-43 管理员登录页面

② 打开“服务器行为”面板，单击“+”按钮，从弹出的菜单中选择“用户身份验证”→“登录用户”命令，如图 8-44 所示。打开“登录用户”对话框，参照如图 8-45 所示设置相关参数。

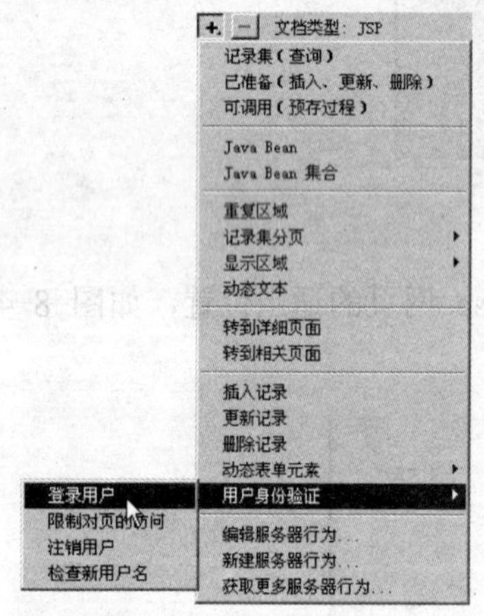

图 8-44 选择 “登录用户”命令

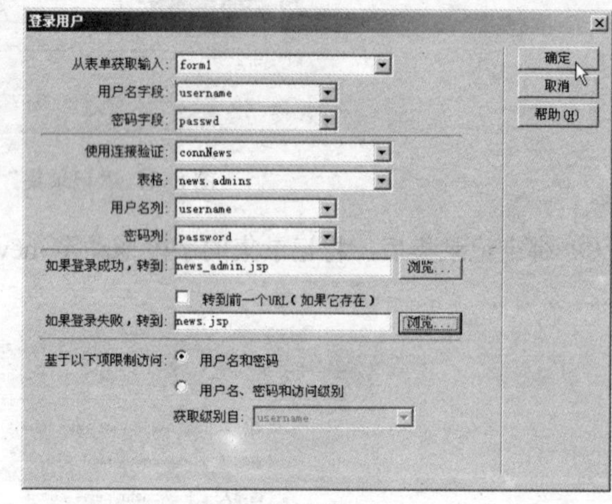

图 8-45 “登录用户”对话框

③ 单击“确定”按钮返回到设计窗口，完成管理员登录页面的制作。

8.5.2 新闻管理主页面的制作

一个网站的系统管理主页面是在系统管理员成功登录后转向的页面，管理员可以使用此页面实时添加、修改或者删除新闻的内容。

新闻管理主页面 news_admin.jsp 的制作与 news.jsp 大致相同，不同的是，其中加入了能够转到编辑页面的“修改”和“删除”链接。由于制作该页面的技术与 news.jsp 大致相同，此处对于制作细节不再详细描述，只讲解主要的制作过程和结果。

1. 绑定记录集 newsadmin

news_admin.jsp 所使用的数据表是 newsdata，绑定这个数据表字段的操作步骤如下。

① 打开“绑定”面板，单击“+”按钮，从弹出的菜单中选择“记录集（查询)”命令。

② 打开“记录集”对话框，参照如表 8-6 所示的参数进行记录集的设置，如图 8-46 所示，完成后单击“确定”按钮。

表 8-6　绑定记录集 newsadmin 的参数设置

参　数	设 置 值
名称	newsadmin
连接	connNews
表格	newsdata
列	全部
排序	以 news_date 降序排列

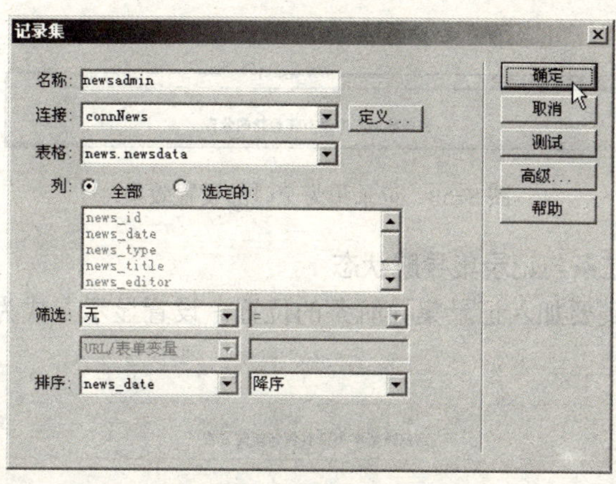

图 8-46　记录集的参数设置

③ 绑定记录集后，将记录集的字段拖动至 news_admin.jsp 网页的适当位置，如图 8-47 所示。

图 8-47　将记录集的字段拖动至网页

2. 设置重复区域

选取 news_admin.jsp 页面中的数据行，设置重复区域，如图 8-48 所示。

图 8-48　设置重复区域

3. 设置显示区域

① 选取记录集有数据时要显示的数据表格，设置“如果记录集不为空则显示”的显示区域，如图 8-49 所示。

图 8-49　显示区域的设置效果

② 选取记录集没有数据时要显示的数据表格，设置“如果记录集为空则显示”的显示区域，如图 8-50 所示。

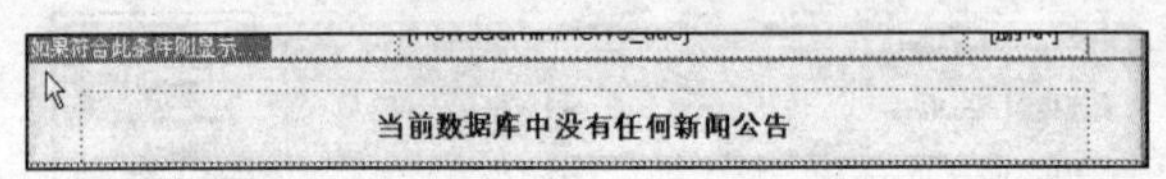

图 8-50　记录集为空时的设置效果

4. 加入记录集导航条与记录集导航状态

① 移动鼠标指针到要加入记录集导航条的位置，设置显示方式为“文本”方式的导航条，如图 8-51 所示。

图 8-51　加入记录集导航条后的效果

② 将鼠标指针移至导航条的下方，设置记录集的导航状态，如图 8-52 所示。

图 8-52　加入记录集导航状态后的效果

5. 设置链接与转到详细页面

news_admin.jsp 页面还要为管理员提供链接至编辑页面，因此需要设置表 8-7 中的 3 个页面链接。

表 8-7　设置 3 个页面链接

名　　称	链接的文件
添加新闻公告	news_add.jsp
修改	转到详细页面 news_upd.jsp
删除	转到详细页面 news_del.jsp

其中，添加新闻公告的文本链接最为简单，可以在选取相关文本后，在“属性”面板中

直接将它链接到相应的文件即可。而修改和删除的文本链接在设置上与添加新闻公告链接不同，除了要分别链接到相应的编辑页面以外，还要传递一个参数到编辑页面。

① 选取文本“修改”，然后选择“转到详细页面”服务器行为，对话框的设置如图 8-53 所示。

② 选取文本“删除”，然后选择“转到详细页面”服务器行为，对话框的设置如图 8-54 所示。

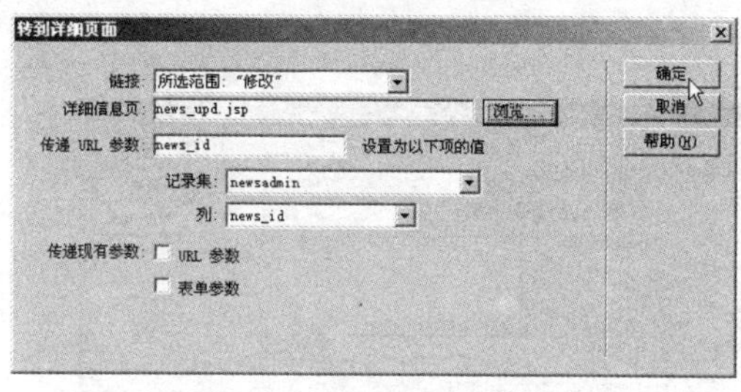

图 8-53 “修改”链接转到详细页面的设置

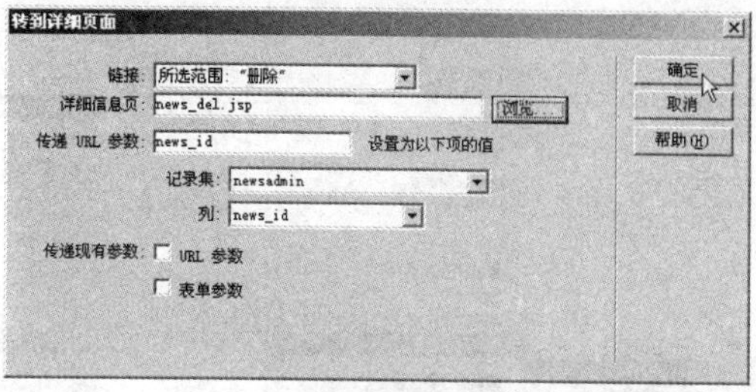

图 8-54 “删除”链接转到详细页面的设置

6. 设置注销用户服务器行为

当用户需要退出管理页面时，不能将退出管理页面的链接直接链接到系统其他页面。否则，浏览者可以通过单击浏览器的“前进”或“后退”按钮再次返回到管理页面，这样做非常不安全。用户如果要真正地退出管理页面，必须使用“注销用户”服务器行为来实现。

① 选取页面右上角的“退出管理页面”文字，打开“服务器行为”面板，单击“+”按钮，从弹出的菜单中选择“用户身份验证”→“注销用户”命令，如图 8-55 所示。

② 打开“注销用户”对话框，在“在完成后，转到”文本框中设置转向页面为 news_login.jsp，如图 8-56 所示。

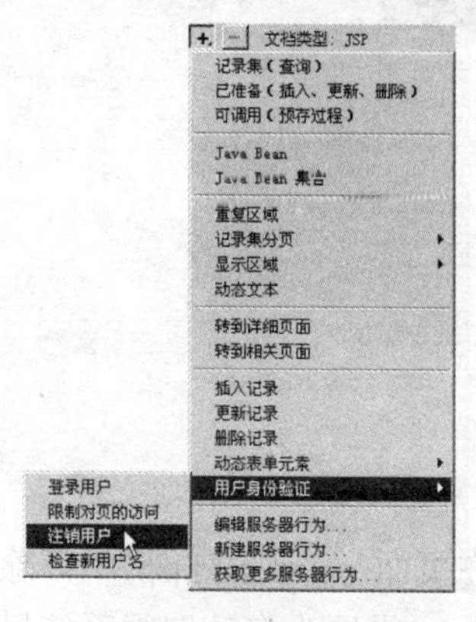

图 8-55 选择 “注销用户”命令

图 8-56 “注销用户”对话框

③ 单击“确定”按钮，完成注销用户的设置。

7. 设置限制对页的访问服务器行为

为了保护注册用户信息安全的需要，限制一般浏览者试图绕过管理员登录页面而直接进入管理页面，用户可以在所有的管理页面中使用“限制对页的访问”服务器行为来实现这一功能。

① 打开“服务器行为”面板，单击“+”按钮，从弹出的菜单中选择“用户身份验证”→“限制对页的访问”命令，如图 8-57 所示。

② 打开“限制对页的访问”对话框，在“如果访问被拒绝，则转到”文本框中设置转向页面为 news_login.jsp，如图 8-58 所示。

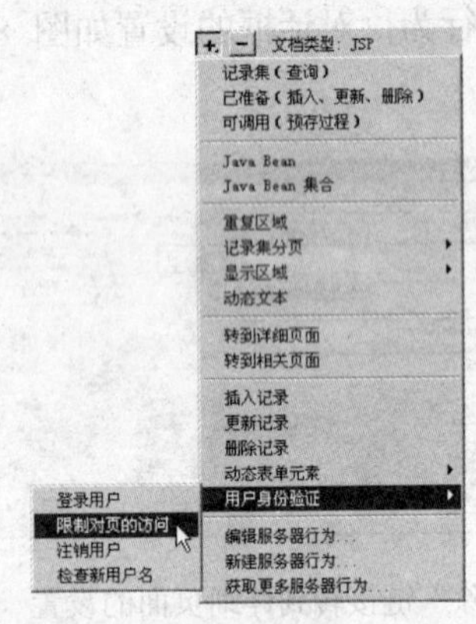

图 8-57 选择 “限制对页的访问”命令

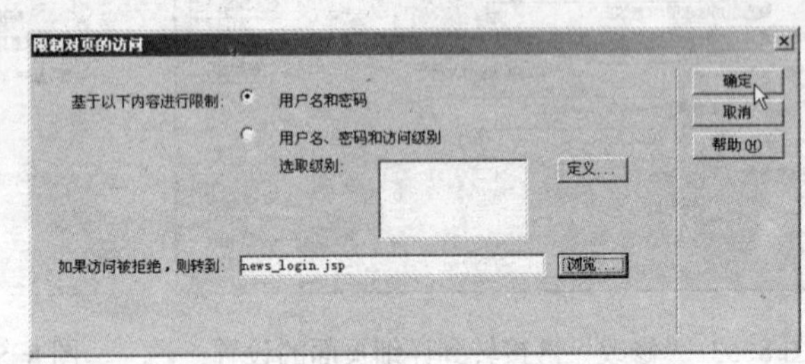

图 8-58 “限制对页的访问”对话框

③ 单击“确定”按钮，完成限制对页的访问的设置。

8.5.3 添加新闻页面的制作

接下来要设计添加新闻的页面 news_add.jsp，如图 8-59 所示。该页面包含一个用于提供新闻信息的表单，主要功能是将页面的表单数据添加到网站的数据库中。

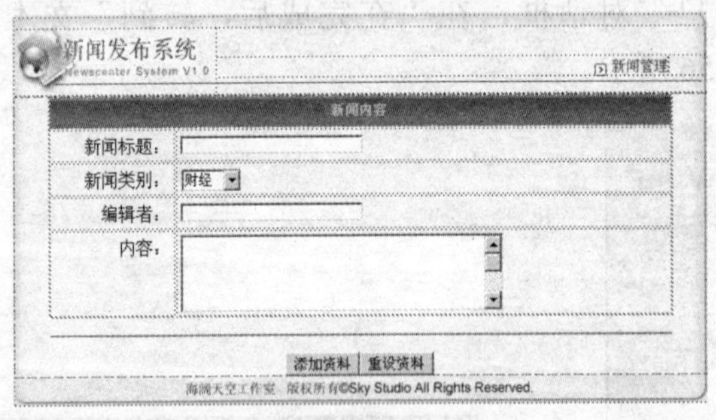

图 8-59 添加新闻页面

1. 自动获得日期的设置

在网页设计时通常使用表单来添加网站数据库的记录。在页面 news_add.jsp 中，除了设置表单字段之外，还可以通过隐藏域将新闻日期字段 news_date 设置为自动取得系统日期。操作步骤如下：

① 切换到代码窗口，在程序的第一行页面声明代码<%@ page……%>的结尾处按〈Enter〉键产生一个空行，输入以下获取系统日期的代码：

```
<%@ page import="java.util.Date" %>
<%@ page import="java.text.SimpleDateFormat" %>
<%
```

```
    SimpleDateFormat date=new SimpleDateFormat("yyyy-MM-dd");
    String postdate=date.format(new Date());
%>
```

以上代码定义了一个变量 postdate，其中存储了系统当前日期。

② 将鼠标定位于表单中的任何位置，例如，定位在新闻标题文本框的右侧。单击“插入”工具栏“表单”面板中的“隐藏域”按钮，在文本框的右侧插入一个隐藏域，如图 8-60 所示。

③ 在“属性”面板中设置隐藏域的名称为 news_date，值为<%=postdate%>，如图 8-61 所示。

图 8-60　插入隐藏域

图 8-61　设置隐藏域的名称和值

需要说明的是，表单中的其他字段的名称最好都设置为对应的数据表字段的名称。这样，在后面加入“插入记录”服务器行为的时候就可以自动建立表单字段和相关表字段的对应。

2．设置表单请求编码

凡是涉及修改表单数据（包括插入记录和修改记录）并提交表单数据到数据库的程序，都需要在程序开始的位置设置表单请求编码为简体中文 gb2312，这样才能使写入数据库中的数据为简体中文。切换到代码窗口，在上面获取系统日期的代码下接着添加如下代码：

```
<%request.setCharacterEncoding("gb2312");%>
```

如果用户加入服务器行为使代码被移动到其他位置，请务必将其还原到程序开始的位置。

3．加入插入记录服务器行为

① 打开“服务器行为”面板，单击“+”按钮，从弹出的菜单中选择“插入记录”命令，如图 8-62 所示。

② 打开“插入记录”对话框，参照表 8-8 中的参数进行设置，如图 8-63 所示，并设置添加数据后转到系统管理主页面 news_admin.jsp。

表 8-8　插入记录参数设置

参　　数	设　置　值
连接	connNews
插入到表格	newsdata
插入后，转到	news_admin.jsp
获取值自	form1
表单元素	参照表单字段与数据表字段

③ 单击“确定”按钮，完成插入记录操作。

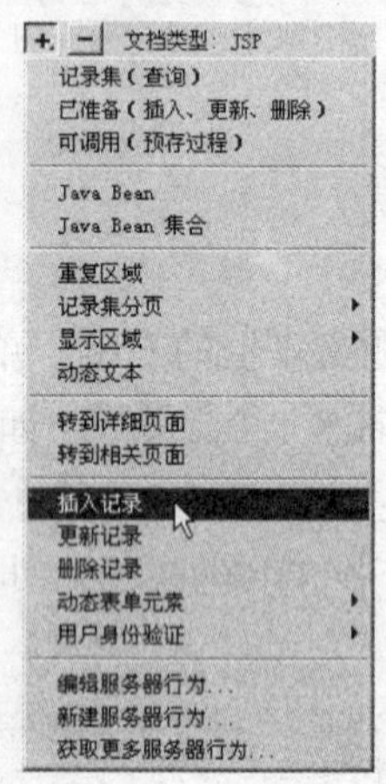

图 8-62　选择“插入记录”命令

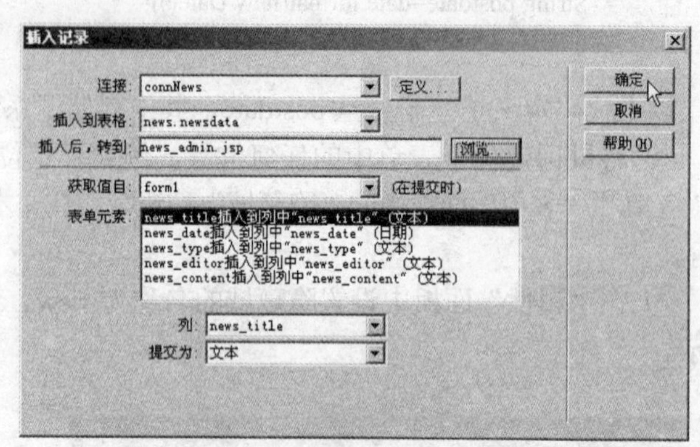

图 8-63　“插入记录”对话框

8.5.4　修改新闻页面的制作

接下来设计修改新闻的页面 news_upd.jsp，此页面的主要功能是将数据库中的数据读取至页面表单，修改数据后再更新网站数据库。

1．绑定记录集 newsupd

① 打开“绑定”面板，单击“+”按钮，从弹出的菜单中选择“记录集（查询)”命令。

② 打开“记录集”对话框，参照表 8-9 中的参数进行记录集的设置，如图 8-64 所示，完成后单击“确定”按钮。

表 8-9　绑定记录集 newsupd 的参数设置

参　数	设　置　值
名称	newsupd
连接	connNews
表格	newsdata
列	全部
筛选	news_id = URL/表单变量 news_id

③ 绑定记录集后，将记录集的字段拖动至网页的适当位置，如图 8-65 所示。

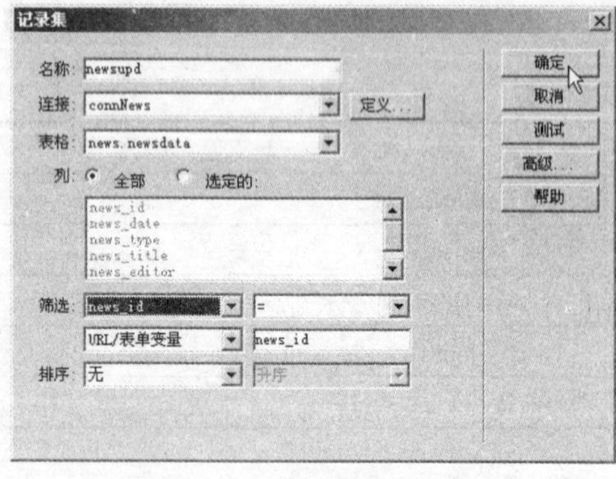

图 8-64　记录集的参数设置

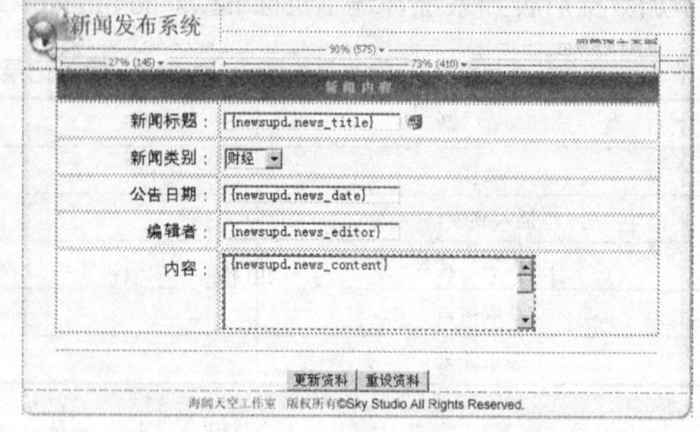

图 8-65　将记录集的字段拖动至网页

“新闻类别”表单字段的设置比较特殊，选取“新闻类别”表单字段，单击“属性”面板中的“动态”按钮[动态...]，打开“动态列表/菜单”对话框。

所谓“动态列表/菜单”对话框就是让“列表/菜单”类型的表单仍保有原有的选项，显示的默认值等于当前记录集内容的值。单击对话框最下方的“选取值等于”文本框右侧的按钮，如图 8-66 所示。打开“动态数据”对话框，选取记录集中的字段，如图 8-67 所示。

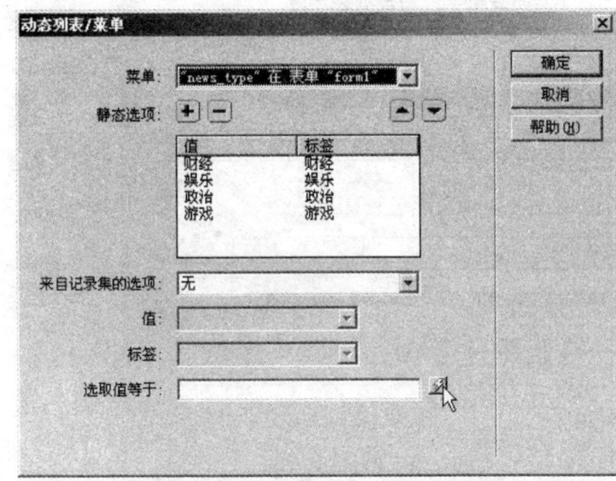

图 8-66 “动态列表/菜单”对话框

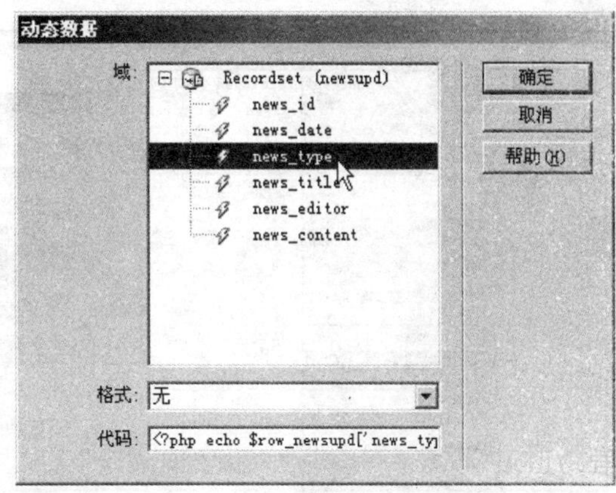

图 8-67 “动态数据”对话框

单击“确定”按钮，返回到“动态列表/菜单”对话框。再单击“确定”按钮，完成设置。

④ 此外，在页面中有一个隐藏域 news_id，将记录集中的 news_id 字段拖动至此即可，如图 8-68 所示。

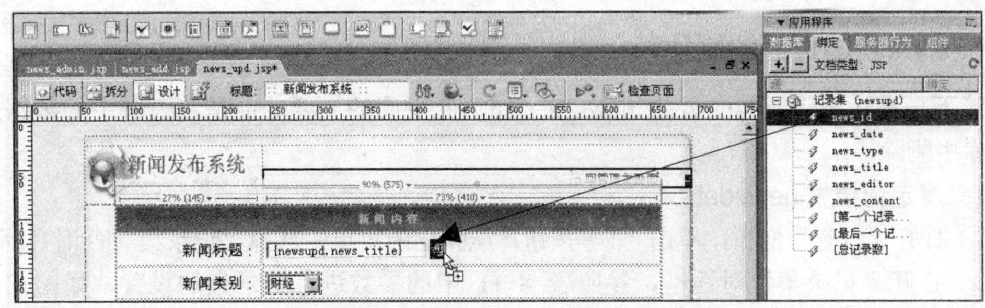

图 8-68 设置隐藏域 news_id

2. 加入更新记录服务器行为

① 打开“服务器行为”面板，单击“+”按钮，从弹出的菜单中选择“更新记录”命令，如图 8-69 所示。

② 打开“更新记录”对话框，参照表 8-10 中的参数进行设置，如图 8-70 所示，并设置更新数据后转到系统管理主页面 news_admin.jsp。

表 8-10　更新记录参数设置

参　数	设 置 值
连接	connNews
要更新的表格	newsdata
选取记录自	newsupd
唯一键列	news_id
在更新后，转到	news_admin.jsp
获取值自	form1
表单元素	参照表单字段与数据表字段

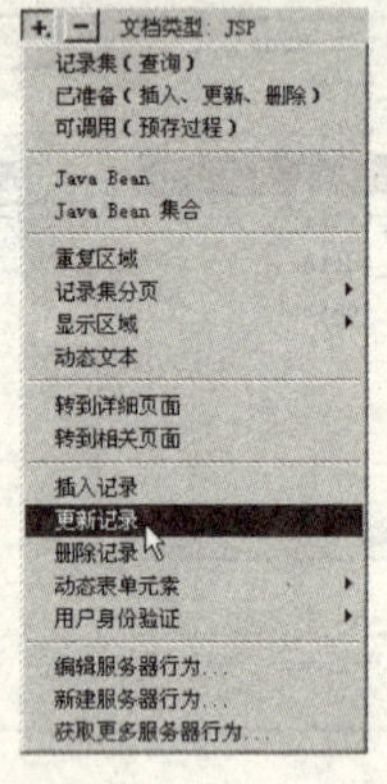

图 8-69　选择“更新记录”命令

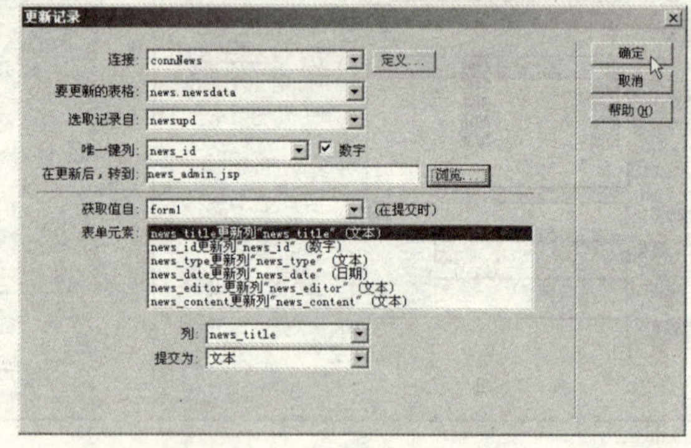

图 8-70　“更新记录”对话框

③ 单击“确定”按钮，完成更新记录操作。

需要说明的是，在使用更新记录服务器行为之前，一定要将记录集中的字段事先绑定至表单中对应的元素中。这样，修改记录页面在接收到上级页面传递过来的 news_id 参数后，就能将相应的记录值直接显示在表单元素中，以便用户直接修改数据。另外，在更新记录页面程序开始的位置需要添加设置表单请求编码为简体中文 gb2312 的代码。

8.5.5　删除新闻页面的制作

接下来设计删除新闻的页面 news_del.jsp，此页面的主要功能是将表单中的数据从网站数据库中删除。

1. 绑定记录集 newsdel

① 打开“绑定”面板，单击“+”按钮，从弹出的菜单中选择“记录集（查询）”命令。

② 打开“记录集”对话框，参照表 8-11 中的参数进行记录集的设置，如图 8-71 所示，完成后单击“确定”按钮即可。

表 8-11　绑定记录集 newsdel 的参数设置

参　数	设 置 值
名称	newsdel
连接	connNews
表格	newsdata
列	全部
筛选	news_id = URL/表单变量 news_id

③ 绑定记录集后，将记录集的字段拖动至网页的适当位置，如图 8-72 所示。

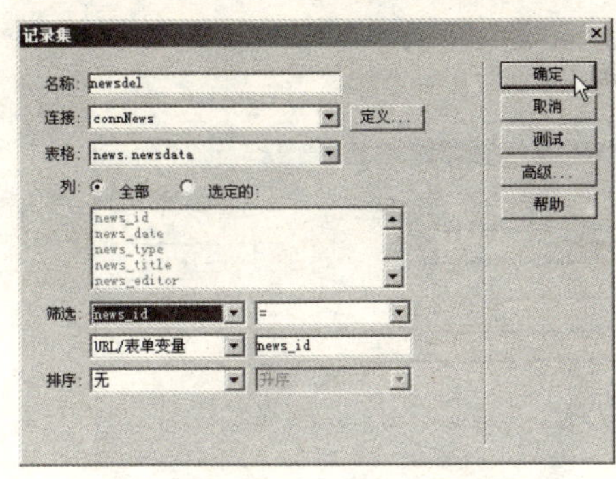

图 8-71 记录集的参数设置

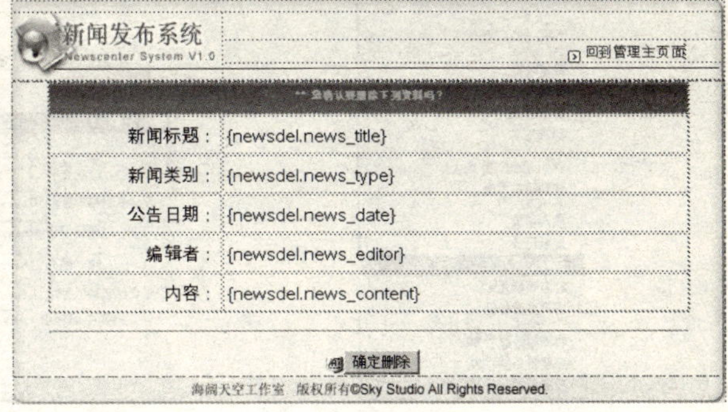

图 8-72 将记录集的字段拖动至网页

在表单下方有一个隐藏域 news_id，将记录集中的 news_id 字段拖动至此即可，如图 8-73 所示。该隐藏域对应删除操作服务器行为中的唯一键列，程序收到这个值后执行删除操作。

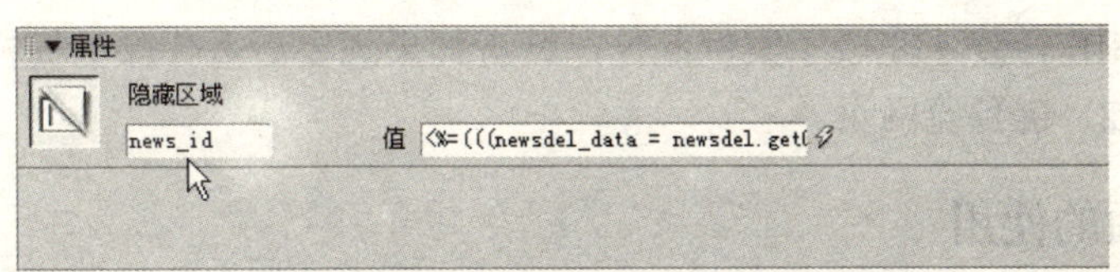

图 8-73 设置隐藏域 news_id

2．加入删除记录服务器行为

① 打开“服务器行为”面板，单击“+”按钮，从弹出的菜单中选择“删除记录”命令，如图 8-74 所示。

② 打开“删除记录”对话框，参照表 8-12 中的参数进行设置，如图 8-75 所示，并设置删除数据后转到系统管理主页面 news_admin.jsp。

表 8-12 删除记录参数设置

参　　数	设 置 值
连接	connNews
从表格中删除	newsdata
选取记录自	newsdel
唯一键列	news_id
提交此表单以删除	form1
删除后，转到	news_admin.jsp

③ 单击“确定”按钮，完成删除记录操作。

至此，新闻发布系统的所有页面全部制作完毕。

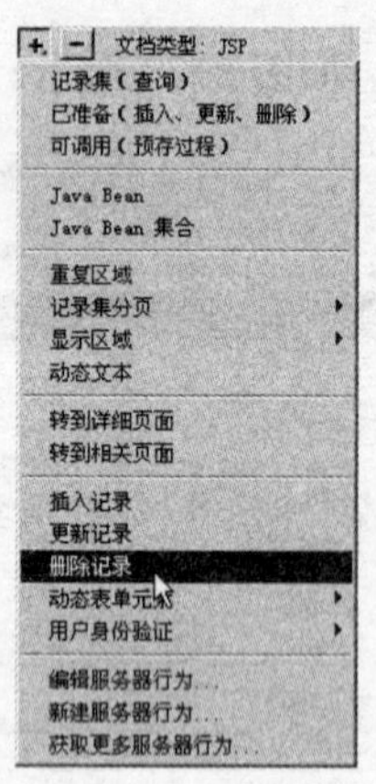

图 8-74　选择“删除记录”命令

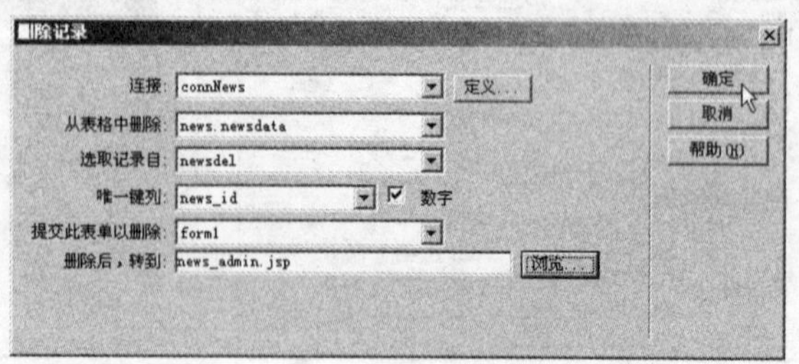

图 8-75　“删除记录”对话框

8.6　作品预览

经过漫长的制作，终于完成了案例制作，读者如果想要看看作品的模样，可以选取首页 news.jsp，按〈F12〉键预览网页。

8.6.1　一般页面的使用

预览网页 news.jsp，显示出系统发布的所有新闻标题，如图 8-76 所示。单击感兴趣的新闻标题，即会打开这则新闻的详细内容页面，如图 8-77 所示。

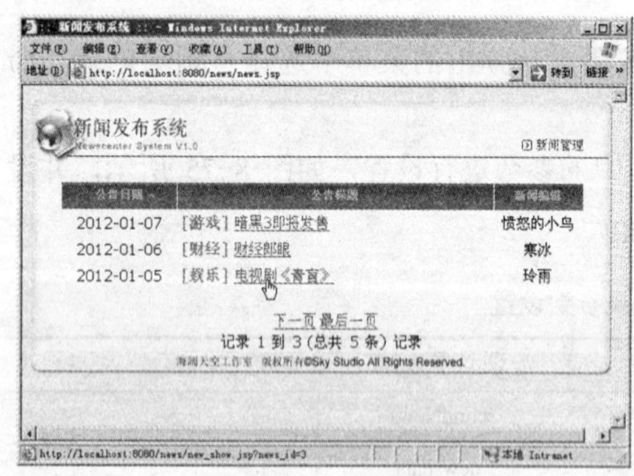

图 8-76　新闻标题页面

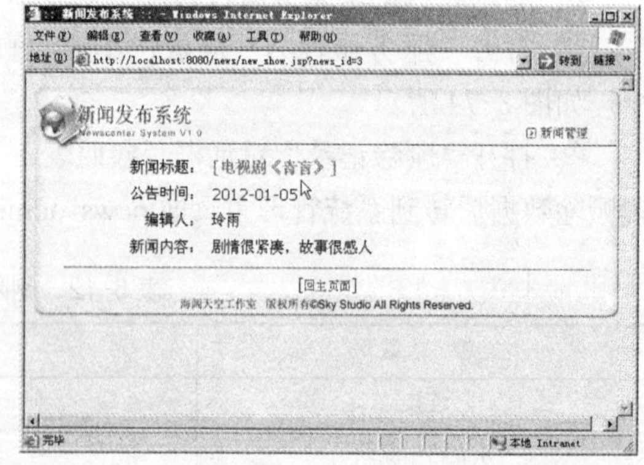

图 8-77　新闻的详细内容页面

8.6.2　管理页面的使用

1. 登录新闻管理页面

单击“新闻管理”链接，打开新闻管理登录页面 news_login.jsp，输入登录账号和密码，如图8-78所示。单击“登录管理页面”按钮，如果登录成功，则打开新闻管理页面 news_admin.jsp，如图 8-79 所示。

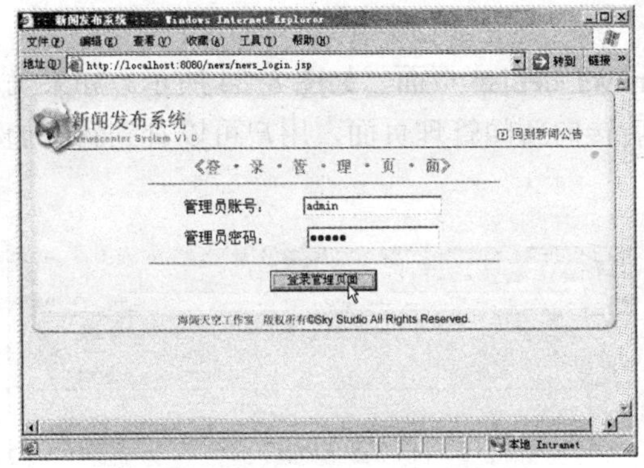

图 8-78　新闻管理登录页面

图 8-79　新闻管理页面

2. 添加新闻公告

单击新闻管理页面中的“添加新闻公告”链接，打开 news_add.jsp 页面，输入一条新闻信息，如图 8-80 所示。单击“添加资料”按钮，转向新闻管理页面，用户可以看到最新添加的新闻信息，如图 8-81 所示。

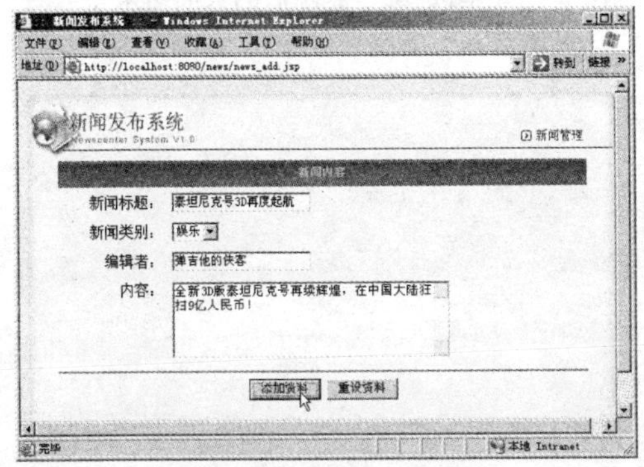

图 8-80　输入新闻信息

图 8-81　添加的新闻信息

3. 修改新闻公告

单击新闻管理页面中的“修改”链接，打开 news_upd.jsp 页面，修改当前操作的新闻信息，如图 8-82 所示。单击“更新资料”按钮，然后转向新闻管理页面，用户可以看到修改后的新闻信息，如图 8-83 所示。

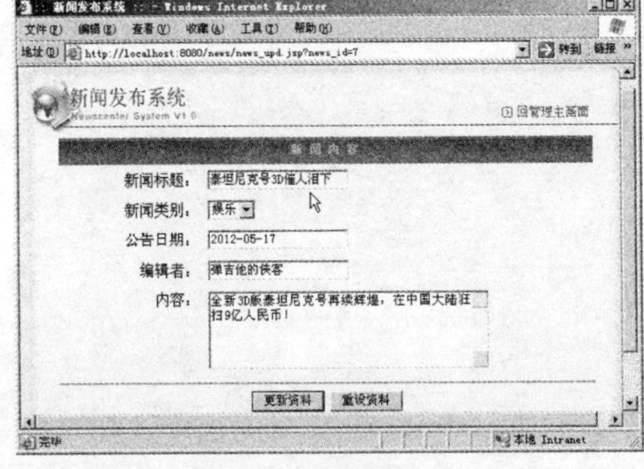

图 8-82　修改新闻信息

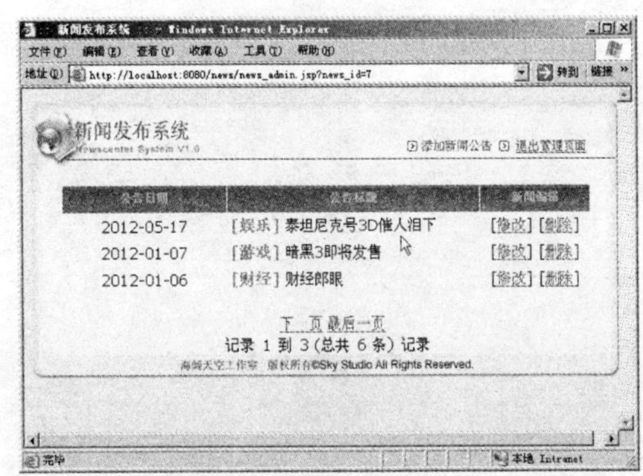

图 8-83　修改后的新闻信息

4．删除新闻公告

单击新闻管理页面中的“删除”链接，打开 news_del.jsp 页面，如图 8-84 所示。如果确定要删除这条新闻，单击“确定删除”按钮，然后转向新闻管理页面，用户可以看到新添加的新闻已经被删除掉了，如图 8-85 所示。

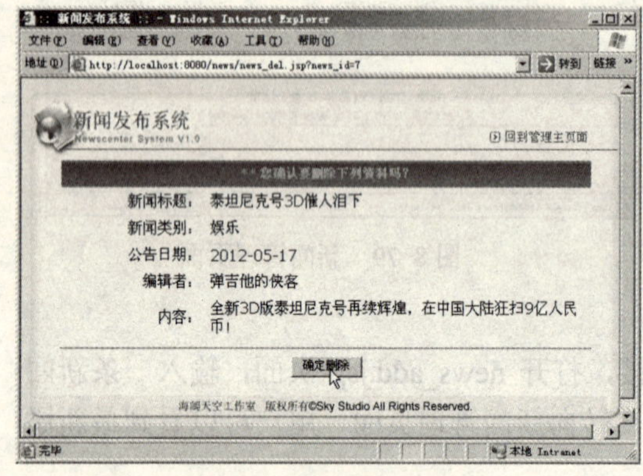

图 8-84　删除新闻信息

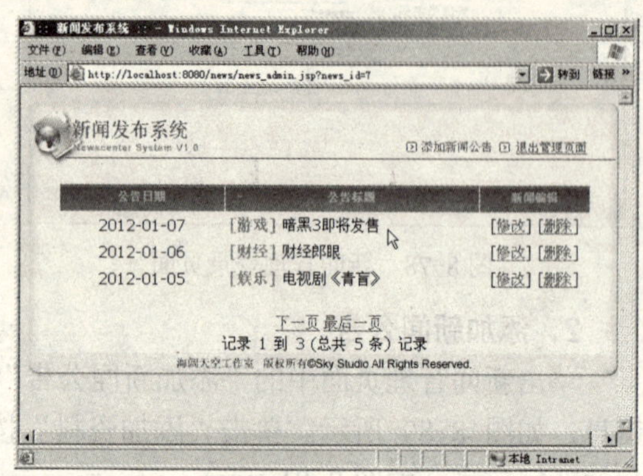

图 8-85　删除后的页面结果

第 9 章　网络日记本

网络日记本是网站中常见的一种应用。在网络日记本中，用户可以在网页上写下日记内容，并上传图片至网站的服务器中。在本案例中，用户除了可以查看日记外，还可以上传图片并对日记进行添加、修改与删除。

9.1　网站的规划

本章重点介绍建立一个具备添加、修改、删除数据库中的数据及上传图片等功能的网络日记本的方法。下面将分别介绍网络日记本的网站结构与页面设计。

9.1.1　网站结构

网络日记本的网站结构示意图如图 9-1 所示，主要包括浏览者页面与管理员页面两部分，网站的首页为 ediary.jsp。

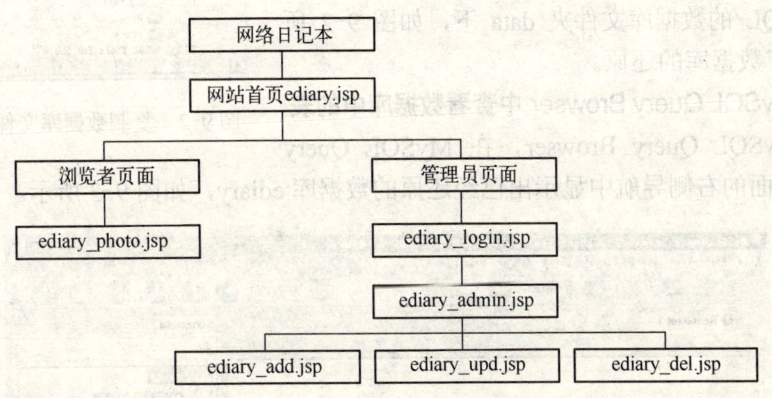

图 9-1　网站结构示意图

本案例的本地站点和测试站点都架设在本地服务器。用户既可以在 Dreamweaver 动态网站环境下按〈F12〉键预览网页，也可以在启动 IE 浏览器后输入网站地址 http://localhost:8080/ediary/ediary.jsp 来测试网站的首页 ediary.jsp。

9.1.2　页面设计

本案例所介绍的网络日记本的页面包括浏览日记、添加日记、修改日记、删除日记等 7 个页面，见表 9-1。其中，浏览者只有浏览及查询日记的权限，而系统管理员则有添加、修改、删除日记、上传图片等权限。

表 9-1 网络日记本的页面文件

文件名称	功能说明
ediary.jsp	网络日记本主页面
ediary_photo.jsp	网络日记本浏览照片页面
ediary_login.jsp	系统管理员登录页面
ediary_admin.jsp	系统管理员管理主页面
ediary_add.jsp	添加日记页面
ediary_upd.jsp	修改日记页面
ediary_del.jsp	删除日记页面

9.2 数据库设计

网络日记本程序中用到的数据库采用复制数据库文件夹的方法还原数据库到 MySQL 的数据库文件夹下。

9.2.1 还原数据库

1．复制数据库文件夹到 MySQL 的数据库文件夹

打开案例所在的文件夹，将数据库文件夹 ediary 复制到 MySQL 的数据库文件夹 data 下，如图 9-2 所示，即完成了数据库的还原。

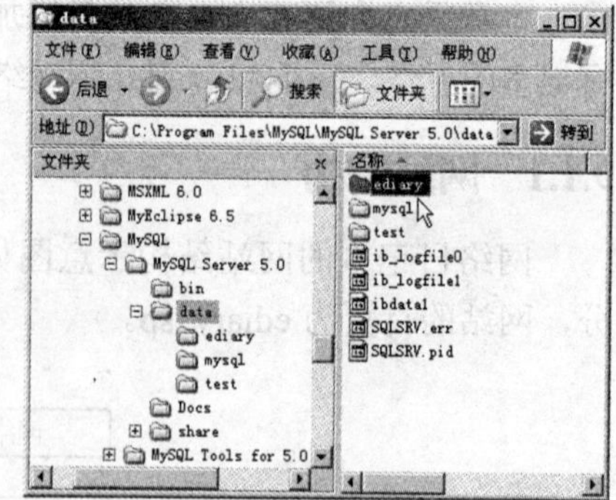

图 9-2 复制数据库文件夹到目标位置

2．在 MySQL Query Browser 中查看数据库中的表

登录 MySQL Query Browser，在 MySQL Query Browser 主界面的右侧导航中显示出已经还原的数据库 ediary，如图 9-3 所示。

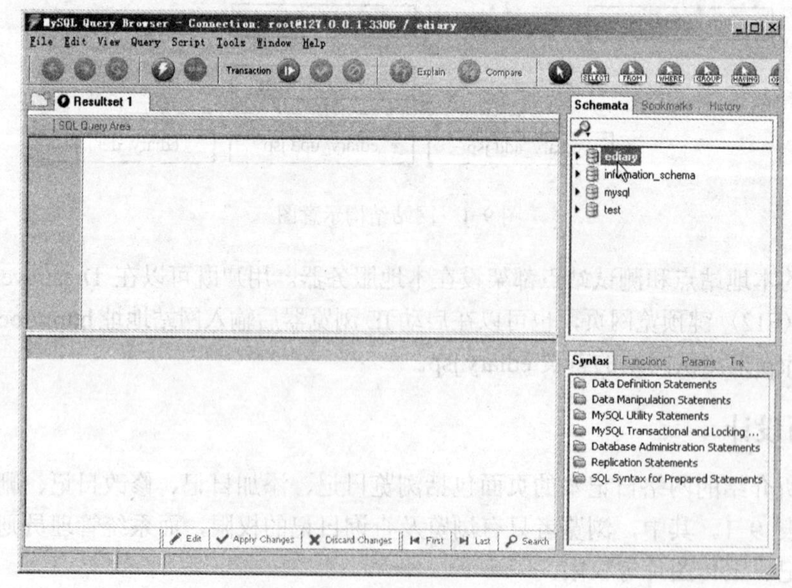

图 9-3 已经还原的数据库

双击数据库 ediary，在展开的包含文件中显示出数据库中的数据表 admins 和 ediary，如图 9-4 所示。

图 9-4　数据库中包含的数据表

9.2.2 数据表的结构

在图 9-4 中，选中某个数据表，按〈F2〉键将打开表的结构定义。

1. 表 admins 的结构

表 admins 用来存储管理页面的账号和密码，表的结构如图 9-5 所示。

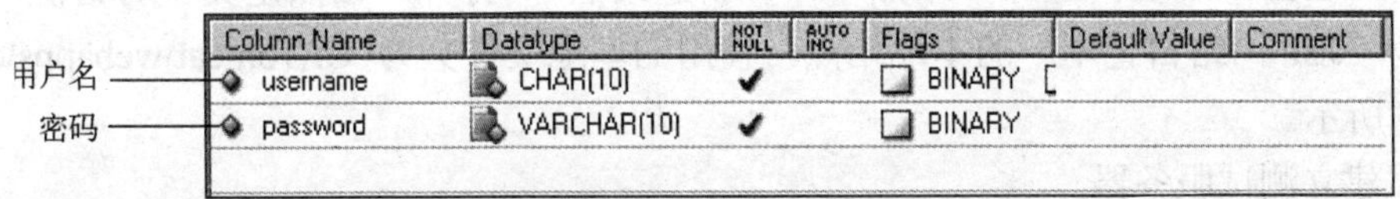

图 9-5　表 admins 的结构

当前表中已经预存了一条管理员的记录，用户名和密码的值都是“admin”。

2. 表 ediary 的结构

表 ediary 用来存储日记的信息，所有字段的命名都以“ediary_”为前缀，目的在于避免与系统保留字的冲突。本表的主键是 ediary_id（日记编号），并设置为自动编号 auto_increment，表的结构如图 9-6 所示。

	Column Name	Datatype	NOT NULL	AUTO INC	Flags	Default Value	Comment
日记编号	ediary_id	INT(11)	✔	✔	UNSIGNED	NULL	
发布时间	ediary_date	DATETIME	✔				
日记主题	ediary_subject	VARCHAR(15)	✔		BINARY		
日记内容	ediary_content	MEDIUMTEXT	✔				
日记心情	ediary_mood	VARCHAR(15)	✔		BINARY		
日记天气	ediary_weather	VARCHAR(15)	✔		BINARY		
日记照片	ediary_photo	VARCHAR(15)	✔		BINARY		
照片说明	ediary_pmemo	VARCHAR(50)	✔		BINARY		

图 9-6　表 ediary 的结构

9.3 定义网站与设置数据库连接

接下来要在 Dreamweaver 中定义一个 JSP 网站，设置本地文件夹、测试服务器和数据库的连接，见表 9-2。

表 9-2　定义网站

参　数	设　置　值
站点名称	JSP 网络日记本
本地文件夹	C:\Tomcat\webapps\ediary
测试服务器	C:\Tomcat\webapps\ediary
网站测试地址	http://localhost:8080/ediary/
MySQL 服务器地址	localhost:3306
MySQL 服务器管理账号/密码	root/root
数据库名称	ediary
数据表名称	admins、ediary

1. 复制网页源文件

本书所附的素材文件中的 ediary 文件夹包含此案例所需的全部原始文件（静态页面），用户可以将其全部复制到网站的根目录 C:\Tomcat\webapps 下。

2. 定义网站

（1）建立本地站点

打开 Dreamweaver，选择“站点”→“新建站点”，打开“站点定义”对话框，新建一个名称为“JSP 网络日记本”的本地站点，使用的本地文件夹为 C:\Tomcat\webapps\ediary，如图 9-7 所示。

（2）建立测试服务器

将分类切换到“测试服务器”类别，设置服务器模型为“JSP”，访问为“本地/网络”，测试服务器文件夹为 C:\Tomcat\webapps\ediary，HTTP 地址为 http://localhost:8080/ediary，如图 9-8 所示。

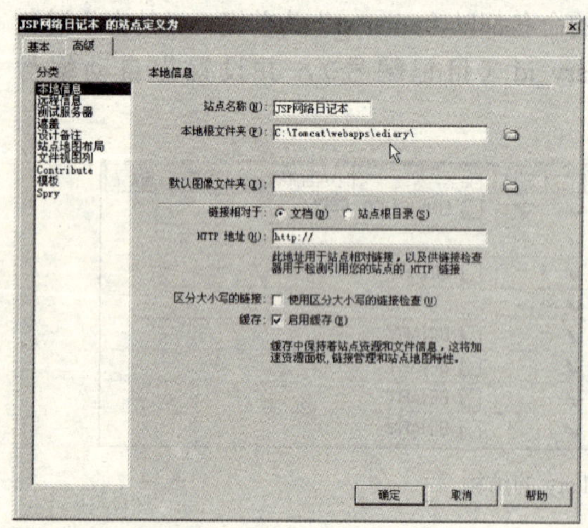

图 9-7　建立本地站点

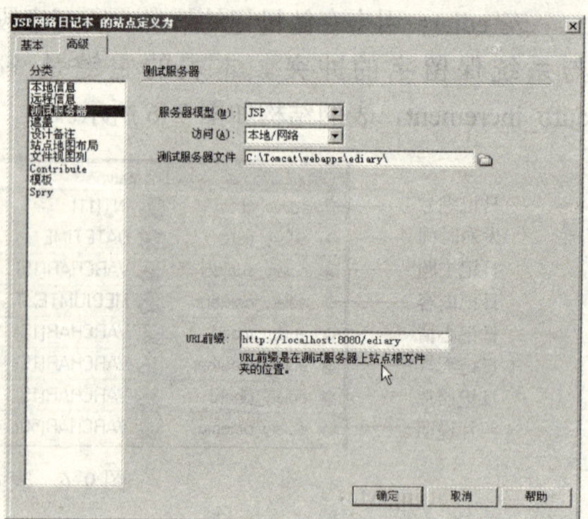

图 9-8　建立测试服务器

完成设置后，单击“确定”按钮，完成网站的定义。

3. 设置数据库连接

完成了网站的定义后，需要设置网站与数据库的连接，才能在此基础上制作出动态页面。操作步骤如下。

① 打开网页 ediary.jsp，在“应用程序”面板的“数据库”选项卡中单击“+”按钮，弹出选择数据库连接的菜单，如图 9-9 所示。

② 在弹出的菜单中选择“MySQL 驱动程序（MySQL）”命令，打开“MySQL 驱动程序（MySQL）”对话框，如图 9-10 所示。参照表 9-3 中的参数进行数据库连接设置。

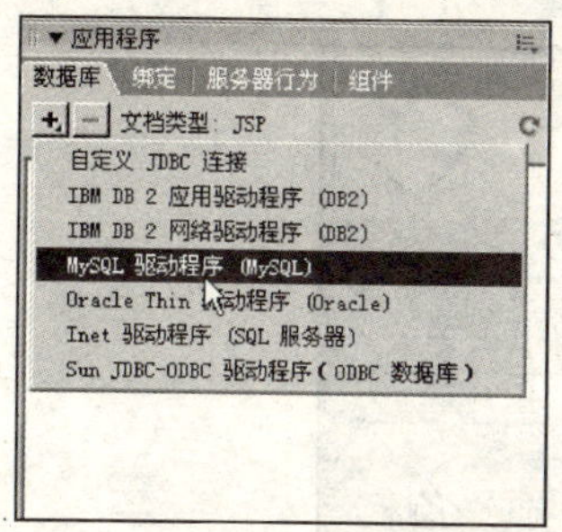

图 9-9 选择数据库连接的菜单

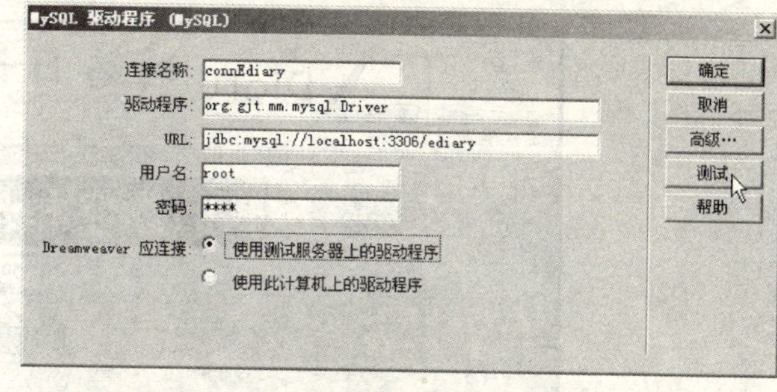

图 9-10 “MySQL 驱动程序（MySQL）”对话框

表 9-3 设置数据库连接参数

参　数	设　置　值
连接名称	connEdiary
URL	jdbc:mysql://localhost:3306/ediary
用户名	root
密码	root
Dreamweaver 应连接	使用测试服务器上的驱动程序

③ 单击“测试”按钮测试是否与 MySQL 数据库连接成功。如果连接成功，将打开如图 9-11 所示的对话框，显示“成功创建连接脚本”的提示信息。

④ 单击“确定”按钮，返回到“MySQL 驱动程序（MySQL）”对话框。在“MySQL 驱动程序（MySQL）”对话框中，单击“确定”按钮，完成设置网站与数据库的连接。

⑤ 打开生成的数据库连接文件 connEdiary.jsp，生成的数据库连接代码如下：

图 9-11 连接成功

```
<%
String MM_connEdiary_DRIVER = "org.gjt.mm.mysql.Driver";
String MM_connEdiary_USERNAME = "root";
String MM_connEdiary_PASSWORD = "root";
String MM_connEdiary_STRING = "jdbc:mysql://localhost:3306/ediary";
%>
```

9.4 网络日记本主页面的制作

在 Dreamweaver 中定义网站，建立与 MySQL 数据库的连接后，就可以开始设计 JSP 页面了。网络日记本主页面包含了日记首页及浏览照片页面。用户浏览日记首页时，可以单击感兴趣的照片打开照片放大图欣赏。

9.4.1 日记首页的制作

首先，要制作网络日记的首页 ediary.jsp。这个页面用于显示发布在网站上的日记内容。这里将页面设计成一次只能显示一条记录，再利用导航栏来浏览其他的日记内容。其版面设计如图 9-12 所示。

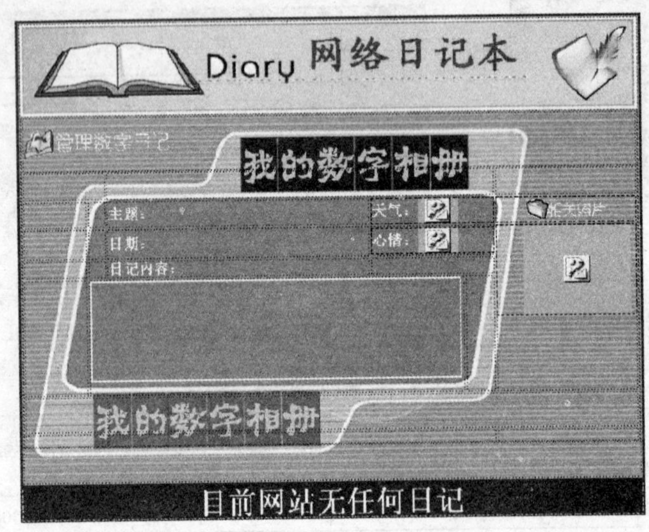

图 9-12 日记首页

1. 绑定记录集 ediarylist

记录集可根据当前网页的需要选取所需的字段，甚至进一步筛选或排列信息内容。在建立与 MySQL 数据库的连接后，就可以利用“绑定”面板，将所需要的字段链接至网页中。

ediary.jsp 所使用的数据表是 ediary，绑定这个数据表字段的操作步骤如下。

① 打开“绑定”面板，单击“+”按钮，从弹出的菜单中选择“记录集（查询）”命令。

② 打开“记录集”对话框，参照表 9-4 中的参数进行记录集的设置，如图 9-13 所示，完成后单击“确定”按钮。

表 9-4 绑定记录集 ediarylist 的参数设置

参数	设置值
名称	ediarylist
连接	connEdiary
表格	ediary
列	全部
排序	以 ediary_date 降序排列

③ 绑定记录集后，将记录集的字段拖动至 ediary.jsp 网页的适当位置，如图 9-14 所示。

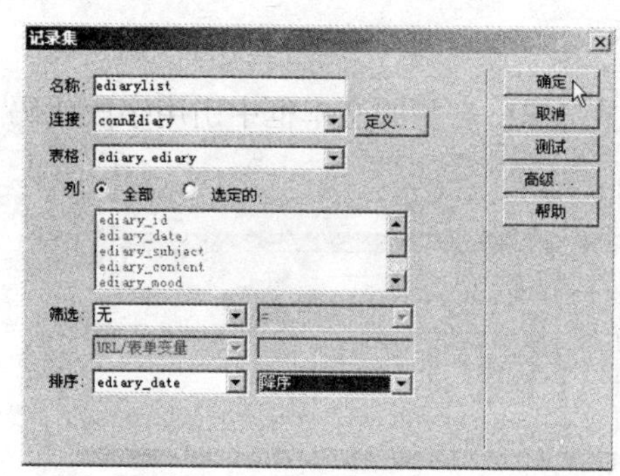

图 9-13 记录集的参数设置

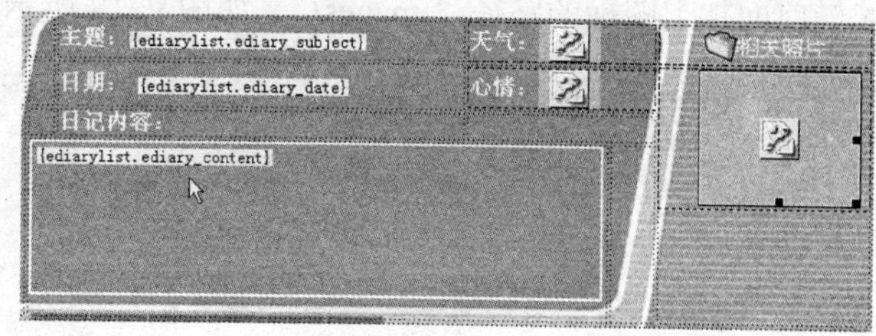

图 9-14 将记录集的字段拖动至网页

2．设置显示天气、心情图标与相关照片

在网络日记中，每篇日记都可以有不同的天气、心情图标与相关照片。由于数据库中的字段只能保存图像的文件名而无法保存图片，所以用户必须利用图片的文件名来指定要显示的图像。其中，天气、心情的图标位于站点下的 images 目录中；相关照片位于站点下的 photo 目录中，将来用户上传的图片也存储在 photo 目录中。网页中的天气、心情图标与相关照片的图片分别与记录集中的字段 ediary_mood、ediary_weather 及 ediary_photo 链接。设置方法如下。

① 选择页面中的天气图标，然后单击“属性”面板中“源文件”文本框后的“浏览文件”按钮，如图 9-15 所示。打开“选择图像源文件”对话框，如图 9-16 所示。

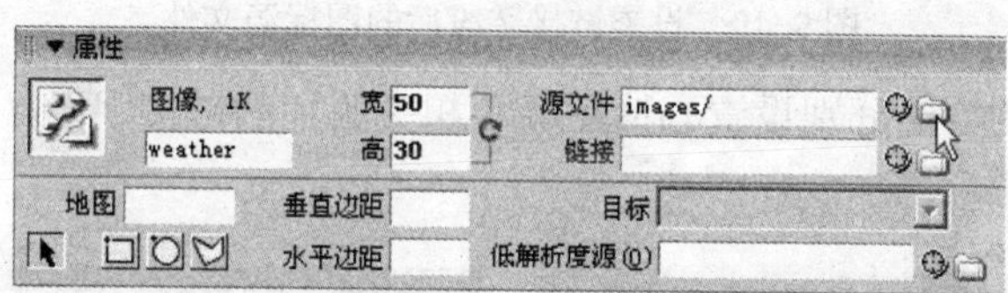

图 9-15 单击浏览文件按钮

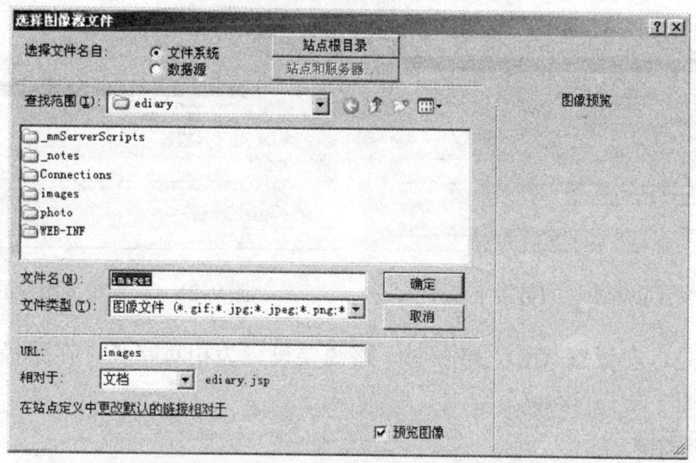

图 9-16 “选择图像源文件”对话框

② 在对话框中，单击“选取文件名自：”右侧的“数据源”单选按钮，选择其中需要链

接天气图标的字段“ediary_weather”，如图 9-17 所示。

由于天气图标位于站点下的 images 目录中，所以在 URL 右侧的文本框中引用字段代码的最前面加上图标的路径“images/”，如图 9-18 所示。

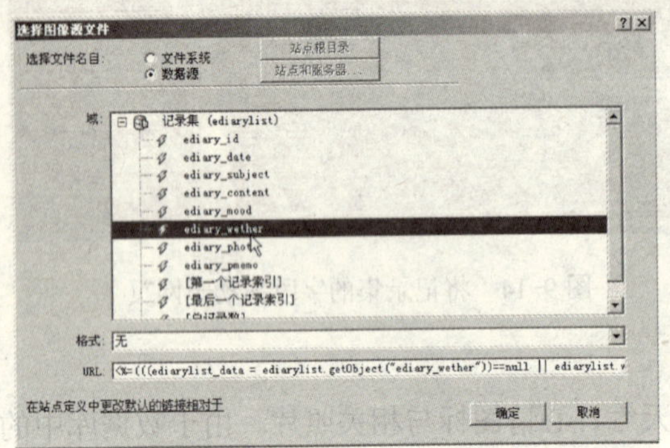

图 9-17　选择链接天气图标的字段

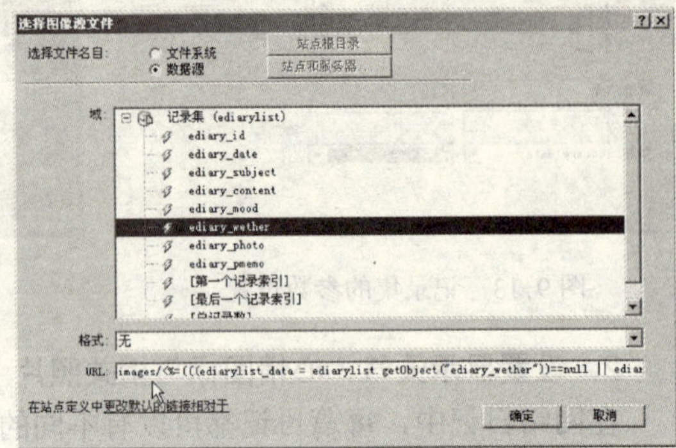

图 9-18　在字段代码的最前面加上图标的路径

③ 单击“确定”按钮，返回到设计页面，“属性”面板中即可看到在图标源文件文本框中显示出图标的链接字段，如图 9-19 所示。

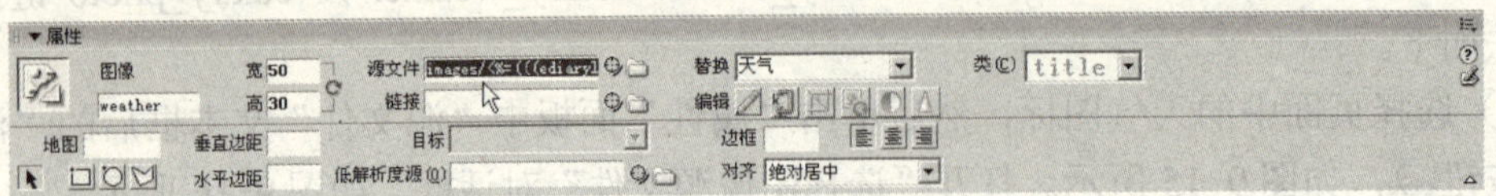

图 9-19　设置链接字段后的图标源文件

读者可以用类似的方法分别设置心情图标和相关照片的链接字段，如图 9-20 和图 9-21 所示。

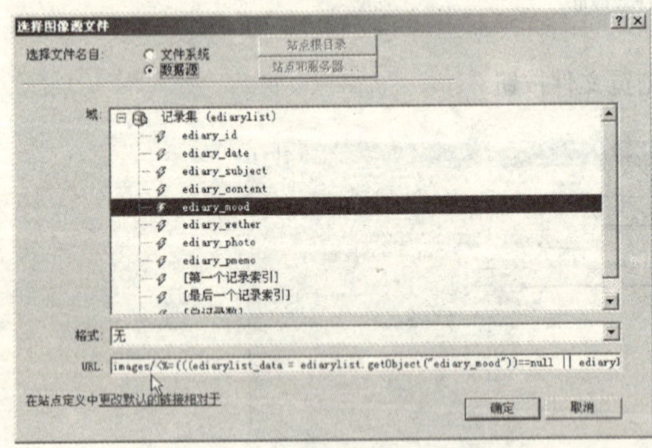

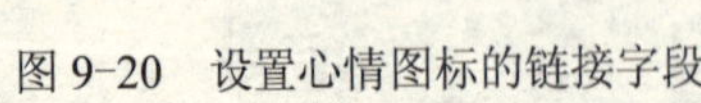
图 9-20　设置心情图标的链接字段

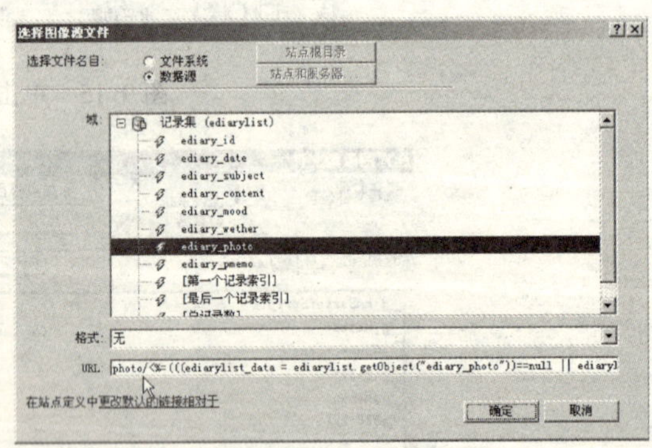

图 9-21　设置相关照片的链接字段

需要注意的是，在设置 URL 路径时，路径要设置为相对路径，在路径最开始的位置不要加“/”，即不要写为“/photo/”。

3．设置显示区域

当数据库中没有任何数据时，就需要隐藏显示日记数据的字段，并且显示没有任何数据的说明文字。操作步骤如下。

① 选取记录集有数据时要显示的数据表格，如图 9-22 所示。

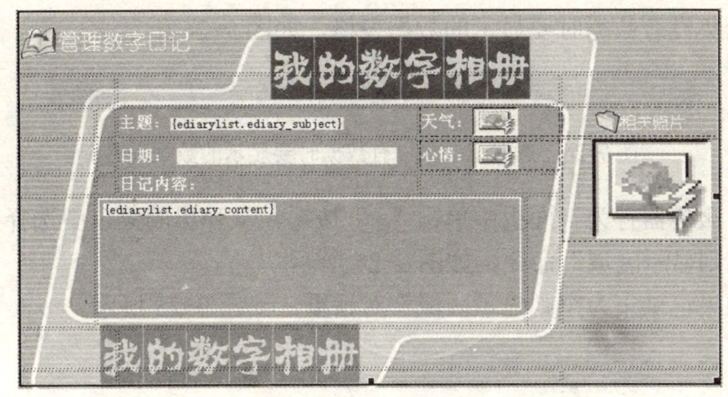

图 9-22　选取数据表格

② 打开“服务器行为”面板，单击“+”按钮，从弹出的菜单中选择“显示区域”→“如果记录集不为空则显示区域”命令，如图 9-23 所示。

③ 打开“如果记录集不为空则显示区域”对话框，如图 9-24 所示。

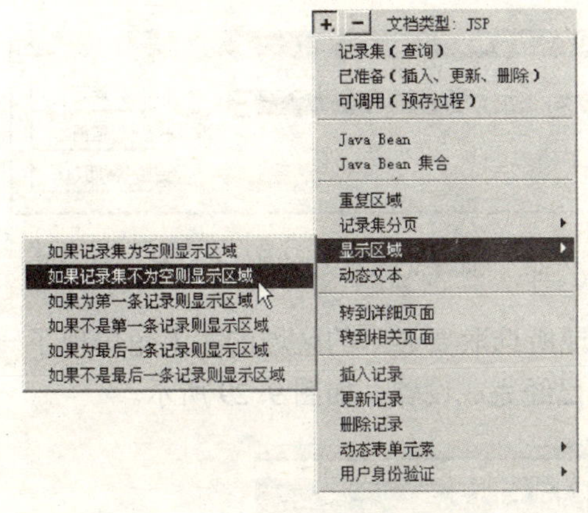

图 9-23　选择“如果记录集不为空则显示区域”命令

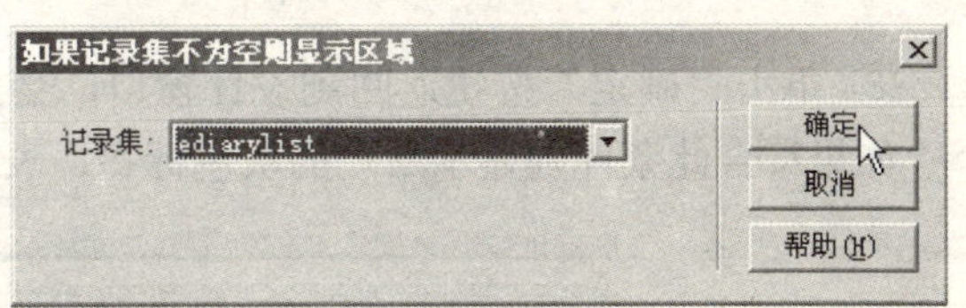

图 9-24　“如果记录集不为空则显示区域”对话框

④ 单击“确定”按钮返回到设计窗口，会发现所选取要显示的区域的左上角出现了一个“如果符合此条件则显示...”的灰色标签，表示已经完成设置，如图 9-25 所示。

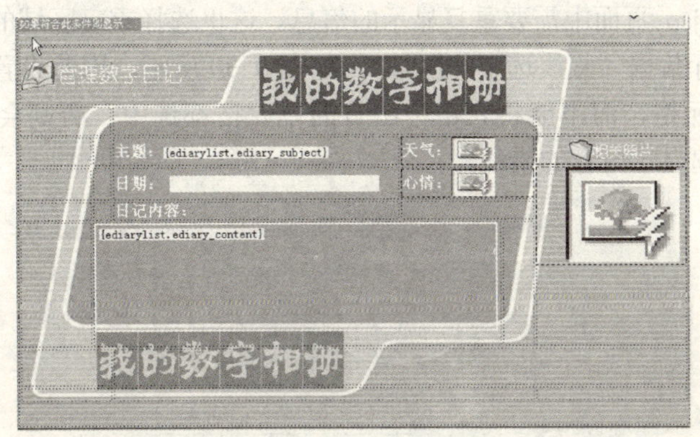

图 9-25　显示区域的设置效果

⑤ 选取记录集没有数据时要显示的数据表格，如图 9-26 所示。

目前网站无任何日记

图 9-26　选取记录集没有数据时要显示的数据表格

⑥ 仍然在“服务器行为”面板中单击“+”按钮，从弹出的菜单中选择“显示区域”→“如果记录集为空则显示区域”命令，如图 9-27 所示。

⑦ 打开“如果记录集为空则显示区域”对话框，如图 9-28 所示。

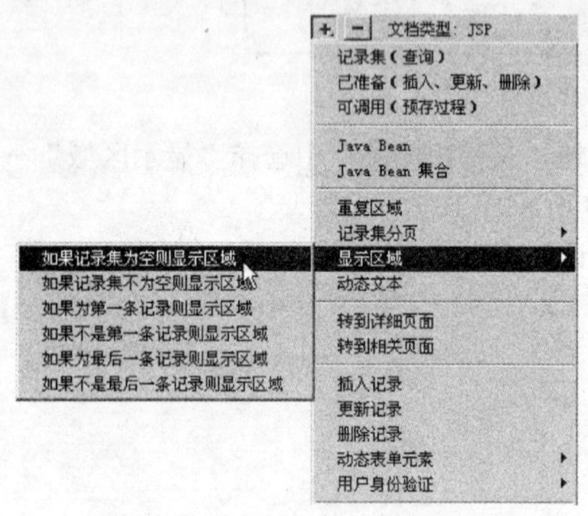

图 9-27　选择“如果记录集为空则显示区域”命令　　　图 9-28　“如果记录集为空则显示区域”对话框

⑧ 单击“确定”按钮返回到设计窗口，会发现所选取要显示的区域的左上角出现了一个“如果符合此条件则显示...”的灰色标签，表示已经完成设置，如图 9-29 所示。

图 9-29　记录集为空时的设置效果

4. 设置重复区域

由于要在 ediary.jsp 页面中显示数据库中的所有记录，而当前的设置只能显示数据库的第一条记录，所以需要设置“重复区域”服务器行为将数据一一读取并显示出来。操作步骤如下。

① 选取 ediary.jsp 页面中需要重复显示的信息。这里选择重复区域的操作非常关键，由于选择的内容是多行数据（蓝线选中的区域），如图 9-30 所示，因此设置重复的内容只能是包含绑定字段的单元格，而不能将表格中所有的单元格都选中，否则会造成多余的重复内容，页面预览后引起显示内容的错乱。

图 9-30　选取重复的内容

② 打开“服务器行为”面板，单击“+”按钮，从弹出的菜单中选择“重复区域”命令，如图 9-31 所示。

③ 打开“重复区域”对话框，设置每页显示的记录数为 1 条记录，如图 9-32 所示。

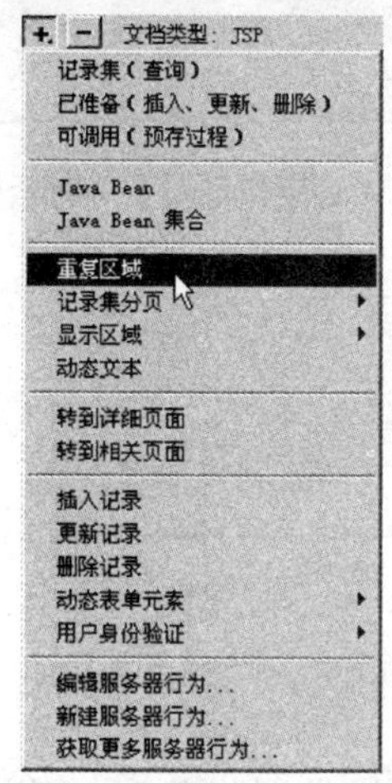

图 9-31　选择“重复区域”命令

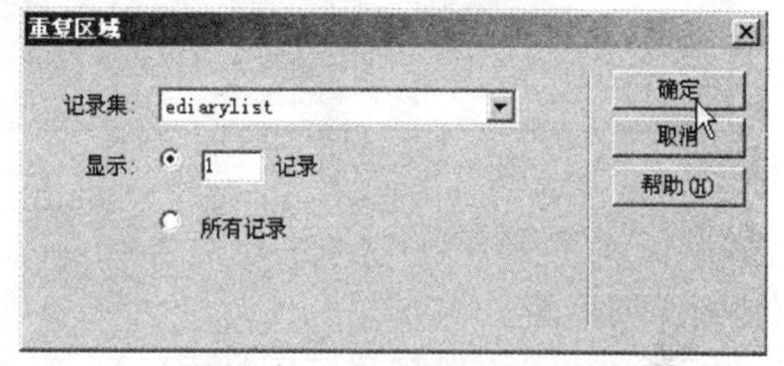

图 9-32 “重复区域”对话框

④ 单击“确定”按钮返回到设计窗口，会发现所选取要重复的区域的左上角出现了一个“重复”的灰色标签，表示已经完成设置，如图 9-33 所示。

图 9-33　重复区域的灰色标签

5. 加入记录集导航条

操作步骤如下。

① 移动鼠标指针到要加入记录集导航条的位置，如图 9-34 所示。单击“插入”工具栏“数据”面板中的“记录集分页”按钮，在弹出的菜单中选择“记录集导航条”命令，如图 9-35 所示。

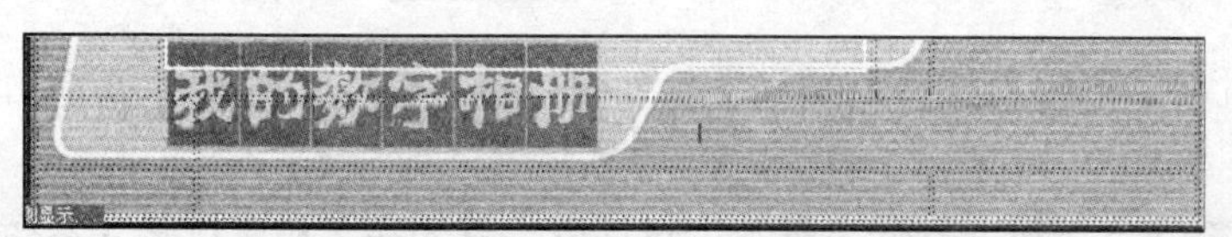

图 9-34　定位记录集导航条的位置

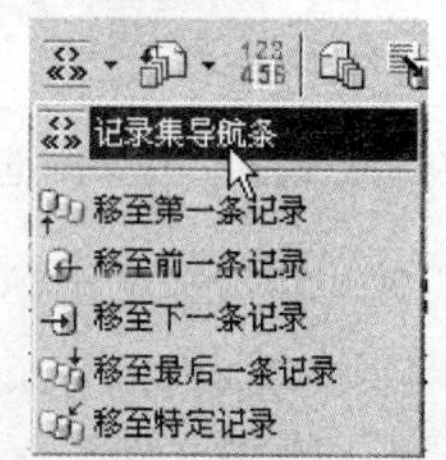

图 9-35　选择“记录集导航条”命令

② 打开“记录集导航条”对话框，设置导航条的显示方式为“文本”方式，如图 9-36 所示。

③ 单击“确定”按钮返回到设计窗口，会发现页面中出现该记录集的导航条，如图 9-37 所示。

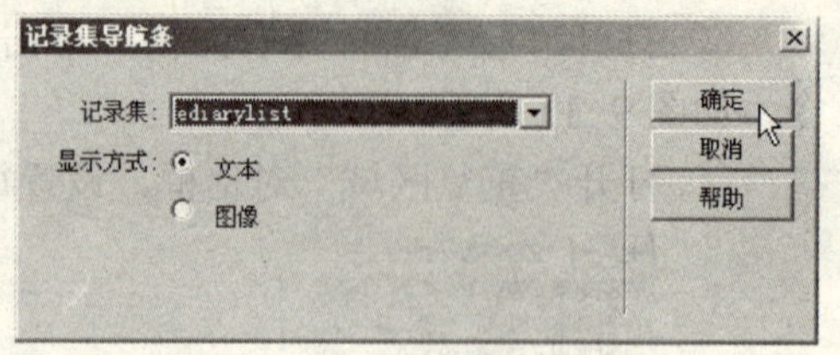

图 9-36 “记录集导航条”对话框

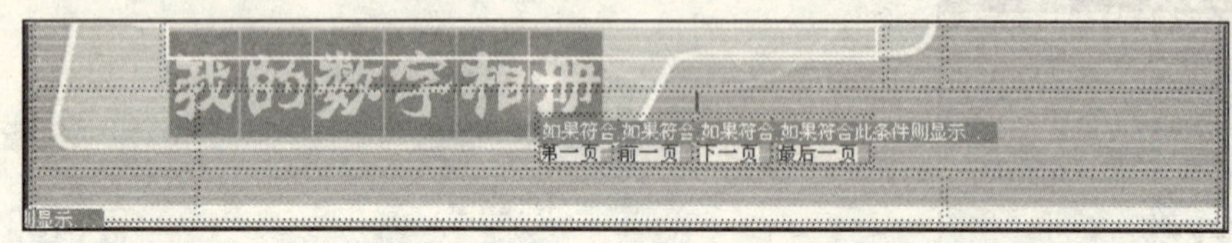

图 9-37 加入记录集导航条后的效果

6. 转到详细页面

日记首页 ediary.jsp 除了显示网站中的日记信息之外，还要提供浏览者单击感兴趣的照片打开照片放大图欣赏的功能。操作步骤如下。

① 选取首页上相关照片的缩略图，然后在“行为”面板中，选择“打开浏览器窗口”菜单项，如图 9-38 所示。

② 打开“打开浏览器窗口”对话框，如图 9-39 所示。

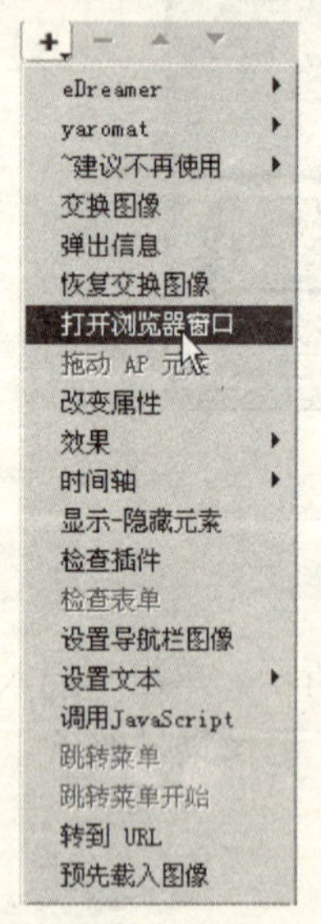

图 9-38 选择“打开浏览器窗口”菜单项

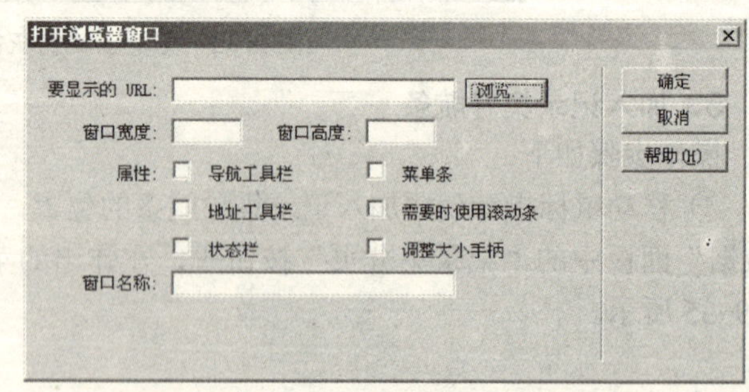

图 9-39 “打开浏览器窗口”对话框

③ 在对话框中单击“浏览”按钮，打开“选择文件”对话框。选中要放置在新窗口中的网页文件 ediary_photo.jsp，如图 9-40 所示。

④ 选中文件后，单击“参数”按钮，打开“参数”对话框。首先在名称区域输入参数名称 ediary_id（该参数为传递参数），然后单击值区域右侧的闪电标按钮 ，如图 9-41 所示。

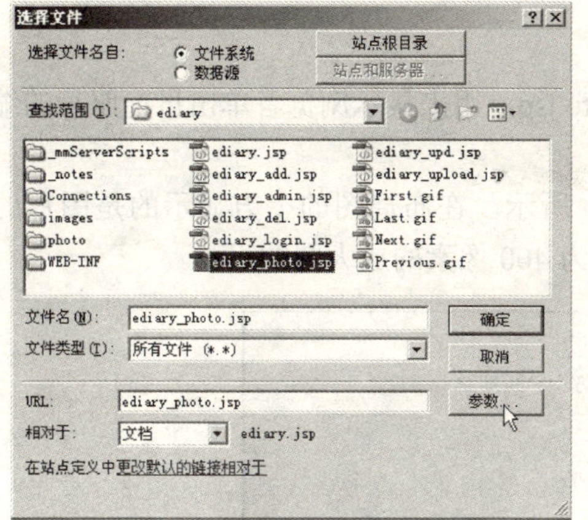

图 9-40　选中要放置在新窗口中的网页文件

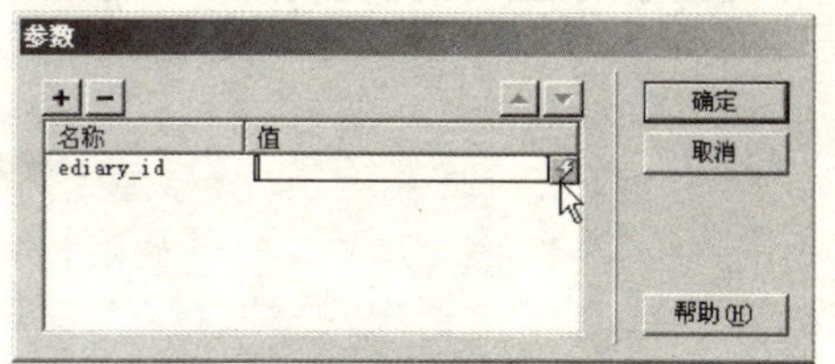

图 9-41　“参数”对话框

⑤ 打开“动态数据”对话框，选择日记编号 ediary_id 字段，如图 9-42 所示。单击“确定”按钮返回“参数”对话框，可以看到生成的动态参数值，如图 9-43 所示。

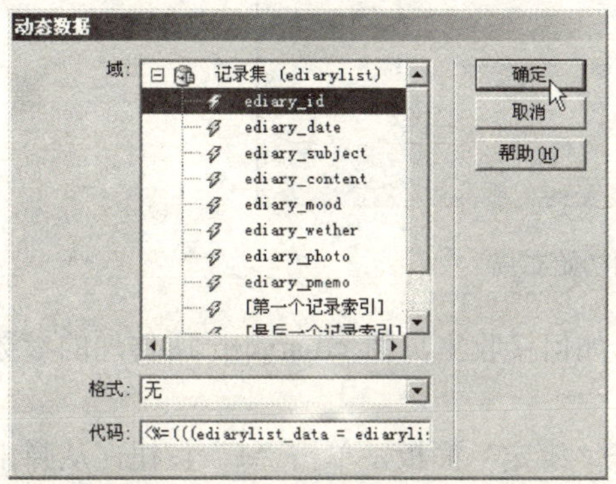

图 9-42　“动态数据”对话框

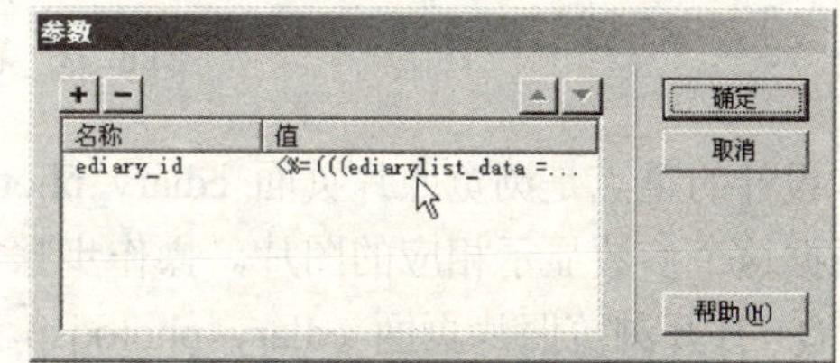

图 9-43　生成的动态参数值

⑥ 单击“确定”按钮返回“选择文件”对话框，再单击“确定”按钮返回“打开浏览器窗口”对话框。最后设置浏览器窗口的参数，窗口宽度设置为 600 像素，窗口高度设置为 450 像素，如图 9-44 所示。

⑦ 单击“确定”按钮，完成打开浏览器窗口的设置。读者可以看到在“行为”面板中生成了缩略图的 onClick 事件及响应动作，如图 9-45 所示。

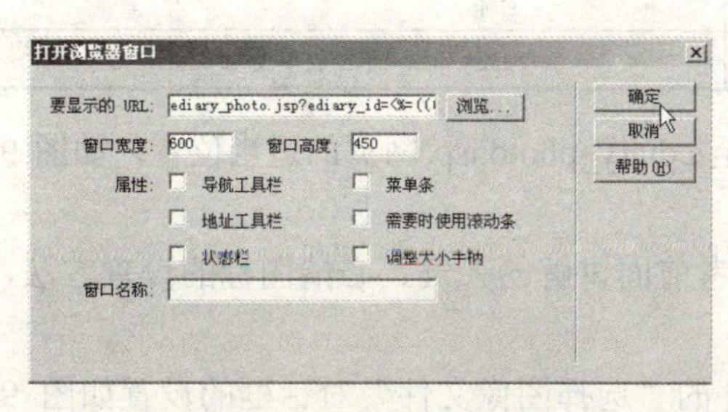

图 9-44　设置浏览器窗口的参数

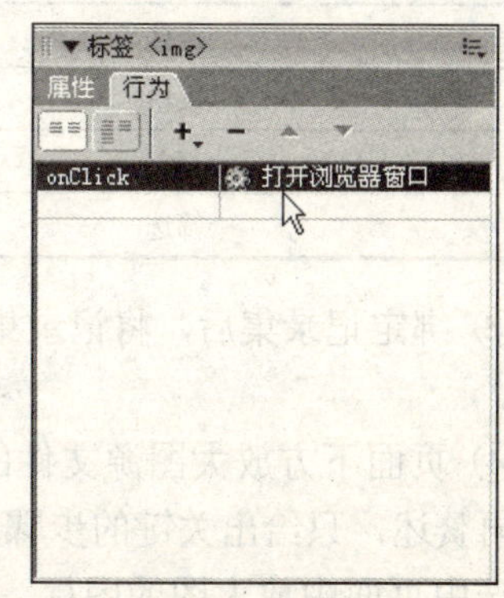

图 9-45　缩略图的 onClick 事件

9.4.2 浏览照片页面的制作

本节讲解的是制作浏览照片页面 ediary_photo.jsp，用来显示浏览者单击日记照片的缩略图后打开的放大照片。

ediary_photo.jsp 页面的初始布局如图 9-46 所示。在布局图的上方显示的是图片的说明，下方显示的是自定义宽度为 600 像素，高度为 400 像素的放大图的尺寸。

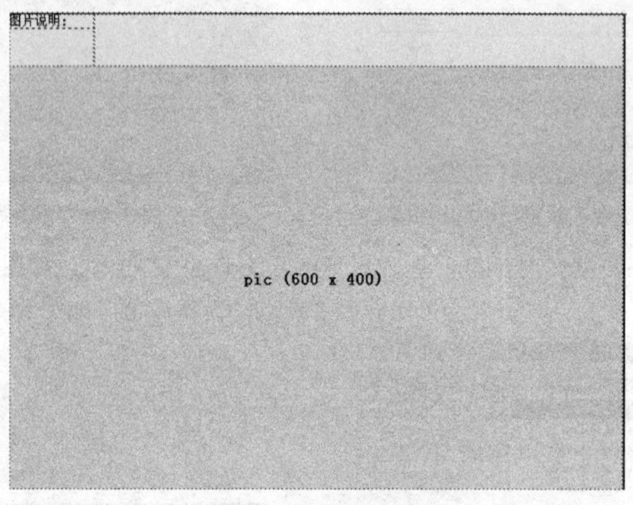

图 9-46 页面的初始布局

设计的重点是浏览照片页面 ediary_photo.jsp 如何接收主页面 ediary.jsp 所传递的参数，并根据这个参数显示相应的图片。操作步骤如下。

① 打开浏览照片页面 ediary_photo.jsp。打开“绑定”面板，单击“+”按钮，从弹出的菜单中选择“记录集（查询）”命令。

② 打开“记录集”对话框，参照表 9-5 中的参数进行记录集的设置，如图 9-47 所示，完成后单击“确定”按钮即可。

表 9-5 绑定记录集 recphoto 的参数设置

参 数	设 置 值
名称	recphoto
连接	connEdiary
表格	ediary
列	全部
筛选	ediary_id = URL/表单变量 ediary_id

③ 绑定记录集后，将记录集的字段拖动至 ediary_photo.jsp 网页的适当位置，如图 9-48 所示。

④ 页面下方放大图源文件的设置可以参考前面讲解的天气、心情图标的设置方法，这里不再赘述，只给出关键的步骤和结果。

选中页面中放大图的图标，设置其源文件的“选择图像文件”对话框的设置如图 9-49 所示，最终的设置效果如图 9-50 所示。

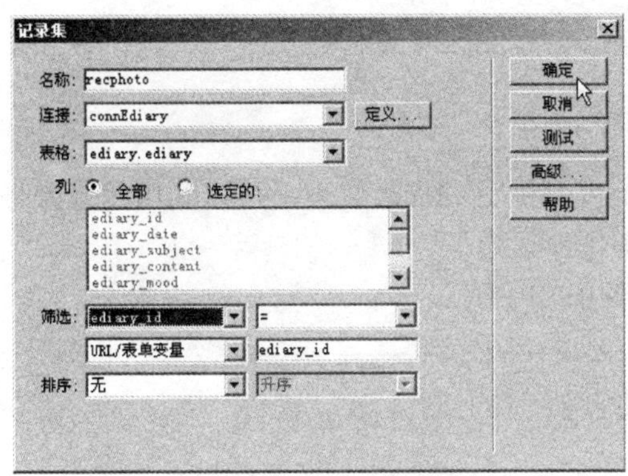

图 9-47 “记录集”对话框

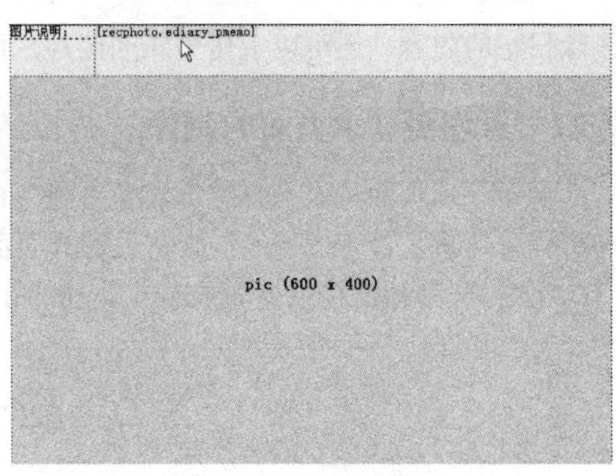

图 9-48 将记录集的字段拖动至网页

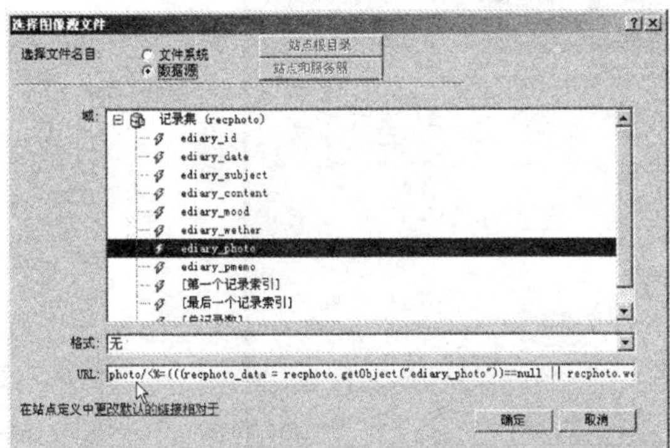

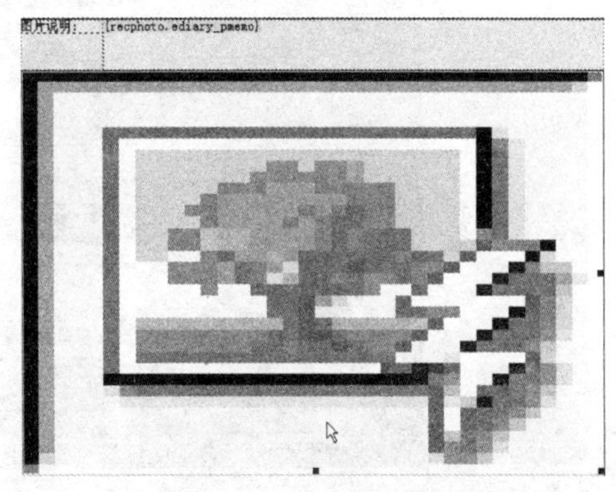

图 9-49 设置放大图的源文件

图 9-50 最终的设置效果

主页面设计完成后，用户可以打开首页 ediary.jsp，按〈F12〉键预览网页，如图 9-51 所示。当浏览者单击相关照片的缩略图时，将打开一个新的浏览窗口，显示出该照片的放大图，如图 9-52 所示。

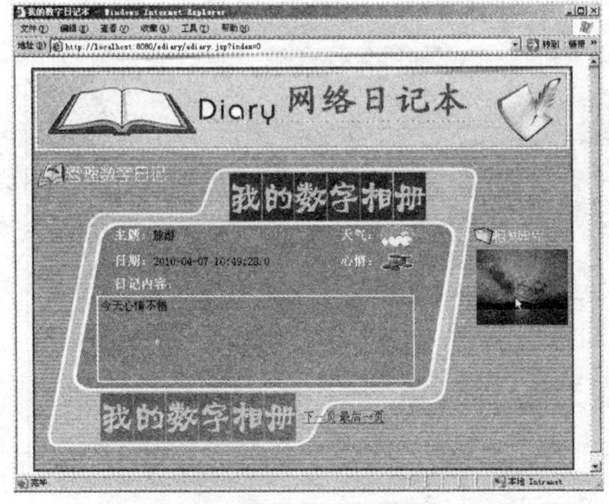

图 9-51 首页预览图

图 9-52 缩略图的放大效果

9.5 网络日记本管理页面的制作

系统管理页面对于网络日记本来说至关重要，管理员可以通过这些页面添加、修改或者删除日记的内容，还可以上传最新的照片，使网站的信息能随时更新。

9.5.1 管理员登录页面的制作

由于管理页面是不允许普通浏览者进入的，所以必须受到权限管理。可以利用登录账号与密码来判断是否有适当的权限进入管理页面。操作步骤如下。

① 打开管理员登录页面 ediary_login.jsp，如图 9-53 所示。

图 9-53　管理员登录页面

② 打开“服务器行为”面板，单击“+”按钮，从弹出的菜单中选择“用户身份验证”→“登录用户”命令，如图 9-54 所示。打开“登录用户”对话框，参照如图 9-55 所示设置相关参数。

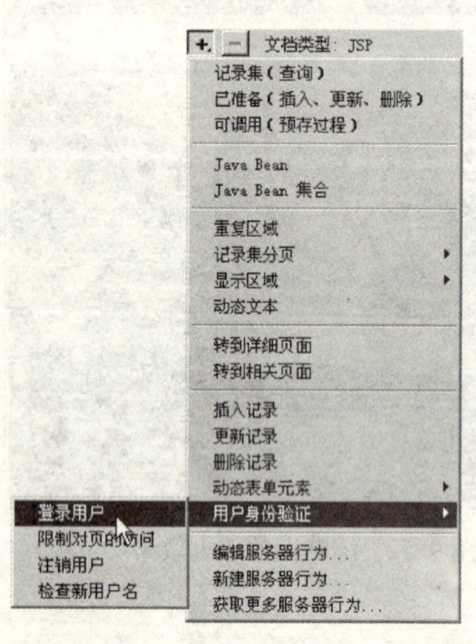

图 9-54　选择“登录用户”命令

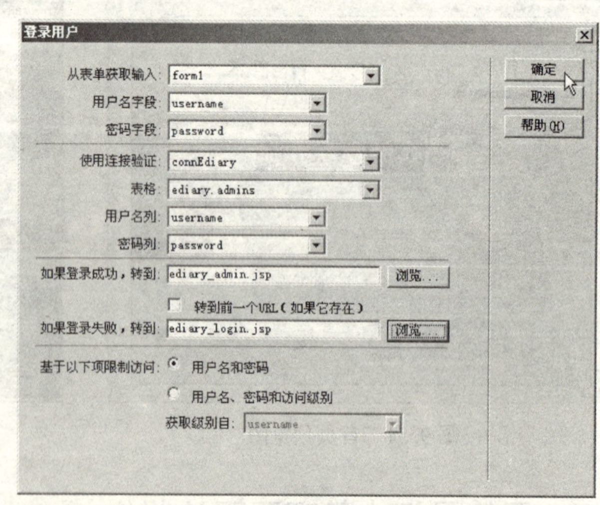

图 9-55　“登录用户”对话框

③ 单击“确定”按钮返回到设计窗口，完成管理员登录页面的制作。

9.5.2 日记管理主页面的制作

网络日记本的管理主页面是在系统管理员成功登录后转向的页面，管理员可以使用此页面实时添加、修改或者删除日记的内容，其版面布局如图 9-56 所示。

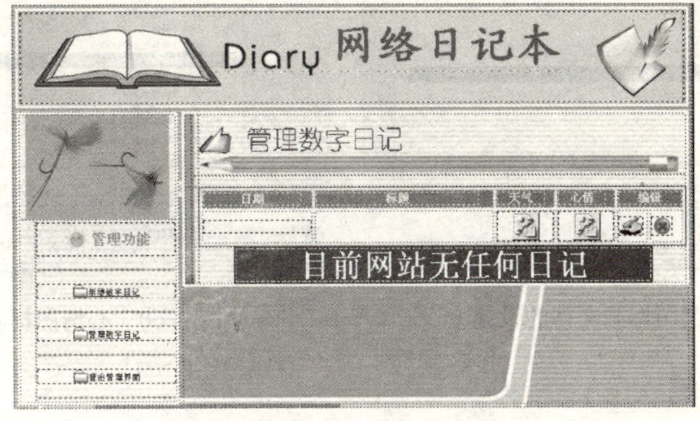

图 9-56 管理主页面的版面布局

1. 绑定记录集 ediaryadmin

ediary_admin.jsp 所使用的数据表是 ediary，绑定这个数据表字段的操作步骤如下。

① 打开“绑定”面板，单击“+”按钮，从弹出的菜单中选择“记录集（查询）”命令。

② 打开“记录集”对话框，参照表 9-6 中的参数进行记录集的设置，如图 9-57 所示，完成后单击“确定”按钮即可。

表 9-6 绑定记录集 ediaryadmin 的参数设置

参　数	设 置 值
名称	ediaryadmin
连接	connEdiary
表格	ediary
列	全部
排序	以 ediary_date 降序排列

③ 绑定记录集后，将记录集的字段拖动至 ediary_admin.jsp 网页的适当位置，如图 9-58 所示。

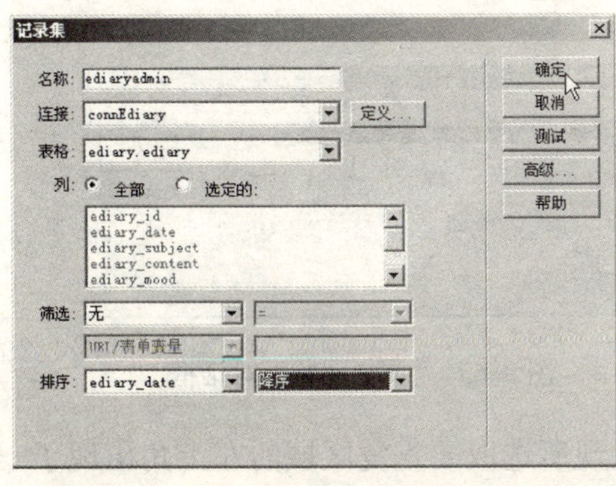

图 9-57 记录集的参数设置

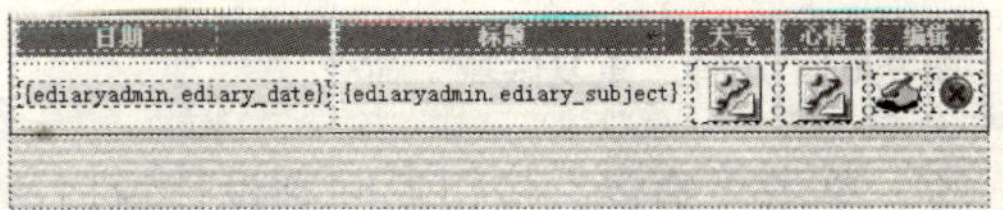

图 9-58 将记录集的字段拖动至网页

其中，天气和心情图标源文件的设置分别如图 9-59 和图 9-60 所示。

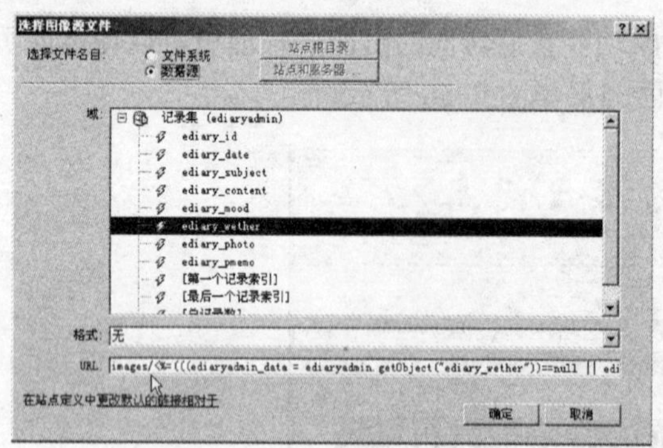

图 9-59　天气图标源文件的设置

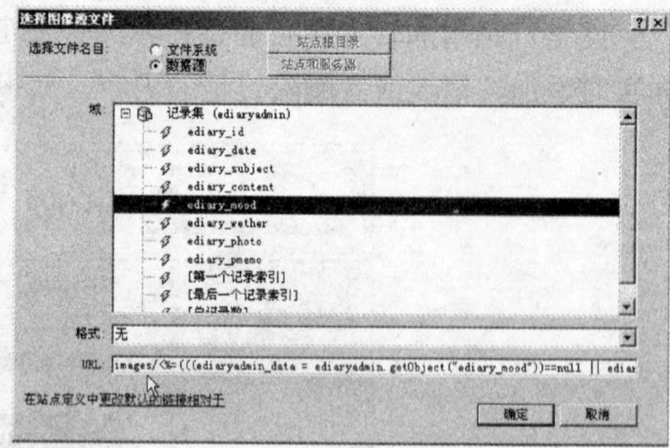

图 9-60　心情图标源文件的设置

2．设置重复区域

由于要在 ediary_admin.jsp 页面中显示数据库中的所有记录，而当前的设置只能显示数据库的第一条记录，所以需要设置“重复区域”服务器行为将数据一一读取并显示出来。

① 选取 ediary_admin.jsp 页面中的数据行，如图 9-61 所示。

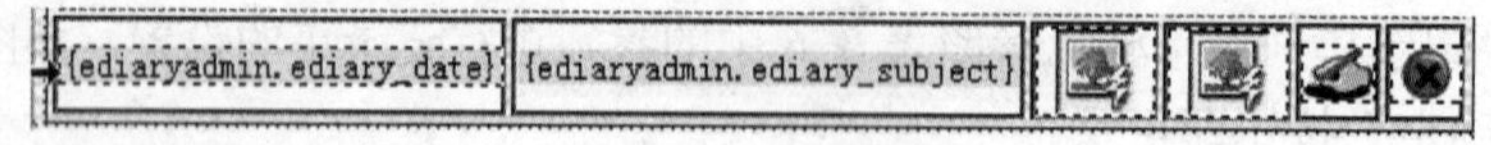

图 9-61　选取数据行

② 打开“服务器行为”面板，单击“+”按钮，从弹出的菜单中选择“重复区域”命令，如图 9-62 所示。

③ 打开“重复区域”对话框，设置每页显示的记录数为 10 条记录，如图 9-63 所示。

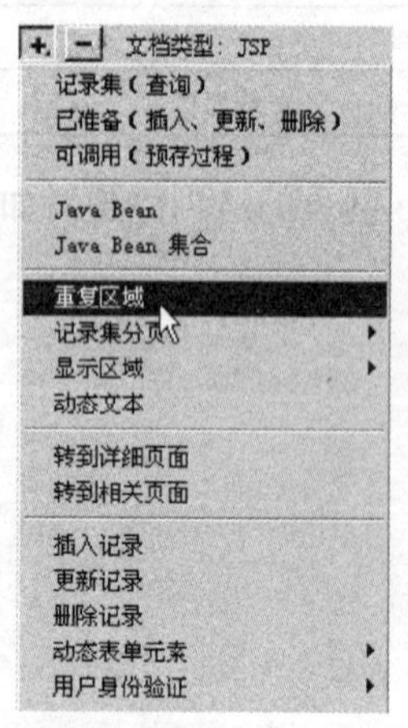

图 9-62　选择“重复区域”命令

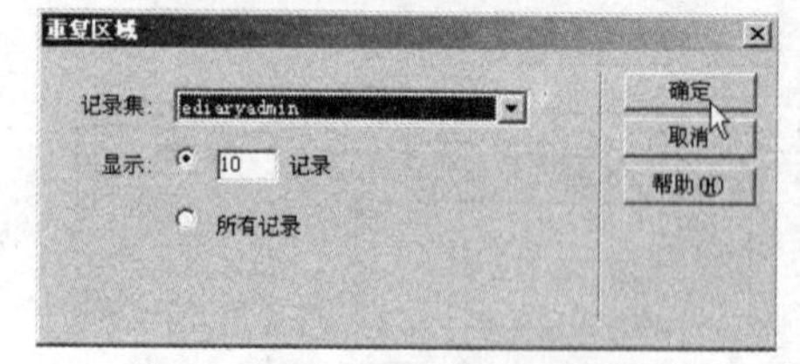

图 9-63　“重复区域”对话框

④ 单击“确定”按钮返回到设计窗口，会发现所选取要重复区域的左上角出现了一个“重复”的灰色标签，表示已经完成设置，如图 9-64 所示。

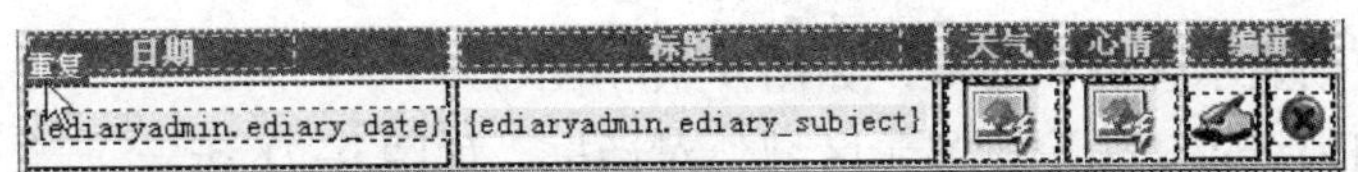

图 9-64　重复区域的灰色标签

3. 设置显示区域

操作步骤如下。

① 选取记录集有数据时要显示的数据表格，如图 9-65 所示。

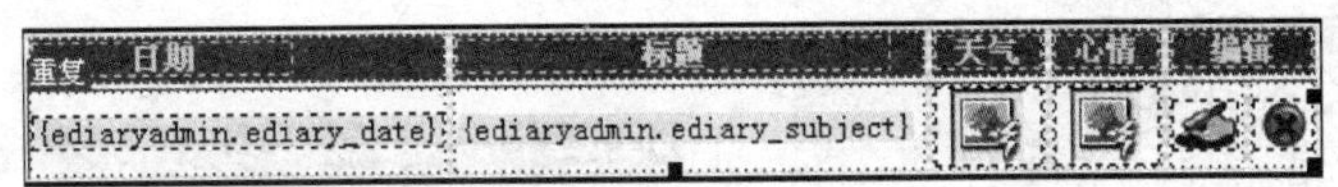

图 9-65　选取数据表格

② 打开“服务器行为”面板，单击“+”按钮，从弹出的菜单中选择“显示区域”→“如果记录集不为空则显示区域”命令，如图 9-66 所示。

③ 打开“如果记录集不为空则显示区域”对话框，如图 9-67 所示。

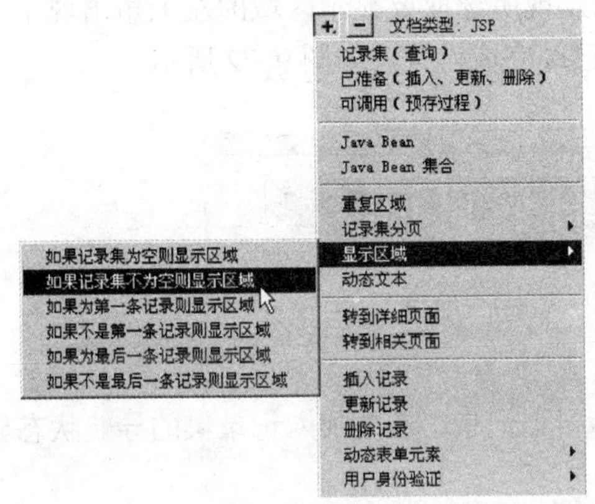

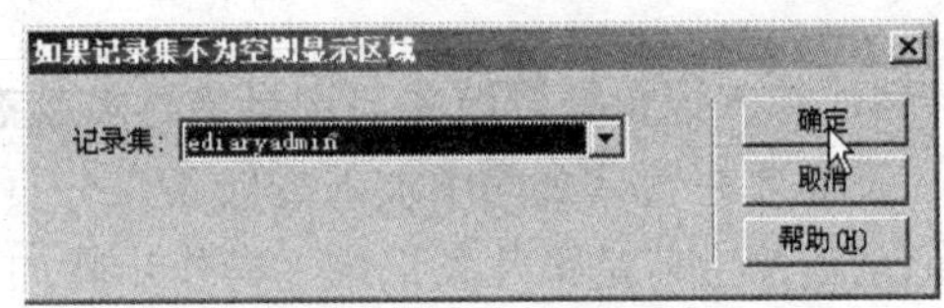

图 9-66　选择“如果记录集不为空则显示区域”命令　图 9-67　“如果记录集不为空则显示区域”对话框

④ 单击“确定”按钮返回到设计窗口，会发现所选取要显示的区域的左上角出现了一个“如果符合此条件则显示...”的灰色标签，表示已经完成设置，如图 9-68 所示。

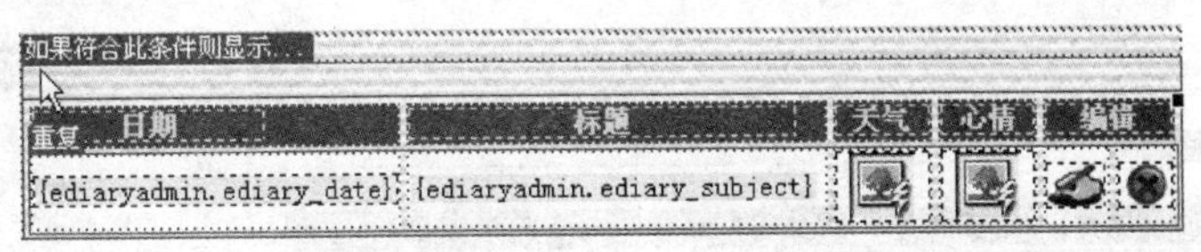

图 9-68　显示区域的设置效果

⑤ 选取记录集没有数据时要显示的数据表格，如图 9-69 所示。

目前网站无任何日记

图 9-69　选取记录集没有数据时要显示的数据表格

⑥ 仍然在“服务器行为”面板中单击“+”按钮，从弹出的菜单中选择“显示区域”→

“如果记录集为空则显示区域”命令，如图 9-70 所示。

⑦ 打开“如果记录集为空则显示区域”对话框，如图 9-71 所示。

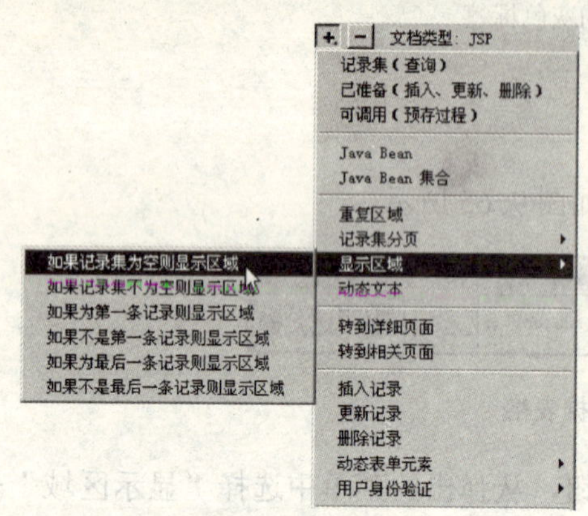

图 9-70　选择“如果记录集为空则显示区域”命令

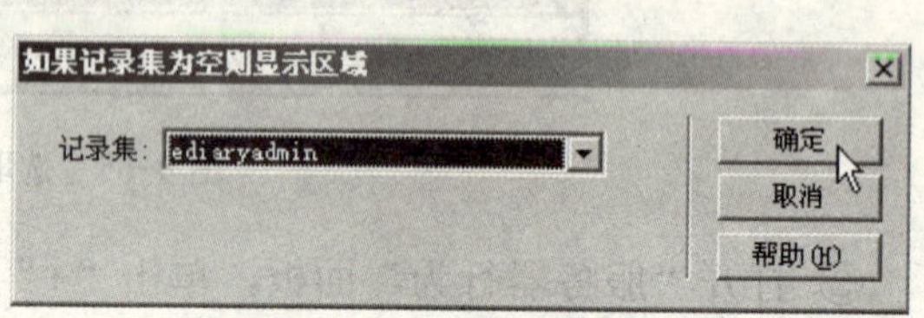

图 9-71　“如果记录集为空则显示区域”对话框

⑧ 单击“确定”按钮返回到设计窗口，会发现所选取要显示区域的左上角出现了一个“如果符合此条件则显示...”的灰色标签，表示已经完成设置，如图 9-72 所示。

图 9-72　记录集为空时的设置效果

4. 加入记录集导航条与记录集导航状态

下面要在管理页面中加入导航条来分页显示日记记录，还要加入记录集的导航状态显示总记录数及当前是第几条记录。操作步骤如下。

① 移动鼠标指针到要加入记录集导航条的位置，如图 9-73 所示。单击“插入”工具栏“数据”面板中的记录集分页按钮 ，在弹出的菜单中选择“记录集导航条”命令，如图 9-74 所示。

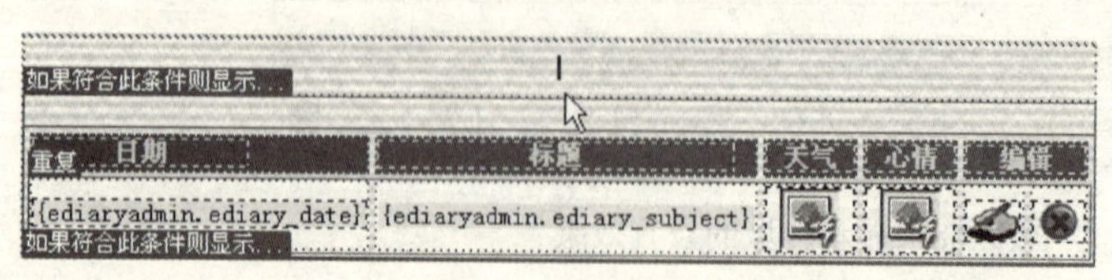

图 9-73　定位记录集导航条的位置

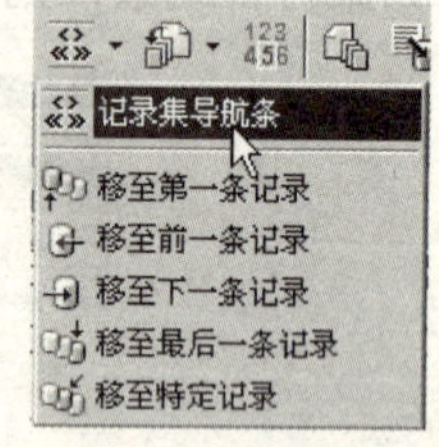

图 9-74　记录集导航条

② 打开“记录集导航条”对话框，设置导航条的显示方式为默认的“文本”方式，如图 9-75 所示。

③ 单击“确定”按钮返回到设计窗口，会发现页面中出现该记录集的导航条，如图 9-76 所示。

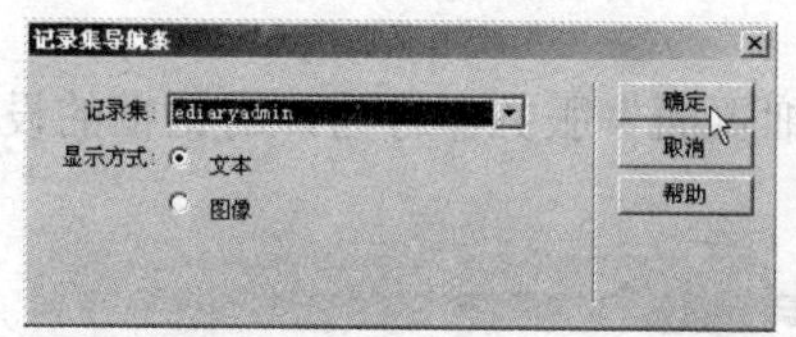

图 9-75 “记录集导航条”对话框

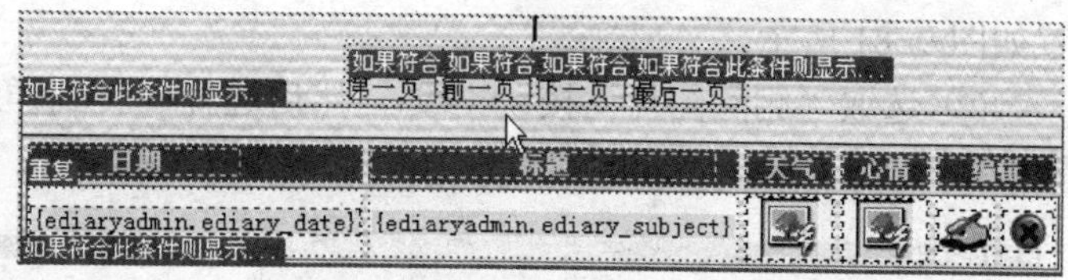

图 9-76 加入记录集导航条后的效果

④ 接着插入记录集导航状态。将鼠标指针移至导航条的下方，如图 9-77 所示。单击“插入”工具栏“数据”面板中的“记录集导航状态”按钮 ，如图 9-78 所示。

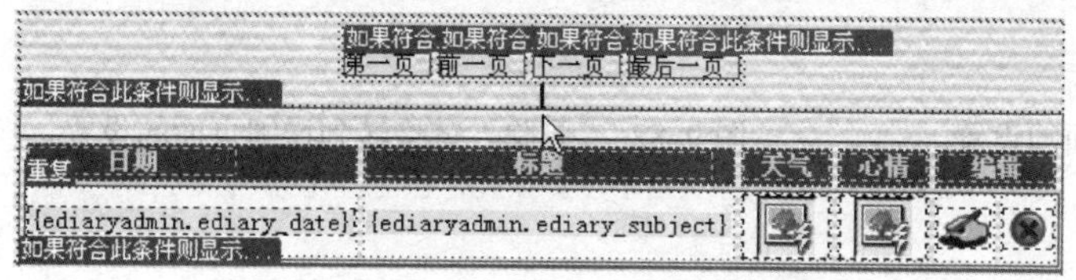

图 9-77 定位记录集导航状态的位置

图 9-78 “记录集导航状态”按钮

⑤ 打开“Recordset Navigation Status”（记录集导航状态）对话框，选取要显示导航状态的记录集，如图 9-79 所示。

⑥ 单击“确定”按钮返回到设计窗口，会发现页面中出现该记录集的导航状态，如图 9-80 所示。

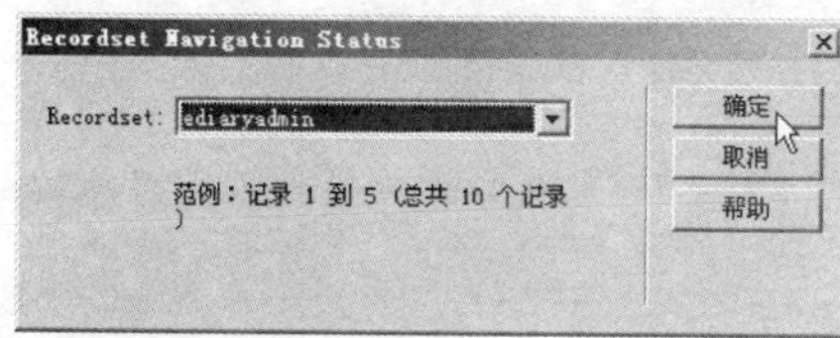

图 9-79 “记录集导航状态”对话框

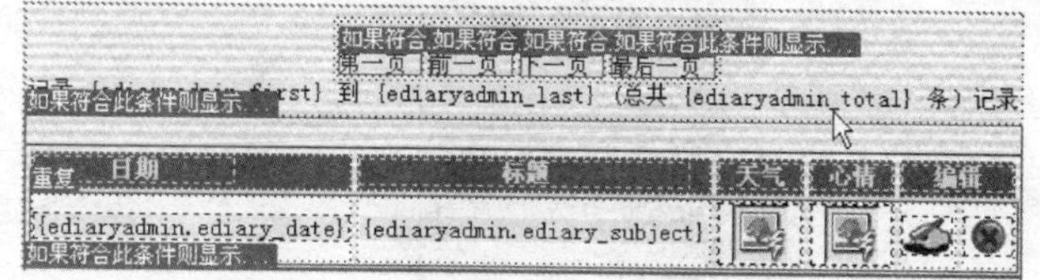

图 9-80 加入记录集导航状态后的效果

5. 设置链接与转到详细页面

ediary_admin.jsp 页面还要为管理员提供链接至编辑页面，因此需要设置表 9-7 中的 4 个页面链接。

表 9-7 设置 4 个页面链接

名 称	链接的文件
添加日记链接	ediary_add.jsp
管理日记链接	ediary_admin.jsp
修改日记图片按钮	转到详细页面 ediary_upd.jsp
删除日记图片按钮	转到详细页面 ediary_del.jsp

其中，添加日记和管理日记的文本链接最为简单，可以在选取相关文本后，在“属性”面板中直接将它链接到相应的文件即可。而修改日记和删除日记的图片按钮链接在设置上与它们不同，除了要分别链接到相应的编辑页面以外，还要传递一个参数到编辑页面。

① 选取“修改图片”按钮 ，然后选择“转到详细页面”服务器行为，对话框的设

置如图 9-81 所示。

② 选取“删除图片”按钮 ，然后选择“转到详细页面”服务器行为，对话框的设置如图 9-82 所示。

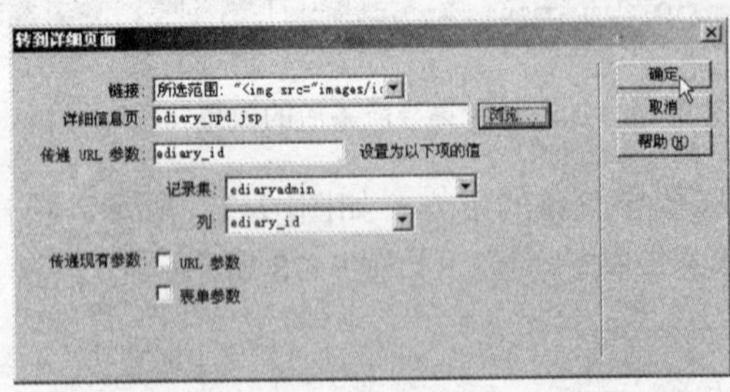

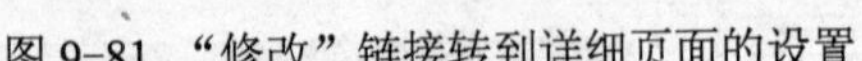

图 9-81 “修改”链接转到详细页面的设置

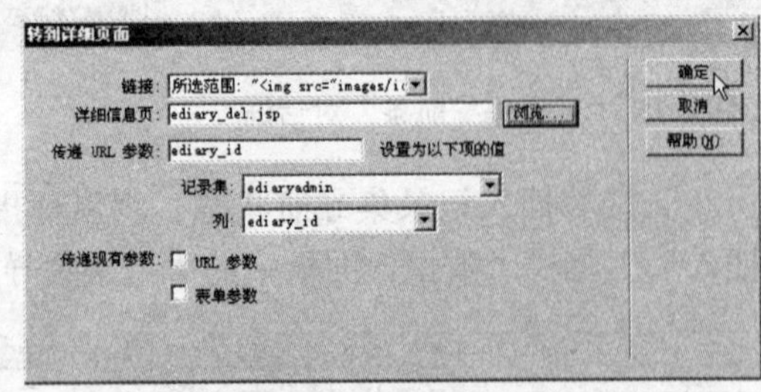

图 9-82 “删除”链接转到详细页面的设置

6. 设置注销用户服务器行为

用户如果要真正的退出管理页面，必须使用“注销用户”服务器行为来实现。

① 选取页面左下角的“登出管理界面”文字，打开“服务器行为”面板，单击“+”按钮，从弹出的菜单中选择“用户身份验证”→“注销用户”命令，如图 9-83 所示。

② 打开“注销用户”对话框，在“在完成后，转到”文本框中设置转向页面为 ediary_login.jsp，如图 9-84 所示。

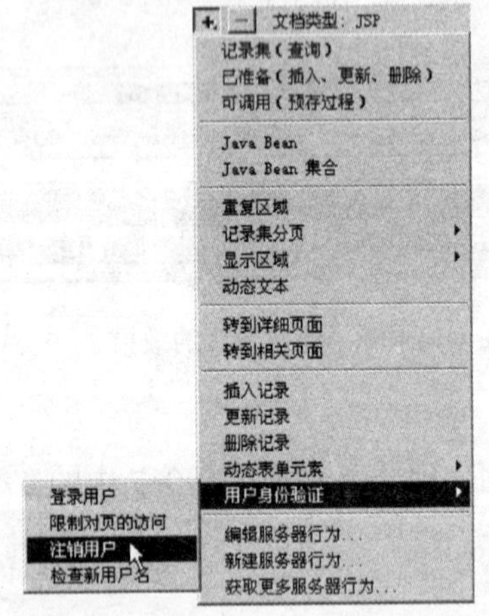

图 9-83 选择“注销用户”命令

图 9-84 “注销用户”对话框

③ 单击“确定”按钮，完成注销用户的设置。

7. 设置限制对页的访问服务器行为

由于日记的管理权限是属于网站管理员管理的，因此必须设置本页面“限制对页的访问”服务器行为。

① 打开“服务器行为”面板，单击“+”按钮，从弹出的菜单中选择“用户身份验证”→“限制对页的访问”命令，如图 9-85 所示。

② 打开“限制对页的访问”对话框，在“如果访问被拒绝，则转到”文本框中设置转向页面为 ediary_login.jsp，如图 9-86 所示。

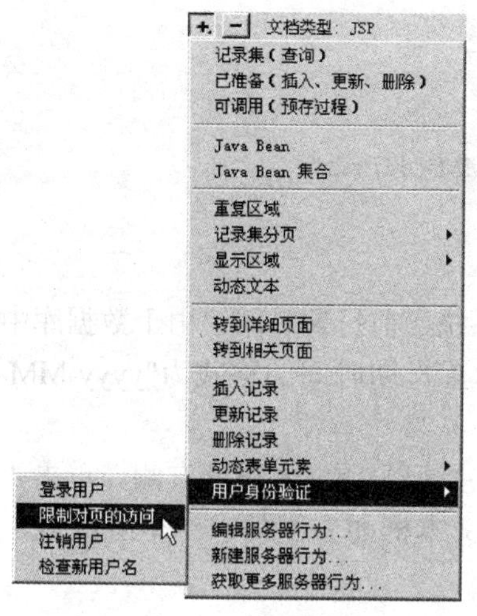

图 9-85 选择“限制对页的访问”命令

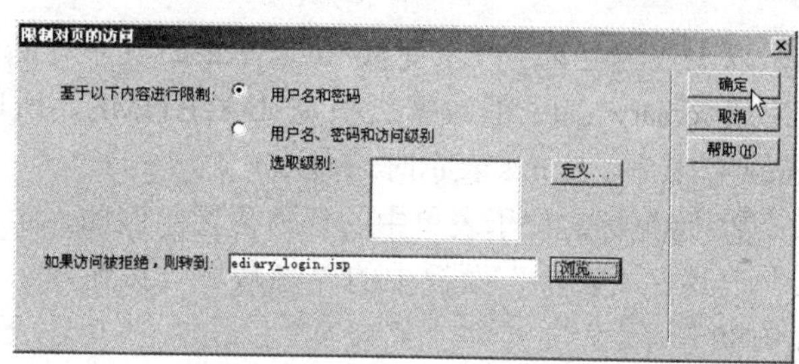

图 9-86 “限制对页的访问”对话框

③ 单击“确定”按钮，完成限制对页的访问的设置。

9.5.3 添加日记页面的制作

接下来要设计添加日记的页面 ediary_add.jsp，如图 9-87 所示。该页面包含一个用于提供日记信息的表单，主要功能是将页面的表单数据添加到网站的数据库中。

图 9-87 添加日记页面

1. 自动获得日期的设置

在网页设计时通常使用表单来添加网站数据库的记录。在页面 ediary_add.jsp 中，除了设置表单字段之外，还可以通过隐藏域将发布日记的日期时间字段 ediary_date 设置为自动取得系统日期时间。操作步骤如下。

① 切换到代码窗口，在程序的第一行页面声明代码<%@ page……%>的结尾处按〈Enter〉键产生一个空行，输入以下获取系统日期的代码：

```
<%@ page import="java.util.Date" %>
<%@ page import="java.text.SimpleDateFormat" %>
<%
  SimpleDateFormat date=new SimpleDateFormat("yyyy-MM-dd H:m:s");
  String ediarydate=date.format(new Date());
%>
```

以上代码定义了一个变量 ediarydate，其中存储了系统当前日期时间。由于数据库中定义字段 ediary_date 的数据类型是 DATETIME，所以设置日期时间的格式为"yyyy-MM-dd H:m:s"。其中，H:m:s 表示时:分:秒。

② 将鼠标定位于表单中的任何位置，例如，定位在日记主题文本框的右侧。单击“插入”工具栏“表单”面板中的“隐藏域”按钮，在文本框的右侧插入一个隐藏域，如图 9-88 所示。

图 9-88 插入隐藏域

③ 在“属性”面板中设置隐藏域的名称为 ediary_date，值为<%=ediarydate%>，如图 9-89 所示。

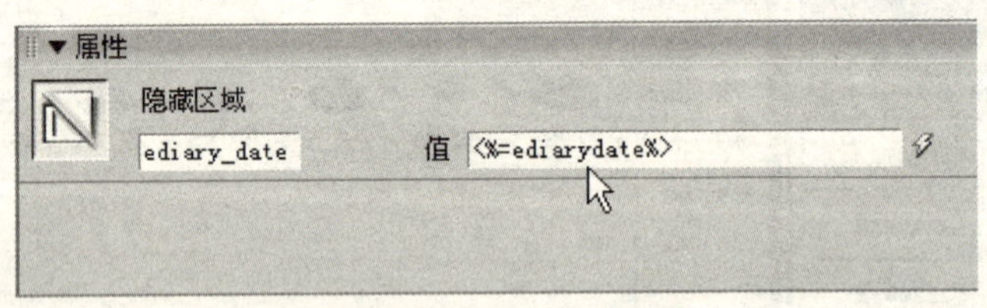

图 9-89 设置隐藏域的名称和值

2. 设置表单请求编码

凡是涉及修改表单数据（包括插入记录和修改记录）并提交表单数据到数据库的程序中，都需要在程序开始的位置设置表单请求编码为简体中文 gb2312，这样才能使写入数据库中的数据为简体中文。切换到代码窗口，在上面获取系统日期的代码下接着添加如下代码：

```
<%request.setCharacterEncoding("gb2312");%>
```

3. 加入插入记录服务器行为

① 打开“服务器行为”面板，单击“+”按钮，从弹出的菜单中选择“插入记录”命

令，如图 9-90 所示。

② 打开“插入记录”对话框，参照表 9-8 中的参数进行设置，如图 9-91 所示，并设置添加数据后转到系统管理主页面 ediary_admin.jsp。

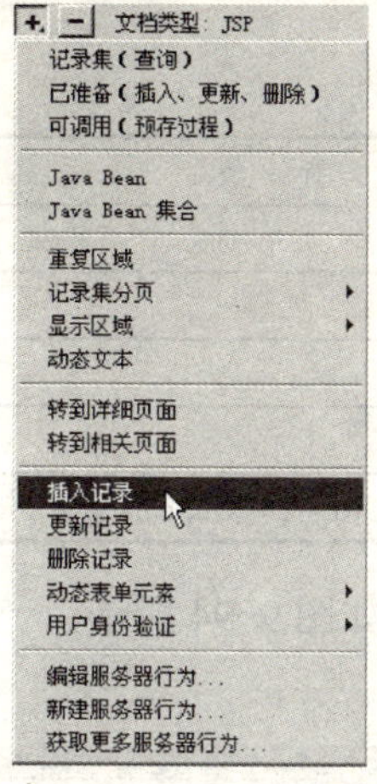

图 9-90 选择“插入记录”命令

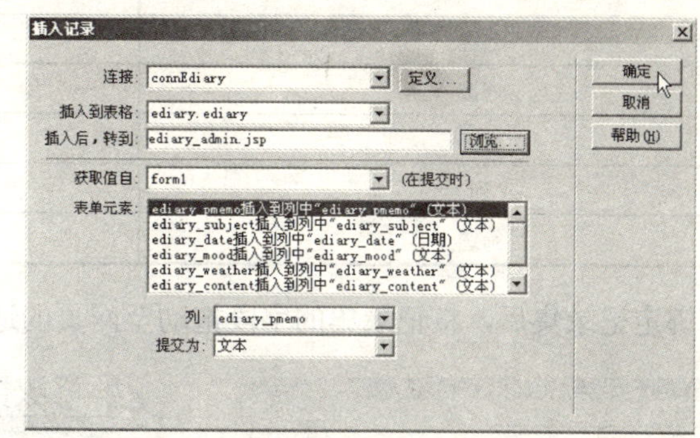

图 9-91 “插入记录”对话框

表 9-8 插入记录参数设置

参　　数	设　置　值
连接	connEdiary
插入到表格	ediary
插入后，转到	ediary_admin.jsp
获取值自	form1
表单元素	参照表单字段与数据表字段

③ 单击“确定”按钮，完成插入记录操作。

9.5.4 修改日记页面的制作

设计修改日记的页面 ediary_upd.jsp，如图 9-92 所示。此页面的主要功能是将数据库中的数据读取至页面表单，修改数据后再更新网站数据库。

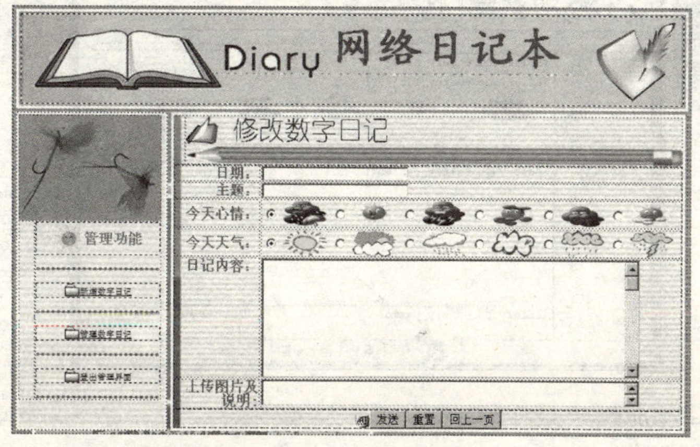

图 9-92 修改日记页面

1．绑定记录集 ediaryupd

① 打开“绑定”面板，单击“+”按钮，从弹出的菜单中选择“记录集（查询）”命令。

② 打开“记录集”对话框，参照表 9-9 中的参数进行记录集的设置，如图 9-93 所示，完成后单击“确定”按钮。

表 9-9 绑定记录集 ediaryupd 的参数设置

参　数	设　置　值
名称	ediaryupd
连接	connEdiary
表格	ediary
列	全部
筛选	ediary_id = URL/表单变量 ediary_id

③ 绑定记录集后，将记录集的字段拖动至网页的适当位置，如图 9-94 所示。

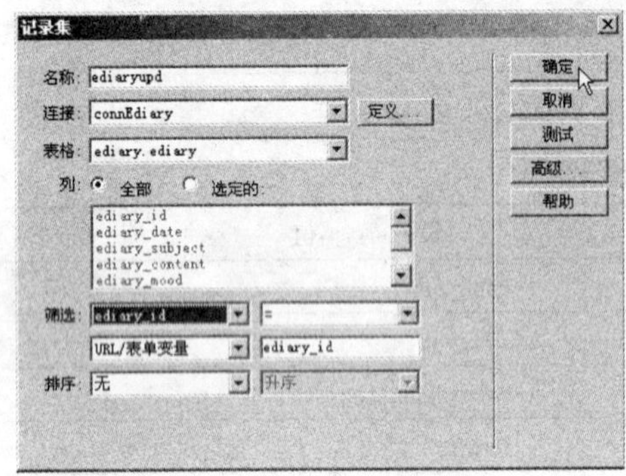

图 9-93　记录集的参数设置

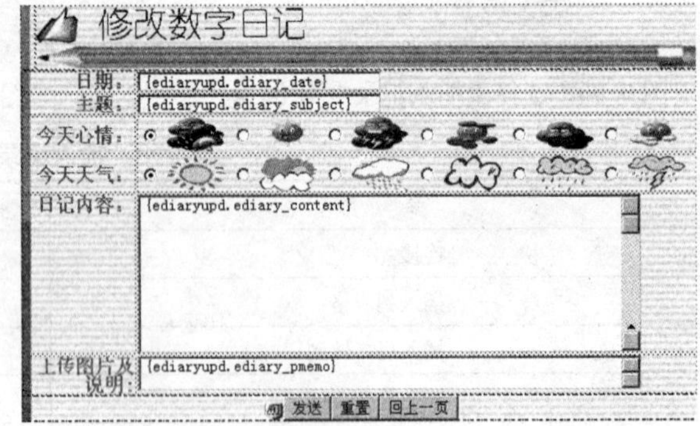

图 9-94　将记录集的字段拖动至网页

④ 此外，在页面中有一个隐藏域 ediary_id，将记录集中的 ediary_id 字段拖动至此即可，如图 9-95 所示。

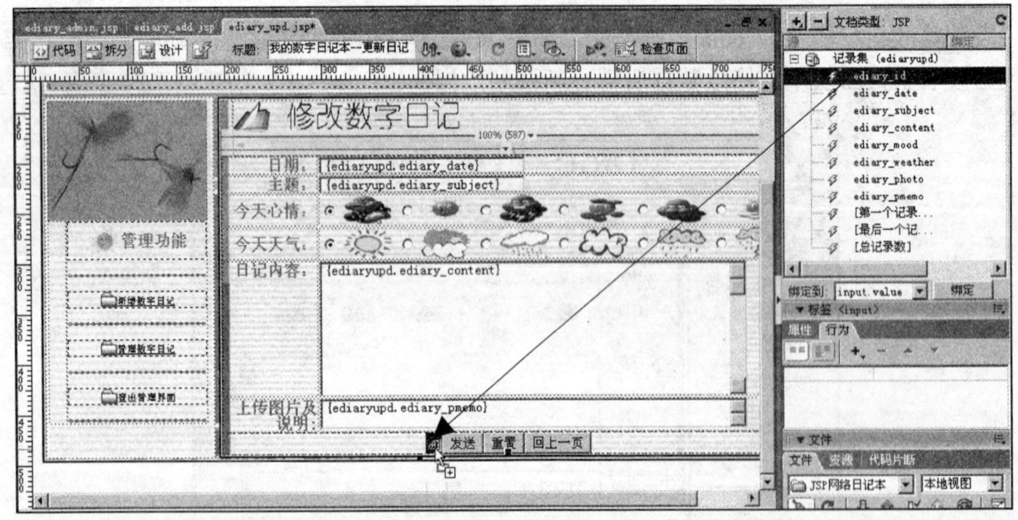

图 9-95　设置隐藏域 ediary_id

2．加入更新记录服务器行为

① 打开“服务器行为”面板，单击“+”按钮，从弹出的菜单中选择“更新记录”命令，如图 9-96 所示。

② 打开“更新记录”对话框，参照表 9-10 中的参数进行设置，如图 9-97 所示，并设置更新数据后转到系统管理主页面 ediary_admin.jsp。

表 9-10　更新记录参数设置

参　数	设　置　值
连接	connEdiary
要更新的表格	ediary
选取记录自	ediaryupd
唯一键列	ediary_id
在更新后，转到	ediary_admin.jsp
获取值自	form1
表单元素	参照表单字段与数据表字段

③ 单击“确定”按钮，完成更新记录操作。

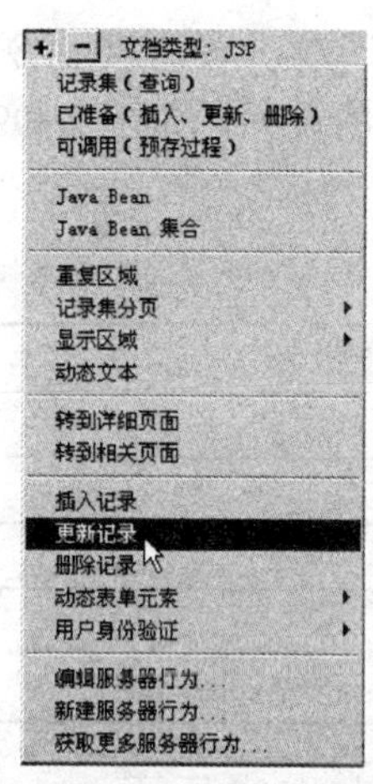

图 9-96　选择“更新记录”命令

图 9-97　“更新记录”对话框

需要说明的是，在使用更新记录服务器行为之前，一定要将记录集中的字段事先绑定至表单中对应的元素中。这样，修改记录页面在接受到上级页面传递过来的 ediary_id 参数后，就能将相应的记录值直接显示在表单元素中，以便用户直接修改数据。另外，在更新记录页面程序开始的位置需要添加设置表单请求编码为简体中文 gb2312 的代码。

9.5.5　删除日记页面的制作

接下来设计删除日记的页面 ediary_del.jsp，如图 9-98 所示。此页面的主要功能是将表单中的数据从网站数据库中删除。

在图 9-98 中的删除数字日记的显示区域中，最上端需要绑定日期和天气；中间区域的左侧需要绑定相关照片的缩略图（图片标签的大小设置为宽度 200 像素，高度 150 像素）和简介，中间区域的右侧需要绑定日记的内容；在下方“确认删除”按钮右侧的隐藏域需要绑定删除日记的编号 ediary_id。

图 9-98　删除日记页面

1. 绑定记录集 ediarydel

① 打开“绑定”面板，单击“+”按钮，从弹出的菜单中选择“记录集（查询）”命令。

② 打开“记录集”对话框，参照表 9-11 中的参数进行记录集的设置，如图 9-99 所示，完成后单击“确定”按钮。

表 9-11　绑定记录集 ediarydel 的参数设置

参　　数	设　置　值
名称	ediarydel
连接	connEdiary
表格	ediary
列	全部
筛选	ediary_id = URL/表单变量 ediary_id

③ 绑定记录集后，将记录集的字段拖动至网页的适当位置，如图 9-100 所示。

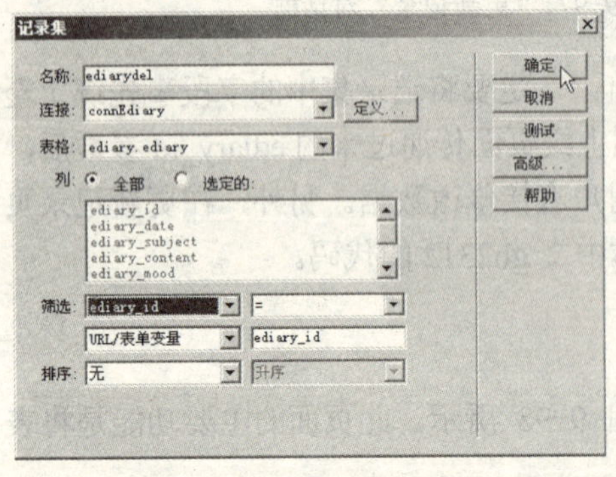

图 9-99　记录集的参数设置

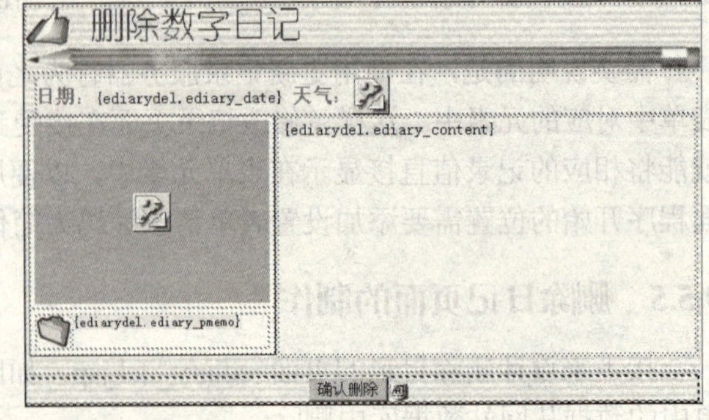

图 9-100　将记录集的字段拖动至网页

在表单下方有一个隐藏域 ediary_id，将记录集中的 ediary_id 字段拖动至此即可，结果如图 9-101 所示。该隐藏域对应删除操作服务器行为中的唯一键列，程序收到这个值后执行删除操作。

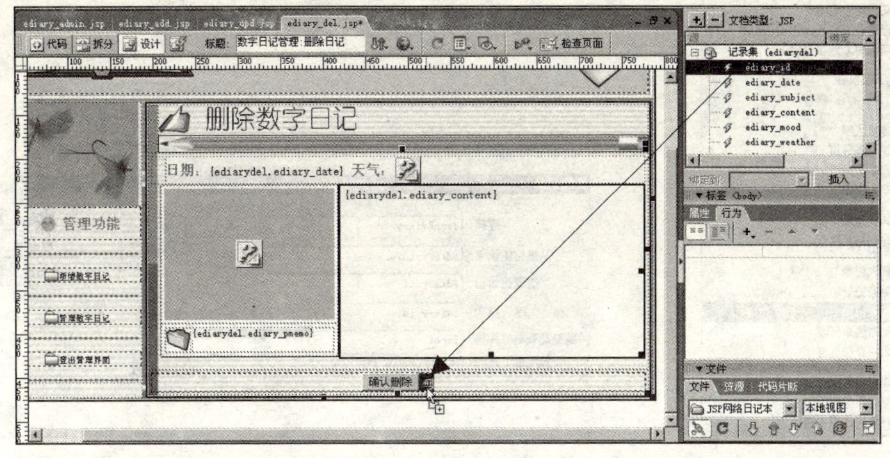

图 9-101 设置隐藏域 ediary_id

最后，完成天气和照片图标源文件的设置，如图 9-102 和图 9-103 所示。

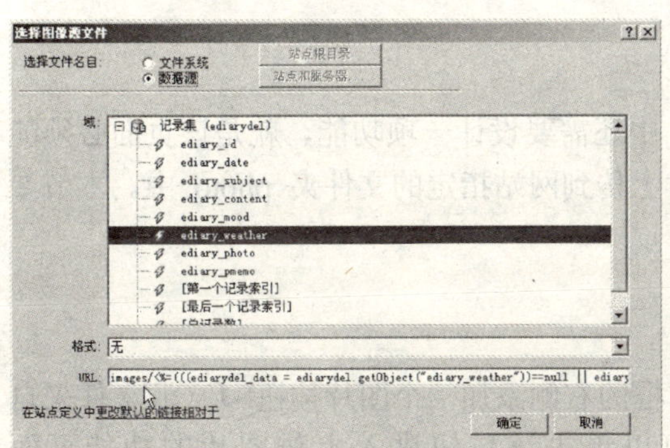

图 9-102 天气图标源文件的设置

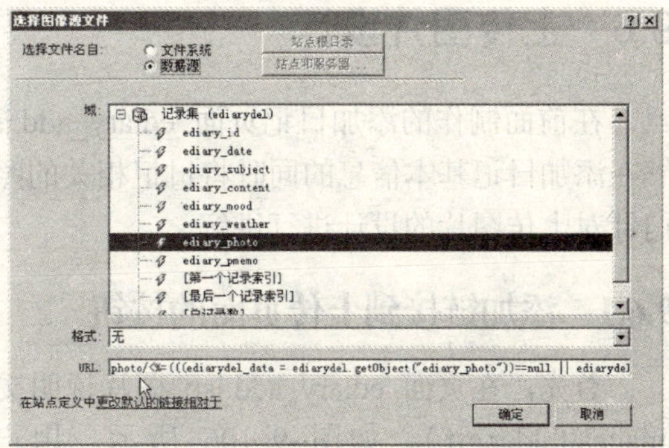

图 9-103 照片图标源文件的设置

2. 加入删除记录服务器行为

① 打开“服务器行为”面板，单击“+”按钮，从弹出的菜单中选择“删除记录”命令，如图 9-104 所示。

② 打开“删除记录”对话框，参照表 9-12 中的参数进行设置，如图 9-105 所示，并设置删除数据后转到系统管理主页面 ediary_admin.jsp。

表 9-12 删除记录参数设置

参 数	设 置 值
连接	connEdiary
从表格中删除	ediary
选取记录自	ediarydel
唯一键列	ediary_id
提交此表单以删除	form1
删除后，转到	ediary_admin.jsp

③ 单击“确定”按钮，完成删除记录操作。

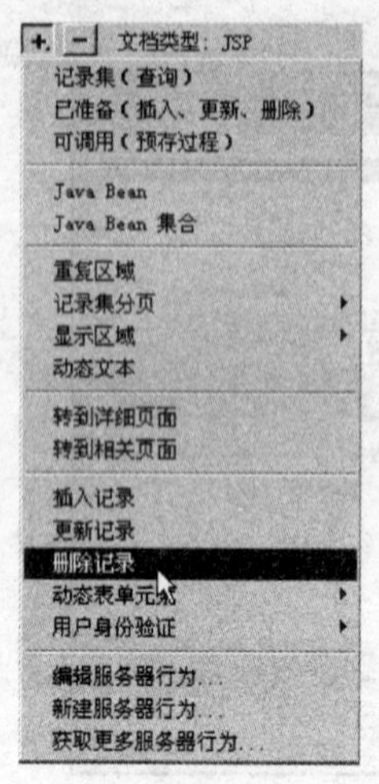

图 9-104 选择“删除记录”命令

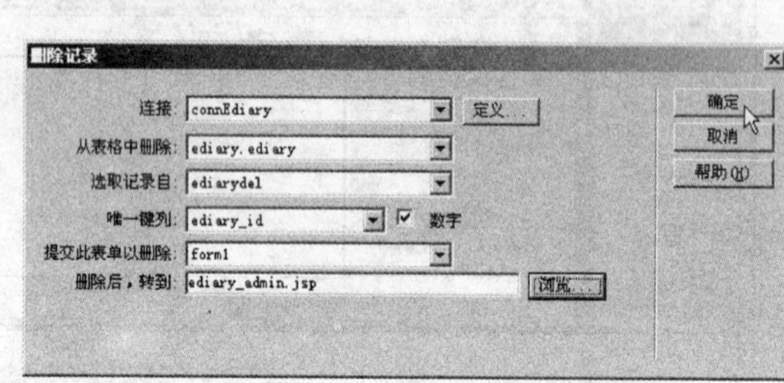

图 9-105 “删除记录”对话框

9.6 上传图片设计

在前面制作的添加日记页面 ediary_add.jsp 中还需要设计一项功能，就是该页面必须能够在添加日记基本信息的同时将日记相关的照片上传到网站指定的文件夹 photo 中。本节专门针对上传图片的设计进行讲解。

9.6.1 添加链接到上传页面的按钮

首先，在页面 ediary_add.jsp 图片说明文本框的右侧添加一个图片按钮（源文件来自 images\folder.gif），如图 9-106 所示。用户可以单击该按钮进入上传图片的功能页面 ediary_upload.jsp，进行日记相关照片的上传操作。

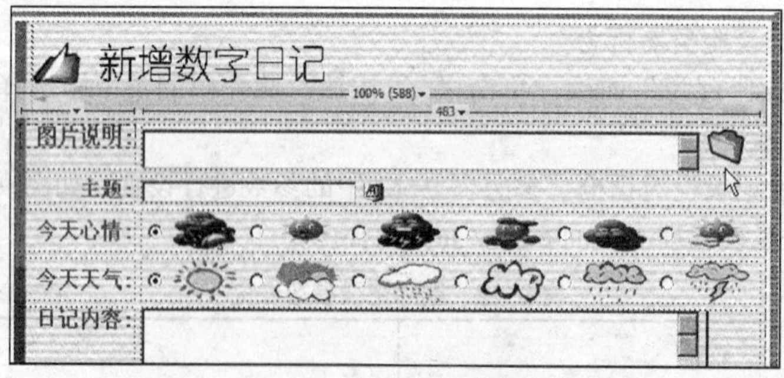

图 9-106 添加链接到上传页面的图片按钮

选中这个图片按钮，在“属性”面板中为其设置超链接，链接页面为 ediary_upload.jsp，如图 9-107 所示。

ediary_upload.jsp 页面的主要功能是上传图片，并利用参数将图像名称回传到添加日记页面 ediary_add.jsp 中。

图 9-107 设置图片按钮的超链接

9.6.2 导入 UploadBean 组件

前面已经介绍了使用 Bean 组件上传文件的方法，在网络日记本中将使用这一功能实现图片的上传。UploadBean 组件是一个可以与任何一个 JSP 应用程序整合的技术组件，它提供了简单的应用程序接口（API）来读取和保存通过浏览器上传的文件。操作步骤如下。

① 首先定位到 UploadBean 组件所在的素材文件夹下，选中 UploadBean 组件使用的所有压缩包，如图 9-108 所示。将该文件复制到网站的 WEB-INF\lib 文件夹下，如图 9-109 所示。

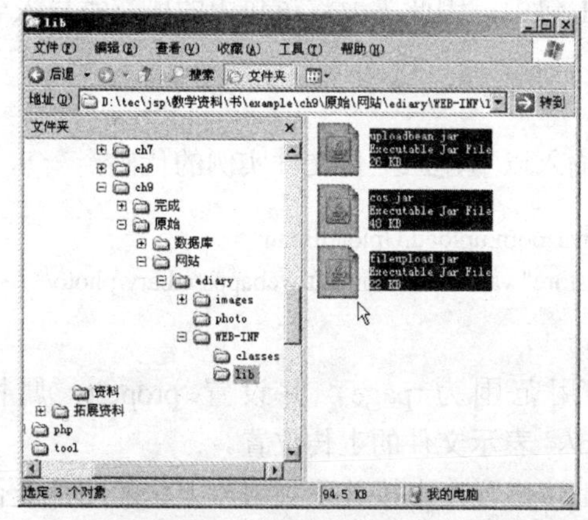

图 9-108 选中组件使用的压缩包

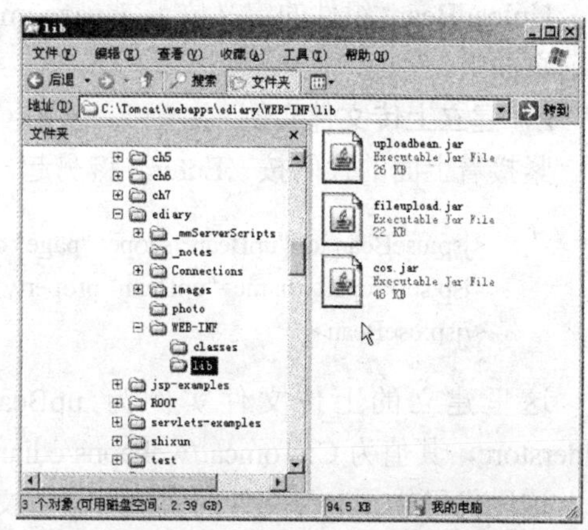

图 9-109 复制到网站的目标文件夹

② 重新启动 Tomcat 服务器使上传服务生效。

9.6.3 上传图片页面的设计

上传图片页面 ediary_upload.jsp 的版面布局如图 9-110 所示。

图 9-110 上传图片页面的版面布局

在 ediary_upload.jsp 页面中包含了一个用于上传文件的文件域，用户可以单击“浏览”按钮定位并打开需要上传的文件。之后，单击“上传”按钮可以将图片上传至网站的 photo 文件夹中。同时，可以在 picname 图片预留显示区域中看到上传图片的预览图。最后，单击“确定”按钮可以将图像名称通过参数回传到添加日记页面 ediary_add.jsp 中。

需要注意的是，上述操作完成后，只是完成了图片上传的功能，文件的名称并未写入数据库中。用户只有在添加日记页面 ediary_add.jsp 中单击“发送”按钮提交表单后，才能将数据写入数据库中。

1. 导入上传文件类

在 ediary_upload.jsp 程序的第一行页面声明代码<%@ page……%>的结尾处按〈Enter〉键产生一个空行，输入以下导入上传文件类的代码：

```
<%@ page import="javazoom.upload.*,java.util.*" %>
```

UploadBean 组件的定义位于 javazoom.upload 包中，因此需要将该包中的所有类导入到当前页面中。

2. 建立上传文件实例

紧接着上面的代码按〈Enter〉键另起一行，输入以下建立上传文件实例的代码：

```
<jsp:useBean id="upBean" scope="page" class="javazoom.upload.UploadBean" >
<jsp:setProperty name="upBean" property="folderstore" value="C:/Tomcat/webapps/ediary/photo/" />
</jsp:useBean>
```

这里建立的上传文件实例为 upBean，作用范围为 page，并设置 property 属性 folderstore，其值为 C:/Tomcat/webapps/ediary/photo/，表示文件的上传位置。

这段代码建立上传文件的实例并设置文件的上传位置，直接关系到用户上传的图片能否正确地存至目标文件夹。需要注意的是，文件夹的分隔符必须写为“/”，不能写为“\”，并且在最后的文件夹 photo 的结尾也要加上一个“/”。

3. 设置预留图像的源文件

由于 ediary_upload.jsp 页面中有一个图像预留的显示图标 picname，主要功能是用来预览上传成功的图片。因此，在“属性”面板中设置这个图标的源文件为 photo/<%=picname%>，设置结果如图 9-111 所示。

图 9-111　设置图标的源文件

需要说明的是，代码<%=picname%>中输出的变量 picname 来自于用户单击“上传”按钮代码中生成的变量 picname，该变量获取了上传文件的名称。读者可以参考后面讲解“上传”功能的代码理解该变量的来由。

另外，该页面初次打开尚未进行图片上传之前，这个图像的预留位置必须有一个默认的显示图片，这样才不会出现无法显示图片的错误，也就是要定义一个字符串变量存放这个默认的图像名称。

在建立上传文件实例的代码结尾按〈Enter〉键另起一行，输入以下代码：

```
<% String picname="uploadpic.jpg";%>
```

4．定义上传文件的表单

上传文件的表单名称为 upform，其中包含了文件上传域 uploadfile、隐藏域 todo、提交按钮“上传”和普通按钮“确定”。

（1）表单的定义

表单的定义代码如下：

```
<form action="ediary_upload.jsp" method="post" enctype="multipart/form-data" name="upform">
```

其中，表单的 enctype 必须设置为 multipart/form-data，这样才能上传文件，否则只能上传文件名称；method 必须设置为 post。

（2）文件上传域的定义

文件上传域的定义代码如下：

```
<input type="file" name="uploadfile" size="40">
```

其中，文件上传域的名称为 uploadfile。

（3）上传隐藏域的定义

上传隐藏域的定义代码如下：

```
<input type="hidden" name="todo" value="upload">
```

其中，隐藏域的名称为 todo，提交值为 upload。

（4）“上传”按钮的定义

表单中的“上传”按钮是提交按钮，定义代码如下：

```
<input name="Submit" type="submit" value="上传">
```

关于表单中“确定”按钮的定义，由于其涉及参数的传递，要用到上传文件代码中定义的变量 picname。因此，“确定”按钮的定义放在后面讲解。

5．加入实现上传文件的代码

在<body>开始的位置，加入以下实现上传文件的代码：

```
<%
        if (MultipartFormDataRequest.isMultipartFormData(request))
        {
            //使用 MultipartFormDataRequest 对象处理 HTTP 请求
            MultipartFormDataRequest mrequest = new MultipartFormDataRequest(request);
            String todo = null;
            if (mrequest != null) todo = mrequest.getParameter("todo");
             if ( (todo != null) && (todo.equalsIgnoreCase("upload")) )
             {
                     Hashtable files = mrequest.getFiles();
```

```
                if ( (files != null) && (!files.isEmpty()) )
                {
                    UploadFile file = (UploadFile) files.get("uploadfile");
                    if (file != null)
                    //使用 upBean 实例的存储方法将文件上传并存储在网站的上传文件夹中
                        upBean.store(mrequest, "uploadfile");
                    picname=file.getFileName();          //获取文件名并赋值给变量 picname
                }
                else
                {
                  out.println("<li>No uploaded files");
                }
            }
        else out.println("<BR> todo="+todo);
    }
%>
```

以上代码的含义如下：

mrequest 表示上传的文件数据。

变量 todo 用来接收表单中上传隐藏域 todo 中的提交值 upload，设置上传隐藏域验证是为了上传的安全性。

if (mrequest != null) todo = mrequest.getParameter("todo");表示如果表单中提交了文件信息就用变量 todo 接收隐藏域 todo 中的提交值。

if ((todo != null) && (todo.equalsIgnoreCase("upload")))表示如果变量 todo 非空并且值等于上传隐藏域 todo 中的提交值 upload，那么 if 结构中的代码将允许获取文件信息。

files = mrequest.getFiles();表示获取上传文件集合。

UploadFile file = (UploadFile) files.get("uploadfile");表示获取单个上传文件的信息，get("uploadfile");中的 uploadfile 是上传文本域的名称。

upBean.store(mrequest, "uploadfile");表示如果获取了上传文件，则把该文件存储到 upBean 指定的位置 C:/Tomcat/webapps/ediary/photo/中。

picname=file.getFileName();表示只获取文件名（不包含路径）的信息并赋给变量 picname，以便用户单击“确定”按钮后将该信息回传给添加日记页面 ediary_add.jsp。

6．确定按钮的设计

当用户上传图片成功后，必须将图片的文件名称回传给添加日记页面 ediary_add.jsp。因此在页面 ediary_upload.jsp 中，加入一个普通类型的“确定”按钮。用户单击“确定”按钮后，将向添加日记页面 ediary_add.jsp 传递一个参数 picname（即上传的文件名，该名字将替代默认的上传图片名 uploadpic.jpg）。操作步骤如下。

① 选中“确定”按钮，然后在“行为”面板中，选择“转到 URL”菜单项，如图 9-112 所示。打开“转到 URL”对话框，如图 9-113 所示。

② 在对话框中单击“浏览”按钮，打开“选择文件”对话框。选中传递参数的目标文件 ediary_add.jsp，如图 9-114 所示。

③ 选中文件后，单击“参数”按钮，打开“参数”对话框。输入参数名称 picname 和

参数的值<%=picname%>，如图 9-115 所示。

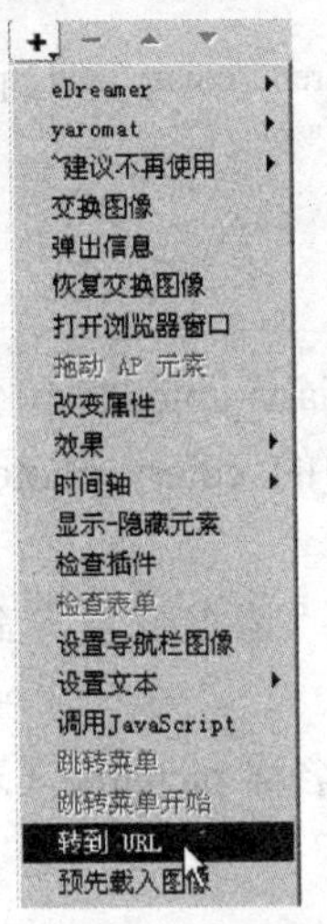

图 9-112 “转到 URL”菜单项

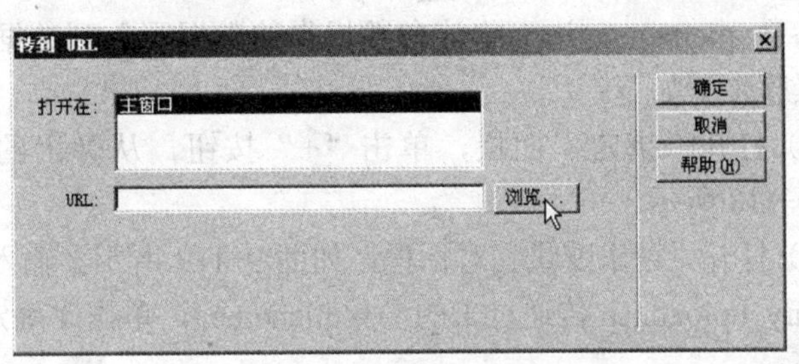

图 9-113 “转到 URL”对话框

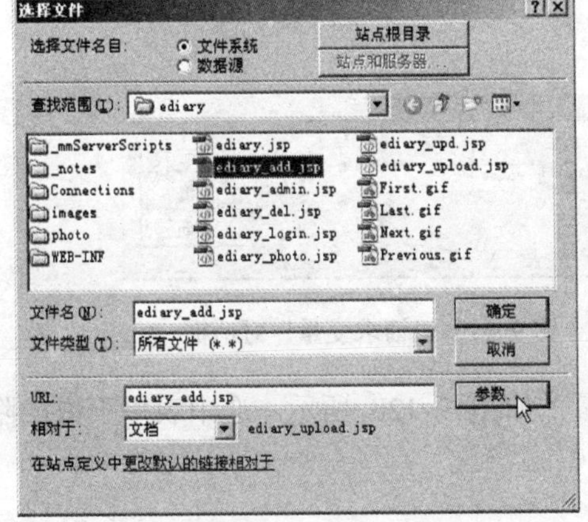

图 9-114 选中传递参数的目标文件

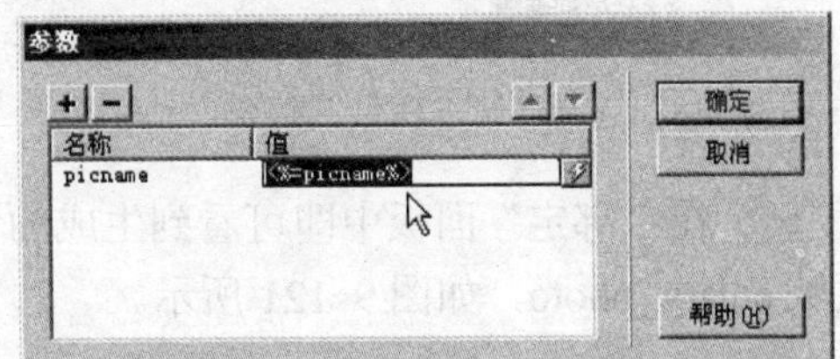

图 9-115 输入参数名称和参数值

④ 单击“确定”按钮返回“选择文件”对话框，再单击“确定”按钮返回“转到 URL”对话框，传递参数的设置结果如图 9-116 所示。

⑤ 单击“确定”按钮，完成“转到 URL”的设置。读者可以看到在“行为”面板中生成了按钮的 onClick 事件及响应动作，如图 9-117 所示。

图 9-116 传递参数的设置结果

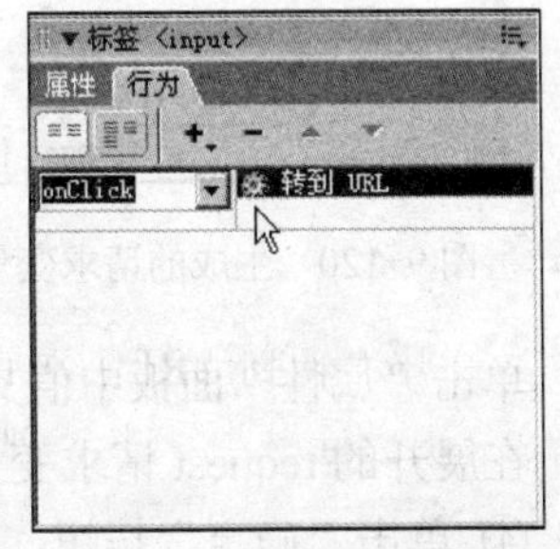

图 9-117 按钮的 onClick 事件

切换到代码窗口，查看“确定”按钮的定义代码如下：

```
<input name="close" type="button" id="close" onClick="MM_goToURL('parent','ediary_add.jsp?picname=<%=picname%>');return document.MM_returnValue" value="确定">
```

9.6.4 添加日记页面接收参数

打开添加日记页面 ediary_add.jsp，页面需要接收上传图片页面 ediary_upload.jsp 传递过来的参数 picname，进而将该参数提供的数据写入到数据表 ediary 中的 ediary_photo 字段中。操作步骤如下。

① 打开“绑定”面板，单击“+”按钮，从弹出的菜单中选择“请求变量”命令，如图 9-118 所示。

② 打开“请求变量”对话框，如图 9-119 所示。输入请求变量的名称 picname（表示接收 ediary_upload.jsp 传递过来的参数 picname），单击“确定”按钮。

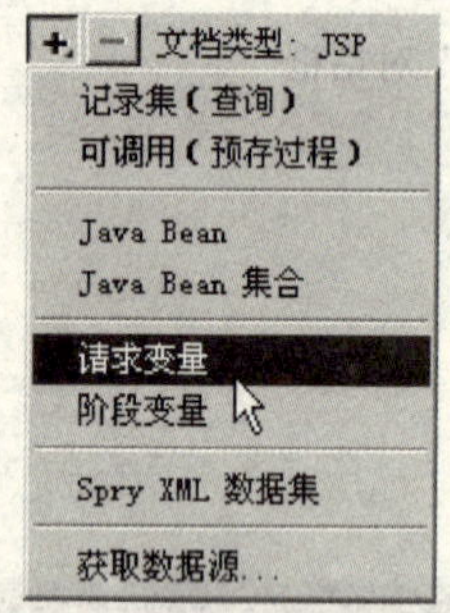

图 9-118 选择“请求变量”命令

图 9-119 “请求变量”对话框

③ 在“绑定”面板中即可看到生成的请求变量，如图 9-120 所示。选中表单下方的隐藏域 ediary_photo，如图 9-121 所示。

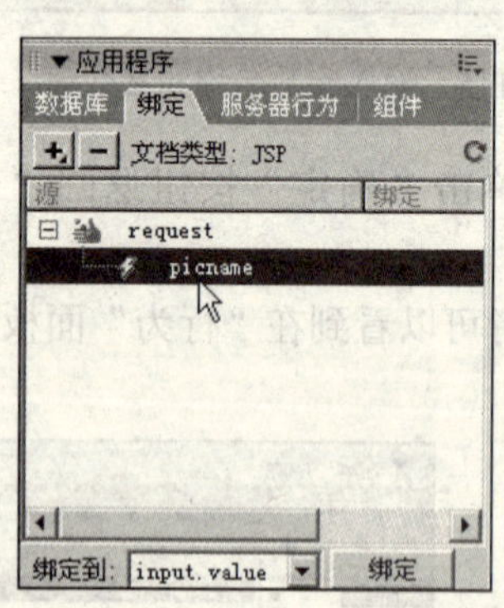

图 9-120 生成的请求变量

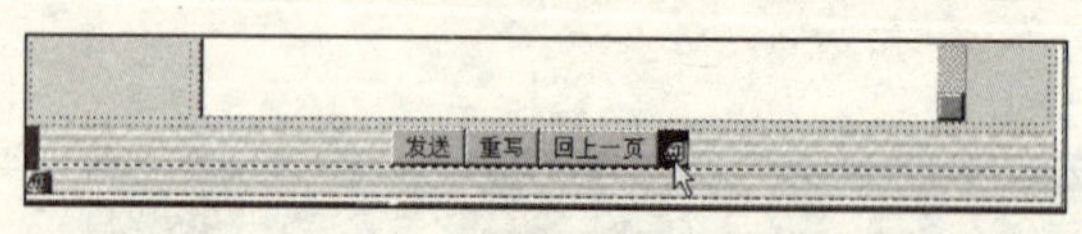

图 9-121 选中隐藏域 ediary_photo

单击“属性”面板中值文本框右侧的闪电标，如图 9-122 所示。打开“动态数据”对话框，在展开的 request 请求变量中选择需要接收的参数 picname，如图 9-123 所示。

④ 单击“确定”按钮，完成添加日记页面接收参数的操作。

至此，网络日记本的制作全部完成。

图 9-122　单击“属性”面板中的闪电标

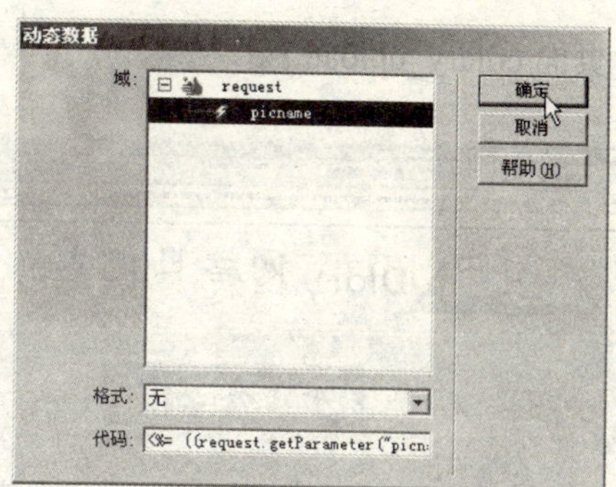

图 9-123　“动态数据”对话框

9.7　作品预览

选取首页 ediary.jsp，按〈F12〉键预览网页。

9.7.1　一般页面的使用

预览网页 ediary.jsp，显示出网络发布的日记信息，如图 9-124 所示。单击感兴趣的日记照片缩略图，即会打开这篇日记相关照片的放大图，如图 9-125 所示。

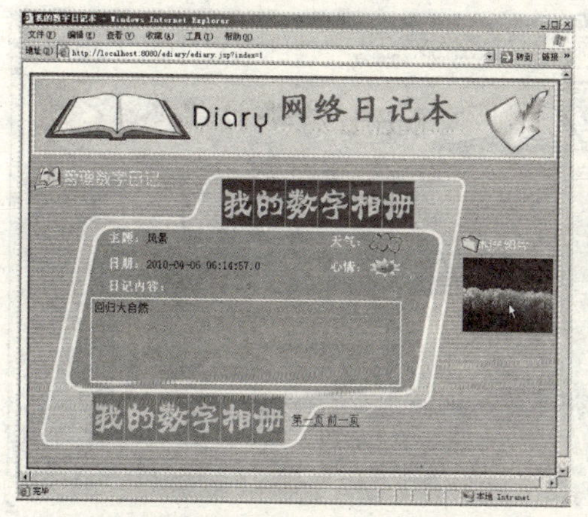

图 9-124　网络日记信息

图 9-125　日记相关照片的放大图

9.7.2　管理页面的使用

1. 登录日记管理页面

单击“管理数字日记”链接，打开日记管理登录页面 ediary_login.jsp，输入登录账号和密码，如图 9-126 所示。单击“登入管理界面”按钮，如果登录成功，则打开日记管理页面 ediary_admin.jsp，如图 9-127 所示。

2. 添加日记

单击日记管理页面中的“新增数字日记”链接，打开 ediary_add.jsp 页面，输入日记的基本信息，然后单击上传图片的图片按钮，如图 9-128 所示。打开如图 9-129 所示的上传图片页面 ediary_upload.jsp。

图 9-126　日记管理登录页面

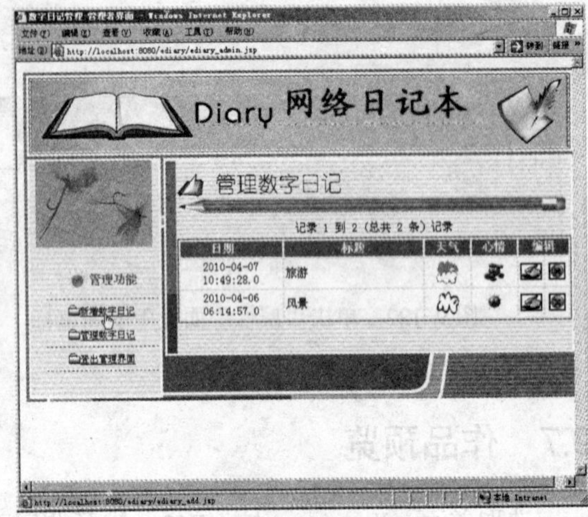

图 9-127　日记管理页面

在此页面中，用户可以看见上传图片的默认预览图。当用户上传新的图片后，这幅预览图将显示为新的上传图片。

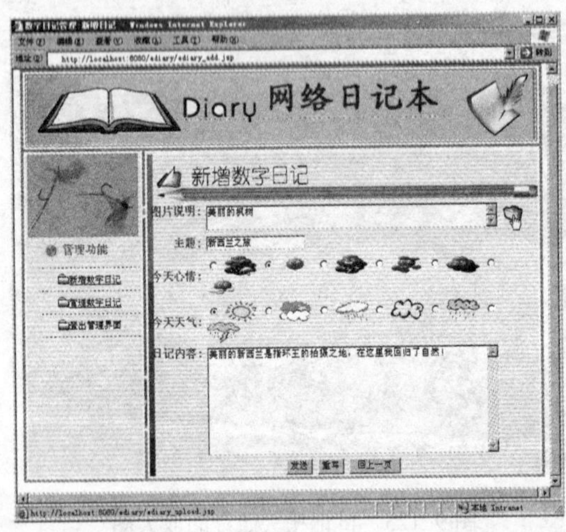

图 9-128　输入日记的基本信息

图 9-129　上传图片页面

单击“浏览”按钮，打开“选择文件”对话框选择上传的文件，如图 9-130 所示。单击“打开”按钮返回到页面 ediary_upload.jsp，单击“上传”按钮即可看见上传图片的缩略图，如图 9-131 所示。

打开文件夹 photo，即可看到图片成功的上传到该文件夹下，如图 9-132 所示。

单击“确定”按钮，页面转向添加日记页面 ediary_add.jsp 并传递参数 picname。在页面 ediary_add.jsp 中，单击“发送”按钮，即可向数据库中添加一条新的日记记录，如图 9-133 所示。同时页面转向日记管理页面，读者可以看到最新添加的日记信息，如图 9-134 所示。

图 9-130 选择上传的文件

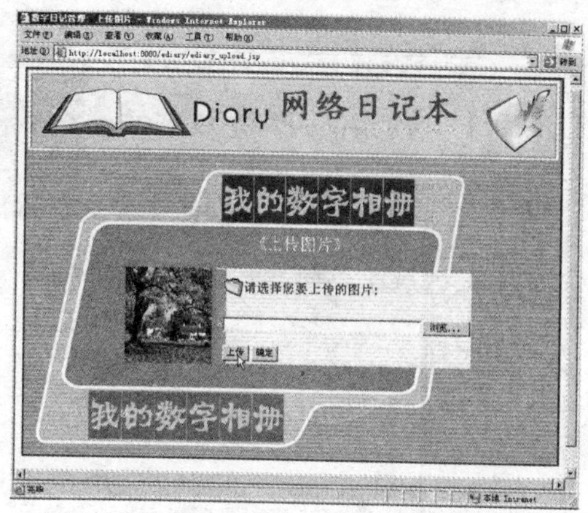

图 9-131 上传图片及生成图片的缩略图

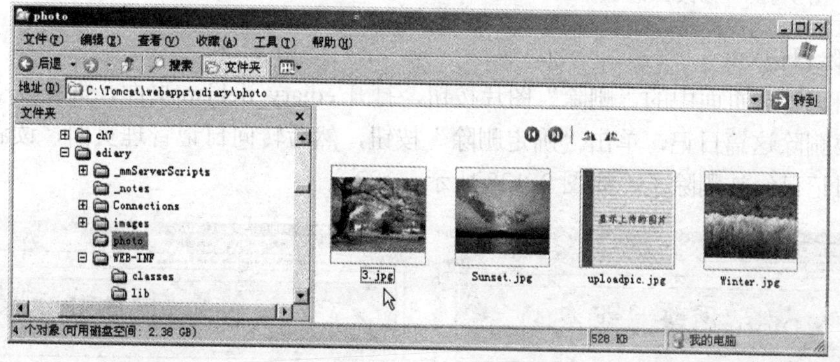

图 9-132 图片成功的上传

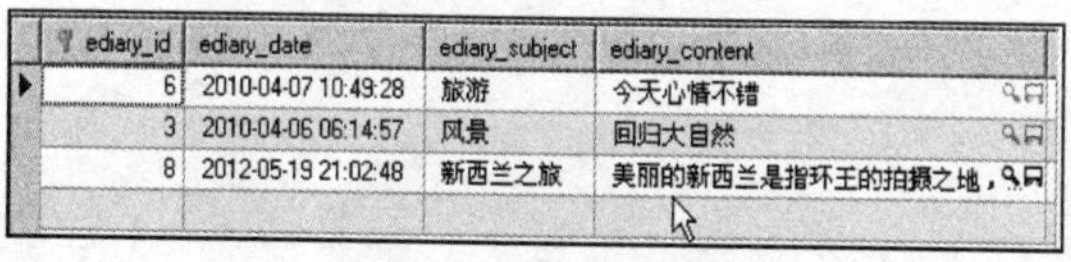

ediary_id	ediary_date	ediary_subject	ediary_content
6	2010-04-07 10:49:28	旅游	今天心情不错
3	2010-04-06 06:14:57	风景	回归大自然
8	2012-05-19 21:02:48	新西兰之旅	美丽的新西兰是指环王的拍摄之地，

图 9-133 数据库中添加的新记录

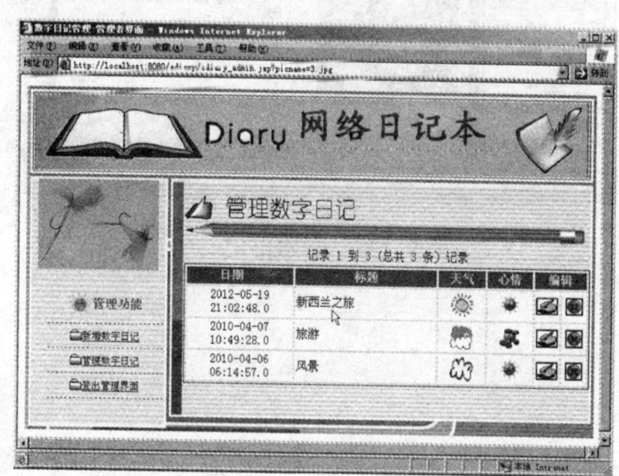

图 9-134 管理页面中最新添加的日记

3. 修改日记

单击日记管理页面中的“修改”图片按钮，打开 ediary_upd.jsp 页面，修改当前操作的日记信息，如图 9-135 所示。单击“发送”按钮，然后转向日记管理页面，读者可以看到修改后的日记信息，如图 9-136 所示。

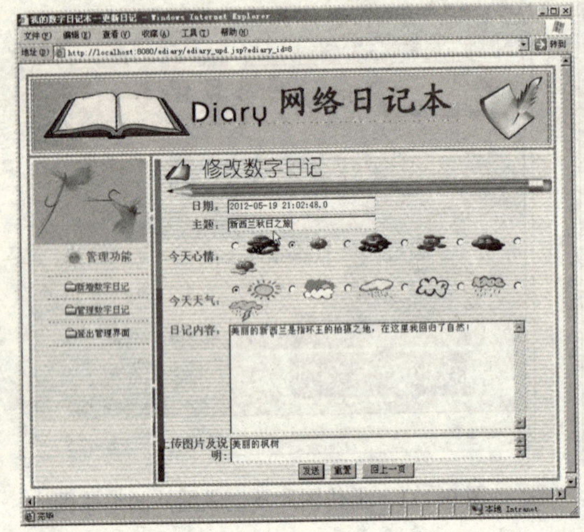

图 9-135　修改日记信息

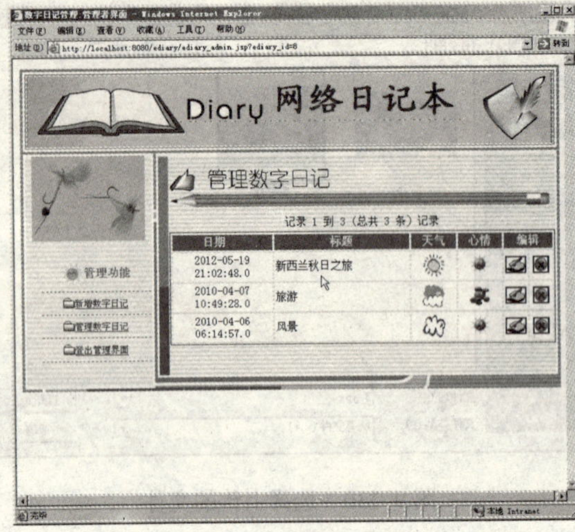

图 9-136　修改后的日记信息

4．删除日记

单击日记管理页面中的“删除”图片按钮，打开 ediary_del.jsp 页面，如图 9-137 所示。如果确定要删除这篇日记，单击“确定删除”按钮，然后转向日记管理页面，读者可以看到新添加的日记已经被删除了，如图 9-138 所示。

图 9-137　删除日记

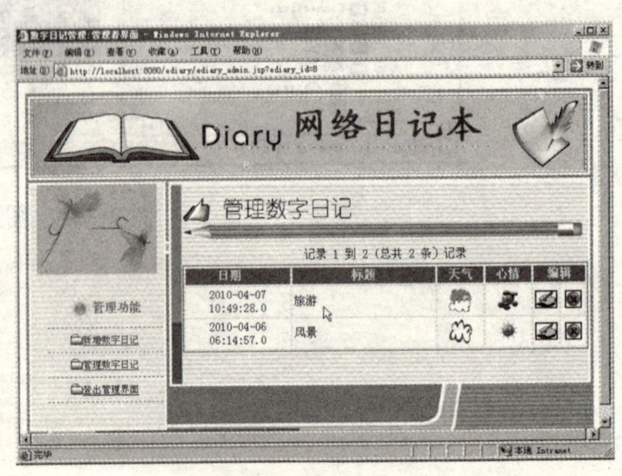

图 9-138　删除后的页面结果

第 10 章　网上购物商城

网上购物商城系统是一种具有交互功能的商业信息系统，它在网络上建立一个虚拟的购物商城，使购物过程变得轻松、快捷、方便。基于在线购物的电子商务网站的设计融合了电子商务网站的购物特性和门户网站的个性化特性，成为最新网站技术的热点。

本章中介绍的在线购物商城是电子商务中的一个环节，包含了商品的展示、选购、交易金额计算等功能。

10.1　网站的规划

网上购物商城系统包括的模块很多，除了购物网站之外，还涉及商品管理、客户管理、订单管理、支付管理和物流管理等诸多方面。由于篇幅所限，本章重点介绍顾客的购物流程。下面将分别介绍网上购物商城的网站结构与页面设计。

10.1.1　网站结构

网上购物商城的网站结构示意图如图 10-1 所示，主要包括商品展示页面与购物流程页面，网站的首页为 index.jsp。

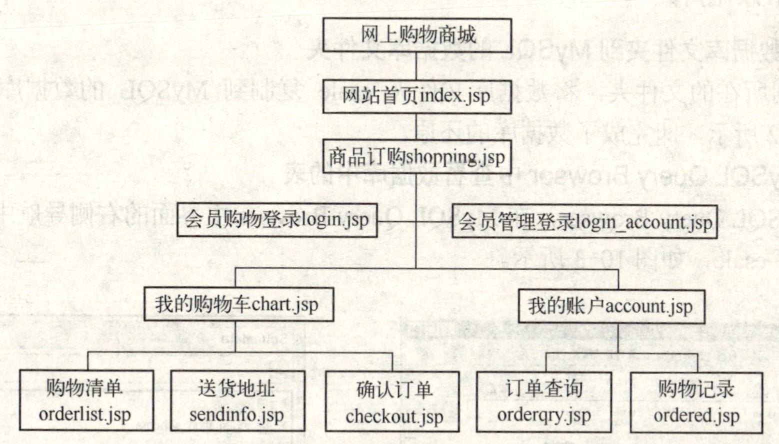

图 10-1　网站结构示意图

本案例的本地站点和测试站点都架设在本地服务器。用户既可以在 Dreamweaver 动态网站环境下按〈F12〉键预览网页，也可以在启动 IE 浏览器后输入网站地址 http://localhost:8080/esale/index.jsp 来测试网站的首页 index.jsp。

10.1.2　页面设计

本案例所介绍的网上购物商城的页面包括在线购物首页、商品订购、查看购物车、填写送货地址、确认订单以及账户管理等 15 个页面，见表 10-1。

表 10-1 网上购物商城的页面文件

文件名称	功能说明
index.jsp	网上购物商城主页面
shopping.jsp	网上购物商城商品订购页面
login.jsp、login_account.jsp	网上购物商城会员购物登录页面、会员管理登录页面
loginfail.jsp	会员登录失败页面
chart.jsp	我的购物车页面
orderdetaildel.jsp	删除选购商品页面
sendinfo.jsp	填写邮寄信息页面
orderlist.jsp	订货清单页面
checkout.jsp	确认订购页面
account.jsp	我的账户管理页面
orderqry.jsp	订单查询页面
ordered.jsp	购物记录页面
changepwd.jsp	更改密码页面
orderdetails.jsp	订单明细页面

10.2 数据库设计

10.2.1 还原数据库

1. 复制数据库文件夹到 MySQL 的数据库文件夹

打开案例所在的文件夹，将数据库文件夹 esale 复制到 MySQL 的数据库文件夹 data 下，如图 10-2 所示，即完成了数据库的还原。

2. 在 MySQL Query Browser 中查看数据库中的表

登录 MySQL Query Browser，在 MySQL Query Browser 主界面的右侧导航中显示出已经还原的数据库 esale，如图 10-3 所示。

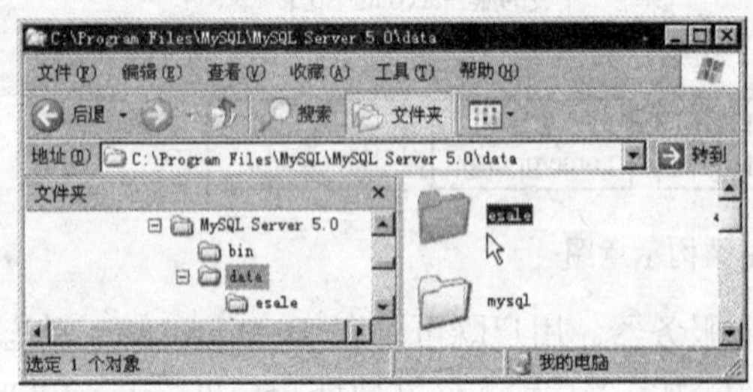

图 10-2 复制数据库文件夹到目标位置

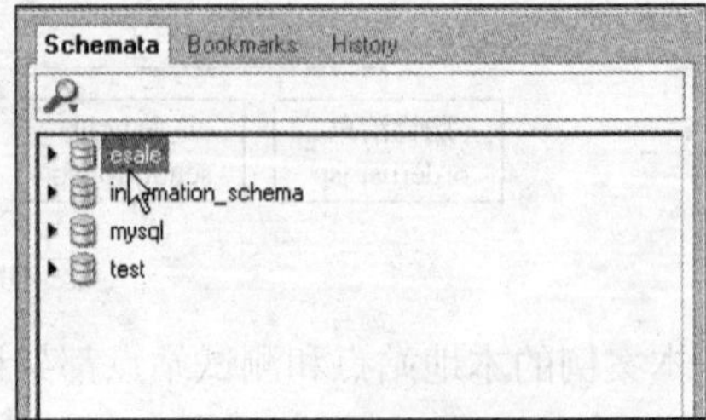

图 10-3 已经还原的数据库

双击数据库 esale，在展开的包含文件中显示出数据库中的数据表 custmers、orderdetails、orders 和 products，如图 10-4 所示。

图 10-4　数据库中包含的数据表

10.2.2　数据表的结构

在图 10-4 中，选中某个数据表，按〈F2〉键将打开表的结构定义。

1．表 custmers 的结构

表 custmers 用来存储购物网站上的客户数据的，本表的主键是 cust_id（客户编号），并设置为自动编号 auto_increment，表的结构如图 10-5 所示。

	Column Name	Datatype	NOT NULL	AUTO INC	Flags	Default Value	Comment
客户编号	cust_id	INT(11)	✔	✔	UNSIGNED	NULL	
客户姓名	cust_name	VARCHAR(20)	✔		BINARY		
登录名称	username	VARCHAR(10)	✔		BINARY		
登录密码	password	VARCHAR(10)	✔		BINARY		
客户邮箱	cust_email	VARCHAR(30)	✔		BINARY		
客户地址	cust_addr	VARCHAR(50)	✔		BINARY		
客户电话	cust_tel	VARCHAR(20)	✔		BINARY		
邮寄名称	cust_toname	VARCHAR(20)	✔		BINARY		
邮寄电话	cust_totel	VARCHAR(20)	✔		BINARY		
邮寄地址	cust_toaddr	VARCHAR(100)	✔		BINARY		
邮寄邮箱	cust_toemail	VARCHAR(30)	✔		BINARY		

图 10-5　表 custmers 的结构

2．表 products 的结构

表 products 用来存储网站上的产品数据，所有字段的命名都以“prod_”为前缀。本表的主键是 prod_id（产品编号），并设置为自动编号 auto_increment，表的结构如图 10-6 所示。

	Column Name	Datatype	NOT NULL	AUTO INC	Flags	Default Value	Comment
产品编号	prod_id	INT(11)	✔	✔	UNSIGNED	NULL	
产品名称	prod_name	VARCHAR(20)	✔		BINARY		
产品尺寸	prod_size	VARCHAR(20)	✔		BINARY		
产品价格	prod_price	INT(11)	✔		UNSIGNED		
产品图片	prod_img	VARCHAR(50)	✔		BINARY		
产品简介	prod_memo	TEXT	✔				

图 10-6　表 products 的结构

3．表 orders 的结构

表 orders 用来存储网站上的订单数据，所有字段的命名都以“ord_”为前缀。本表

的主键是 ord_id（订单编号），并设置为自动编号 auto_increment，表的结构如图 10-7 所示。

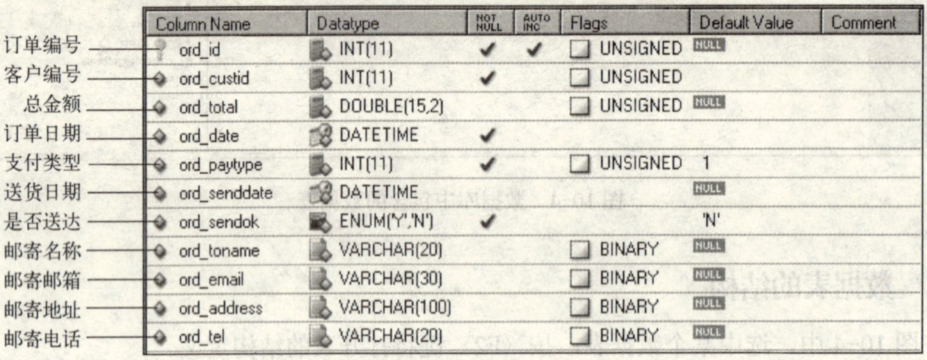

	Column Name	Datatype	NOT NULL	AUTO INC	Flags	Default Value	Comment
订单编号	ord_id	INT(11)	✔	✔	UNSIGNED	NULL	
客户编号	ord_custid	INT(11)	✔		UNSIGNED		
总金额	ord_total	DOUBLE(15,2)			UNSIGNED	NULL	
订单日期	ord_date	DATETIME	✔				
支付类型	ord_paytype	INT(11)	✔		UNSIGNED	1	
送货日期	ord_senddate	DATETIME				NULL	
是否送达	ord_sendok	ENUM('Y','N')	✔			'N'	
邮寄名称	ord_toname	VARCHAR(20)			BINARY	NULL	
邮寄邮箱	ord_email	VARCHAR(30)			BINARY	NULL	
邮寄地址	ord_address	VARCHAR(100)			BINARY	NULL	
邮寄电话	ord_tel	VARCHAR(20)			BINARY	NULL	

图 10-7　表 orders 的结构

4．表 orderdetails 的结构

表 orderdetails 用来存储网站上的订单明细数据，本表的主键是 ord_detailid（订单明细编号），并设置为自动编号 auto_increment，表的结构如图 10-8 所示。

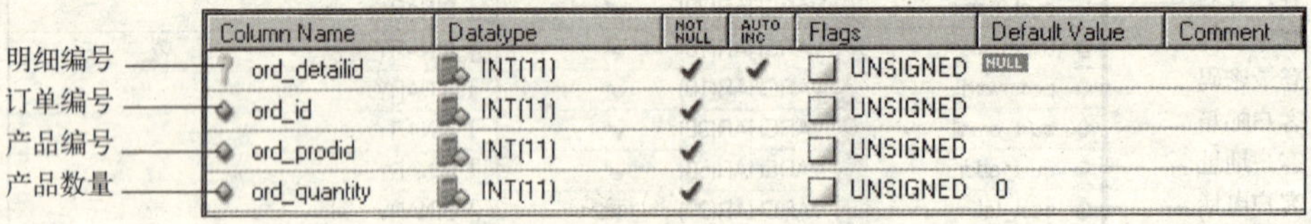

	Column Name	Datatype	NOT NULL	AUTO INC	Flags	Default Value	Comment
明细编号	ord_detailid	INT(11)	✔	✔	UNSIGNED	NULL	
订单编号	ord_id	INT(11)	✔		UNSIGNED		
产品编号	ord_prodid	INT(11)	✔		UNSIGNED		
产品数量	ord_quantity	INT(11)	✔		UNSIGNED	0	

图 10-8　表 orderdetails 的结构

10.3　定义网站与设置数据库连接

接下来要在 Dreamweaver 中定义一个 JSP 网站，设置本地文件夹、测试服务器和数据库的连接，见表 10-2。

表 10-2　定义网站

参　数	设　置　值
站点名称	JSP 网上购物商城
本地文件夹	C:\Tomcat\webapps\esale
测试服务器	C:\Tomcat\webapps\esale
网站测试地址	http://localhost:8080/esale/
MySQL 服务器地址	localhost:3306
MySQL 服务器管理账号/密码	root/root
数据库名称	esale
数据表名称	custmers、orderdetails、orders 和 products

1．复制网页源文件

本书所附的素材文件中的 esale 文件夹包含此案例所需的全部原始文件（静态页面），用户可以将其全部复制到网站的根目录 C:\Tomcat\webapps 下。

2. 定义网站

（1）建立本地站点

打开 Dreamweaver，选择“站点”→“新建站点”，打开“站点定义”对话框，新建一个名称为“JSP 网上购物商城”的本地站点，使用的本地文件夹为 C:\Tomcat\webapps\esale，如图 10-9 所示。

（2）建立测试服务器

将分类切换到“测试服务器”类别，设置服务器模型为“JSP”，访问为“本地/网络”，测试服务器文件夹为 C:\Tomcat\webapps\esale，HTTP 地址为 http://localhost:8080/esale，如图 10-10 所示。

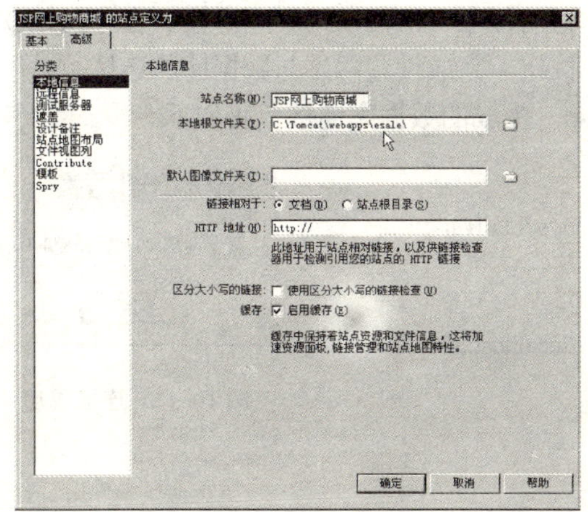

图 10-9　建立本地站点

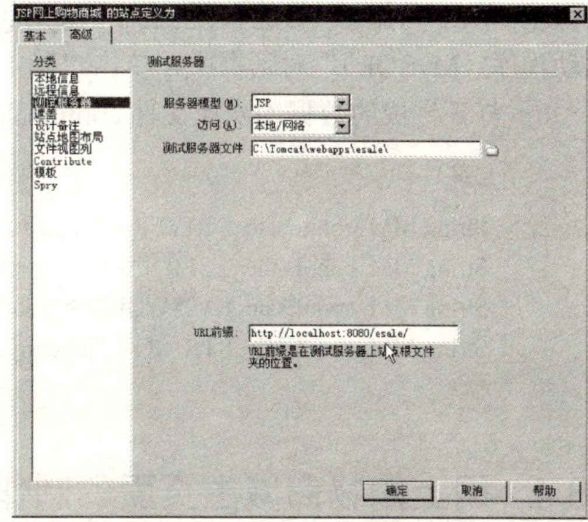

图 10-10　建立测试服务器

完成设置后，单击“确定”按钮，完成网站的定义。

3. 设置数据库连接

设置网站与数据库连接的操作步骤如下。

① 打开网页 index.jsp，在“应用程序”面板的“数据库”选项卡中单击“+”按钮，弹出选择数据库连接的菜单，如图 10-11 所示。

② 在弹出的菜单中选择“MySQL 驱动程序（MySQL）”命令，打开“MySQL 驱动程序（MySQL）”对话框，如图 10-12 所示，参照如表 10-3 所示的参数进行数据库连接设置。

表 10-3　设置数据库连接参数

参　数	设　置　值
连接名称	connEsale
URL	jdbc:mysql://localhost:3306/esale
用户名	root
密码	root
Dreamweaver 应连接	使用测试服务器上的驱动程序

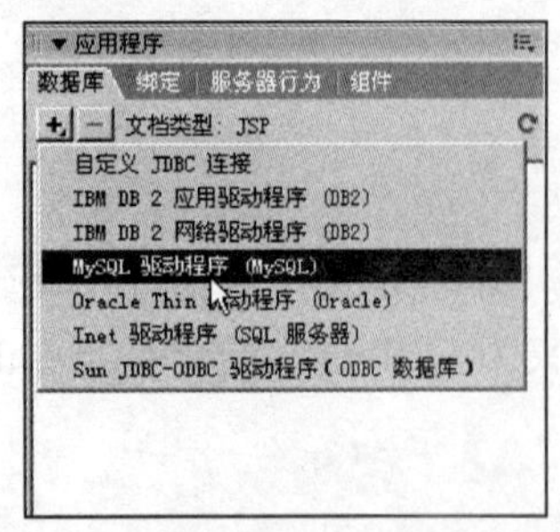

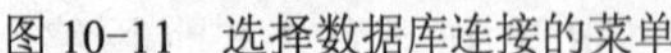

图 10-11 选择数据库连接的菜单

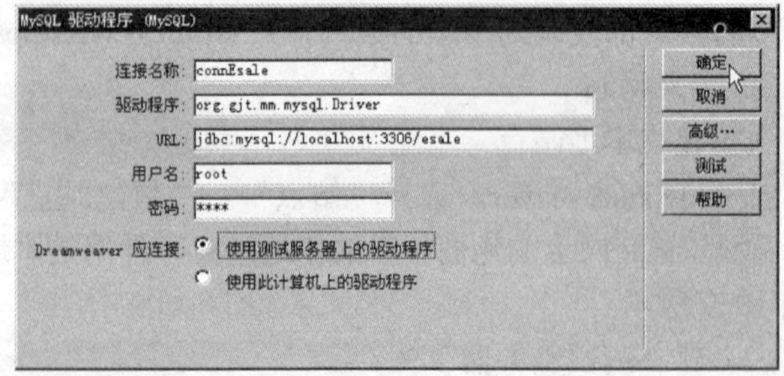

图 10-12 “MySQL 驱动程序（MySQL）”对话框

③ 单击“测试”按钮测试是否与 MySQL 数据库连接成功。如果连接成功，将打开如图 10-13 所示的对话框，显示“成功创建连接脚本”的提示信息。

④ 单击“确定”按钮，返回到“MySQL 驱动程序（MySQL）”对话框。在“MySQL 驱动程序（MySQL）”对话框中，单击“确定”按钮，完成设置网站与数据库的连接。

⑤ 打开生成的数据库连接文件 connEsale.jsp，生成的数据库连接代码如下：

```
<%
String MM_connEsale_DRIVER = "org.gjt.mm.mysql.Driver";
String MM_connEsale_USERNAME = "root";
String MM_connEsale_PASSWORD = "root";
String MM_connEsale_STRING = "jdbc:mysql://localhost:3306/esale";
%>
```

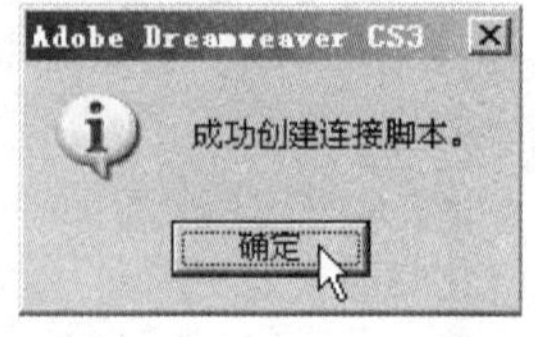

图 10-13 连接成功

10.4 网上购物商城主页面的制作

在 Dreamweaver 中定义网站，建立与 MySQL 数据库的连接后，就可以开始设计 JSP 页面了。首先，要制作购物商城的首页 index.jsp。这个页面用于显示所有产品的清单。用户可以单击产品名称或立即购买按钮链接到产品的订购页面，其版面设计如图 10-14 所示。

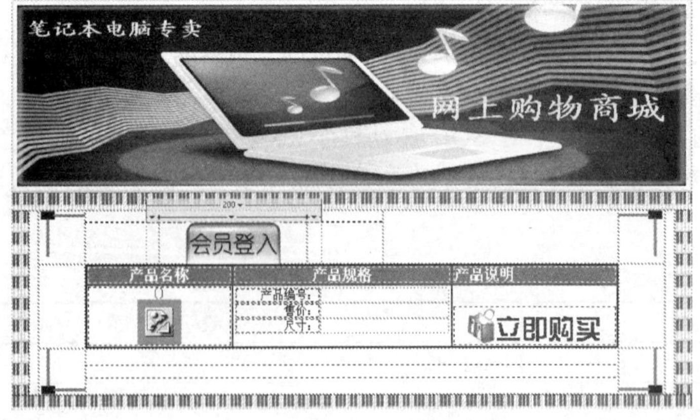

图 10-14 商城首页的版面设计

1. 绑定记录集 prodlist

在建立与 MySQL 数据库的连接后，就可以利用“绑定”面板，将所需要的字段链接至网页中。index.jsp 所使用的数据表是 products，绑定这个数据表字段的操作步骤如下。

① 打开“绑定”面板，单击“+”按钮，从弹出的菜单中选择“记录集（查询）”命令。

② 打开“记录集”对话框，参照如表 10-4 所示的参数进行记录集的设置，如图 10-15 所示，完成后单击“确定”按钮。

表 10-4　绑定记录集 prodlist 的参数设置

参　　数	设　置　值
名称	prodlist
连接	connEsale
表格	products
列	全部
排序	以 prod_id 降序排列

③ 绑定记录集后，将记录集的字段拖动至 index.jsp 网页的适当位置，如图 10-16 所示。

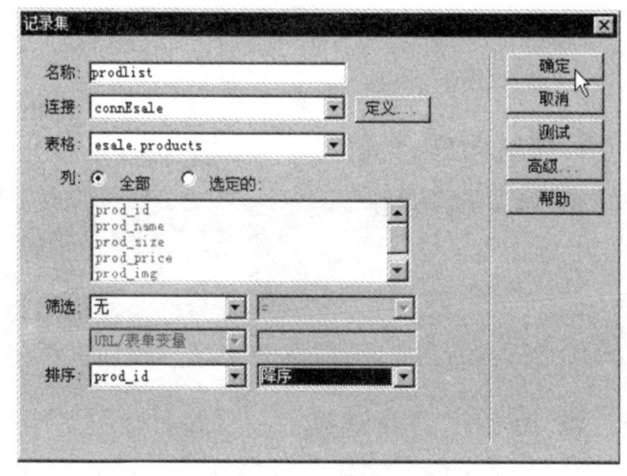

图 10-15　记录集的参数设置

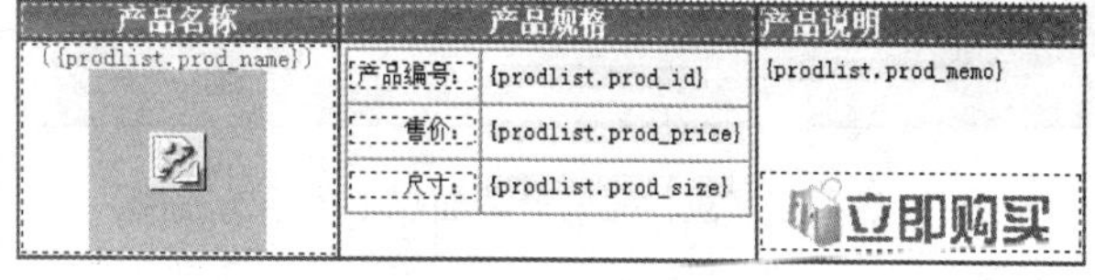

图 10-16　将记录集的字段拖动至网页

2．设置显示产品的图标

在购物商城中，除了显示每项产品的规格及说明外，还必须显示产品的相关图像。由于数据库中的字段只能保存图像的文件名而无法保存图像，所以用户必须利用图像的文件名来指定要显示的图像。产品的图标位于站点下的 prod_img 目录中，与记录集中的字段 prod_img 链接。需要注意的是，在设置图标数据源的 URL 路径时，路径要设置为相对路径，在路径最开始的位置不要加“/”。设置方法如下。

① 选择页面中的产品图标，然后单击“属性”面板中“源文件”文本框后的浏览文件按钮 。打开“选择图像源文件”对话框，如图 10-17 所示。

② 在对话框中，单击“选取文件名自：”右侧的“数据源”单选按钮，选择其中需要链接产品图标的字段“prod_img”，如图 10-18 所示。

由于产品图标位于站点下的 prod_img 目录中，所以在 URL 右侧的文本框中引用字段代码的最前面加上图标的路径“prod_img/”，如图 10-19 所示。

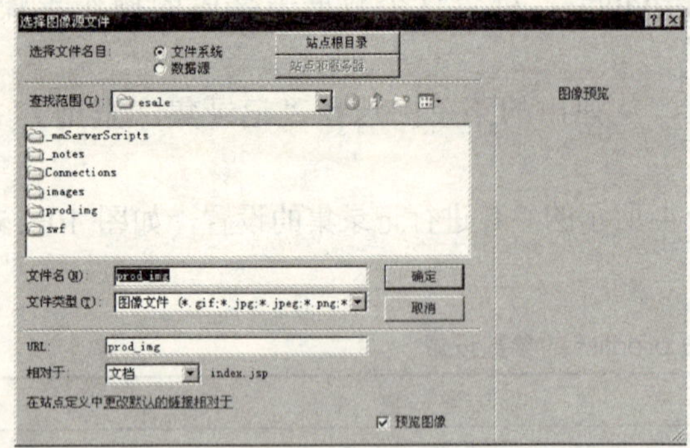

图 10-17 “选择图像源文件”对话框

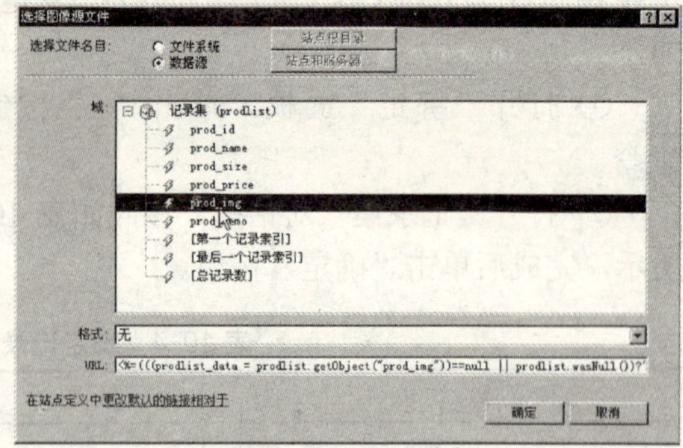

图 10-18 选择链接产品图标的字段

③ 单击“确定”按钮，返回到设计页面，“属性”面板中即可看到在图标源文件文本框中显示出图标的链接字段，如图 10-20 所示。

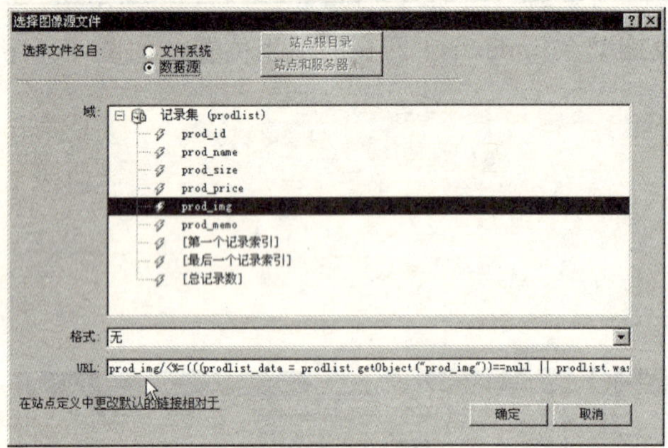

图 10-19 在字段代码的最前面加上图标的路径

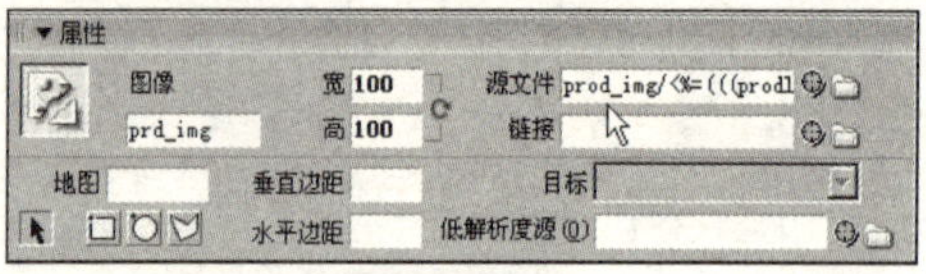

图 10-20 设置链接字段后的图标源文件

3. 设置重复区域

由于要在 index.jsp 页面中显示数据库中的所有记录，而当前的设置只能显示数据库的第一条记录，所以需要设置“重复区域”服务器行为将数据一一读取并显示。操作步骤如下。

① 选取 index.jsp 页面中需要重复显示的信息，如图 10-21 所示。

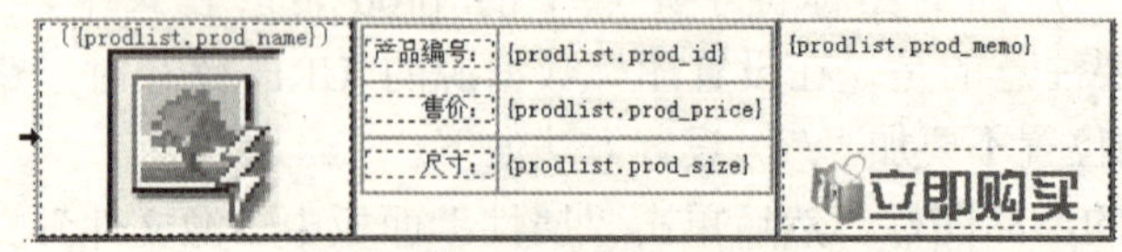

图 10-21 选取重复的内容

② 打开“服务器行为”面板，单击“+”按钮，从弹出的菜单中选择“重复区域”命令，如图 10-22 所示。

③ 打开“重复区域”对话框，选择需要重复的记录集，设置每页显示的记录数为 2 条记录，如图 10-23 所示。

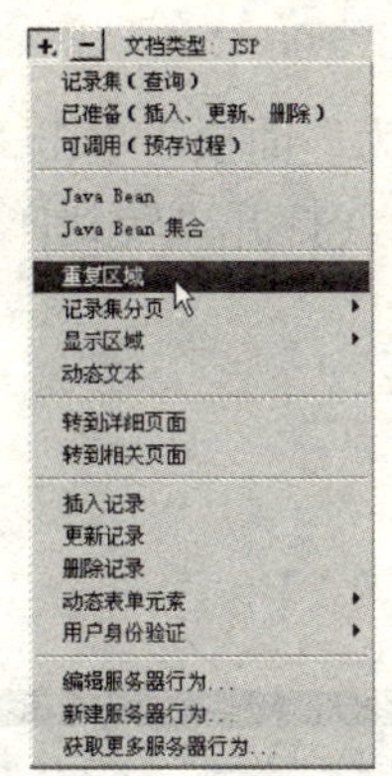

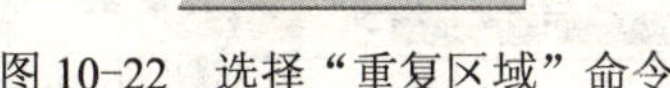

图 10-22　选择“重复区域”命令

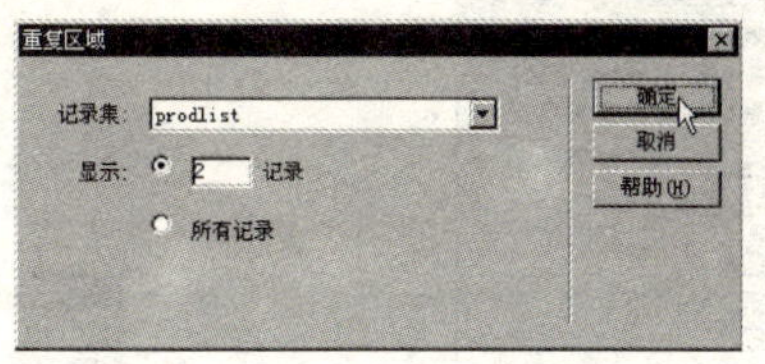

图 10-23　“重复区域”对话框

④ 单击“确定”按钮返回到设计窗口，会发现所选取要重复区域的左上角出现了一个“重复”的灰色标签，表示已经完成设置，如图 10-24 所示。

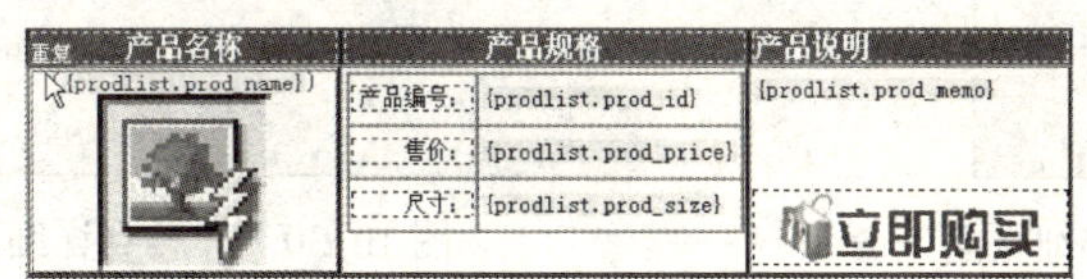

图 10-24　重复区域的灰色标签

4. 加入记录集导航条

操作步骤如下。

① 移动鼠标指针到要加入记录集导航条的位置，如图 10-25 所示。单击“插入”工具栏“数据”面板中的“记录集分页”按钮 ，在弹出的菜单中选择“记录集导航条”命令，如图 10-26 所示。

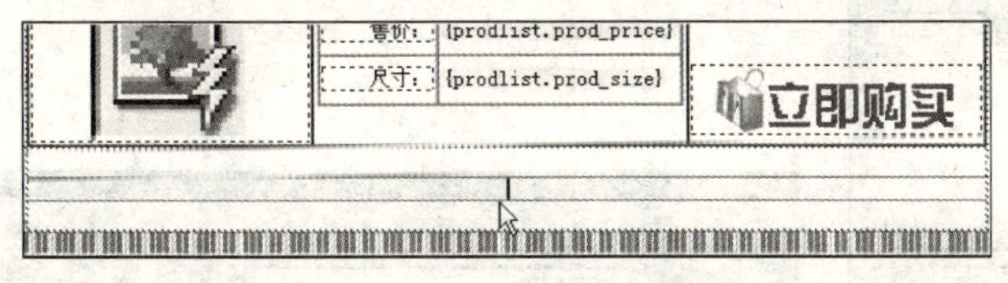

图 10-25　定位记录集导航条的位置

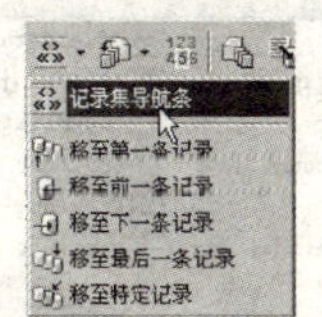

图 10-26　“记录集导航条”命令

② 打开“记录集导航条”对话框，设置导航条的显示方式为“图像”方式，如图 10-27 所示。

③ 单击“确定”按钮返回到设计窗口，生成的记录集导航条如图 10-28 所示。

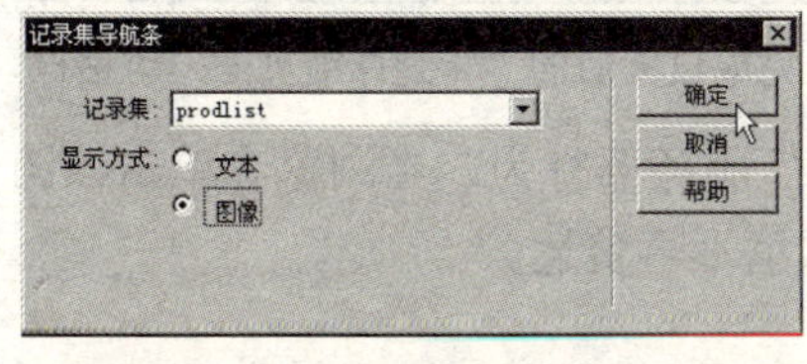

图 10-27　“记录集导航条”对话框

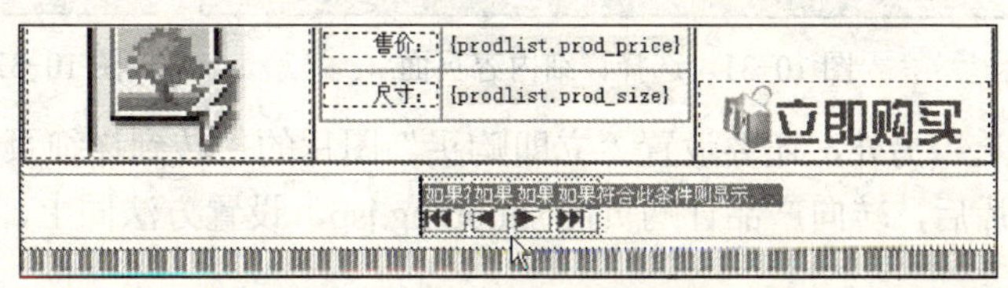

图 10-28　加入记录集导航条后的效果

5. 转到详细页面

商城首页 index.jsp 除了显示产品的基本信息之外，还要提供浏览者单击感兴趣的产品图标链接到该产品订购页面的功能。操作步骤如下。

① 选取首页上产品图标的缩略图，然后打开“服务器行为”面板，单击“+”按钮，从弹出的菜单中选择“转到详细页面”命令，如图 10-29 所示。打开“转到详细页面”对话框，如图 10-30 所示。

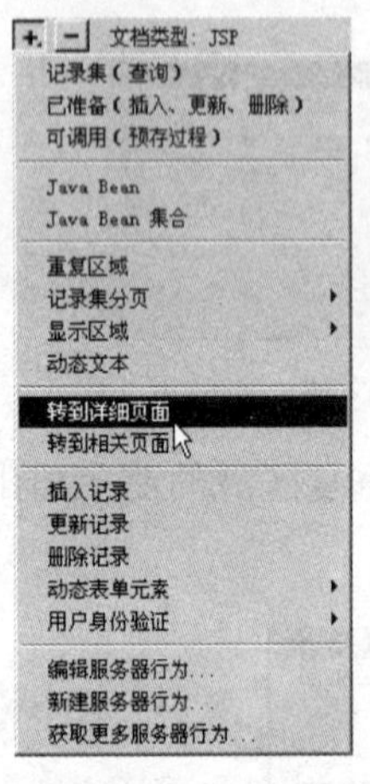

图 10-29 选择“转到详细页面”命令

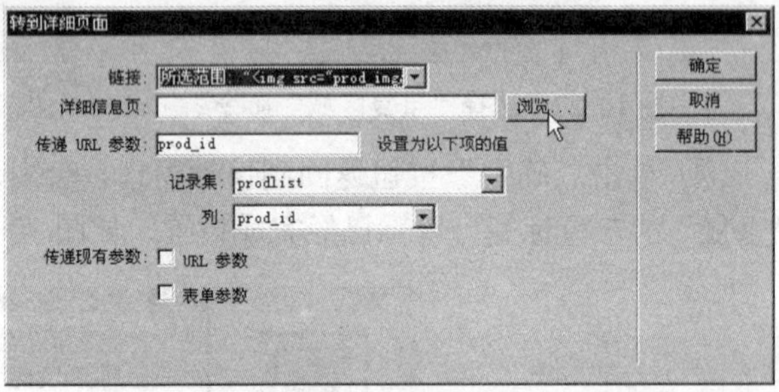

图 10-30 “转到详细页面”对话框

② 在“转到详细页面”对话框中，单击“浏览”按钮，打开“选择文件”对话框。此处选择新闻详细内容页面 news_show.jsp，如图 10-31 所示。单击“确定”按钮，完成设置后的“转到详细页面”对话框如图 10-32 所示。

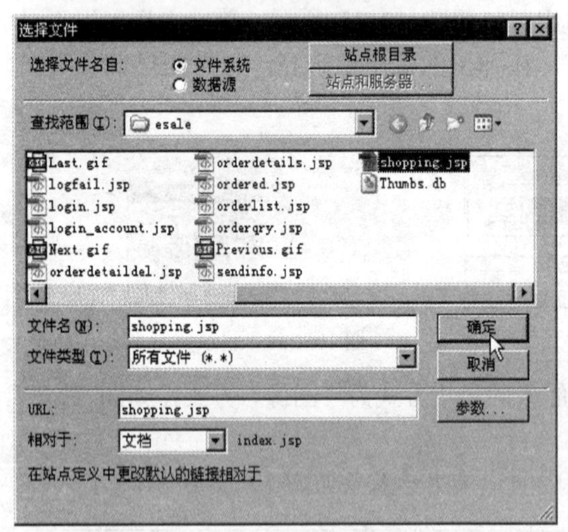

图 10-31 选择详细内容页面

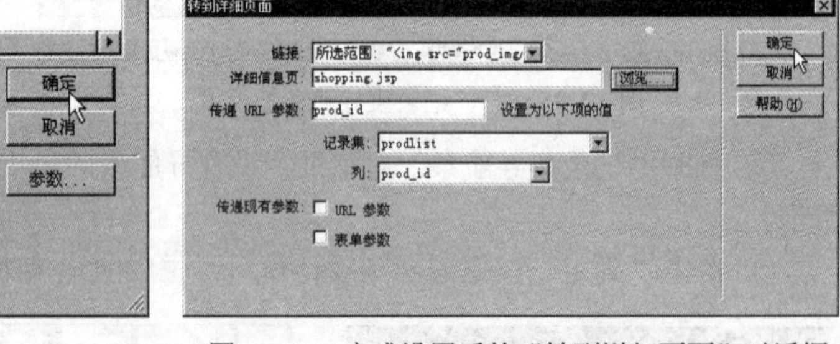

图 10-32 完成设置后的“转到详细页面”对话框

另外，还要设置“立即购买”图片的“转到详细页面”服务器行为。当浏览者单击该图片后，转向产品订购页面 shopping.jsp，设置方法同上，这里不再赘述。

10.5 购物流程设计

接下来，要进入购物商城系统中最重要的设计环节——购物流程设计，见表 10-5。

表 10-5　购物流程

购 物 流 程	网 页 文 件
1. 产品订购	shopping.jsp
2. 会员登录	login.jsp
3. 检查购物车	chart.jsp
4. 填写邮寄信息	sendinfo.jsp
5. 购物结账确认	checkout.jsp

10.5.1　产品订购页面的制作

本节讲解的是制作产品订购页面 shopping.jsp，该页面的主要功能是显示商品的详细说明与放大的图片展示，同时也为客户提供订购此商品的链接，其版面设计如图 10-33 所示。

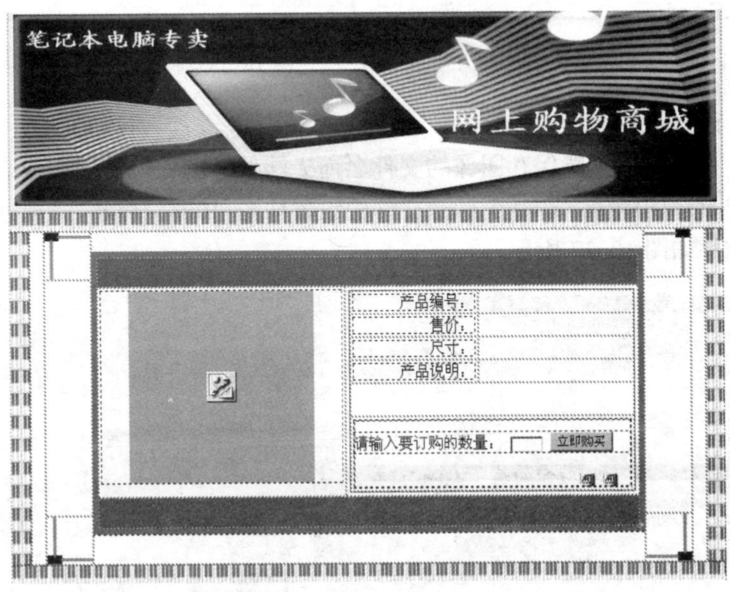

图 10-33　产品订购页面的版面设计

1. 绑定记录集 proddetail

shopping.jsp 所使用的数据表是 products，绑定这个数据表字段的操作步骤如下。

① 打开“绑定”面板，单击“+”按钮，从弹出的菜单中选择“记录集（查询）”命令。

② 打开“记录集”对话框，参照如表 10-6 所示的参数进行记录集的设置，如图 10-34 所示，完成后单击“确定”按钮。

表 10-6　绑定记录集 proddetail 的参数设置

参　数	设 置 值
名称	proddetail
连接	connEsale
表格	products
列	全部
筛选	prod_id = URL/表单变量 prod_id

③ 绑定记录集后，将记录集的字段拖动至 shopping.jsp 网页的适当位置，如图 10-35 所示。

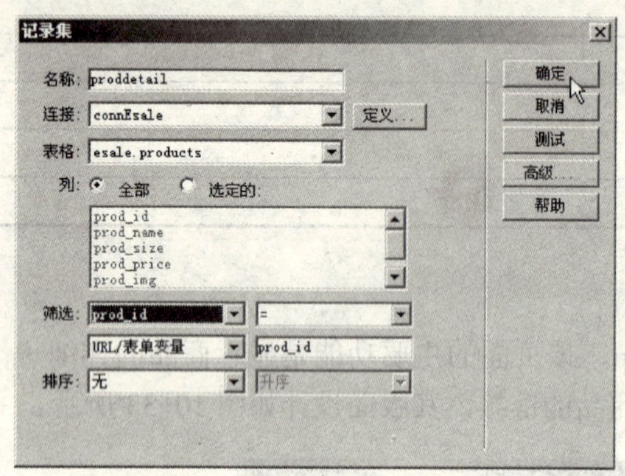

图 10-34 “记录集”对话框

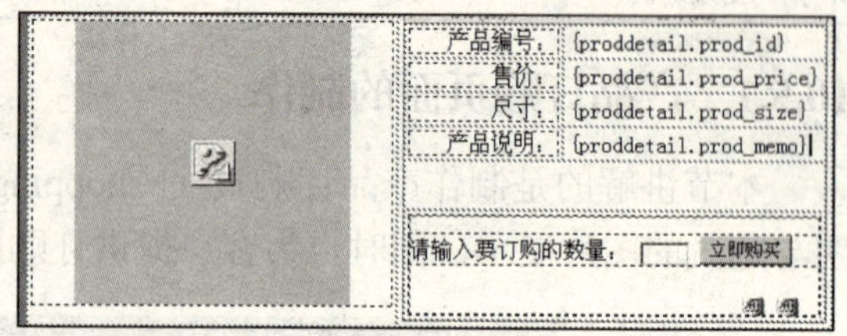

图 10-35 将记录集的字段拖动至网页

2. 设置显示产品的图标

由于数据库中的字段只能保存图像的文件名而无法保存图像，所以用户必须利用图像的文件名来指定要显示的图像。产品图标源文件的设置如图 10-36 所示，“属性”面板中图标源文件的设置结果如图 10-37 所示。

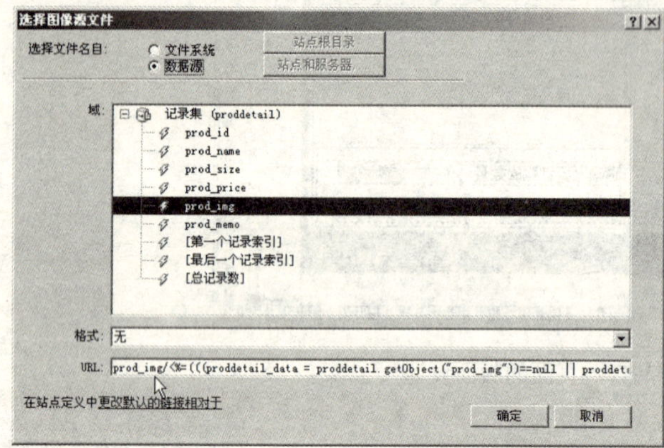

图 10-36 产品图标源文件的设置

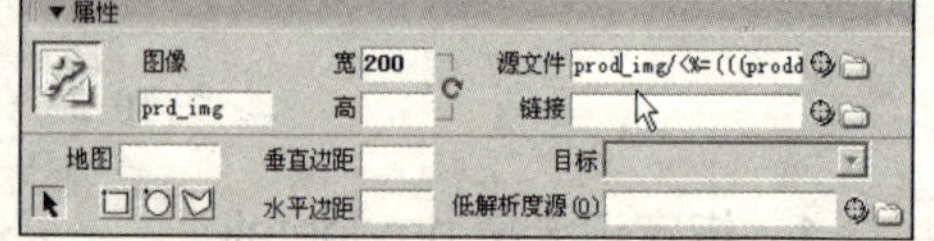

图 10-37 图标源文件的设置结果

3. 绑定记录集 maxorder

当浏览者输入产品数量并单击“立即购买”按钮后，必须将最新生成的订单编号传递到下一页面 chart.jsp。求出最新订单编号的方法是制作一个记录集，使记录集按照订单编号 ord_id 字段降序排列以求出已经存在订单的最大编号，然后将最大编号加 1 就可以求出最新生成的订单编号。接下来要绑定记录集 maxorder，所使用的数据表是 orders，绑定这个数据表字段的操作步骤如下。

① 打开“绑定”面板，单击“+”按钮，从弹出的菜单中选择“记录集（查询）”命令。

② 打开“记录集”对话框，参照如表 10-7 所示的参数进行记录集的设置，如图 10-38 所示，完成后单击“测试”按钮。

表 10-7　绑定记录集 maxorder 的参数设置

参　　数	设　置　值
名称	maxorder
连接	connEsale
表格	orders
列	全部
排序	以 ord_id 降序排列

③ 在测试 SQL 指令窗口中，可以看到已经存在的订单的最大编号 ord_id 为 19，如图 10-39 所示。

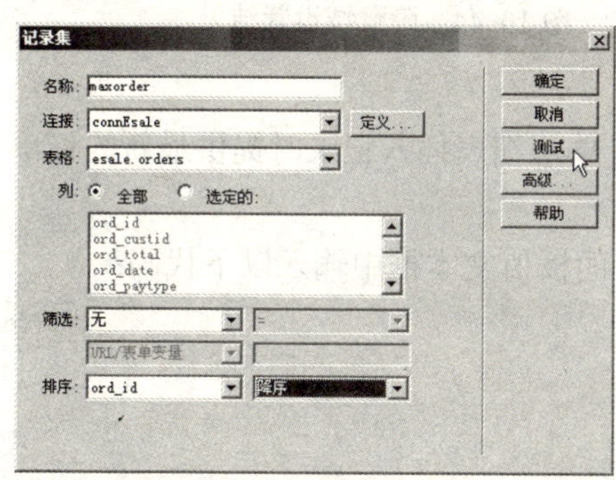

图 10-38 “记录集”对话框

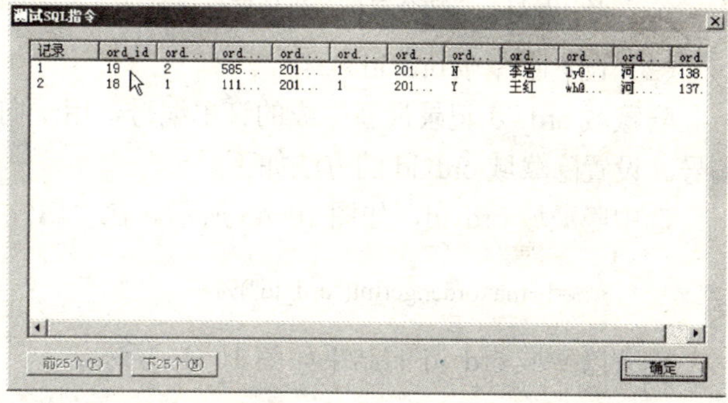

图 10-39　已经存在的订单的最大编号

4．设置隐藏域

在 shopping.jsp 页面中添加两个隐藏域 ord_prodid 和 ord_id，如图 10-40 所示。

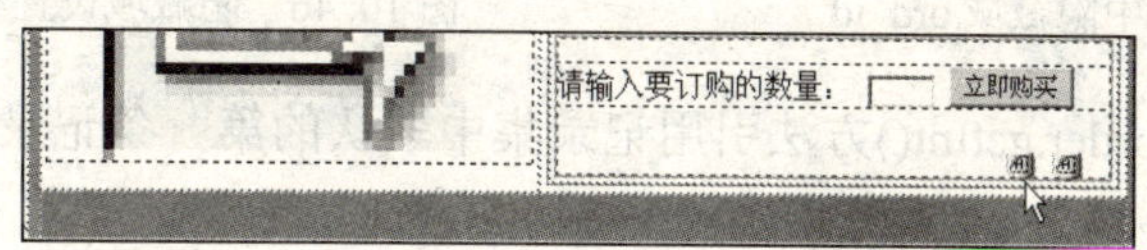

图 10-40　添加两个隐藏域

（1）设置隐藏域 ord_prodid

隐藏域 ord_prodid 记录订购产品的产品编号，用于向订单明细表插入记录时提供产品编号。设置步骤如下。

① 选中隐藏域 ord_prodid，如图 10-41 所示。单击“属性”面板值文本框右侧的闪电标，如图 10-42 所示。

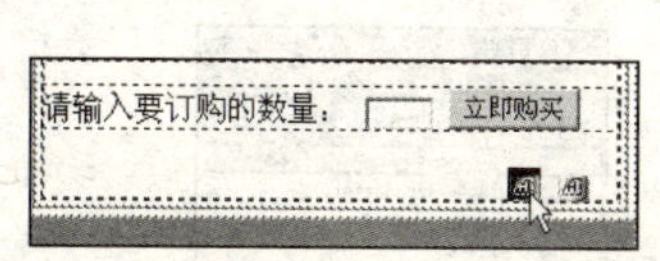

图 10-41　选中隐藏域 ord_prodid

图 10-42　单击隐藏域文本框右侧的闪电标

② 打开“动态数据”对话框，选中隐藏域需要绑定的字段 prod_id，如图 10-43 所示。单击“确定”按钮，返回“属性”面板，设置结果如图 10-44 所示。

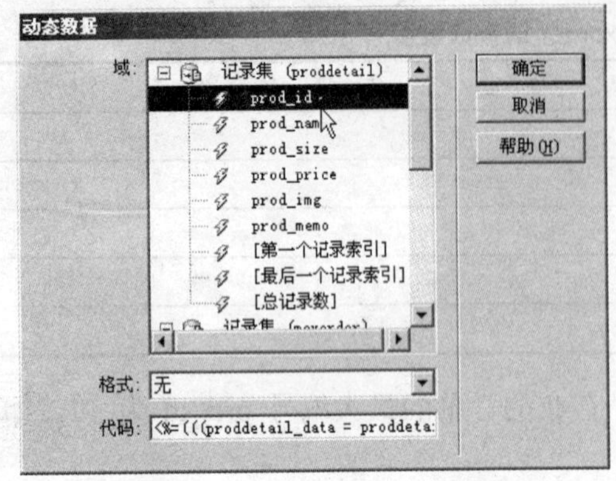

图 10-43 “动态数据”对话框

图 10-44 隐藏域设置结果

（2）设置隐藏域 ord_id

隐藏域 ord_id 记录最新生成的订单编号，用于向订单明细表插入记录时提供最新的订单编号。设置隐藏域 ord_id 的方法如下。

选中隐藏域 ord_id，如图 10-45 所示。在“属性”面板值文本框中输入以下代码：

```
<%=1+maxorder.getInt("ord_id")%>
```

设置隐藏域 ord_id 的结果如图 10-46 所示。

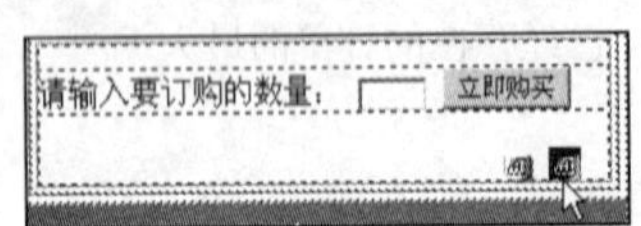

图 10-45 选中隐藏域 ord_id

图 10-46 隐藏域设置结果

这里使用了 maxorder.getInt()方法引用记录集中默认的第一条记录的字段值，即最大的订单编号值。

5. 设置 session 变量

由于在购物流程中随时会存取最新的订单编号，因此必须将记录集 maxorder 中的订单编号 ord_id 字段的值写入 session 变量（也称为阶段变量）中，以便后续的页面使用该值。操作步骤如下。

① 打开“绑定”面板，单击“+”按钮，从弹出的菜单中选择“阶段变量”命令。

② 打开“阶段变量”对话框，输入阶段变量的名称 ordid，如图 10-47 所示。完成后单击“确定”按钮，就可以在“绑定”面板中看到生成的 session 变量，如图 10-48 所示。

图 10-47 “阶段变量”对话框

图 10-48 生成的 session 变量

③ 切换到代码窗口，在定义隐藏域 ord_id 的代码下面接着输入以下设置 session 变量的代码：

```
<%
    String ordid =String.valueOf(1+maxorder.getInt("ord_id"));
    session.setAttribute("ordid",ordid);
%>
```

需要说明的是，定义隐藏域 ord_id 的目的是为了向订单明细表插入记录时提供参数值，而定义 session 变量 ordid 的目的是为了在后续购物流程的页面中使用最新的订单编号，二者的目的不同。

6. 加入插入记录服务器行为

当浏览者单击“立即购买”按钮后，除了要将页面跳转到会员登录页面 login.jsp 外，还必须向订单明细表 orderdetails 中插入一条新的购物明细记录。操作步骤如下。

① 打开“服务器行为”面板，单击“+”按钮，从弹出的菜单中选择“插入记录”命令，如图 10-49 所示。

② 打开“插入记录”对话框，参照如表 10-8 所示的参数进行设置，如图 10-50 所示，并设置添加数据后转到会员登录页面 login.jsp。

表 10-8 插入记录参数设置

参　数	设　置　值
连接	connEsale
插入到表格	orderdetails
插入后，转到	login.jsp
获取值自	form1
表单元素	参照表单字段与数据表字段

③ 单击“确定”按钮，完成插入记录操作。

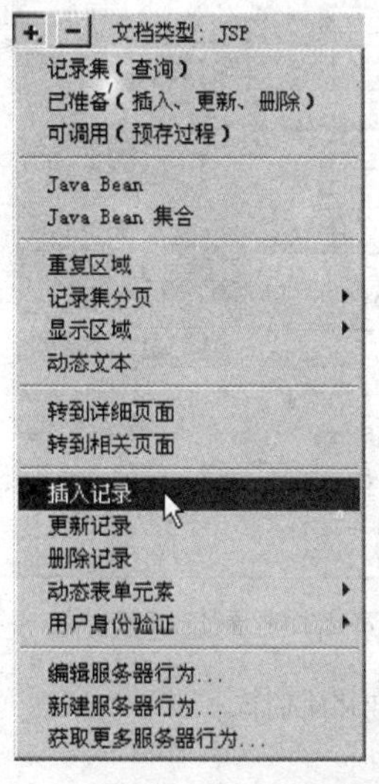

图 10-49 选择“插入记录”命令

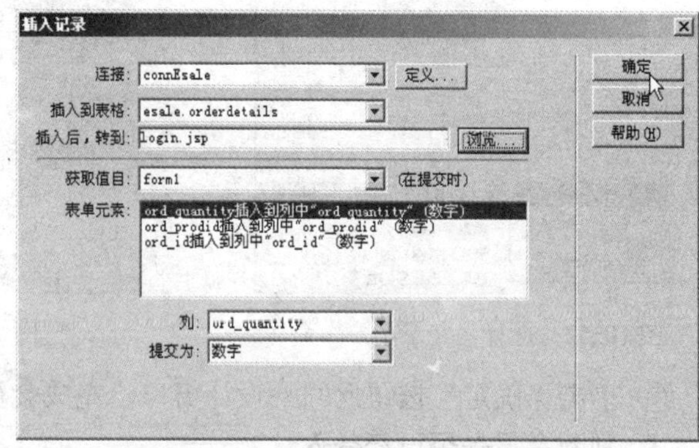

图 10-50 “插入记录”对话框

10.5.2 会员登录页面的制作

基于网络及数据安全的考虑，目前的购物网站都必须要加入会员，才能进行购物的事宜。当浏览者在商品订购页面中单击“立即购买”按钮时，系统会判断用户是否已经登入系统，如果尚未登入就必须转到会员登录页面 login.jsp 确认身份。会员登录页面的版面设计如图 10-51 所示。

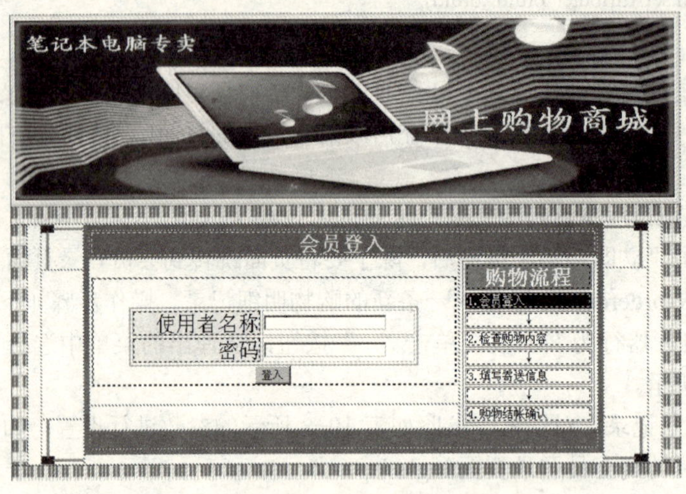

图 10-51 会员登录页面的版面设计

1. 设计会员登录页面 login.jsp

操作步骤如下。

① 打开会员登录页面 login.jsp，打开“服务器行为”面板，单击“+”按钮，从弹出的菜单中选择“用户身份验证”→“登录用户”命令，如图 10-52 所示。

② 打开“登录用户”对话框，参照如图 10-53 所示设置相关参数。

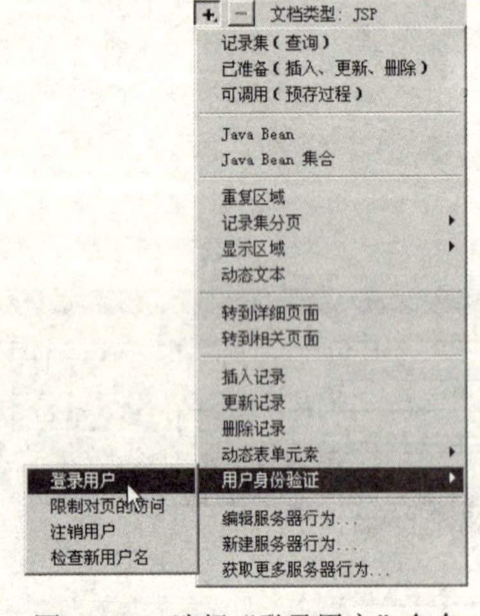

图 10-52 选择“登录用户”命令

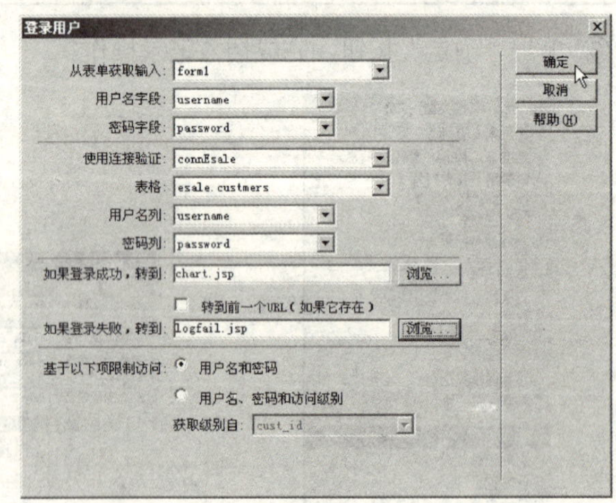

图 10-53 “登录用户”对话框

③ 单击“确定”按钮返回到设计窗口，完成会员登录页面的制作。

2. 判断会员是否已经登入

由于会员可能不只选购一件商品，只要会员已经登入系统，就可以直接将选购的商品放入购物车中，而不用在会员登录页面重新登录。切换到代码窗口，在程序的第一行页面声明代码<%@ page…%>的结尾处按〈Enter〉键产生一个空行，输入以下判断会员是否已经登入的代码：

```
<%
  if(session.getAttribute("MM_Username")!=null)
      response.sendRedirect("chart.jsp");
%>
```

修改后的结果如图 10-54 所示。

```
<%@ page contentType="text/html; charset=gb2312" language="java" import=
"java.sql.*" errorPage="" %>
<%
  if(session.getAttribute("MM_Username")!=null)
     response.sendRedirect("chart.jsp");
%>
<%@ include file="Connections/connEsale.jsp" %>
```

图 10-54　判断会员是否已经登入的代码

需要说明的是，这段代码必须放在程序开始的位置。其中的 session 变量 MM_Username 是“登录用户”服务器行为自动生成的，要特别注意该变量的大小写，否则页面编译时将会出错。

3．设计登录失败页面

根据前面的设置，在会员登录页面 login.jsp 中，如果用户登录失败就会转向登录失败页面 logfail.jsp。这个页面的主要功能是显示会员登录失败时的错误信息，其版面设计如图 10-55 所示。

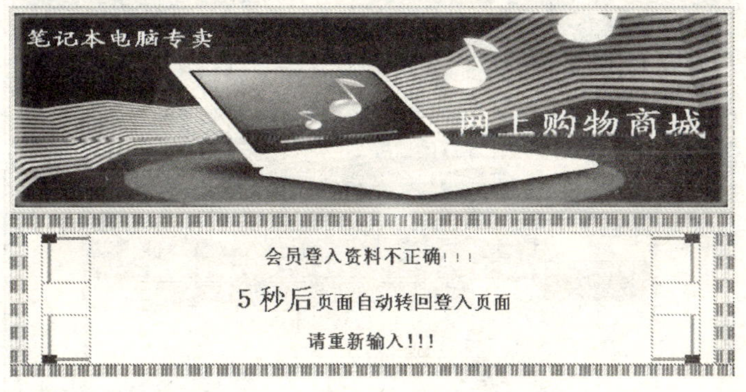

图 10-55　会员登录失败页面的版面设计

当会员登录失败转向 logfail.jsp 页面时，采用的转向方法是使用文件头标签的“刷新”功能，使页面能够在限定的时间内（本例设置为 5s）自动返回会员登录页面。操作步骤如下。

① 打开 logfail.jsp 页面，选择“插入记录”→“HTML”→“文件头标签”→“刷新”命令，如图 10-56 所示。

② 打开“刷新”对话框，设置延迟时间为 5s，转到 URL 文本框中的转向页面为 login.jsp，如图 10-57 所示。

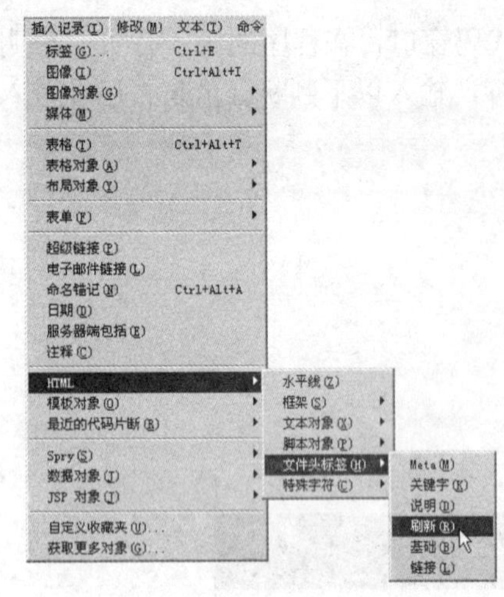

图 10-56 选择“刷新”命令

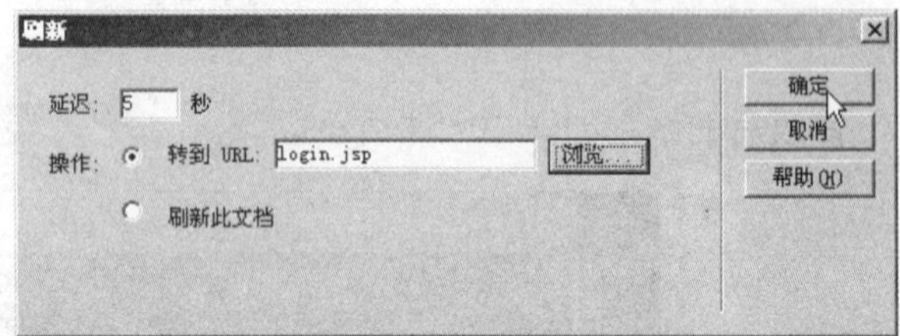

图 10-57 “刷新”对话框

③ 单击“确定”按钮，完成“刷新”功能的设置。

10.5.3 购物车页面的制作

在确认了会员身份后，就进入了检查购物车内容的页面 chart.jsp。该页面中需要确认商品购买的数量或是否取消某种商品的选购，其版面设计如图 10-58 所示。

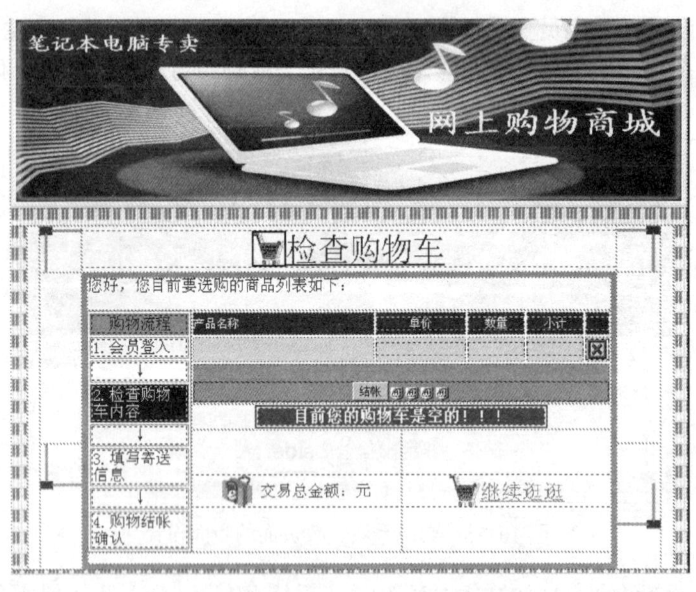

图 10-58 购物车页面的版面设计

1. 绑定记录集 cust

首先要绑定记录集 cust，目的是将客户信息绑定到购物车页面中。绑定记录集 cust 所使用的数据表是 custmers，绑定这个数据表字段的操作步骤如下。

① 打开“绑定”面板，单击“+”按钮，从弹出的菜单中选择“记录集（查询）”命令。

② 打开“记录集”对话框，参照如表 10-9 所示的参数进行记录集的设置，如图 10-59

所示，完成后单击“确定”按钮。

表 10-9　绑定记录集 cust 的参数设置

参　　数	设　置　值
名称	cust
连接	connEsale
表格	custmers
列	全部
筛选	username = 阶段变量 MM_Username

③ 绑定记录集后，将记录集的字段 cust_name 拖动至 chart.jsp 网页的适当位置，如图 10-60 所示。

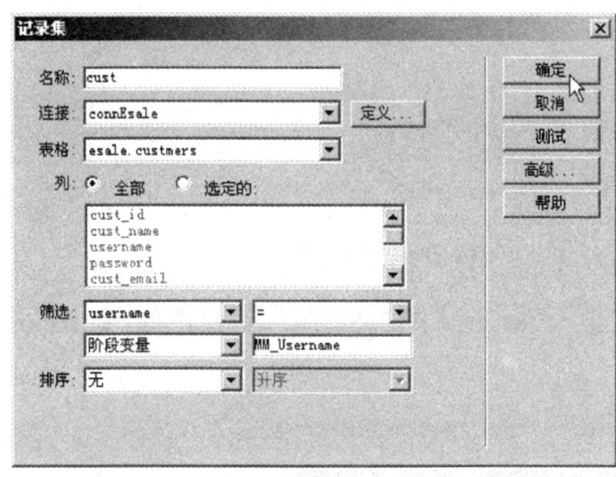

图 10-59　“记录集”对话框

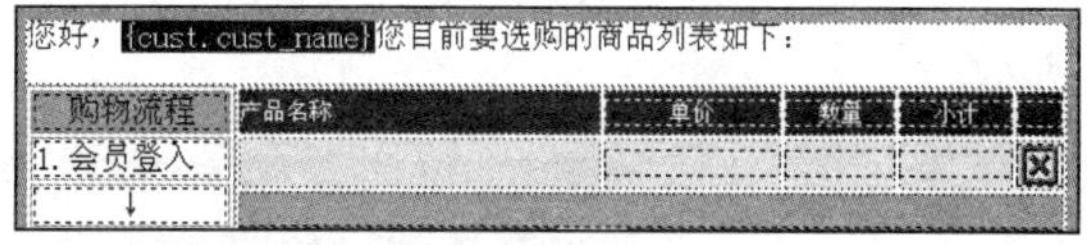

图 10-60　将记录集的字段拖动至网页

2. 绑定记录集 listdetail

为了将用户订购的商品明细显示在页面中，需要定义记录集 listdetail，该记录集所使用的数据来自产品表 products 和订单明细表 orderdetails，操作步骤如下。

① 打开“绑定”面板，单击“+”按钮，从弹出的菜单中选择“记录集（查询）”命令。

② 打开“记录集”对话框，参照如表 10-10 所示的参数进行记录集的设置，如图 10-61 所示，完成后单击“确定”按钮。

表 10-10　绑定记录集 listdetail 的参数设置

参　　数	设　置　值
名称	listdetail
连接	connEsale
表格	orderdetails
列	全部
筛选	ord_id = 阶段变量 ordid

③ 由于这个记录集需要使用 orderdetails 和 products 两个数据表中的字段，因此必须单击对话框中的“高级”按钮，进入 SQL 语句的高级设置，将原有的 SQL 语句进行修改，如图 10-62 所示。

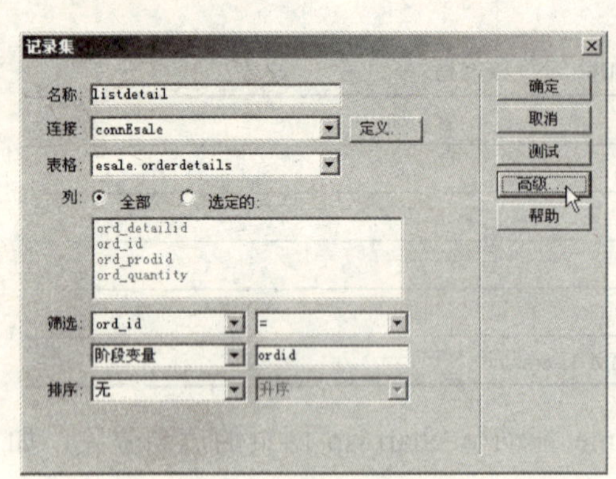

图 10-61　“记录集”对话框

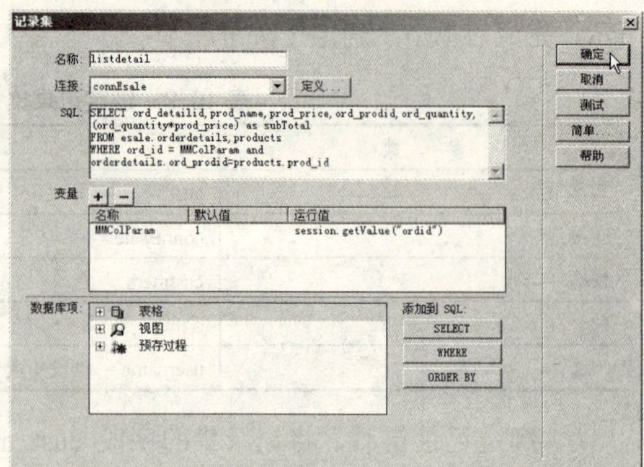

图 10-62　高级设置

修改原有 SQL 语句的代码如下：

```
SELECT ord_detailid,prod_name,prod_price,ord_prodid,ord_quantity,
(ord_quantity*prod_price) as subTotal
FROM esale.orderdetails,products
WHERE ord_id = MMColParam and orderdetails.ord_prodid=products.prod_id
```

④ 绑定记录集后，将记录集的相关字段拖动至 chart.jsp 网页的适当位置，如图 10-63 所示。

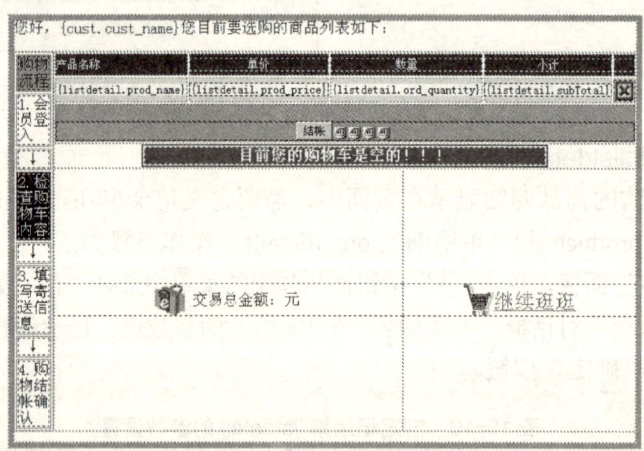

图 10-63　将记录集的字段拖动至网页

另外，用户可能订购一件商品后继续购物，因此需要设置文字“继续逛逛”的超链接，将其链接至购物商城首页 index.jsp。

3．设置重复区域

由于用户可能不只订购一件商品，所以需要设置商品显示的重复区域。操作步骤如下。

① 选取页面中需要重复显示的信息，如图 10-64 所示。

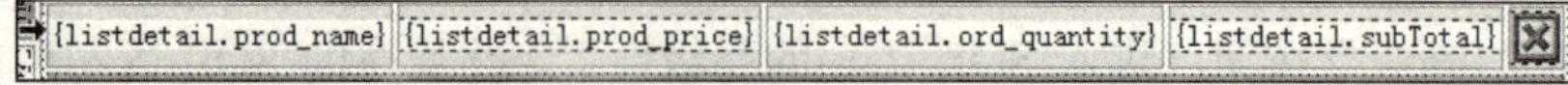

图 10-64　选取重复的内容

② 打开“服务器行为”面板，单击“+”按钮，从弹出的菜单中选择“重复区域”命令，如图 10-65 所示。

③ 打开“重复区域”对话框，选择需要重复的记录集 listdetail，设置每页显示的记录数为所有记录，如图 10-66 所示。

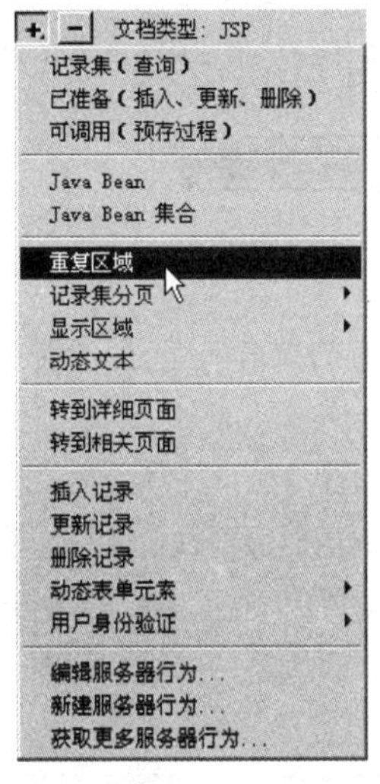

图 10-65　选择“重复区域”命令

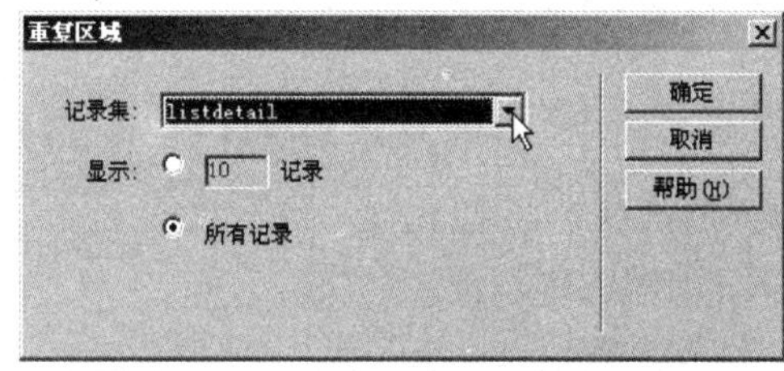

图 10-66　“重复区域”对话框

④ 单击“确定”按钮返回到设计窗口，会发现所选取要重复区域的左上角出现了一个“重复”的灰色标签，表示已经完成设置，如图 10-67 所示。

图 10-67　重复区域的灰色标签

4. 设置显示区域

用户可以使用显示区域来设置是否要显示网页中的某些区域。如果购物车中没有商品，则希望显示购物车为空的提示。操作步骤如下。

① 选取记录集有数据时要显示的数据表格，如图 10-68 所示。

图 10-68　选取数据表格

② 打开“服务器行为”面板，单击“+”按钮，从弹出的菜单中选择“显示区域”→“如果记录集不为空则显示区域”命令。

③ 打开“如果记录集不为空则显示区域”对话框，如图 10-69 所示。选择记录集 listdetail，单击“确定”按钮返回到设计窗口，会发现所选取要显示区域的左上角出现了一个“如果符合此条件则显示...”的灰色标签，表示已经完成设置，如图 10-70 所示。

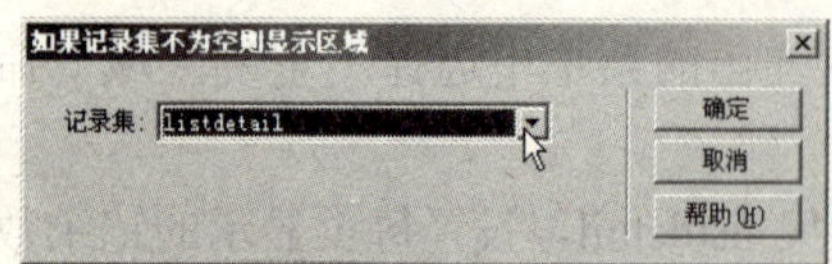

图 10-69 “显示区域”对话框

图 10-70 显示区域的设置效果

④ 选取记录集没有数据时要显示的数据表格，如图 10-71 所示。

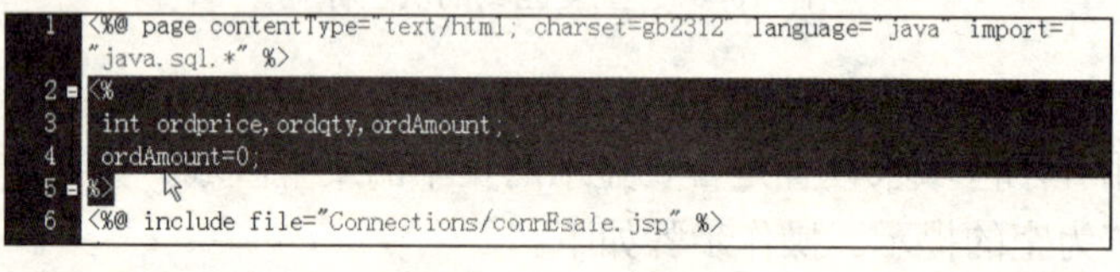

图 10-71 选取记录集没有数据时要显示的数据表格

⑤ 仍然在“服务器行为”面板中单击“+”按钮，从弹出的菜单中选择“显示区域”→“如果记录集为空则显示区域”命令。

⑥ 打开“如果记录集为空则显示区域”对话框，如图 10-72 所示。选择记录集 listdetail，单击“确定”按钮返回到设计窗口，会发现所选取要显示区域的左上角出现了一个“如果符合此条件则显示...”的灰色标签，表示已经完成设置，如图 10-73 所示。

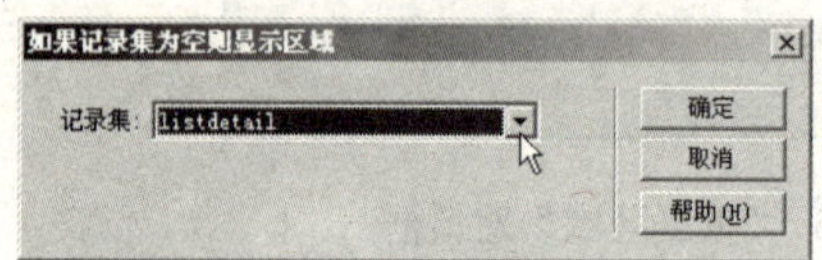

图 10-72 “显示区域”对话框

图 10-73 记录集为空时的设置效果

5. 计算交易总金额

由于购物车页面中必须显示交易的总金额，因此必须编写代码求出所有订单明细中的金额小计的累加之和。操作步骤如下。

① 在程序开始的位置加入以下变量的定义，如图 10-74 所示。

```
<%@ page contentType="text/html; charset=gb2312" language="java" import="java.sql.*" %>
<%
 int ordprice,ordqty,ordAmount;
 ordAmount=0;
%>
<%@ include file="Connections/connEsale.jsp" %>
```

图 10-74 定义变量

代码如下：

```
<%
  int ordprice,ordqty,ordAmount;
  ordAmount=0;
%>
```

其中，ordAmount 表示交易总金额，其初始值为 0；ordprice 表示产品的价格，其值来自记录集 listdetail 中的字段 prod_price；ordqty 表示产品的数量，其值来自记录集 listdetail 中的字段 ord_quantity。

② 在“服务器行为”面板中选中重复区域，切换到代码窗口。在重复区域代码的 while 循环中，加入获取产品价格、数量及累积求和的代码，如图 10-75 所示。

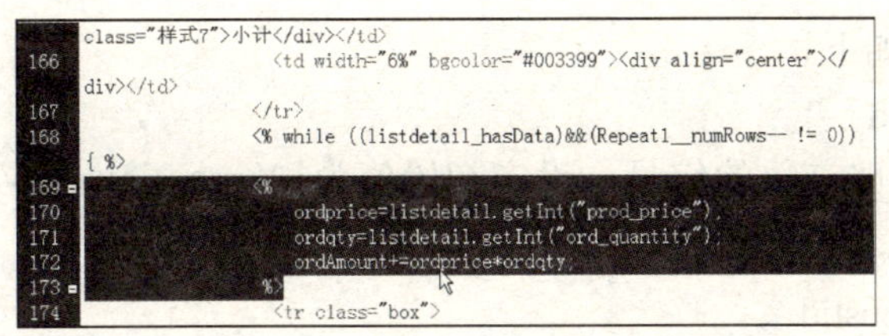

图 10-75　加入获取产品价格、数量及累积求和的代码

代码如下：

```
<%
  ordprice=listdetail.getInt("prod_price");
  ordqty=listdetail.getInt("ord_quantity");
  ordAmount+=ordprice*ordqty;
%>
```

③ 将光标定位在页面中显示交易总金额的位置，在代码视图中输入显示总金额的代码<%=ordAmount%>，如图 10-76 所示。

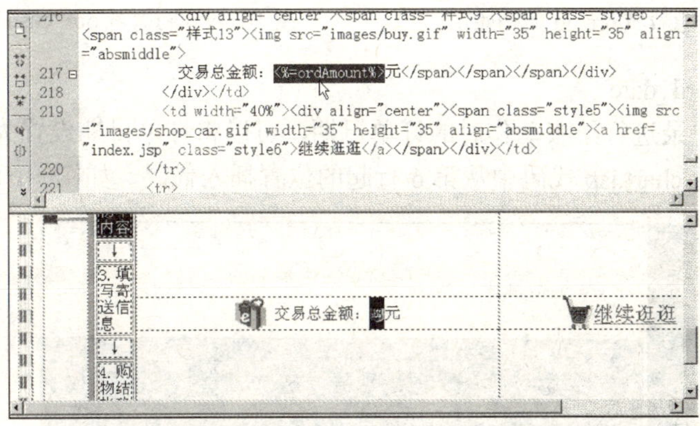

图 10 76　输入显示总金额的代码

6．设置隐藏域

向订单表 orders 插入记录需要 3 个步骤。

① 先写入 orders 表中的订单部分的信息，包括订单编号、客户编号、订单日期和交易总金额，这个步骤在购物车页面 chart.jsp 中实现。

② 接下来写入 orders 表中的邮寄信息，包括收件人、联系电话、地址和邮箱，这个步骤在填写邮寄信息页面 sendinfo.jsp 中实现。

③ 最后写入 orders 表中的送货时间、付款方式和确认状态，这个步骤在购物结账确认页面 checkout.jsp 中实现。

本页面中先设计其中的第一个步骤，需要在页面的表单中添加 4 个隐藏域，如图 10-77 所示。

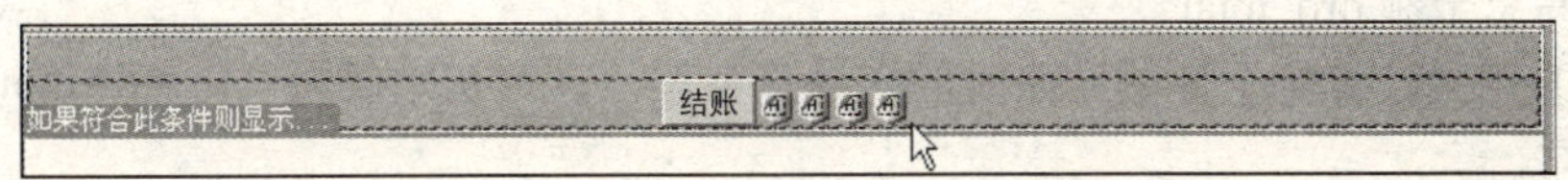

图 10-77　在表单中添加 4 个隐藏域

其设定值分别说明如下。

（1）订单编号 ord_id

ord_id 用来记录结账订单的编号，设定初始值为<%=session.getValue("ordid")%>，如图 10-78 所示。

（2）客户编号 ord_custid

ord_custid 用来存储结账时订购者的会员编号。ord_custid 的取值来自于记录集 cust 中的字段 cust_id，设定其初始值如图 10-79 所示。

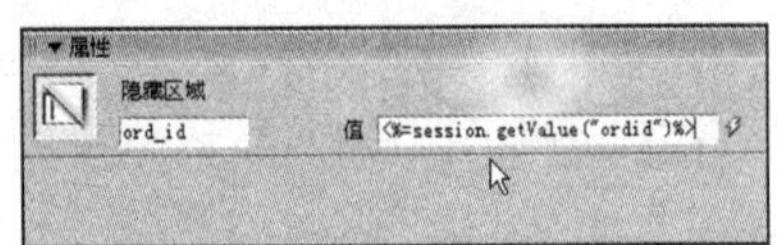

图 10-78　隐藏域 ord_id 的初始值

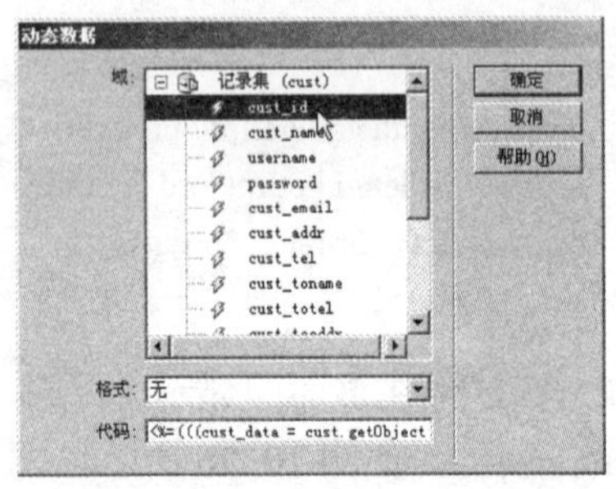

图 10-79　隐藏域 ord_custid 的初始值

（3）订单日期 ord_date

ord_date 用来记录进行结账动作时的订单日期，可以将订单日期设置为自动获取服务器的系统日期。在页面 chart.jsp 代码中从第 6 行起的位置插入代码，如图 10-80 所示。

```
1  <%@ page contentType="text/html; charset=gb2312" language="java" import=
   "java.sql.*" %>
2  <%
3   int ordprice,ordqty,ordAmount;
4   ordAmount=0;
5  %>
6  <%@ page import="java.util.Date" %>
7  <%@ page import="java.text.SimpleDateFormat" %>
8  <%
9    SimpleDateFormat date=new SimpleDateFormat("yyyy-MM-dd H:m:s");
10   String orderdate=date.format(new Date());
11 %>
12 <%@ include file="Connections/connEsale.jsp" %>
```

图 10-80　插入获取服务器系统日期的代码

代码如下：

```
<%@ page import="java.util.Date" %>
<%@ page import="java.text.SimpleDateFormat" %>
<%
  SimpleDateFormat date=new SimpleDateFormat("yyyy-MM-dd H:m:s");
  String orderdate=date.format(new Date());
%>
```

然后在“属性”面板中设置隐藏域 ord_date 的初始值为<%=orderdate%>，如图 10-81 所示。

（4）交易总金额 ord_total

ord_total 用来计算每个订单结账时的交易总金额，设定初始值为<%=ordAmount%>，如图 10-82 所示。

图 10-81　隐藏域 ord_date 的初始值

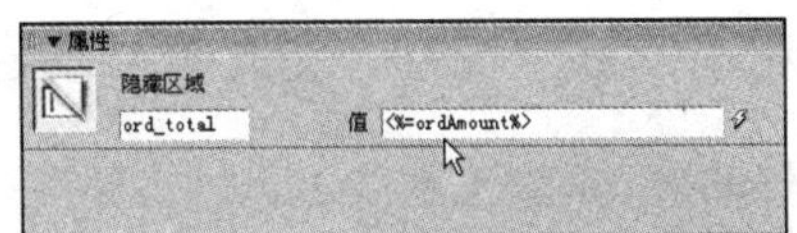

图 10-82　隐藏域 ord_total 的初始值

7．设置 session 变量

由于在订单查询页面中需要使用客户编号，因此必须将记录集 cust 中的客户编号 cust_id 字段的值写入 session 变量中，以便后续的页面使用该值。操作步骤如下。

① 打开"绑定"面板，单击"+"按钮，从弹出的菜单中选择"阶段变量"命令。

② 打开"阶段变量"对话框，输入阶段变量的名称 ordid，如图 10-83 所示。完成后单击"确定"按钮，就可以在"绑定"面板中看到生成的 session 变量，如图 10-84 所示。

图 10-83 "阶段变量"对话框

图 10-84　生成的 session 变量

③ 切换到代码窗口，在定义隐藏域 ord_total 的代码下面接着输入以下设置 session 变量的代码：

```
<%
  String custid=String.valueOf(cust.getInt("cust_id"));
  session.setAttribute("custid",custid);
%>
```

8．加入插入记录服务器行为

当浏览者单击"结账"按钮后，除了要将页面跳转到填写邮寄信息页面 sendinfo.jsp 外，还必须向订单表 orders 中插入一条新的记录。操作步骤如下。

① 打开"服务器行为"面板，单击"+"按钮，从弹出的菜单中选择"插入记录"命令，如图 10-85 所示。

② 打开"插入记录"对话框，参照如表 10-11 所示的参数进行设置，如图 10-86 所示，并设置添加数据后转到填写邮寄信息页面 sendinfo.jsp。

表 10-11　插入记录参数设置

参　数	设　置　值
连接	connEsale
插入到表格	orders
插入后，转到	sendinfo.jsp
获取值自	form1
表单元素	参照表单字段与数据表字段

③ 单击“确定”按钮，完成插入记录操作。

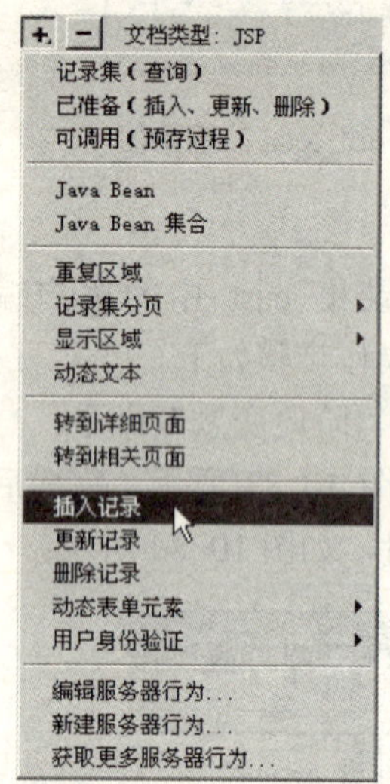

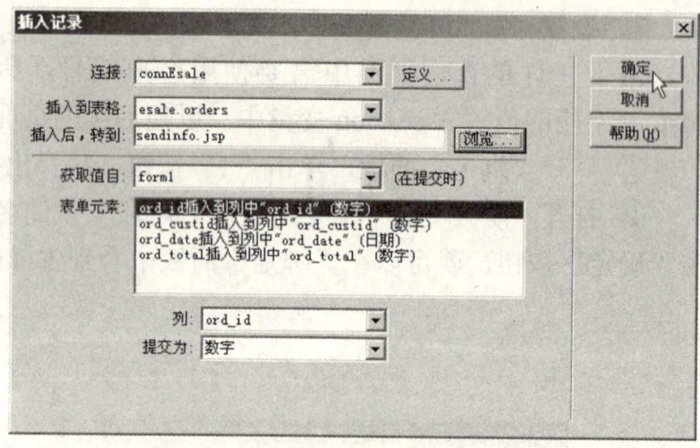

图 10-85　选择“插入记录”命令

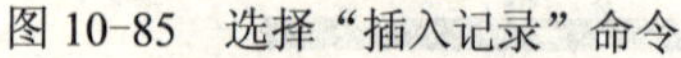

图 10-86　“插入记录”对话框

9．删除选购商品的页面 orderdetails.jsp

购物车页面 chart.jsp 除了显示会员已经订购的商品外，还提供了删除某项订购商品的功能。当会员想取消某个商品时，可以单击商品列表中的“删除”图标，页面将转向删除订购商品的页面 orderdetails.jsp 进行删除操作。

购物车页面 chart.jsp 中的“删除”图标的链接必须使用“转到详细页面”服务器行为，将要删除的订单明细编号 ord_detailid 传送到删除页面 orderdetails.jsp。其“转到详细页面”服务器行为的设置如图 10-87 所示，设置结果如图 10-88 所示。

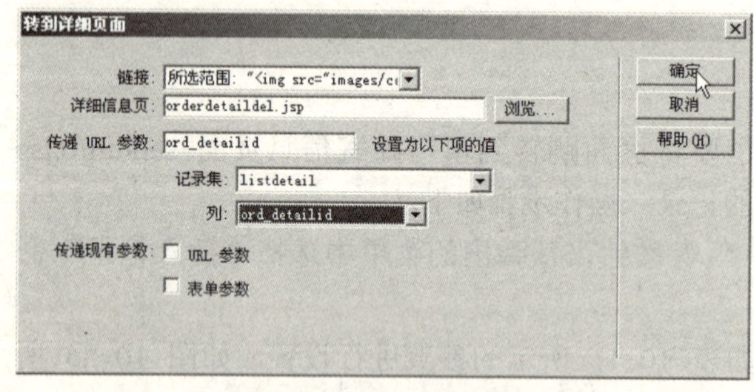

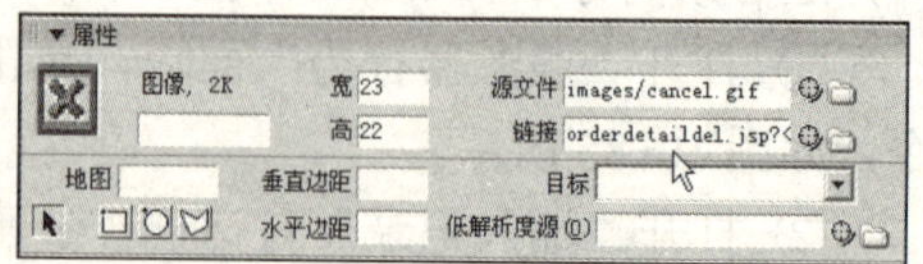

图 10-87　设置“转到详细页面”服务器行为

图 10-88　设置结果

orderdetails.jsp 页面是一个隐藏页面，不需要设计其界面，用于在后台执行动态代码删除某个已经订购的商品。操作步骤如下。

① 打开“服务器行为”面板，单击“+”按钮，从弹出的菜单中选择“已准备（插入、更新、删除）”命令，如图 10-89 所示。

② 打开“已准备（插入、更新、删除）”对话框，参照如表 10-12 所示的参数进行设置，如图 10-90 所示。

表 10-12　已准备（插入、更新、删除）的参数设置

参　　数	设　置　值
名称	detailsdel
连接	connEsale
类型	删除
SQL	DELETE FROM orderdetails WHERE ord_detailid=detailid
变量	参数 detailid　运行值 request.getParameter("ord_detailid")

③ 单击“确定”按钮，完成已准备（插入、更新、删除）操作。

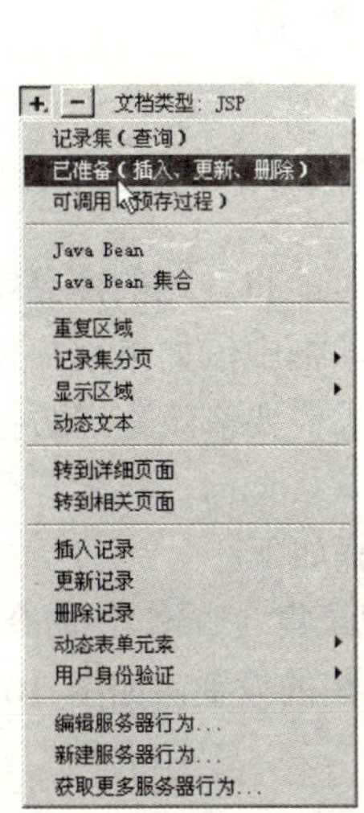

图 10-89　选择“已准备（插入、更新、删除）”命令

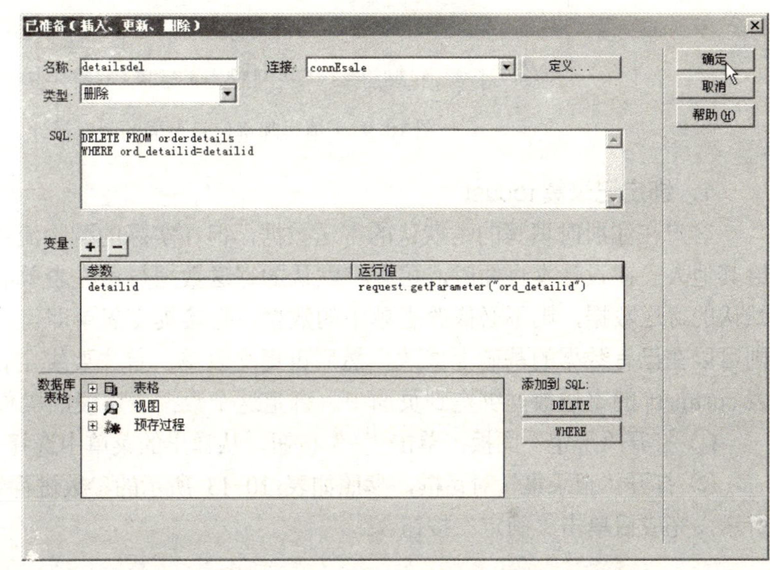

图 10-90　“已准备（插入、更新、删除）”对话框

④ 当订购商品被删除后，页面应自动转向购物车页面 chart.jsp。切换到代码窗口，在 orderdetails.jsp 页面代码的结尾加入转向语句，如图 10-91 所示。

图 10-91　加入转向语句

代码如下：

```
<jsp:forward page="chart.jsp" />
```

10.5.4　填写邮寄信息页面的制作

填写邮寄信息页面 sendinfo.jsp 的主要功能是确认送货数据是否正确，其版面设计如图 10-92 所示。

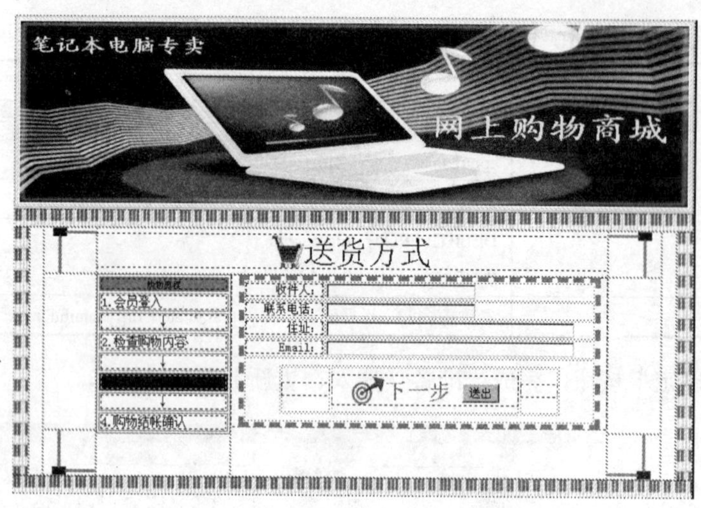

图 10-92　填写邮寄信息页面的版面设计

1．绑定记录集 tocust

客户在注册时填写的是默认的寄送数据，但在实际的购物流程中可能将订购的商品寄送给其他人。在设计本页面时，可以将默认的寄送数据显示在表单的文本框中，如果用户使用默认的寄送数据，则不必修改表单中的数据，直接提交表单即可；如果需要修改寄送数据，则可以在已有数据的基础上修改，然后再提交表单。首先要绑定记录集 tocust，将客户数据表 custmers 的寄送数据绑定到页面中。绑定这个数据表字段的操作步骤如下。

① 打开“绑定”面板，单击“+”按钮，从弹出的菜单中选择“记录集（查询）”命令。

② 打开“记录集”对话框，参照如表 10-13 所示的参数进行记录集的设置，如图 10-93 所示，完成后单击“确定”按钮。

表 10-13　绑定记录集 tocust 的参数设置

参　数	设　置　值
名称	tocust
连接	connEsale
表格	custmers
列	全部
筛选	username = 阶段变量 MM_Username

③ 绑定记录集后，将记录集的相关字段拖动至 sendinfo.jsp 网页的适当位置，如图 10-94 所示。

2．绑定记录集 sendinfo

当表单中的数据修改后，必须更新订单表 orders 中相应的订单寄送数据。因此要绑定记录集 sendinfo，为更新记录服务器行为提供更新的主键。绑定这个数据表字段的操作步骤如下。

① 打开“绑定”面板，单击“+”按钮，从弹出的菜单中选择“记录集（查询）”命令。

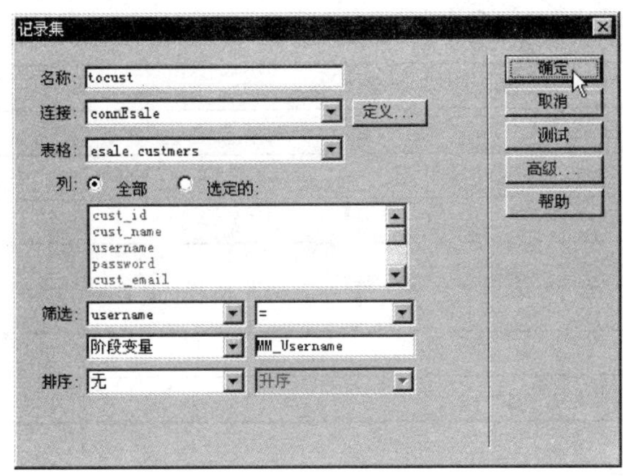

图 10-93 “记录集”对话框

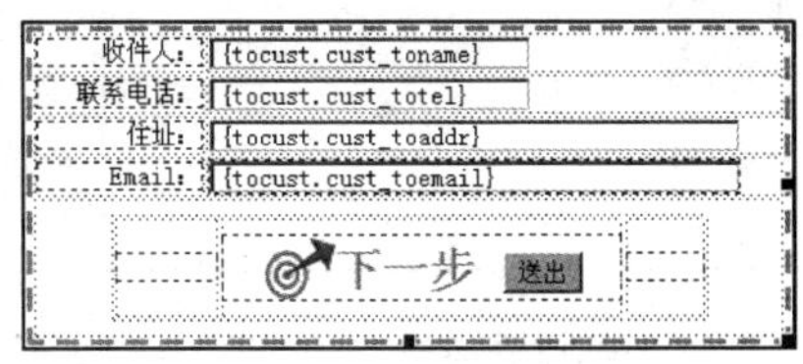

图 10-94 将记录集的字段拖动至网页

② 打开“记录集”对话框，参照如表 10-14 所示的参数进行记录集的设置，如图 10-95 所示，完成后单击“确定”按钮。

表 10-14 绑定记录集 sendinfo 的参数设置

参 数	设 置 值
名称	sendinfo
连接	connEsale
表格	orders
列	全部
筛选	ord_id = 阶段变量 ordid

③ 绑定记录集后，将记录集的 ord_id 字段拖动至隐藏域 ord_id 中，如图 10-96 所示。

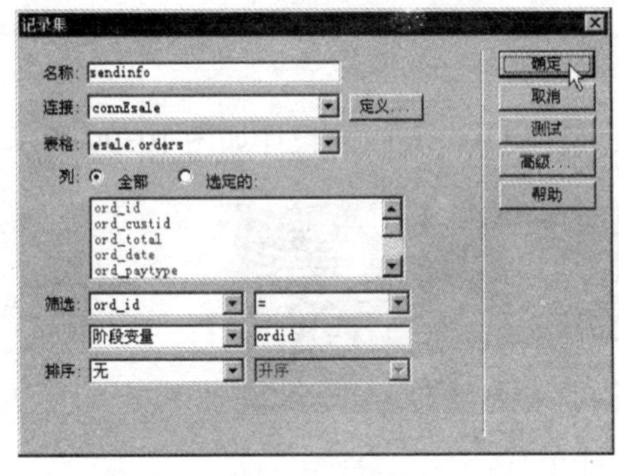

图 10-95 “记录集”对话框

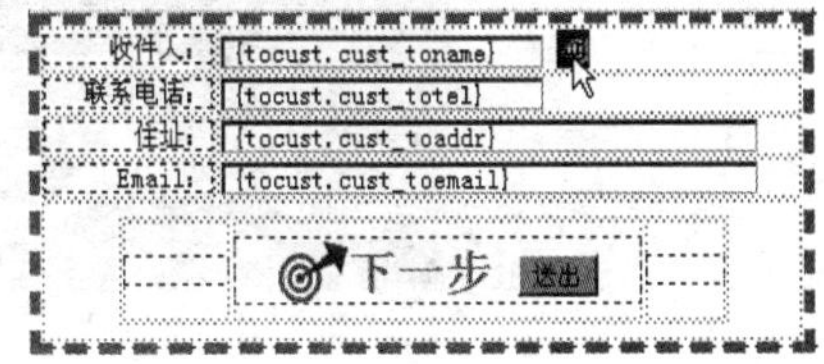

图 10-96 将记录集的字段绑定到隐藏域

3. 加入更新记录服务器行为

当用户单击“送出”按钮后，页面就必须更新当前订单的寄送数据。操作步骤如下。

① 打开“服务器行为”面板，单击“+”按钮，从弹出的菜单中选择“更新记录”命令，如图 10-97 所示。

② 打开“更新记录”对话框，参照如表 10-15 所示的参数进行设置，如图 10-98 所示，设置更新数据后转到购物结账确认页面 checkout.jsp。

表 10-15　更新记录参数设置

参　　数	设　置　值
连接	connEsale
要更新的表格	orders
选取记录自	sendinfo
唯一键列	ord_id
在更新后，转到	checkout.jsp
获取值自	form1
表单元素	参照表单字段与数据表字段

③ 单击“确定”按钮，完成更新记录操作。

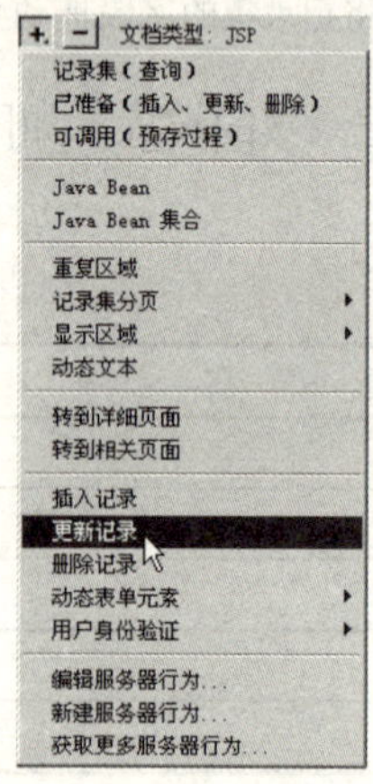

图 10-97　选择“更新记录”命令

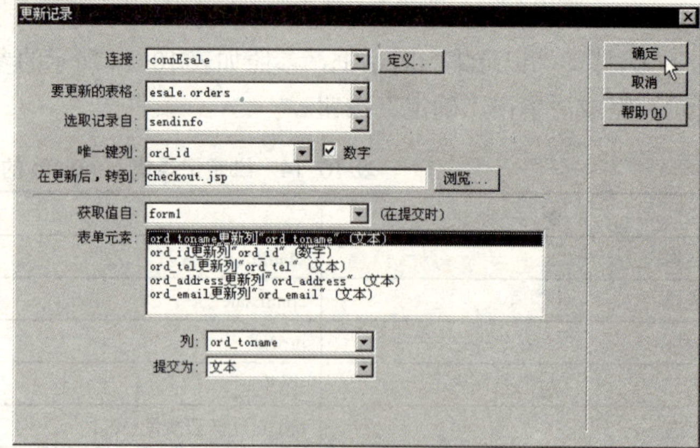

图 10-98　“更新记录”对话框

10.5.5　购物结账确认页面的制作

页面 checkout.jsp 的功能是再次确认是否要进行交易，其版面设计如图 10-99 所示。

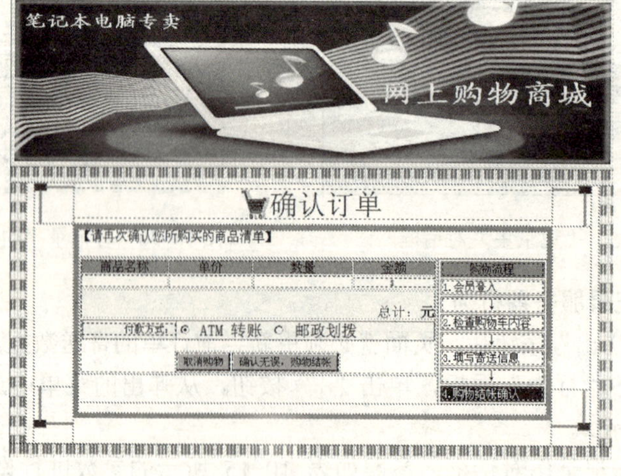

图 10-99　购物结账确认页面的版面设计

1. 绑定记录集 checkorder

首先要绑定记录集 checkorder，将订单数据表 orders 的订单数据绑定到页面中。绑定这个数据表字段的操作步骤如下。

① 打开“绑定”面板，单击“+”按钮，从弹出的菜单中选择“记录集（查询）”命令。

② 打开“记录集”对话框，参照如表 10-16 所示的参数进行记录集的设置，如图 10-100 所示，完成后单击“确定”按钮。

表 10-16 绑定记录集 checkorder 的参数设置

参 数	设 置 值
名称	checkorder
连接	connEsale
表格	orders
列	全部
筛选	ord_id = 阶段变量 ordid

③ 绑定记录集后，将记录集的相关字段拖动至 checkout.jsp 网页的适当位置，如图 10-101 所示。

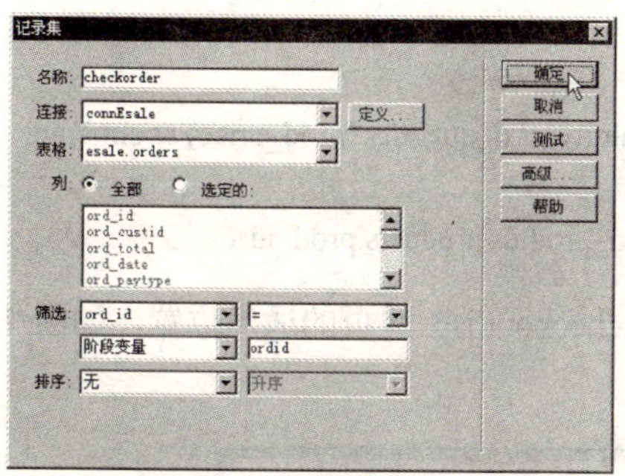

图 10-100 “记录集”对话框

图 10-101 将记录集的字段拖动至网页

2. 绑定记录集 checkdetail

为了将订单中的商品明细显示在页面中，需要定义记录集 checkdetail，该记录集所使用的数据来自产品表 products 和订单明细表 orderdetails，操作步骤如下。

① 打开“绑定”面板，单击“+”按钮，从弹出的菜单中选择“记录集（查询）”命令。

② 打开“记录集”对话框，参照如表 10-17 所示的参数进行记录集的设置，如图 10-102 所示，完成后单击“确定”按钮。

表 10-17 绑定记录集 checkdetail 的参数设置

参 数	设 置 值
名称	checkdetail
连接	connEsale
表格	orderdetails
列	全部
筛选	ord_id = 阶段变量 ordid

③ 由于这个记录集需要使用 orderdetails 和 products 两个数据表中的字段，因此必须单击对话框中的“高级”按钮，进入 SQL 语句的高级设置，将原有的 SQL 语句进行修改，如图 10-103 所示。

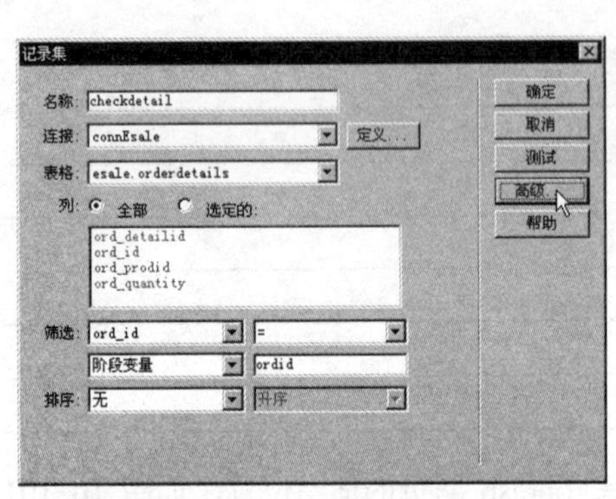

图 10-102 “记录集”对话框

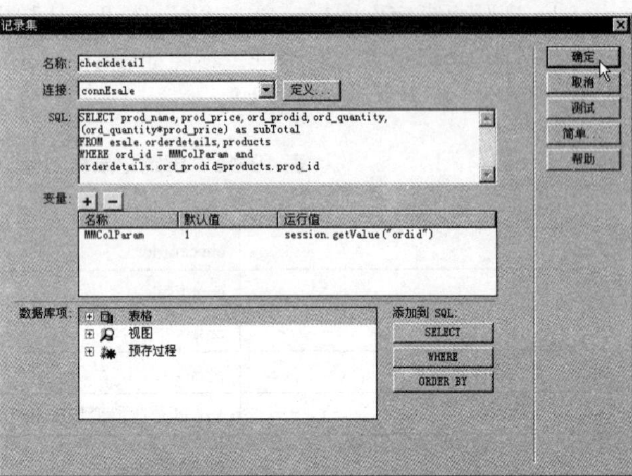

图 10-103 高级设置

修改原有 SQL 语句的代码如下：

```
SELECT prod_name,prod_price,ord_prodid,ord_quantity,(ord_quantity*prod_price) as subTotal
FROM esale.orderdetails,products
WHERE ord_id = MMColParam and orderdetails.ord_prodid=products.prod_id
```

④ 绑定记录集后，将记录集的相关字段拖动至 checkout.jsp 网页的适当位置，如图 10-104 所示。

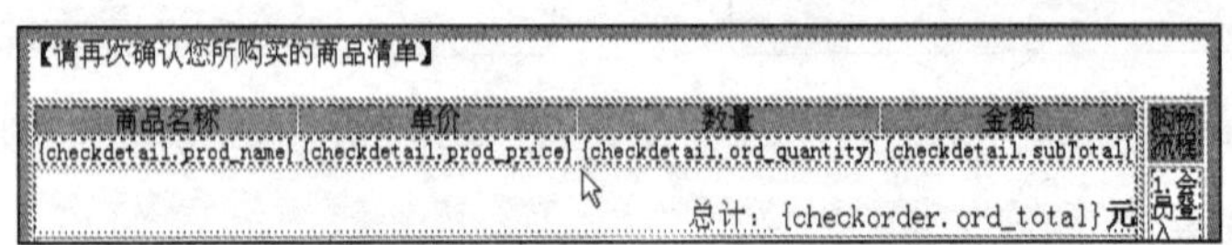

图 10-104 将记录集的字段拖动至网页

⑤ “付款方式”单选按钮的绑定需要设置“动态”数据实现。选中“付款方式”单选按钮，在“属性”面板中单击“动态”按钮，如图 10-105 所示。打开“动态单选按钮”对话框，单击“选取值等于”文本框右侧的闪电标，如图 10-106 所示。

图 10-105 单击“动态”按钮

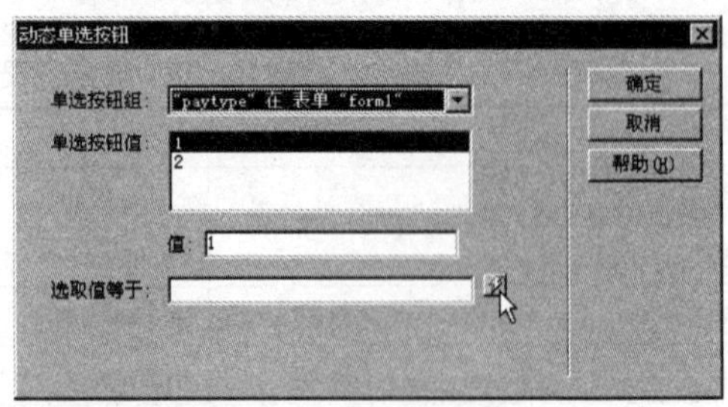

图 10-106 “动态单选按钮”对话框

在打开的“动态数据”对话框中选择单选按钮需要绑定的记录集 checkorder 中的支付类型字段 ord_paytype，如图 10-107 所示。单击“确定”按钮，返回“动态单选按钮”对话框，绑定的结果如图 10-108 所示。

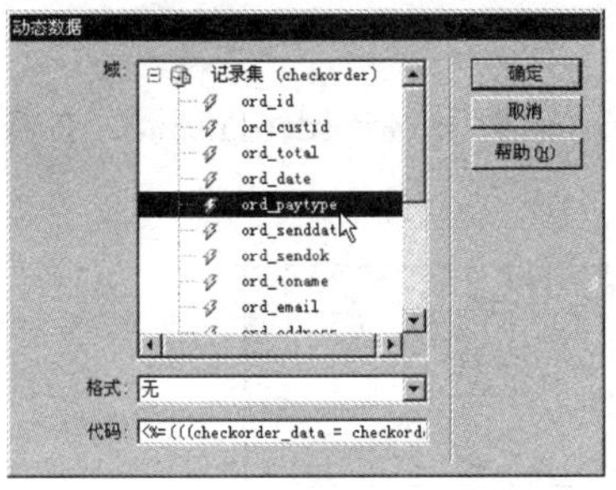

图 10-107 “动态数据”对话框

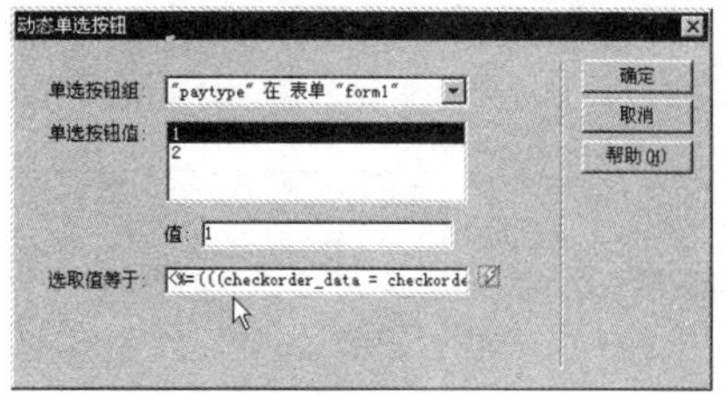

图 10-108 绑定的结果

单击“确定”按钮，完成单选按钮动态数据的绑定。

3. 设置隐藏域

在 checkout.jsp 页面中添加两个隐藏域 ord_sendok 和 ord_senddate，如图 10-109 所示。

图 10-109 添加两个隐藏域

（1）设置隐藏域 ord_sendok

隐藏域 ord_sendok 记录订单的送货状态，数据库中定义字段 ord_sendok 的默认值为“N”，当用户确认结账后，应当将该字段的值修改为“Y”。设置步骤如下。

① 选中隐藏域 ord_sendok，单击属性面板值文本框右侧的闪电标，如图 10-110 所示。

② 打开“动态数据”对话框，选中隐藏域需要绑定的字段 ord_sendok，如图 10-111 所示。单击“确定”按钮，完成隐藏域 ord_sendok 的设置。

图 10-110 单击隐藏域文本框右侧的闪电标

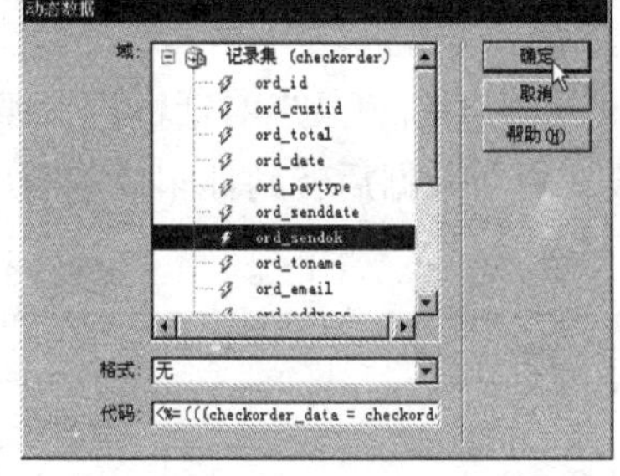

图 10-111 “动态数据”对话框

（2）设置隐藏域 ord_senddate

隐藏域 ord_senddate 记录订单的送货时间，当用户确认结账后，应当将该字段的值修改为系统当前的时间。在页面 checkout.jsp 代码中程序开始的位置插入以下代码：

```
<%@ page import="java.util.Date" %>
```

```
<%@ page import="java.text.SimpleDateFormat" %>
<%
    SimpleDateFormat date=new SimpleDateFormat("yyyy-MM-dd H:m:s");
    String orderdate=date.format(new Date());
%>
```

在“属性”面板中设置隐藏域 ord_senddate 的初始值为<%=orderdate%>，如图 10-112 所示。

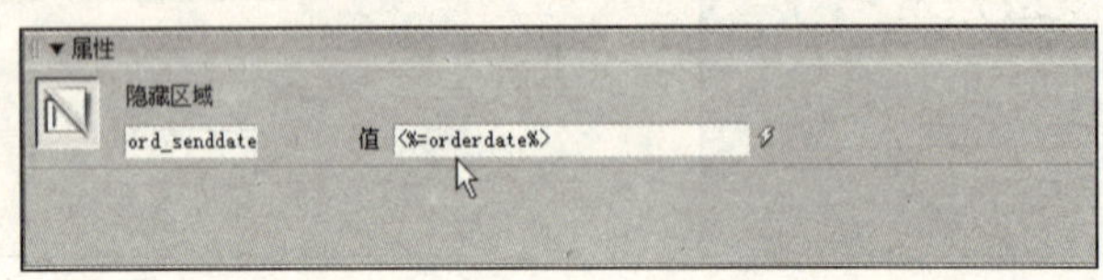

图 10-112　设置隐藏域 ord_senddate 的初始值

4．设置重复区域

由于订单中包含的商品可能不只一件，因此必须设置商品的重复区域。设置方法很简单，这里不再赘述，“重复区域”对话框的设置如图 10-113 所示，重复区域设置的结果如图 10-114 所示。

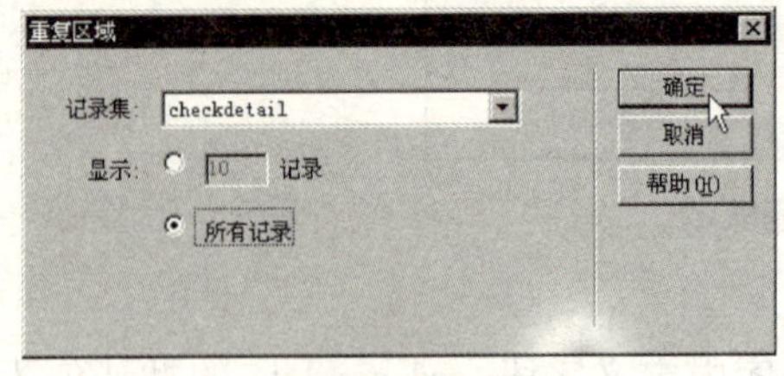

图 10-113　“重复区域”对话框

图 10-114　生成的重复区域

5．加入更新记录服务器行为

当用户单击“确认无误，购物结账”按钮后，页面就必须更新当前订单的付款方式、送货状态和送货时间。操作步骤如下。

① 打开“服务器行为”面板，单击“+”按钮，从弹出的菜单中选择“更新记录”命令，如图 10-115 所示。

② 打开“更新记录”对话框，参照如表 10-18 所示的参数进行设置，如图 10-116 所示，并设置更新数据后转到打印订购清单页面 orderlist.jsp。

表 10-18　更新记录参数设置

参　数	设　置　值
连接	connEsale
要更新的表格	orders
选取记录自	checkorder
唯一键列	ord_id
在更新后，转到	orderlist.jsp
获取值自	form1
表单元素	参照表单字段与数据表字段

③ 单击“确定”按钮，完成更新记录操作。

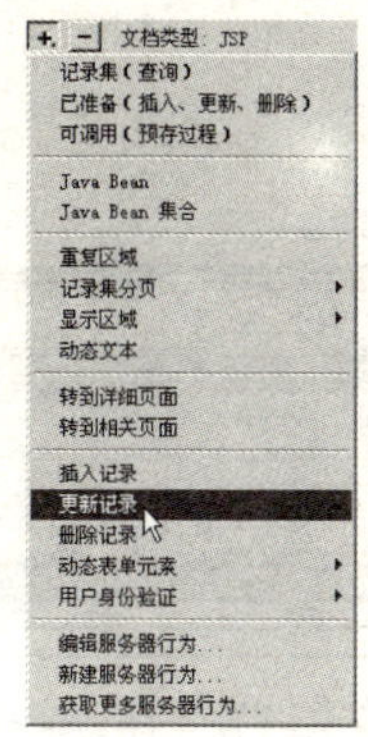

图 10-115　选择“更新记录”命令

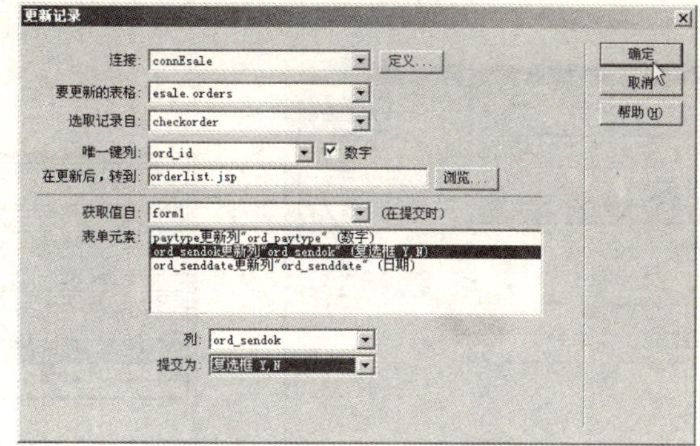

图 10-116　“更新记录”对话框

10.5.6　打印订购清单页面的制作

当客户完成商品的订购及结账后，网站会显示一份订单明细的打印清单，这就是打印订购清单页面 orderlist.jsp 的功能，其版面设计如图 10-117 所示。

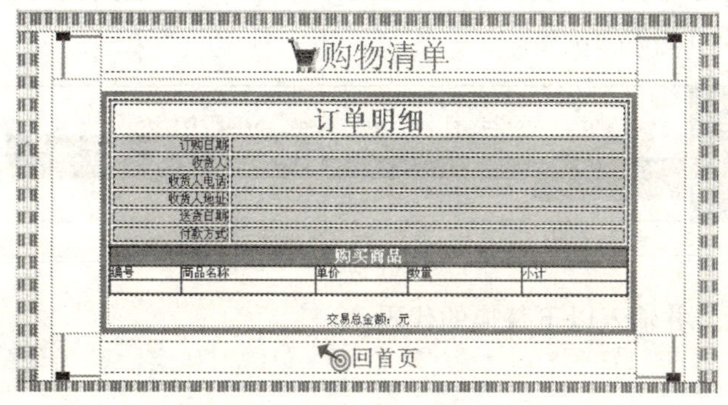

图 10-117　打印订购清单页面的版面设计

1. 绑定记录集 orderinfo

首先要绑定记录集 orderinfo，将订单数据表 orders 的订单数据绑定到页面中。绑定这个数据表字段的操作步骤如下。

① 打开“绑定”面板，单击“+”按钮，从弹出的菜单中选择“记录集（查询）”命令。

② 打开“记录集”对话框，参照如表 10-19 所示的参数进行记录集的设置，如图 10-118 所示，完成后单击“确定”按钮。

表 10-19　绑定记录集 orderinfo 的参数设置

参　数	设　置　值
名称	orderinfo
连接	connEsale
表格	orders
列	全部
筛选	ord_id = 阶段变量 ordid

③ 绑定记录集后，将记录集的相关字段拖动至 orderlist.jsp 网页的适当位置，如图 10-119 所示。

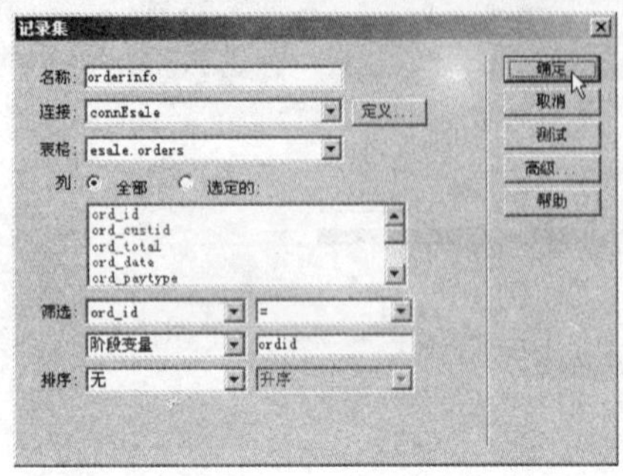

图 10-118 “记录集”对话框

图 10-119 将记录集的字段拖动至网页

由于付款方式字段 paytype 的字段类型为整型，如果在页面中直接显示记录集中绑定的字段值，则显示为数字 1（表示 ATM 转账）或 2（表示邮政划拨），这样对于浏览者来说含义模糊。因此，需要对付款方式的代码做以下修改，使之能输出中文的提示。

选中页面中绑定的记录集字段{orderinfo.ord_paytype}，切换到代码窗口，显示出输出该字段的代码，如图 10-120 所示。

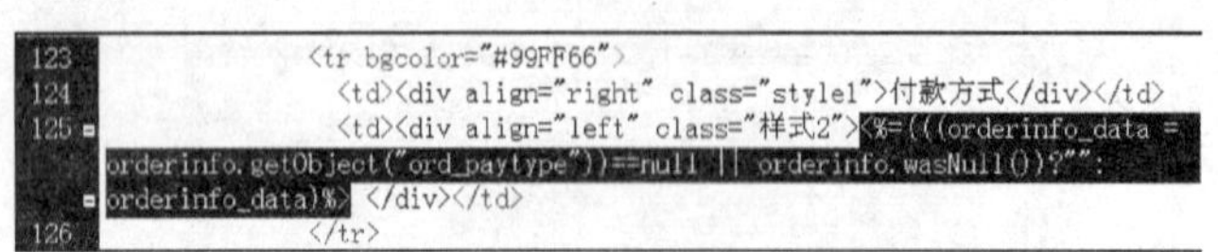

图 10-120 输出 paytype 字段的代码

将这段代码删除，并输入以下替换的代码：

```
<%
  String paystring="";
  int paytype=orderinfo.getInt("ord_paytype");
  if(paytype= =1) paystring="ATM 转账";
  else paystring="邮政划拨";
%>
<%=paystring%>
```

修改后的结果如图 10-121 所示。

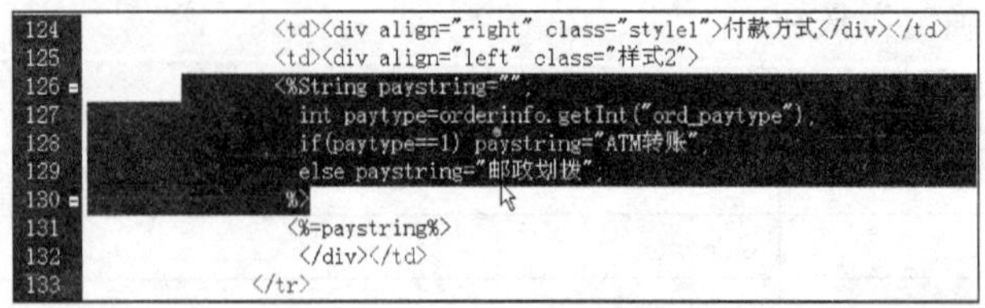

图 10-121 修改后的结果

2. 绑定记录集 list

下面还要绑定记录集 list，将客户的订单明细数据绑定到页面中。该记录集所使用的数据来自产品表 products 和订单明细表 orderdetails，操作步骤如下。

① 打开“绑定”面板，单击“+”按钮，从弹出的菜单中选择“记录集（查询）”命令。

② 打开“记录集”对话框，参照如表 10-20 所示的参数进行记录集的设置，如图 10-122 所示，完成后单击“确定”按钮。

表 10-20　绑定记录集 list 的参数设置

参　数	设　置　值
名称	list
连接	connEsale
表格	orderdetails
列	全部
筛选	ord_id = 阶段变量 ordid

③ 由于这个记录集需要使用 orderdetails 和 products 两个数据表中的字段，因此必须单击对话框中的“高级”按钮，进入 SQL 语句的高级设置，将原有的 SQL 语句进行修改，如图 10-123 所示。

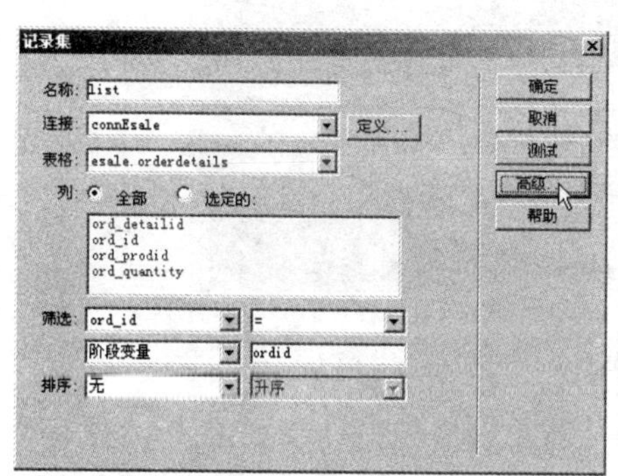

图 10-122　“记录集”对话框

图 10-123　高级设置

修改原有 SQL 语句的代码如下：

```
SELECT prod_name,prod_price,ord_prodid,ord_quantity,(ord_quantity*prod_price) as subTotal
FROM esale.orderdetails,products
WHERE ord_id = MMColParam and orderdetails.ord_prodid=products.prod_id
```

④ 绑定记录集后，将记录集的相关字段拖动至 orderlist.jsp 网页的适当位置，如图 10-124 所示。

图 10-124　将记录集的字段拖动至网页

10.6 账户管理设计

网上购物商城系统中的客户账户管理功能也是电子商务中的重要一环，它必须提供客户数据维护以及相关订单数据查询等功能。

账户管理功能包含的页面如表 10-21 所示。

表 10-21 账户管理功能包含的页面

账户管理	网页文件
会员管理登录	login_account.jsp
查看账户资料	account.jsp
未发货的订单查询	orderqry.jsp
购物记录	ordered.jsp

10.6.1 会员管理登录页面的制作

由于会员管理页面是不允许普通浏览者进入的，所以必须受到权限管理。可以利用登录账号与密码来判断是否有适当的权限进入管理页面。当用户在网站首页 index.jsp 中单击“会员登入”按钮时，系统会要求会员登入（login_account.jsp）确认身份，其版面设计如图 10-125 所示。

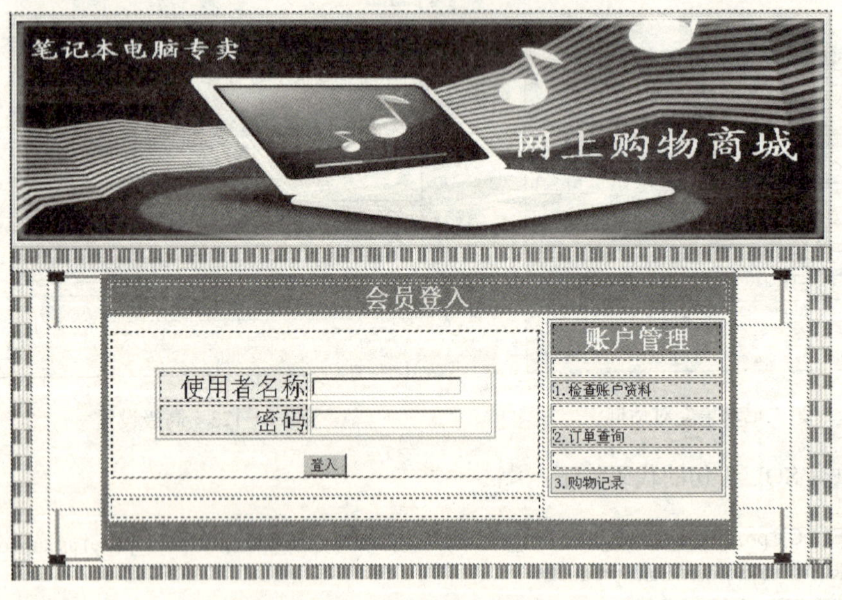

图 10-125 会员登录页面的版面设计

操作步骤如下。

① 打开会员登录页面 login_account.jsp，打开“服务器行为”面板，单击“+”按钮，从弹出的菜单中选择“用户身份验证”→“登录用户”命令，如图 10-126 所示。

② 打开“登录用户”对话框，参照如图 10-127 所示设置相关参数。

③ 单击“确定”按钮返回到设计窗口，完成会员管理登录页面的制作。

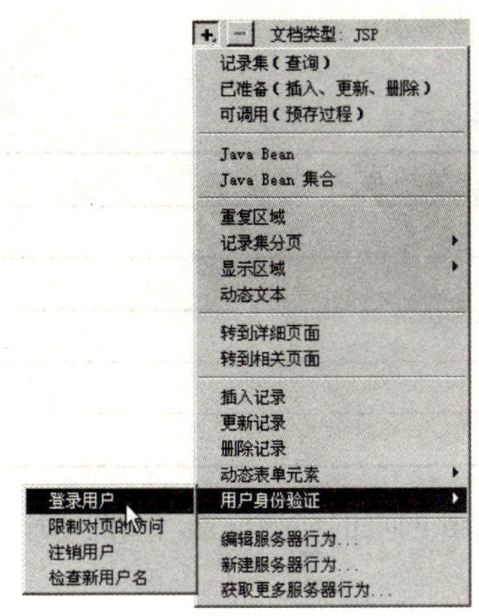

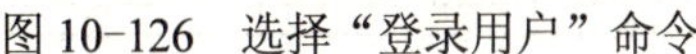

图 10-126　选择“登录用户”命令

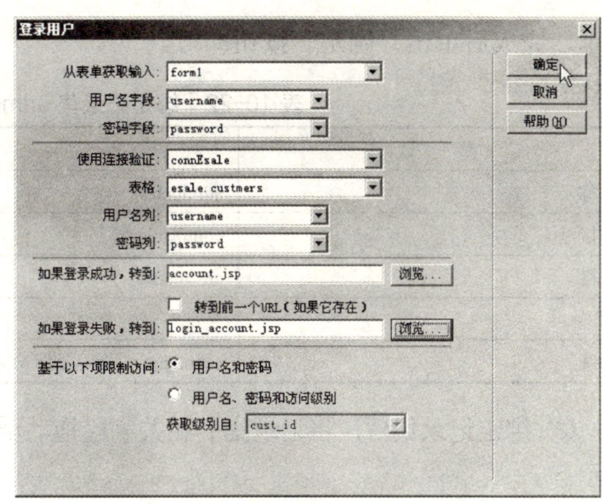

图 10-127　“登录用户”对话框

10.6.2　查看账户资料页面的制作

在确认了会员的身份后，就进入了查看账户资料页面 account.jsp。在这个页面中，提供了更新会员信息（包括基本资料和送货资料）的功能。另外，页面中还设计了转向“订单查询”、“购物记录”和“修改密码”的超链接按钮，其版面布局如图 10-128 所示。

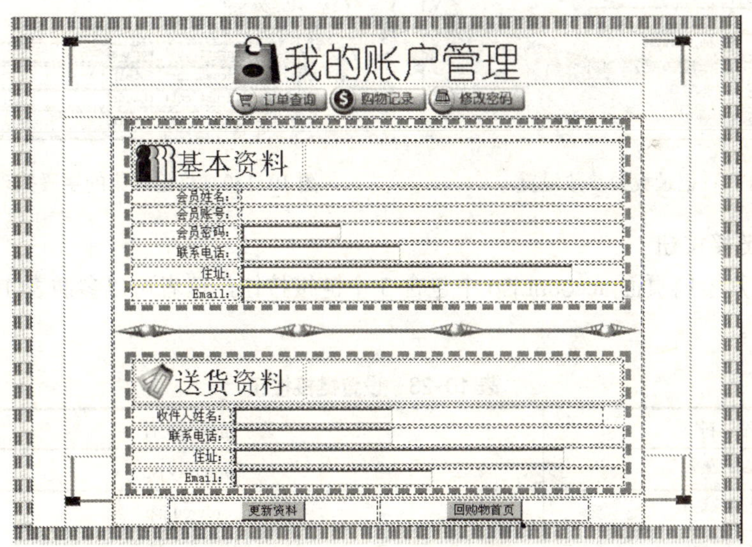

图 10-128　查看账户资料页面的版面布局

1．绑定记录集 admincust

首先要绑定记录集 admincust，目的是将客户的相关信息绑定到页面 account.jsp 中。account.jsp 所使用的数据表是 custmers，绑定这个数据表字段的操作步骤如下。

① 打开“绑定”面板，单击“+”按钮，从弹出的菜单中选择“记录集（查询）”命令。

② 打开“记录集”对话框，参照如表 10-22 所示的参数进行记录集的设置，如图 10-129

所示，完成后单击“确定”按钮即可。

表 10-22　绑定记录集 admincust 的参数设置

参　数	设　置　值
名称	admincust
连接	connEsale
表格	custmers
列	全部
筛选	username = 阶段变量 MM_Username

③ 绑定记录集后，将记录集的相关字段拖动至 account.jsp 网页的适当位置，如图 10-130 所示。

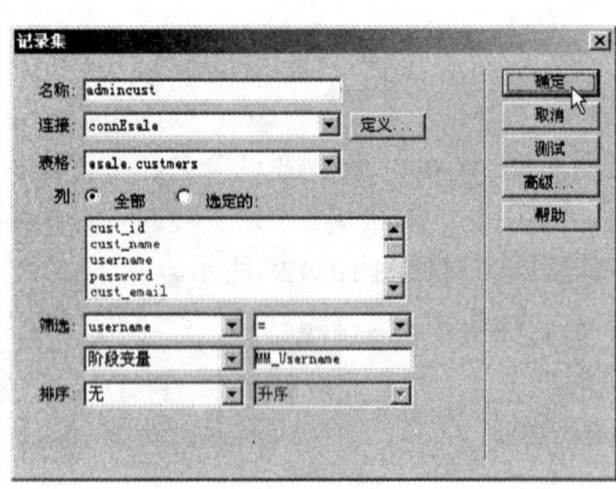

图 10-129　记录集的参数设置

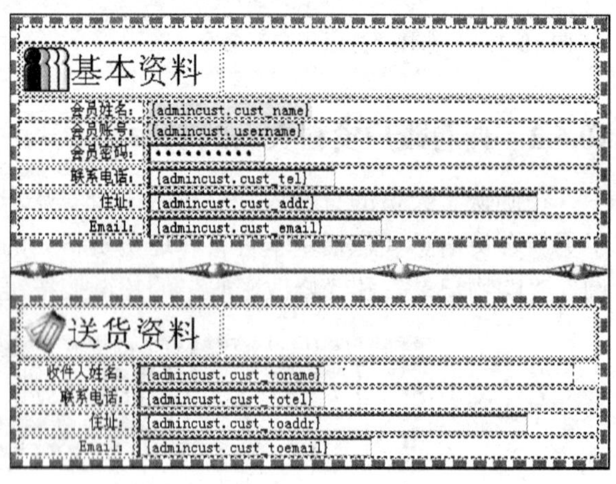

图 10-130　将记录集的字段拖动至网页

2. 设置链接按钮

在查看账户资料页面 account.jsp 中包含 3 个链接按钮，读者可以参照表 10-23 中的参数分别完成设置。

表 10-23　设置链接按钮

按　钮	链接的文件
订单查询	orderqry.jsp
购物记录	ordered.jsp
修改密码	changepwd.jsp

3. 加入更新记录服务器行为

当用户单击“更新资料”按钮后，系统就必须将页面上的表单数据更新到数据库中的客户数据表 custmers。操作步骤如下。

① 打开“服务器行为”面板，单击“+”按钮，从弹出的菜单中选择“更新记录”命令，如图 10-131 所示。

② 打开“更新记录”对话框，参照如表 10-24 所示的参数进行设置，如图 10-132 所示，并设置更新数据后转到本页面 account.jsp。

表 10-24　更新记录参数设置

参　　数	设　置　值
连接	connEsale
要更新的表格	custmers
选取记录自	admincust
唯一键列	cust_id
在更新后，转到	account.jsp
获取值自	form1
表单元素	参照表单字段与数据表字段

③ 单击“确定”按钮，完成更新记录操作。

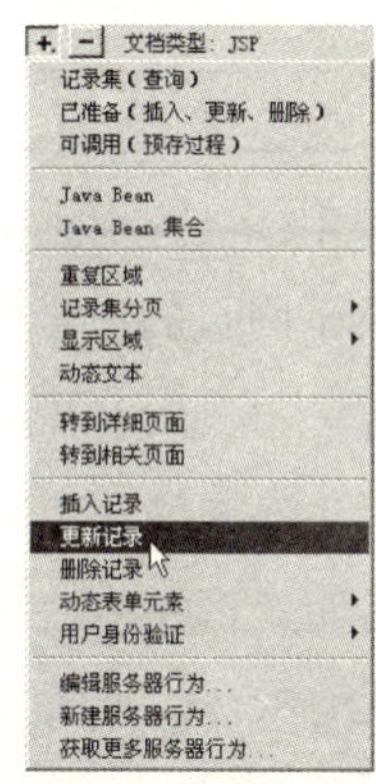

图 10-131　选择“更新记录”命令

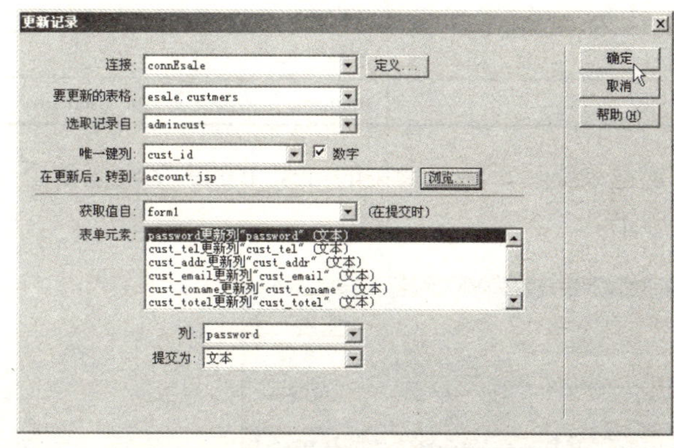

图 10-132　“更新记录”对话框

10.6.3　订单查询页面的制作

接下来要设计订单查询页面 orderqry.jsp，该页面的主要功能是显示尚未出货的订单信息，其版面设计如图 10-133 所示。

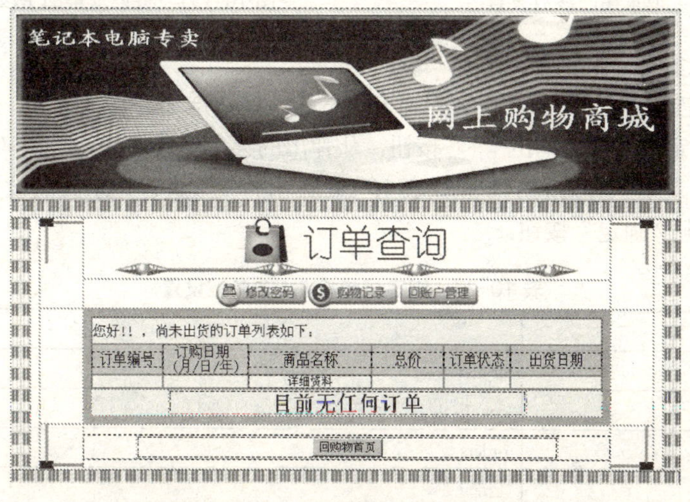

图 10-133　订单查询页面的版面设计

1．绑定记录集 qrycust

首先要绑定记录集 qrycust，目的是将会员的姓名绑定到订单查询页面 orderqry.jsp 中。orderqry.jsp 所使用的数据表是 custmers，绑定这个数据表字段的操作步骤如下。

① 打开“绑定”面板，单击“+”按钮，从弹出的菜单中选择“记录集（查询）”命令。

② 打开“记录集”对话框，参照如表 10-25 所示的参数进行记录集的设置，如图 10-134 所示，完成后单击“确定”按钮即可。

表 10-25　绑定记录集 qrycust 的参数设置

参　数	设　置　值
名称	qrycust
连接	connEsale
表格	custmers
列	全部
筛选	username = 阶段变量 MM_Username

③ 绑定记录集后，将记录集的 cust_name 字段拖动至 orderqry.jsp 网页的适当位置，如图 10-135 所示。

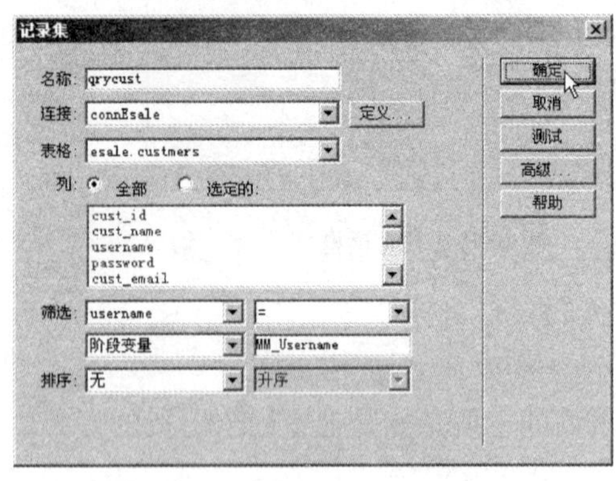

图 10-134　记录集的参数设置

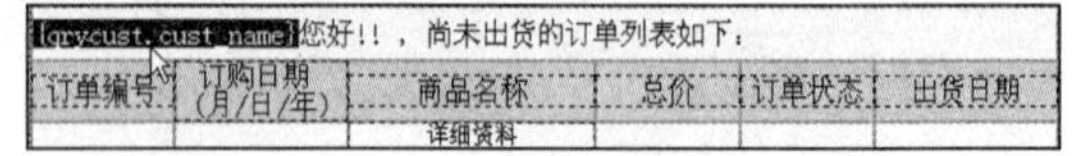

图 10-135　将记录集的字段拖动至网页

2．绑定记录集 qrylist

下面还要绑定记录集 qrylist，将客户尚未出货的订单数据绑定到页面中。操作步骤如下。

① 打开“绑定”面板，单击“+”按钮，从弹出的菜单中选择“记录集（查询）”命令。

② 打开“记录集”对话框，参照如表 10-26 所示的参数进行记录集的设置，如图 10-136 所示，完成后单击“确定”按钮。

表 10-26　绑定记录集 list 的参数设置

参　数	设　置　值
名称	qrylist
连接	connEsale
表格	orders
列	全部
筛选	ord_custid = 阶段变量 custid

③ 由于这个记录集还要加入“尚未完成寄送作业”的查询功能，因此必须单击对话框中的“高级”按钮，进入 SQL 语句的高级设置，将原有的 SQL 语句进行修改，如图 10-137 所示。

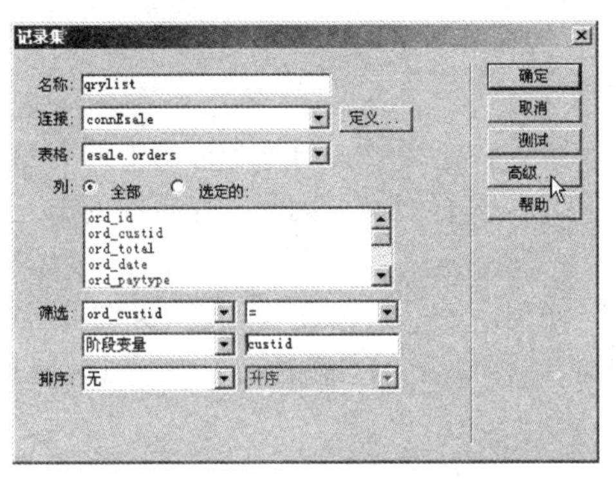

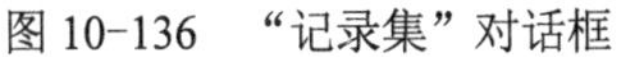

图 10-136 “记录集”对话框

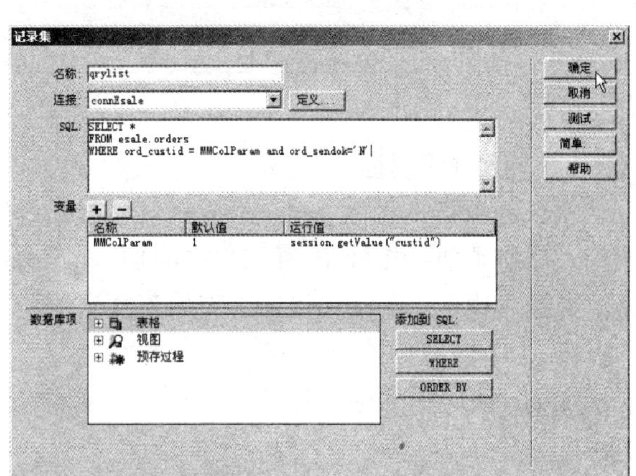

图 10-137 高级设置

修改原有 SQL 语句的代码如下：

```
SELECT *
FROM esale.orders
WHERE ord_custid = MMColParam and ord_sendok='N'
```

④ 绑定记录集后，将记录集的相关字段拖动至 orderqry.jsp 网页的适当位置，如图 10-138 所示。

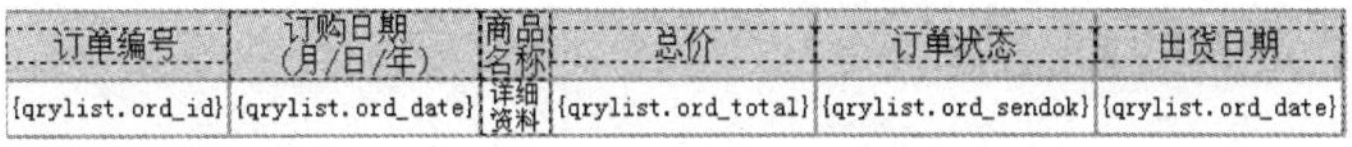

订单编号	订购日期(月/日/年)	商品名称	总价	订单状态	出货日期
{qrylist.ord_id}	{qrylist.ord_date}	详细资料	{qrylist.ord_total}	{qrylist.ord_sendok}	{qrylist.ord_date}

图 10-138 将记录集的字段拖动至网页

3．设置重复区域

由于可能存在多个尚未出货的订单，因此需要设置重复区域将所有尚未出货的订单显示出来。设置方法很简单，这里不再赘述，设置重复区域的对话框如图 10-139 所示，设置的结果如图 10-140 所示。

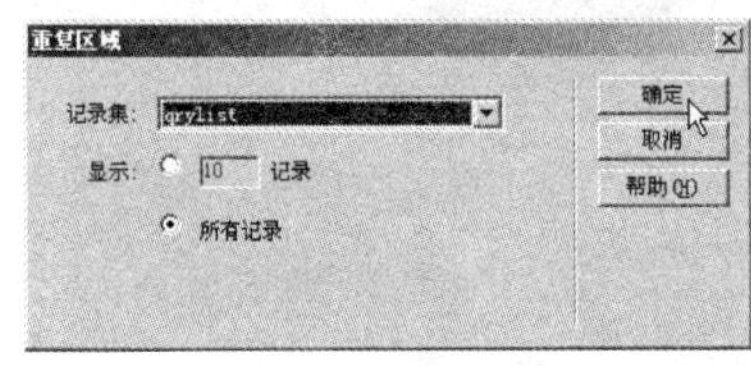

图 10-139 “重复区域”对话框

图 10-140 设置重复区域的结果

4．设置显示区域

接下来还要设置“显示区域”服务器行为，显示是否有尚未出货的订单存在。设置方法很简单，这里不再赘述，设置的结果如图 10-141 所示。

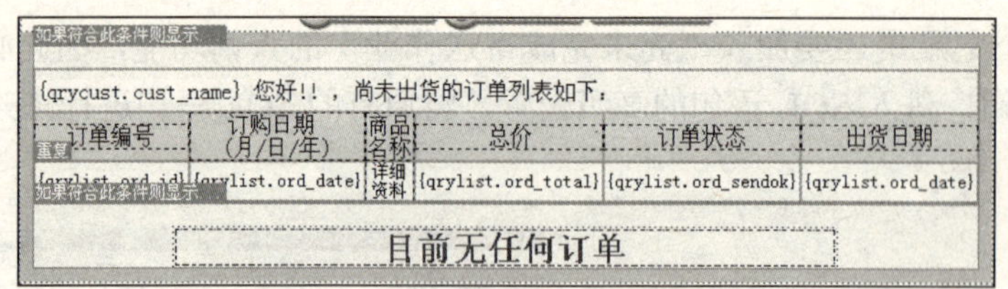

图 10-141　设置显示区域的结果

5. 转到详细页面

由于订单查询页面 orderqry.jsp 只显示订单的基本数据，如果要知道某个订单中的商品明细，就必须要链接到相关的订单明细页面 orderdetails.jsp 进行查询。因此，在页面的单元格“商品名称”下，加上“详细资料”文字链接。

使用“转到详细页面”服务器行为，将订单编号 ord_id 传送至订单明细页面 orderdetails.jsp 中，“转到详细页面”对话框的设置如图 10-142 所示，设置结果如图 10-143 所示。

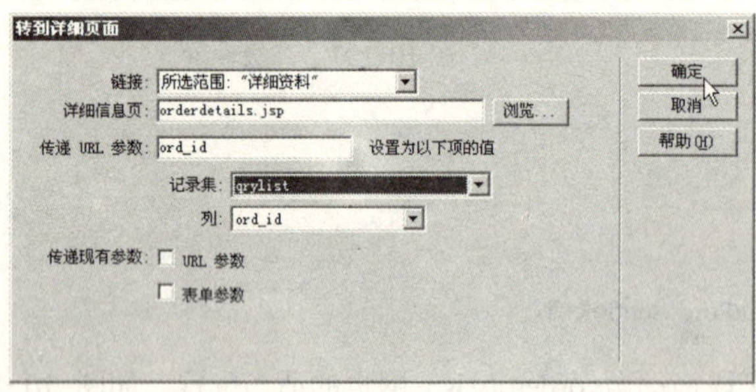

图 10-142　“转到详细页面”对话框

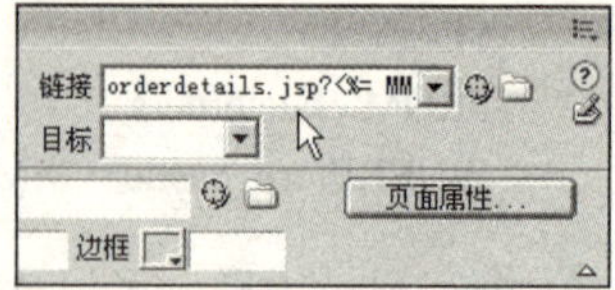

图 10-143　设置结果

10.6.4　购物记录页面的制作

购物记录页面 ordered.jsp 主要用来显示已经完成购物行为的历史订单，也就是完成出货的购物记录，其版面设计如图 10-144 所示。

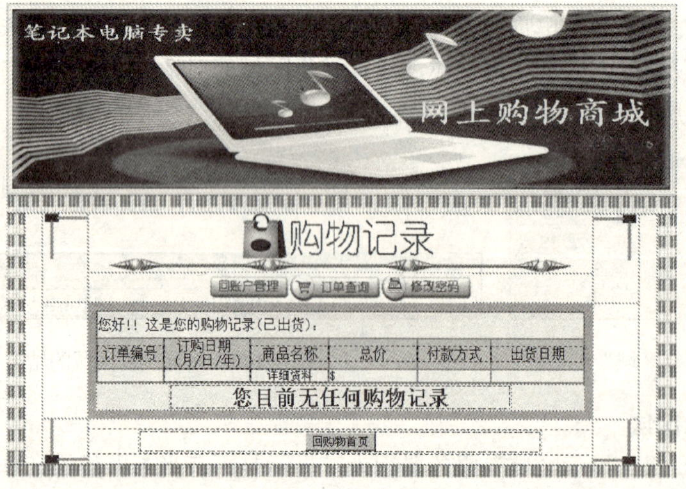

图 10-144　购物记录页面的版面设计

1. 绑定记录集 ordedcust

首先要绑定记录集 ordedcust，目的是将会员的姓名绑定到购物记录页面 ordered.jsp 中。ordered.jsp 所使用的数据表是 custmers，绑定这个数据表字段的操作步骤如下。

① 打开“绑定”面板，单击“+”按钮，从弹出的菜单中选择“记录集（查询）”命令。

② 打开“记录集”对话框，参照如表 10-27 所示的参数进行记录集的设置，如图 10-145 所示，完成后单击“确定”按钮即可。

表 10-27 绑定记录集 ordedcust 的参数设置

参 数	设 置 值
名称	ordedcust
连接	connEsale
表格	custmers
列	全部
筛选	username = 阶段变量 MM_Username

③ 绑定记录集后，将记录集的 cust_name 字段拖动至 ordered.jsp 网页的适当位置，如图 10-146 所示。

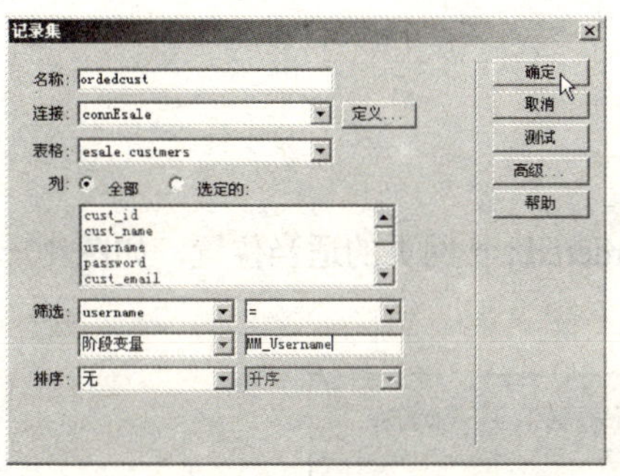

图 10-145 记录集的参数设置

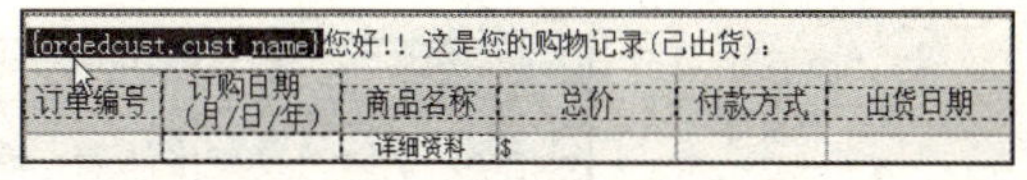

图 10-146 将记录集的字段拖动至网页

2. 绑定记录集 ordlist

下面还要绑定记录集 ordlist，将客户已经出货的历史订单数据绑定到页面中。操作步骤如下。

① 打开“绑定”面板，单击“+”按钮，从弹出的菜单中选择“记录集（查询）”命令。

② 打开“记录集”对话框，参照如表 10-28 所示的参数进行记录集的设置，如图 10-147 所示，完成后单击“确定”按钮。

表 10-28 绑定记录集 list 的参数设置

参 数	设 置 值
名称	ordlist
连接	connEsale
表格	orders
列	全部
筛选	ord_custid = 阶段变量 custid

③ 由于这个记录集还要加入“已完成寄送作业”的查询功能，因此必须单击对话框中的“高级”按钮，进入 SQL 语句的高级设置对话框，将原有的 SQL 语句进行修改，如图 10-148 所示。

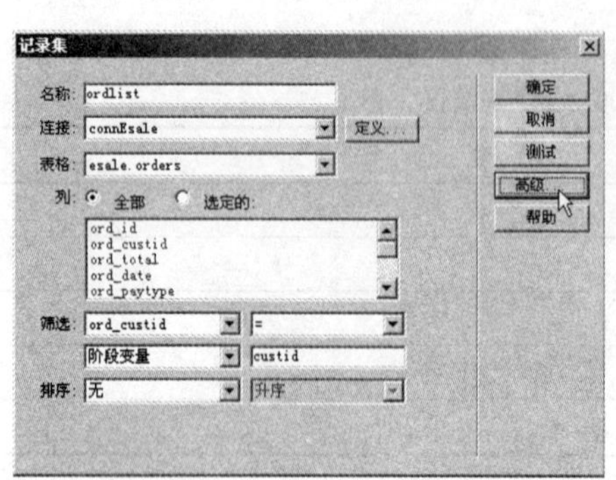

图 10-147 “记录集”对话框

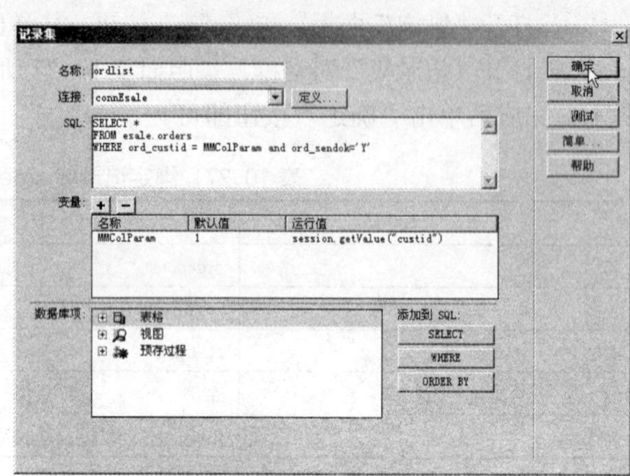

图 10-148 高级设置

修改原有 SQL 语句的代码如下：

```
SELECT *
FROM esale.orders
WHERE ord_custid = MMColParam and ord_sendok='Y'
```

④ 绑定记录集后，将记录集的相关字段拖动至 ordered.jsp 网页的适当位置，如图 10-149 所示。

订单编号	订购日期（月/日/年）	商品名称详细资料	总价	付款方式	出货日期
{ordlist.ord_id}	{ordlist.ord_date}		${ordlist.ord_total}	{ordlist.ord_paytype}	{ordlist.ord_senddate}

图 10-149 将记录集的字段拖动至网页

需要说明的是，付款方式同样需要转化为中文输出，读者可参考前面打印订购清单页面 orderlist.jsp 中的设置方法，这里不再赘述，只给出以下设置代码：

```
<%
  String paystring="";
  int paytype= ordlist.getInt("ord_paytype");
  if(paytype==1) paystring="ATM 转账";
  else paystring="邮政划拨";
%>
<%=paystring%>
```

3. 设置重复区域

由于可能存在多个已出货的订单，因此需要设置重复区域将所有已出货的订单显示出来。设置方法很简单，这里不再赘述，设置重复区域的对话框如图 10-150 所示，设置的结果如图 10-151 所示。

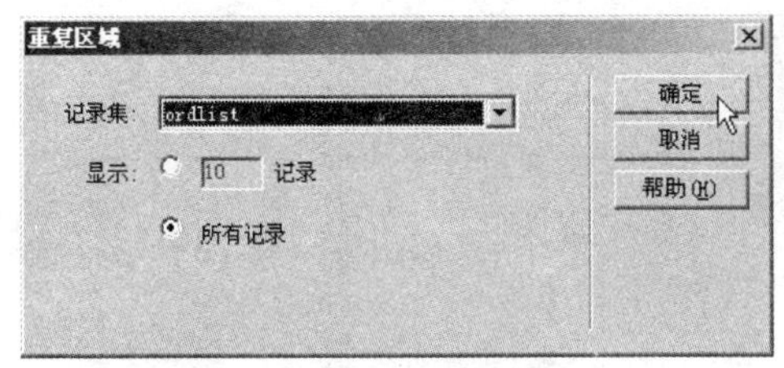

图 10-150 “重复区域”对话框

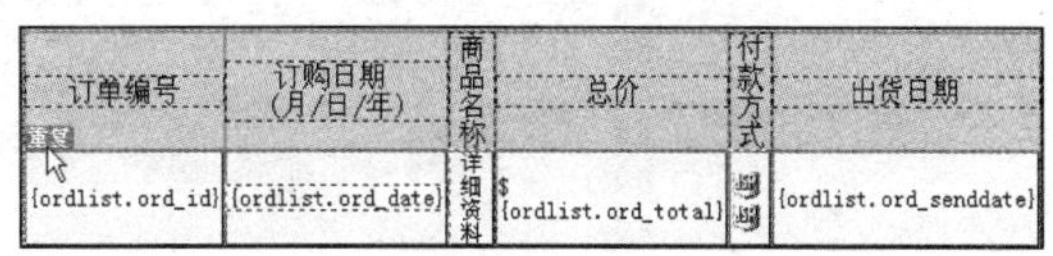

图 10-151 设置重复区域的结果

4．设置显示区域

接下来还要设置“显示区域”服务器行为，显示是否有已出货的订单存在。设置方法很简单，这里不再赘述，设置的结果如图 10-152 所示。

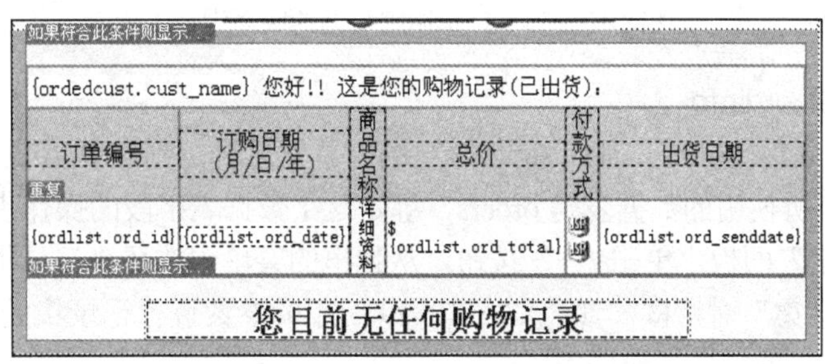

图 10-152 设置显示区域的结果

5．转到详细页面

与订单查询页面 orderqry.jsp 的设置一样，页面 ordered.jsp 同样要设置“详细资料”的文字链接。用户可以使用“转到详细页面”服务器行为，将订单编号 ord_id 传送至订单明细页面 orderdetails.jsp 中，“转到详细页面”对话框的设置如图 10-153 所示，设置结果如图 10-154 所示。

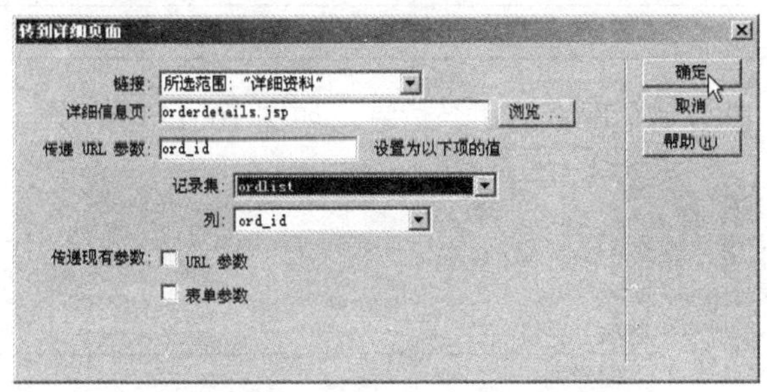

图 10-153 “转到详细页面”对话框

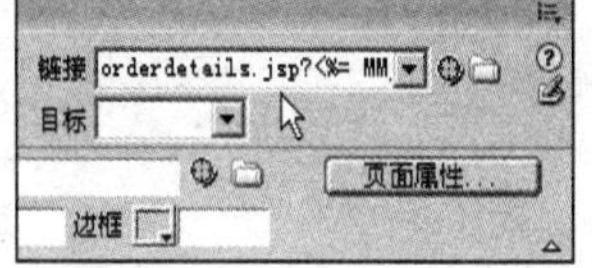

图 10-154 设置结果

在以上的各种设置中，读者一定要注意在相关设置的对话框中选择当前操作需要使用的记录集。

10.6.5 订单明细页面的制作

订单明细页面 orderdetails.jsp 的主要功能是接收由订单查询与购物记录两个页面传递的订单编号 ord_id 参数，再将相关的订单明细数据显示在页面 orderdetails.jsp 中，其版面设计如图 10-155 所示。

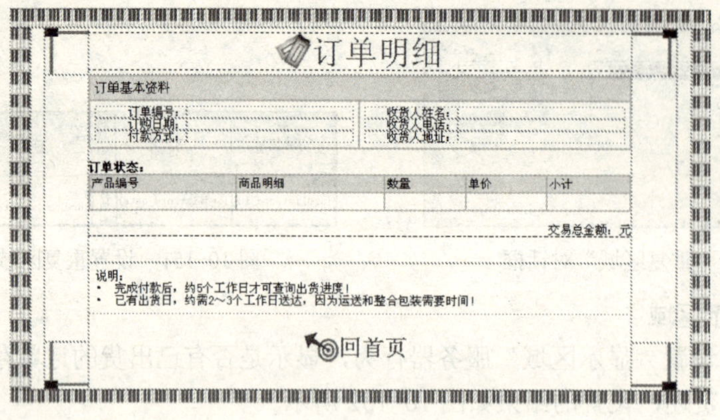

图 10-155　订单明细页面的版面设计

1．绑定记录集 ordinfo

首先要绑定记录集 ordinfo，目的是将客户的订单信息绑定到订单明细页面 orderdetails.jsp 中。记录集 ordinfo 所使用的数据表是 orders，绑定这个数据表字段的操作步骤如下。

① 打开“绑定”面板，单击“+”按钮，从弹出的菜单中选择“记录集（查询）”命令。

② 打开“记录集”对话框，参照如表 10-29 所示的参数进行记录集的设置，如图 10-156 所示，完成后单击“确定”按钮即可。

表 10-29　绑定记录集 ordinfo 的参数设置

参　数	设　置　值
名称	ordinfo
连接	connEsale
表格	orders
列	全部
筛选	ord_id = URL/表单变量 ord_id

③ 绑定记录集后，将记录集的字段拖动至网页的适当位置，如图 10-157 所示。

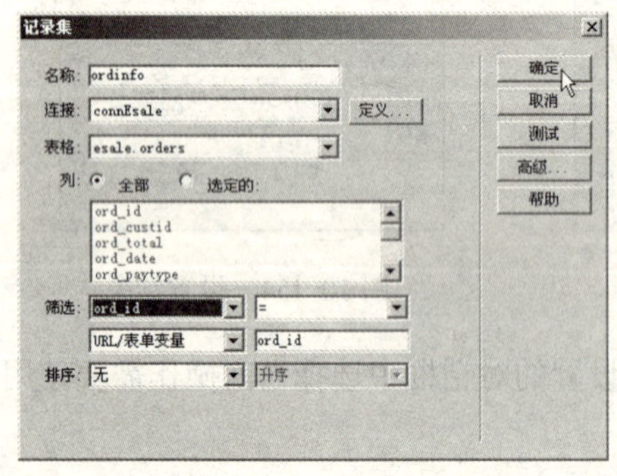

图 10-156　记录集的参数设置

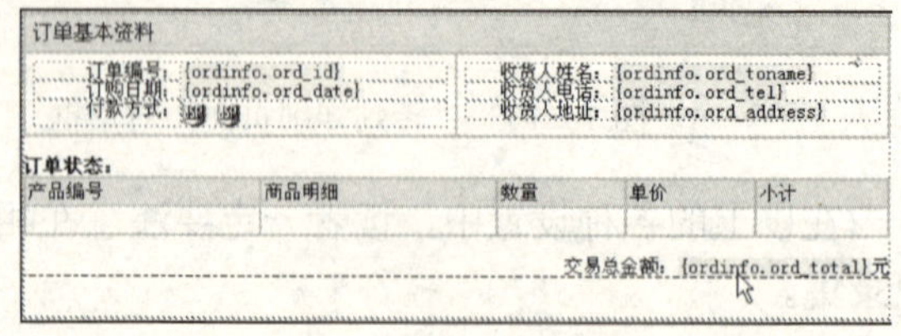

图 10-157　将记录集的字段拖动至网页

需要说明的是，记录集中的筛选参数来自订单查询与购物记录两个页面传递的订单编号 ord_id，因此设置的参数类型是 URL/表单变量。另外，付款方式同样需要转化为中文输出，读者可参考前面打印订购清单页面 orderlist.jsp 中的设置方法，这里不再赘述。

2．绑定记录集 details

下面还要绑定记录集 details，将客户订购的商品明细数据绑定到页面中。该记录集所使用的数据来自产品表 products 和订单明细表 orderdetails，操作步骤如下。

① 打开“绑定”面板，单击“+”按钮，从弹出的菜单中选择“记录集（查询）”命令。

② 打开“记录集”对话框，参照如表 10-30 所示的参数进行记录集的设置，如图 10-158 所示，完成后单击“确定”按钮。

表 10-30　绑定记录集 details 的参数设置

参　　数	设　置　值
名称	details
连接	connEsale
表格	orderdetails
列	全部
筛选	ord_id = URL/表单变量 ord_id

③ 由于这个记录集需要使用 orderdetails 和 products 两个数据表中的字段，因此必须单击对话框中的“高级”按钮，进入 SQL 语句的高级设置，将原有的 SQL 语句进行修改，如图 10-159 所示。

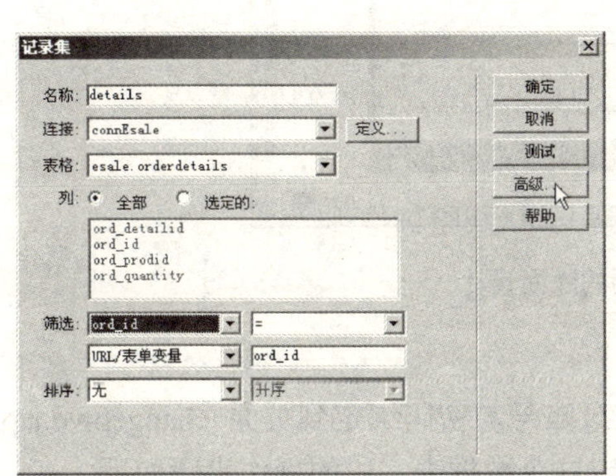

图 10-158　“记录集”对话框

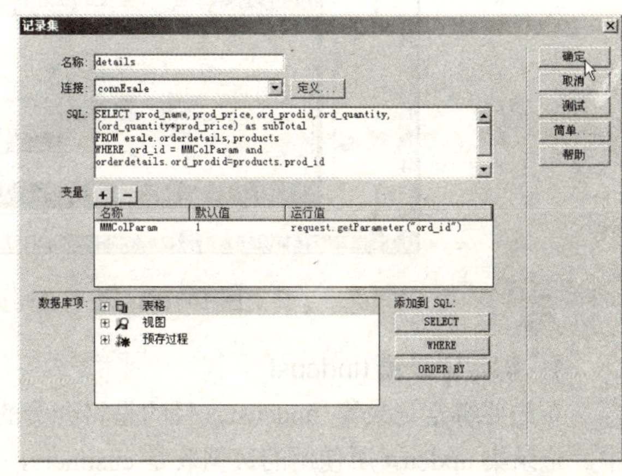

图 10-159　高级设置

修改原有 SQL 语句的代码如下：

```
SELECT prod_name,prod_price,ord_prodid,ord_quantity,(ord_quantity*prod_price) as subTotal
FROM esale.orderdetails,products
WHERE ord_id = MMColParam and orderdetails.ord_prodid=products.prod_id
```

④ 绑定记录集后，将记录集的相关字段拖动至 orderdetails.jsp 网页的适当位置，如图 10-160 所示。

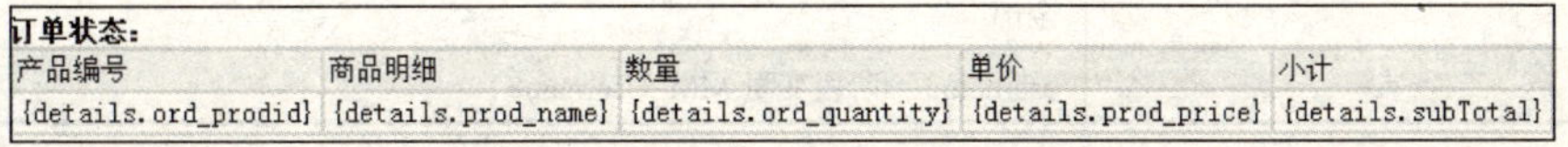

订单状态:

产品编号	商品明细	数量	单价	小计
{details.ord_prodid}	{details.prod_name}	{details.ord_quantity}	{details.prod_price}	{details.subTotal}

图 10-160　将记录集的字段拖动至网页

3．设置重复区域

由于可能存在多个订购的商品，因此需要设置重复区域将所有订购商品显示出来。设置方法很简单，这里不再赘述，设置重复区域的对话框如图 10-161 所示，设置的结果如图 10-162 所示。

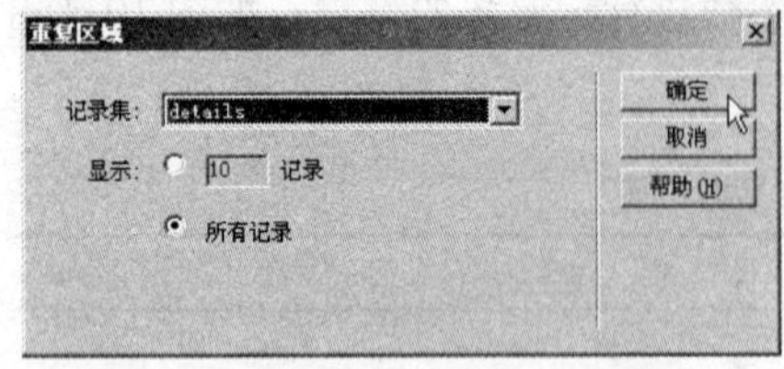

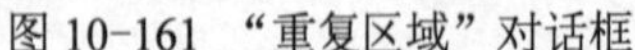

图 10-161 “重复区域”对话框

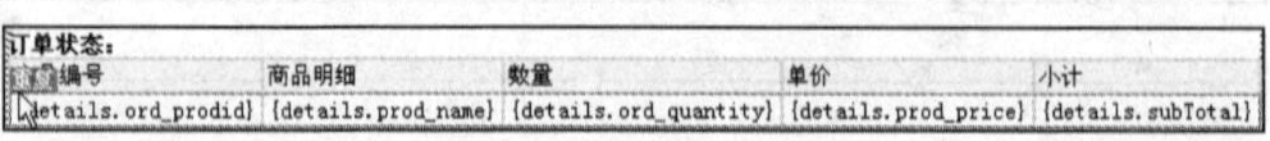

图 10-162 设置重复区域的结果

10.6.6 更改密码页面的制作

网上购物商城的账户管理功能中，也提供了会员更改密码的功能页面 changepwd.jsp，其版面设计如图 10-163 所示。

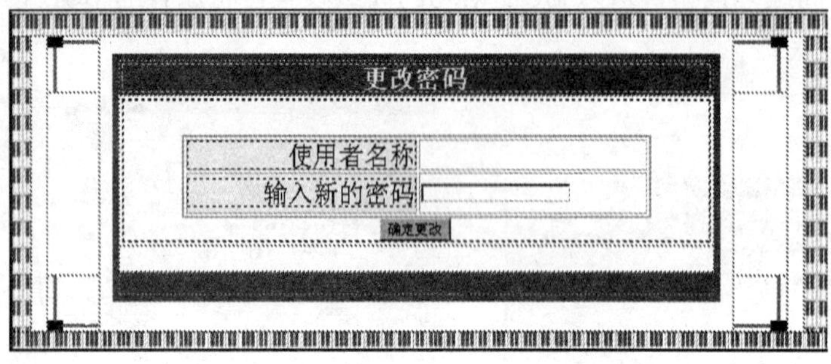

图 10-163 更改密码页面的版面设计

1．绑定记录集 updcust

首先要绑定记录集 updcust，目的是将会员的登录账号与密码绑定到页面 changepwd.jsp 中。记录集 updcust 所使用的数据表是 custmers，绑定这个数据表字段的操作步骤如下。

① 打开“绑定”面板，单击“+”按钮，从弹出的菜单中选择“记录集（查询）”命令。

② 打开“记录集”对话框，参照如表 10-31 所示的参数进行记录集的设置，如图 10-164 所示，完成后单击“确定”按钮。

表 10-31 绑定记录集 updcust 的参数设置

参　数	设　置　值
名称	updcust
连接	connEsale
表格	custmers
列	全部
筛选	username = 阶段变量 MM_Username

③ 绑定记录集后，将记录集的字段拖动至网页的适当位置，如图 10-165 所示。

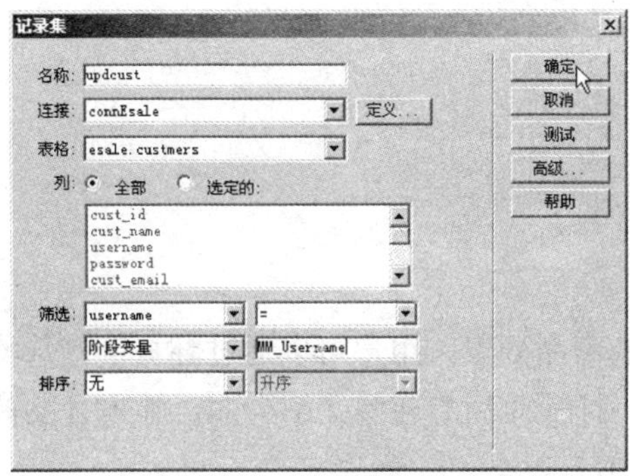

图 10-164 “记录集”对话框

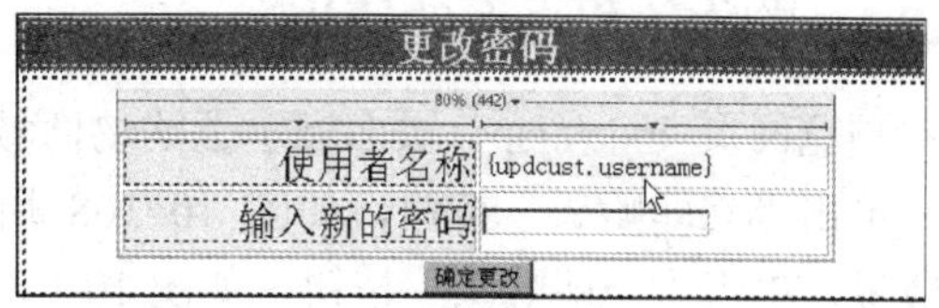

图 10-165 将记录集的字段拖动至网页

2. 加入更新记录服务器行为

当用户单击“确定更改”按钮后，系统就必须将页面上的会员登录数据更新到数据库中的客户数据表 custmers。操作步骤如下。

① 打开“服务器行为”面板，单击“+”按钮，从弹出的菜单中选择“更新记录”命令，如图 10-166 所示。

② 打开“更新记录”对话框，参照如表 10-32 所示的参数进行设置，如图 10-167 所示，并设置更新数据后转到页面 account.jsp。

表 10-32 更新记录参数设置

参　数	设　置　值
连接	connEsale
要更新的表格	custmers
选取记录自	updcust
唯一键列	cust_id
在更新后，转到	account.jsp
获取值自	form1
表单元素	参照表单字段与数据表字段

③ 单击“确定”按钮，完成更新记录操作。

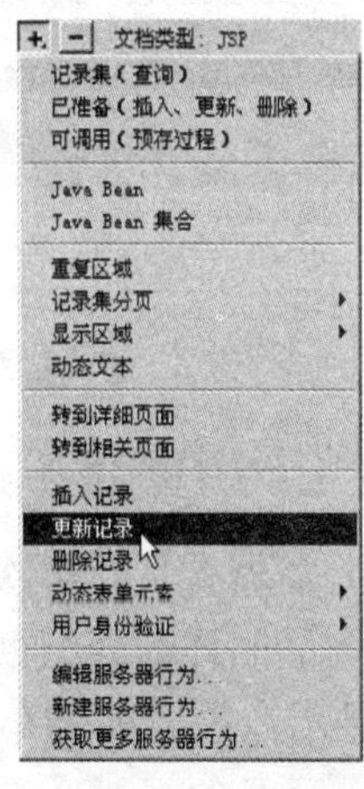

图 10-166 选择“更新记录”命令

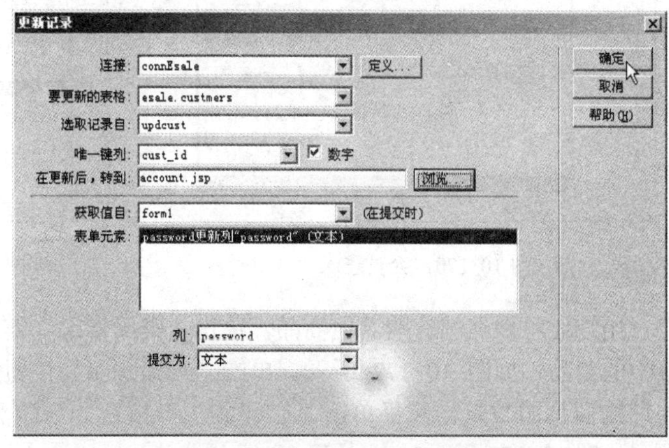

图 10-167 “更新记录”对话框

10.7 作品预览

选取首页 index.jsp，按〈F12〉键预览网页。

10.7.1 购物流程页面的使用

预览网页 index.jsp，页面展示了购物商城中的商品列表，用户可以通过翻页链接选购商品，单击“立即购买”按钮，如图 10-168 所示。打开商品的详细介绍页面，输入订购商品的数量，单击“立即购买”按钮，如图 10-169 所示。

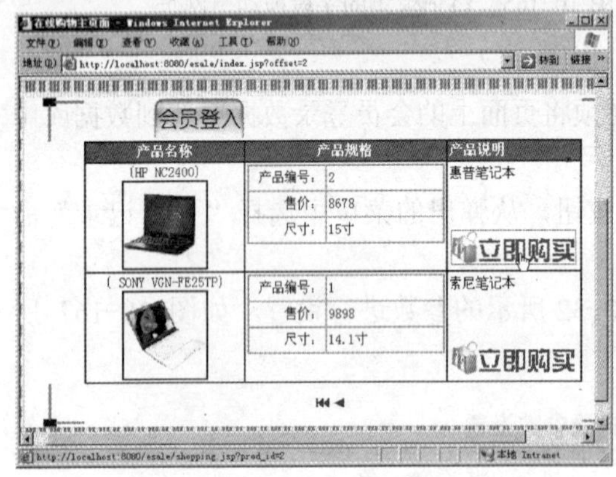

图 10-168 选购商品

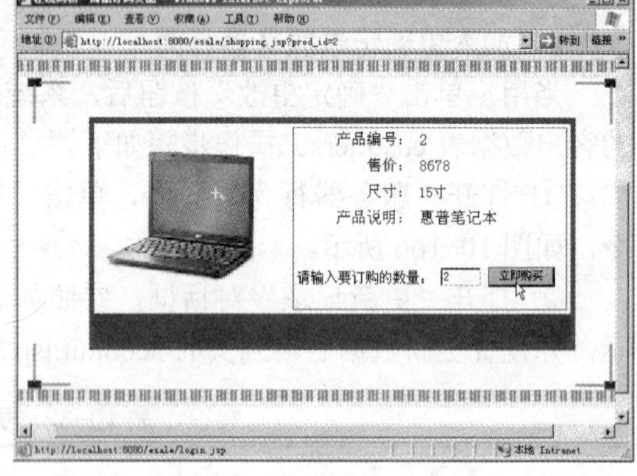

图 10-169 商品的详细介绍页面

由于用户尚未登录，因此页面转向用户订购商品的会员登入页面，输入用户名和密码，如图 10-170 所示。如果登录成功，则打开检查购物车页面，从中可以查看已经订购的商品，如图 10-171 所示。

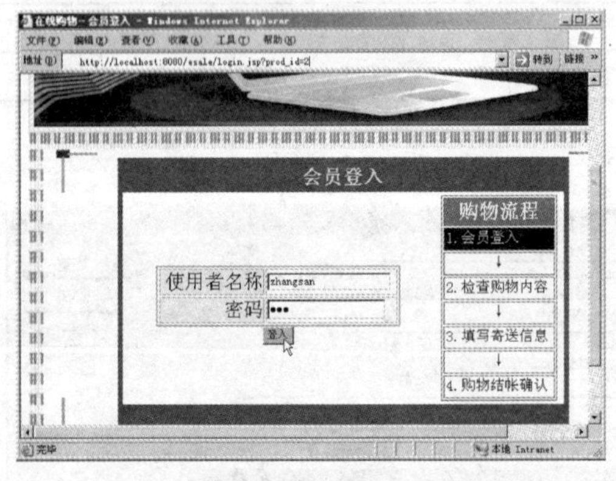

图 10-170 会员登入

图 10-171 查看已经订购的商品

用户还可以继续订购其他商品，单击“继续逛逛”链接，返回到商城首页，再次订购商城中的商品，如图 10-172 所示。单击“立即购买”按钮后，打开商品的详细介绍页面，输入订购商品的数量，然后单击“立即购买”按钮，新购买的商品显示在检查购物车的页面中，如图 10-173 所示。

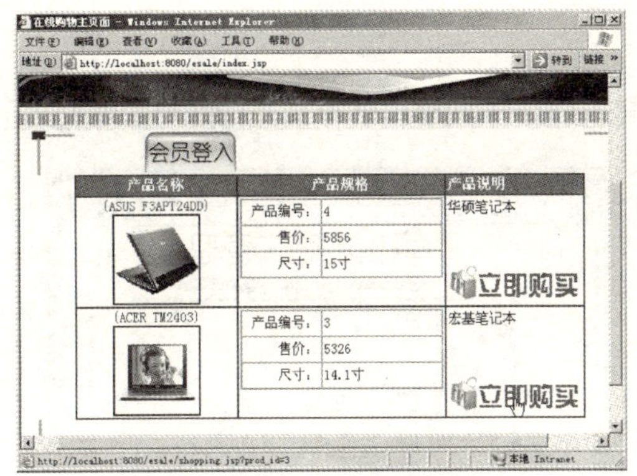

图 10-172　再次订购商品

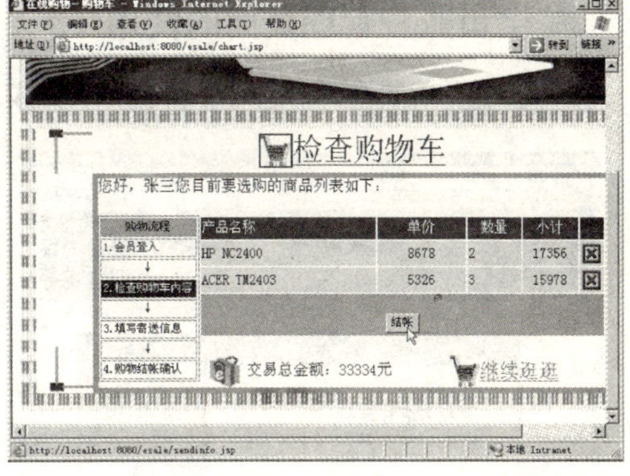

图 10-173　新购买的商品

如果用户不再购买商品，可以单击“结账”按钮，网页转向填写邮寄信息页面。用户可以在此填写收件人的资料或采用系统默认的邮寄信息，如图 10-174 所示。单击“送出”按钮，打开如图 10-175 所示的确认订单页面。

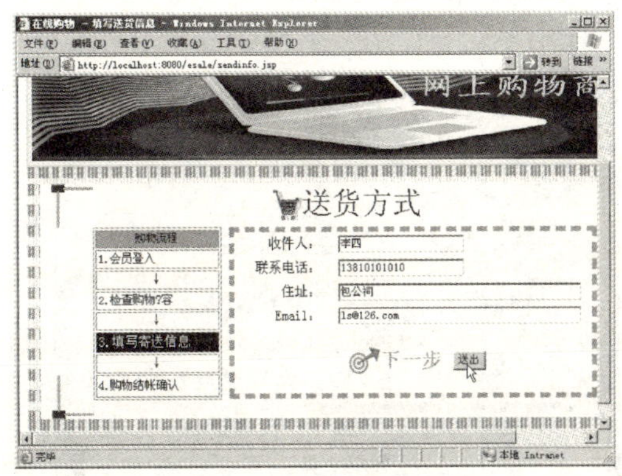

图 10-174　填写邮寄信息

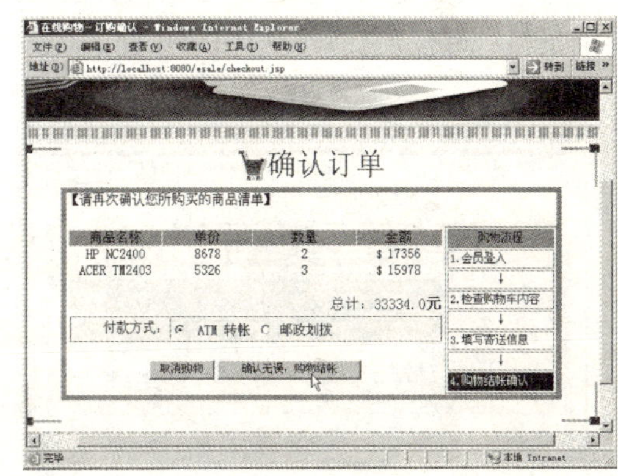

图 10-175　确认订单页面

如果用户核对订单没有错误，可以单击“确认无误，购物结账”按钮，打开如图 10-176 所示的购物清单页面。至此，购物流程页面操作完毕。用户可以单击“回首页”链接，返回商城首页，单击“会员登入”按钮，如图 10-177 所示，进入会员账户管理页面。

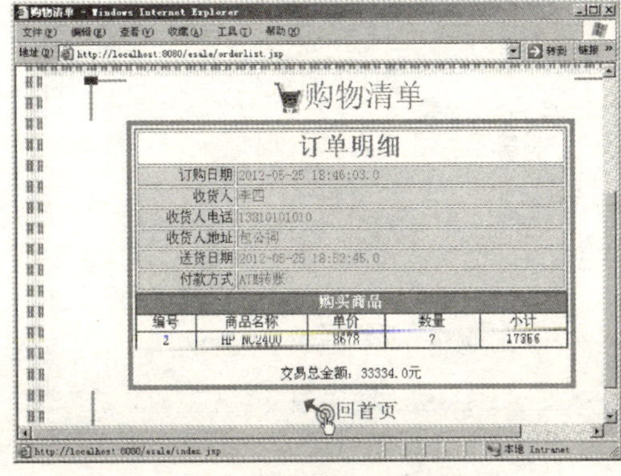

图 10-176　购物清单页面

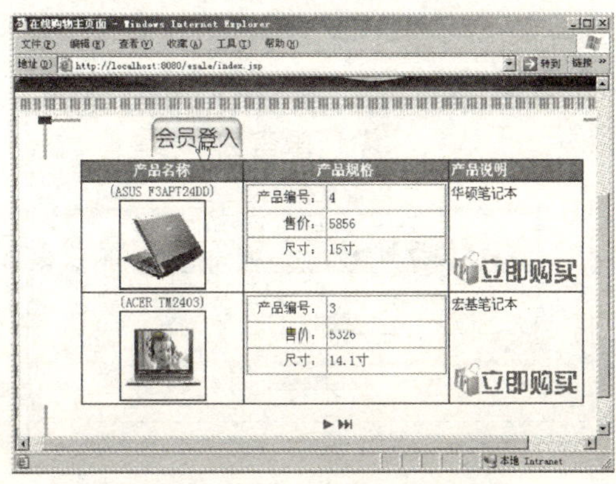

图 10-177　进入会员账户管理页面

10.7.2 会员账户管理页面的使用

打开会员登入页面，如图 10-178 所示。成功登入后打开如图 10-179 所示的账户管理页面。

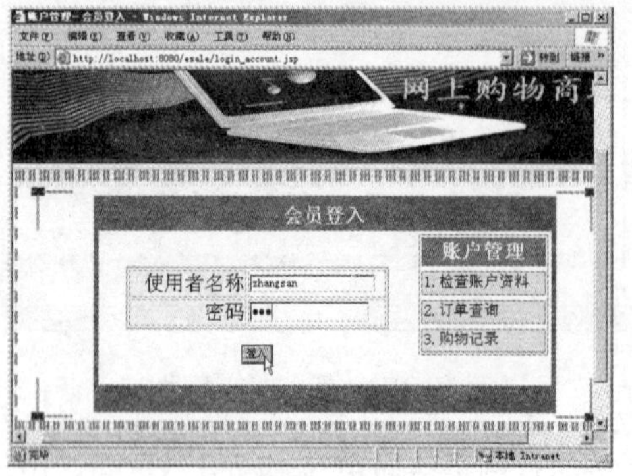

图 10-178　会员登入页面

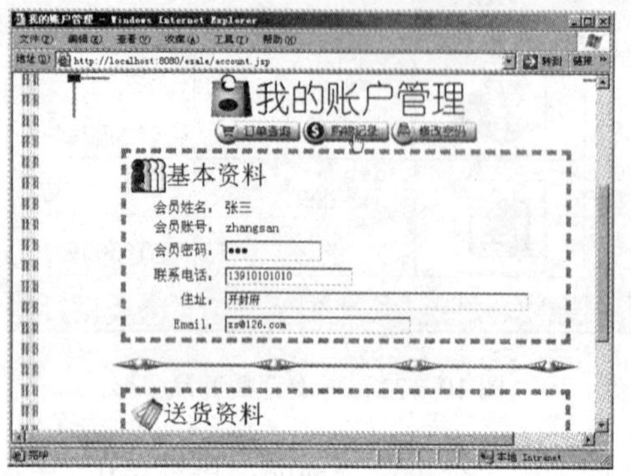

图 10-179　账户管理页面

单击“购物记录”按钮，可以查看已经出货的历史订单信息，如图 10-180 所示。单击“详细资料”链接，打开订单明细页面，如图 10-181 所示。

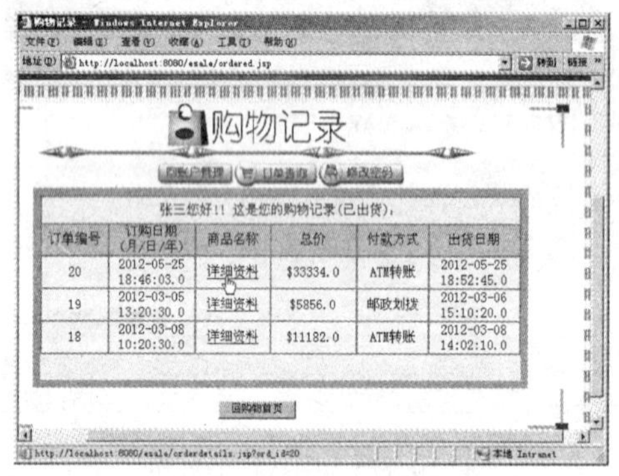

图 10-180　历史订单信息

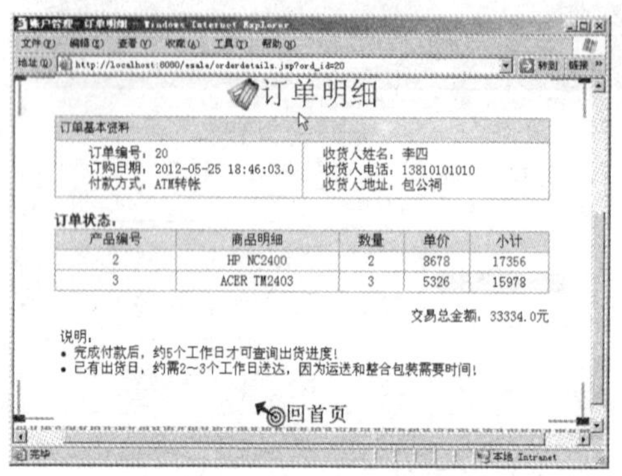

图 10-181　订单明细页面

单击“订单查询”按钮，可以查看尚未出货的订单信息，如图 10-182 所示。单击“详细资料”链接，打开订单明细页面，如图 10-183 所示。

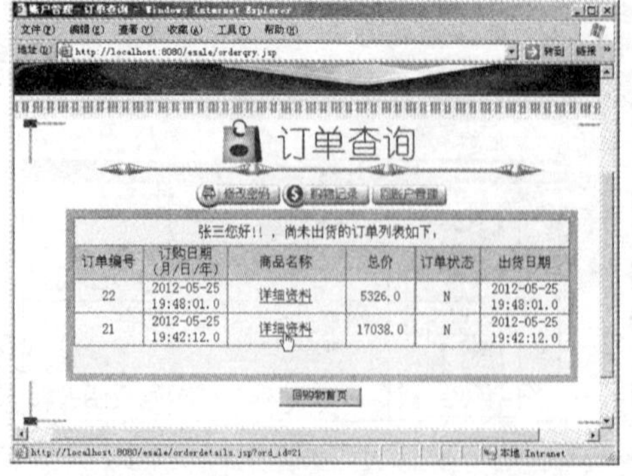

图 10-182　尚未出货的订单信息

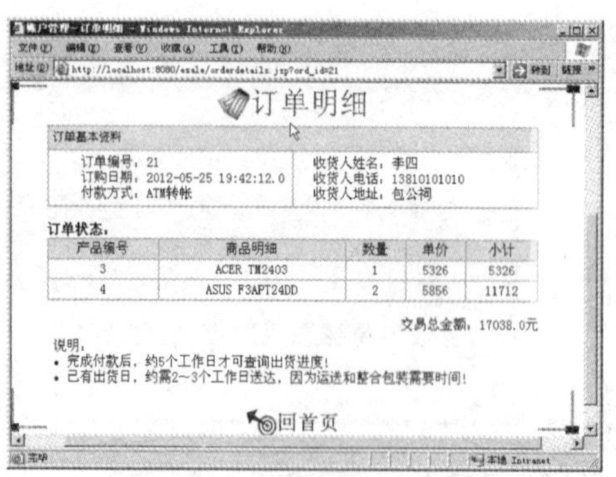

图 10-183　订单明细页面

参 考 文 献

[1] 郭新，叶春蕾．JSP 实训教程[M]．北京：清华大学出版社，2012．

[2] 郭伟业，仇新红．动态网页设计 JSP[M]．北京：机械工业出版社，2008．

[3] 王先国．JSP 基础与编程实践[M]．北京：清华大学出版社，2009．

[4] 耿祥义．JSP 大学实用教程[M]．北京：电子工业出版社，2007．

[5] 王林玮．JSP 网络开发技术与案例应用[M]．北京:．机械工业出版社，2008．

[6] 余芳．JSP 动态网站开发案例指导[M]．北京：电子工业出版社，2009．

[7] 汪诚波．网络程序设计 JSP[M]．北京：清华大学出版社，2011．

[8] 林建宏，赖慧敏．Dreamweaver 8 和 JSP 动态网站开发[M]．北京：机械工业出版社，2006．

[9] 甘勇，黄敏．JSP 程序设计技术教程[M]．北京：清华大学出版社，2010．

[10] 徐婉珍．JSP 动态网站开发项目教程[M]．北京：电子工业出版社，2009．

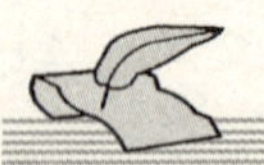

优秀畅销书　精品推荐（刘瑞新组织编写）

计算机组装与维护教程（第 5 版）

书号：ISBN 978-7-111-35332-4

作者：刘瑞新 等　　定价：32.00 元

获奖项目：全国优秀畅销书奖

普通高等教育"十一五"国家级规划教材

推荐感言：累计销售 30 万册。本书是最新改版，分为基础模块和实践模块，注重培养学生的自学能力、动手能力及通过不同途径了解计算机最新技术的能力，使学生掌握当前最新微机的硬件组成和结构，掌握有关硬件设备的外部性能和技术参数，学会自己选购各种配件进行组装并正确合理地使用它们，以及能够进行系统的日常维护，进而可以自己动手解决微机使用过程中的常见故障。免费提供电子教案。

网页设计与制作教程（第 4 版）

书号：ISBN 978-7-111-28339-3

作者：刘瑞新 等　　定价：30.00 元

获奖项目：全国优秀畅销书奖

普通高等教育"十一五"国家级规划教材

推荐感言：累计销售 14 万册。本书采用一个贯穿全书各个章节的完整案例方式编写，通过大量实例的讲解，使读者全面、系统地掌握网站设计的方法和技巧，以及网页、网站的规划和建设技术。本书采用任务驱动的案例教学方式，以一个虚构的网站（曙光大学网站）作为案例讲解，配以辅助网站（爱家美食网站）的实训练习，两条主线互相结合、相辅相成，自始至终贯穿于本书的主题之中。本书免费提供电子教案。

计算机专业英语

书号：ISBN 978-7-111-30975-8

作者：陈嘉 等　　定价：27.00 元

推荐简言：本书内容丰富、选材新颖，以提高读者对计算机英语的阅读及理解能力、掌握计算机专业英语的翻译技巧和写作方法为目标，实用性强，适合作为高职高专计算机专业的计算机英语课程的教材，也可供相关技术人员学习和参考。本书免费提供电子教案。

PHP+MySQL+Dreamweaver 动态网站开发实例教程

书号：ISBN 978-7-111-38360-4

作者：张兵义 等　　定价：36.00 元

推荐简言：本书采用案例驱动的教学方式，首先展示案例的运行结果，然后详细讲述案例的设计步骤，循序渐进地引导读者学习和掌握相关知识点。在介绍 PHP 动态网页设计步骤时，本书将 Dreamweaver 可视化设计与手工编码有机地结合在一起。本书免费提供电子教案。

数据库技术与应用——SQL Server 2008

书号：ISBN 978-7-111-29463-4

作者：胡国胜 等　　定价：29.00 元

推荐简言：本书采用最新的 SQL Server 版本，全面介绍了 SQL Server 2008 的主要功能、相关命令和开发应用系统的一般技术。作者精心设计了两个具体的数据库管理系统实例，在教学环节中使用图书馆管理系统，在实训过程中使用宾馆管理信息系统，体现了"项目驱动、案例教学、理论实践相结合"的教学理念。本书是校企结合的范例，并免费提供电子教案。

Java 语言程序设计

书号：ISBN 978-7-111-29567-9

作者：汪远征 等　　定价：27.00 元

推荐简言：本书采用当今各大 IT 公司的主流 Java 开发工具——Eclipse 软件作为编程环境，采用 SWT 工具包作为图形界面（UI）开发工具，并且介绍了可视化编程插件 Visual Editor 的使用方法。本书以知识带案例的形式，将知识点分解成许多单元，通过大量实用、经典的编程实例来介绍 Java 语言。各章内容均包含知识、实例、实训，通过教师讲解实例，学生上机实训，达到快速掌握并应用所学知识的目的。本书免费提供电子教案。